Exploitation des cœurs REP

GÉNIE ATOMIQUE

Exploitation des cœurs REP

Nordine Kerkar et Philippe Paulin

EDP SCIENCES

17, avenue du Hoggar
Parc d'activités de Courtabœuf, BP 112
91944 Les Ulis Cedex A, France

Imprimé en France

ISBN : 978-2-86883-976-3

Introduction à la collection « Génie Atomique »

Au sein du Commissariat à l'énergie atomique (CEA), l'Institut national des sciences et techniques nucléaires (INSTN) est un établissement d'enseignement supérieur sous la tutelle du ministère de l'Éducation nationale et du ministère de l'Industrie. La mission de l'INSTN est de contribuer à la diffusion des savoir-faire du CEA au travers d'enseignements spécialisés et de formations continues, tant à l'échelon national, qu'aux plans européen et international.

Cette mission reste centrée sur le nucléaire, avec notamment l'organisation d'une formation d'ingénieur en « Génie Atomique ». Fort de l'intérêt que porte le CEA au développement de ses collaborations avec les universités et les écoles d'ingénieurs, l'INSTN a développé des liens avec des établissements d'enseignement supérieur aboutissant à l'organisation, en co-habilitation, de plus d'une vingtaine de Masters. À ces formations s'ajoutent les enseignements des disciplines de santé : les spécialisations en médecine nucléaire et en radiopharmacie ainsi qu'une formation destinée aux physiciens d'hôpitaux.

La formation continue constitue un autre volet important des activités de l'INSTN, lequel s'appuie aussi sur les compétences développées au sein du CEA et chez ses partenaires industriels.

Dispensé dès 1954 au CEA Saclay où ont été bâties les premières piles expérimentales, la formation en « Génie Atomique » (GA) l'est également depuis 1976 à Cadarache où a été développée la filière des réacteurs à neutrons rapides. Depuis 1958 le GA est enseigné à l'École des applications militaires de l'énergie atomique (EAMEA) sous la responsabilité de l'INSTN.

Depuis sa création, l'INSTN a diplômé plus de 4 000 ingénieurs que l'on retrouve aujourd'hui dans les grands groupes ou organismes du secteur nucléaire français : CEA, EDF, AREVA, Marine nationale. De très nombreux étudiants étrangers provenant de différents pays ont également suivi cette formation.

Cette spécialisation s'adresse à deux catégories d'étudiants : civils et militaires. Les étudiants civils occuperont des postes d'ingénieurs d'études ou d'exploitation dans les réacteurs nucléaires, électrogènes ou de recherches, ainsi que dans les installations du cycle du combustible. Ils pourront évoluer vers des postes d'experts dans l'analyse du risque nucléaire et de l'évaluation de son impact environnemental. La formation de certains officiers des sous-marins et porte-avions nucléaires français est dispensée par l'EAMEA.

Le corps enseignant est formé par des chercheurs du CEA, des experts de l'Institut de radioprotection et de sûreté nucléaire (IRSN), des ingénieurs de l'industrie (EDF, AREVA...) Les principales matières sont : la physique nucléaire et la neutronique, la thermohydrau-

lique, les matériaux nucléaires, la mécanique, la protection radiologique, l'instrumentation nucléaire, le fonctionnement et la sûreté des réacteurs à eau sous pression (REP), les
filières et le cycle du combustible nucléaire. Ces enseignements dispensés sur une durée
de six mois sont suivis d'un projet de fin d'étude, véritable prolongement de la formation
réalisé à partir d'un cas industriel concret, se déroulent dans les centres de recherches du
CEA, des groupes industriels (EDF, AREVA) ou à l'étranger (États-Unis, Canada, Royaume-
Uni...) La spécificité de cette formation repose sur la large place consacrée aux enseignements pratiques réalisés sur les installations du CEA (réacteur ISIS, simulateurs de REP :
SIREP et SIPACT, laboratoires de radiochimie, etc.)

Aujourd'hui, en pleine maturité de l'industrie nucléaire, le diplôme d'ingénieur en
« Génie Atomique » reste sans équivalent dans le système éducatif français et affirme
sa vocation : former des ingénieurs qui auront une vision globale et approfondie des
sciences et techniques mises en œuvre dans chaque phase de la vie des installations nucléaires, depuis leur conception et leur construction jusqu'à leur exploitation puis leur
démantèlement.

L'INSTN s'est engagé à publier l'ensemble des supports de cours dans une collection
d'ouvrages destinés à devenir des outils de travail pour les étudiants en formation et à
faire connaître le contenu de cet enseignement dans les établissements d'enseignement
supérieur, français et européens. Édités par EDP Sciences, acteur particulièrement actif
et compétent dans la diffusion du savoir scientifique, ces ouvrages sont également destinés à dépasser le cadre de l'enseignement pour constituer des outils indispensables aux
ingénieurs et techniciens du secteur industriel.

Joseph Safieh
Responsable général
du cours de Génie Atomique

À Myriam, mon cœur.
N. KERKAR

Aux pionniers de l'énergie nucléaire.
Ph. PAULIN

Table des matières

Chapitre 4 : *Spécifications techniques d'exploitation*

Chapitre 5 : *Instrumentation pour l'exploitation des cœurs*

Annexe A : Synthèse des différents modes de pilotage

Ce document s'appuie sur le vécu des activités d'exploitant réalisées à l'Unité nationale de l'ingénierie du parc en exploitation (UNIPE) d'EDF. Il reprend en grande partie les différents supports de cours rédigés pour le module cœur-combustible du Génie Atomique de l'Institut national des sciences et techniques nucléaires (INSTN).

Il a pour objectif de décrire l'exploitation du combustible depuis la définition de la gestion chargée en cœur jusqu'au pilotage du réacteur nucléaire. Il aborde alors successivement la définition des gestions du combustible et leur historique, l'optimisation des plans de chargement des cœurs, les documents prescriptifs comme les Spécifications techniques d'exploitation (STE) et la description de l'instrumentation des cœurs. Ces éléments réunis, la conformité du cœur est vérifiée lors des essais de redémarrage. Les essais en puissance permettent alors de s'assurer des performances du nouveau cœur et de sa capacité à répondre aux besoins du réseau et aux exigences de sûreté. Ces différents essais sont passés en revue de façon détaillée. On décrit ensuite les systèmes de protection des différents paliers du parc nucléaire du Groupe EDF. Enfin, le cœur est apte à l'exploitation et les différents modes de pilotage sont présentés.

Chacun des chapitres pourrait faire l'objet d'un livre à part entière. Afin de maintenir un volume acceptable –et l'éveil du lecteur !–, les auteurs se sont limités à un certain nombre d'aspects qu'il leur semble incontournable de maîtriser ou au moins de connaître lorsque l'on souhaite travailler dans le domaine de l'exploitation des cœurs des réacteurs nucléaires. Les experts de chaque domaine regretteront les choix faits dans ce document, mais les auteurs les assument si, au terme de la lecture, le lecteur a compris que ce qui guide l'exploitant dans ces actions quotidiennes est le souci de la disponibilité et l'intransigeance vis-à-vis de la sûreté des installations. Ces deux principes intangibles ne s'excluent pas, bien au contraire, et sont les garants, au même titre que la transparence et le professionnalisme des différents acteurs, de la pérennité de l'industrie nucléaire au service des hommes ainsi que de leurs activités dans le respect de l'environnement.

Les auteurs voudraient remercier Joseph Safieh, Bruno Tarride et Hubert Grard, qui leur ont fait l'honneur de leur témoigner leur confiance en les chargeant de l'enseignement du module cœur-combustible de la formation de Génie Atomique à l'Institut national des sciences et techniques nucléaires de Saclay.

Nous tenons à remercier tout particulièrement Myriam Valade d'EDF pour sa lecture assidue et Jean-Lucien Mourlevat d'AREVA-NP pour son appui dans la sortie de ce document. Nous ne saurions établir la liste exhaustive de tous les ingénieurs de la Branche Combustible de l'Unité nationale de l'ingénierie du parc en exploitation qui nous ont

proposé des corrections et des améliorations. Ceux-ci sauront se reconnaître et accep-
teront toute notre gratitude. Nous tenons aussi à remercier Dominique Noly et Patrick
Sainquin pour les extractions faites à partir de la base de données REX de l'UNIPE. Nous
remercions aussi les nombreux élèves ingénieurs du Génie Atomique qui nous ont permis
d'améliorer la compréhension du texte par leurs remarques pertinentes.

Lyon, le 13 février 2007

Nordine KERKAR
Philippe PAULIN

Nordine KERKAR

Actuellement responsable du groupe Neutronique et Physique des cœurs du Service d'études du parc thermique et nucléaire à Électricité De France. Après des études doctorales consacrées à l'industrialisation d'une nouvelle méthode 3D temps réel de pilotage des réacteurs nucléaires, menées à AREVA-NP en collaboration avec le Commissariat à l'énergie atomique, il rejoint la Direction recherche et développement du Groupe EDF. Il y conduit des travaux portant sur la modélisation des réflecteurs des cœurs REP et contribue à la mise au point des outils de calculs 3D couplés neutronique-thermohydraulique et aux méthodes de pénalisation associées adaptées aux études d'accidents. Il est l'auteur d'une méthode originale d'équivalence multigroupe-multisolveur adaptée aux techniques modernes de calcul des réacteurs nucléaires et des réacteurs expérimentaux. Il rejoint ensuite l'Unité nationale d'ingénierie du parc en exploitation, où il prend la responsabilité des applications industrielles utilisées pour le suivi, les essais et la protection des cœurs en exploitation. En parallèle, il a donné des cours sur les méthodes d'éléments finis à l'École centrale de Paris et a assuré pendant quatre ans l'enseignement du module cœur-combustible du Génie Atomique à l'Institut national des sciences et techniques nucléaires de Saclay.

Philippe PAULIN

Ingénieur à Électricité De France, ancien élève de SUPELEC, il travaille depuis 1981 dans le domaine de l'exploitation des cœurs. Son expérience s'étend aux deux filières RNR en tant qu'ingénieur au Service physique du cœur du CNPE de Creys-Malville et REP comme responsable du service Méthodes de la Branche Combustible de l'Unité nationale d'ingénierie du parc en exploitation. Il est actuellement attaché technique au Groupe exploitation cœur combustible de l'Unité d'ingénierie d'exploitation (UNIE) de la Division production nucléaire (DPN). En parallèle, il a assuré l'enseignement du module cœur-combustible du cours de Génie Atomique à l'Institut national des sciences et techniques nucléaires.

Gestion du combustible

Introduction

L'optimisation constante du parc électronucléaire d'Électricité De France nécessite de reconsidérer régulièrement la nature des recharges combustibles introduites dans le cœur des réacteurs nucléaires. Compte tenu des contraintes spécifiques de la chaudière et du combustible, les études de gestion du combustible visent à optimiser la combinaison d'un nombre restreint de paramètres : fractionnement, enrichissement, importance et nature des poisons consommables, plan de rechargement, flexibilité. Ces paramètres influent sur les critères principaux d'exploitation des réacteurs :

- la longueur de cycle,

- la fluence cuve,

- la souplesse d'exploitation,

- le coût du cycle.

1.1. Gestion du combustible

Le cycle du combustible est principalement caractérisé par la nature du combustible neuf chargé en cœur. Les principaux cycles ayant connu une utilisation industrielle ou expérimentale sont le cycle uranium, le plus répandu à travers le monde, le cycle plutonium, utilisé dans les surgénérateurs et les réacteurs ouverts au combustible MOX, et le cycle thorium, utilisé dans le réacteur naval américain de Shippingport. Le cycle est dit fermé lorsque l'on retraite le combustible et que l'on réutilise les actinides fissiles. Dans le cas contraire, on dit que le cycle est ouvert.

On parle aussi de cycle, ou de campagne, pour désigner la période de fonctionnement d'un réacteur nucléaire entre deux rechargements successifs. En France, la durée d'une campagne d'un réacteur électrogène varie actuellement entre 12 et 18 mois. On distingue les cycles de transitions –premier, deuxième, voire troisième cycle– des cycles à l'équilibre, où les enrichissements des assemblages combustibles ne varient plus d'un cycle à l'autre.

Pour un cycle donné, la gestion du combustible recouvre donc l'ensemble des para-mètres choisis de manière à optimiser le coût global d'utilisation du parc :

- fractionnement du cœur,

- enrichissement,

- importance et nature des poisons consommables,

- optimisation du plan de rechargement,

- flexibilité.

Les deux premiers paramètres sont du premier ordre d'importance dans la gestion du combustible. La flexibilité, paramètre transverse aux gestions, est un levier d'optimisation du réseau de production et du planning de placement des arrêts.

Cette optimisation se fait sous de fortes contraintes technologiques. En effet, le compor-tement thermomécanique des crayons sous irradiation (corrosion, pression, grandissement, comportement en APRP ou lors de transitoires de type RIA) a un impact sur la gestion en termes de taux de combustion maximal admissible ou de variations locales de puissance.

De plus, le choix des paramètres de la gestion doit satisfaire aux limites de fonctionne-ment et de sûreté qui impliquent d'un point de vue neutronique :

- un enrichissement maximal limité,

- un aplatissement des distributions radiales de puissance (*cf.* chapitre 3),

- un coefficient de température modérateur négatif afin de garantir de la stabilité du cœur vis-à-vis des excursions de puissance,

- une concentration en bore limitée au rechargement et en fonctionnement,

- une marge d'antiréactivité minimale (*cf.* chapitre 3).

1.1.1. *Fractionnement du cœur*

La présence de la cuve empêche les opérations de déchargement-rechargement du cœur en continu dans les REP. De plus, la durée de ces opérations impose un fractionnement dans le renouvellement du cœur. Ainsi, dans le cas d'un fractionnement par quart de cœur, on décharge le 1/4 des assemblages les plus irradiés pour les remplacer par des assemblages neufs : un assemblage effectue alors quatre cycles d'irradiation avant d'être déchargé définitivement.

On peut montrer que la relation entre l'énergie E_n extraite d'un cœur renouvelé par fraction 1/n et l'énergie E_1 fournie par un cœur chargé et déchargé en une seule fois s'écrit en première approximation :

$$E_n = \frac{2n}{n+1} E_1 \tag{1.1}$$

On voit que plus n est élevé, plus on tirera d'énergie du combustible à enrichissement égal et donc meilleure sera son utilisation.

Le fractionnement n est aussi lié à la durée du cycle et aux contraintes de conception du cœur. En effet, on peut écrire l'énergie extraite du cœur en fonction du nombre J de jours de fonctionnement au cours du cycle et la puissance spécifique moyenne P :

$$E_n = n \cdot J \cdot P \tag{1.2}$$

En prenant E_n = 35 000 MWj/t (limite technologique liée aux performances initiales du combustible), P = 40 W/g (valeur de conception) et J = 300 jepp (valeur liée à l'optimisation du réseau), il vient n ≈ 3. Le rechargement se fera donc par tiers avec une irradiation moyenne de décharge de 33 000 MWj/t.

Dans le parc REP EDF, on utilise couramment les fractionnements par tiers et par quart de cœur (*cf.* chapitre 2).

1.1.2. Enrichissement

Il est défini, pour les combustibles UO_2, comme le rapport des masses initiales d'uranium 235 métal et de combustible (^{235}U et ^{238}U).

$$\varepsilon_5 = \frac{\text{Masse } ^{235}U}{\text{Masse } ^{235}U + \text{Masse } ^{238}U} \tag{1.3}$$

Il peut être variable jusqu'à un enrichissement limite de 5 %. L'enrichissement maximal est déterminé par :

- les capacités de l'usine d'enrichissement,

- les contraintes technico-économiques du transport et du stockage des éléments combustibles,

- les capacités de retraitement des assemblages irradiés en raison de leur radiotoxicité.

Le coût des assemblages combustibles augmente bien évidemment en fonction de l'enrichissement du combustible.

1.1.3. Relation entre fractionnement, enrichissement et longueur de cycle

On appelle durée de la campagne combustible l'intervalle de production entre le redémarrage du réacteur après rechargement en combustible neuf et l'arrêt du réacteur pour déchargement du combustible usé. La longueur de campagne est mesurée en jepp (jour équivalent pleine puissance). Elle correspond à une mesure de l'énergie tirée du combustible entre le chargement et le déchargement du cœur.

La longueur naturelle de campagne, L_{NAT}, est définie comme l'irradiation moyenne que peut supporter le cœur (évaluée en MWj/t ou en jepp) jusqu'à l'atteinte d'une concentration en bore nulle (entre 0 et 10 ppm en pratique).

Pour un cœur à l'équilibre, la longueur naturelle de campagne est déterminée essentiellement par la nature de la recharge standard utilisée. On rappelle qu'à l'équilibre, après chaque rechargement au moyen d'une recharge standard, les inventaires du cœur

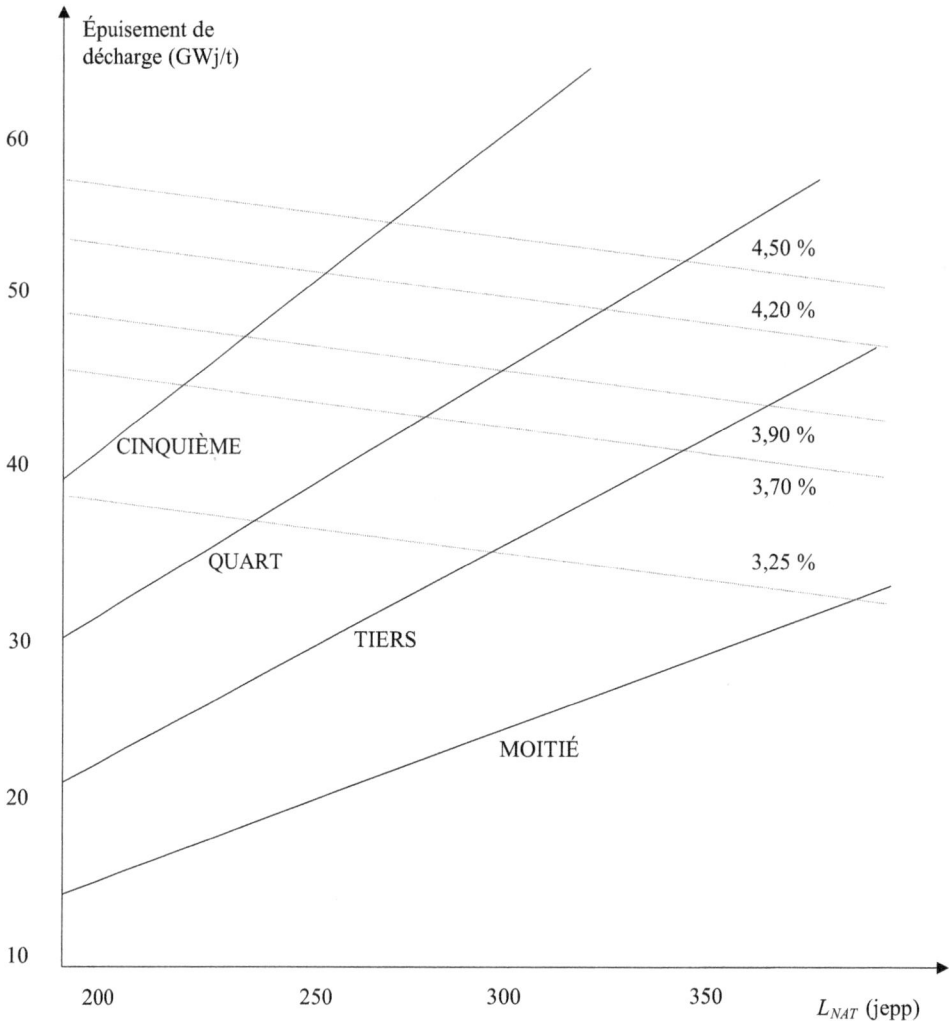

Figure 1.1. Influence du fractionnement et de l'enrichissement sur la longueur de cycle (REP 900 MWe).

des différentes campagnes sont équivalents. La longueur naturelle dépend aussi des prolongations ou anticipations réalisées au cours des cycles précédents. Cette fluctuation peut varier entre −40 et +60 jepp. Dans une moindre mesure, la L_{NAT} dépend également du plan de chargement retenu, en particulier du fait de l'impact des fuites neutroniques (*cf.* chapitre 3).

La durée calendaire du cycle est évidemment dépendante du coefficient de disponibilité (encore appelé facteur de charge moyen ou Kd). En pratique toutefois, les possibilités sont limitées par des considérations technologiques (limites sur l'épuisement de décharge et sur la concentration en bore initiale) et des considérations de sûreté (marge d'antiréactivité, coefficients de température modérateur, pics de puissance ...).

La figure 1.1 illustre les relations entre longueur de cycle, fractionnement, enrichissement et épuisement moyen de décharge. L'épuisement moyen de décharge, ou irradiation moyenne de décharge, correspond au taux de combustion des assemblages irradiés. On y a porté les longueurs de cycles d'équilibre en fonction de l'épuisement de décharge, exprimé en GWj/t, pour différents fractionnements ou différents enrichissements dans le cas d'un REP 900 MWe.

Il y a deux manières de lire ce graphique. À taux de décharge constant, limité par les caractéristiques du combustible et les études de sûreté, la longueur de campagne sera d'autant plus grande que le fractionnement sera faible ou que l'enrichissement sera élevé. À longueur de campagne fixée, en raison des contraintes de l'optimisation globale du parc par exemple, l'épuisement de décharge sera d'autant plus grand, d'où une meilleure utilisation du combustible, que le fractionnement ou l'enrichissement sera élevé.

On donne dans le tableau 1.1 les caractéristiques à l'équilibre des principales gestions du combustible retenues à l'issue des études techniques de conception et de sûreté et économiques effectuées à EDF. Les raisons ayant conduit à la sélection de ces gestions seront présentées au chapitre 2.

Dans ce tableau, les longueurs naturelles de campagne sont données à l'équilibre pour un enchaînement de cycles naturels.

Tableau 1.1. Principales gestions utilisées sur les REP du parc EDF jusqu'en 2007.

GESTION	Caractéristiques (nombre d'assemblages neufs rechargés)	Longueur naturelle de campagne (jepp)	Taux de combustion moyen de décharge (GWj/t)
REP 900 MWe			
STANDARD	1/3 3,25 % (52)	290	33
MOX	1/3 MOX (36 + 16*)	290	32 (36*)
GARANCE	1/4 3,70 % (40)	280	42
HYBRIDE MOX	HYBRIDE MOX (28 + 16*)	280	40 (35*)
CYCLADES CP0	1/3 4,2 % (52) + gadolinium	355	50
REP 1300 MWe			
STANDARD	1/3 3,10 % (64)	300	33
-	1/4 3,6 % (48)	280	42
GEMMES	1/3 4,0 % (64) + gadolinium	395	43
REP 1450 MWe			
STANDARD	1/4 3,40 % (52)	258	43

(*) Combustible MOX équivalent UO_2 3,25 %.

Quelques campagnes ont été effectuées en gestion 1/4 3,25 % sur le palier 900 MWe et en gestion 1/4 3,10 % sur le palier 1300 MWe, mais elles figurent pas dans le tableau. La gestion 1/4 3,6 % du palier 1300 MWe a été étudiée mais n'a jamais été mise en œuvre.

1.1.4. *Nature et importance des poisons consommables*

Les poisons consommables sont des matériaux neutrophages utilisés pour la compensation de la partie de la réactivité initiale non reprise par le bore au redémarrage (figure 1.2). En effet, la concentration en bore initiale est limitée en raison de son impact sur le Coefficient de température modérateur (CTM) devant toujours être négatif. Vis-à-vis de cette limite, il faut cependant atteindre des teneurs élevées et ce risque concerne essentiellement certaines phases accidentelles comme l'Accident par perte de réfrigérant primaire (APRP) long terme.

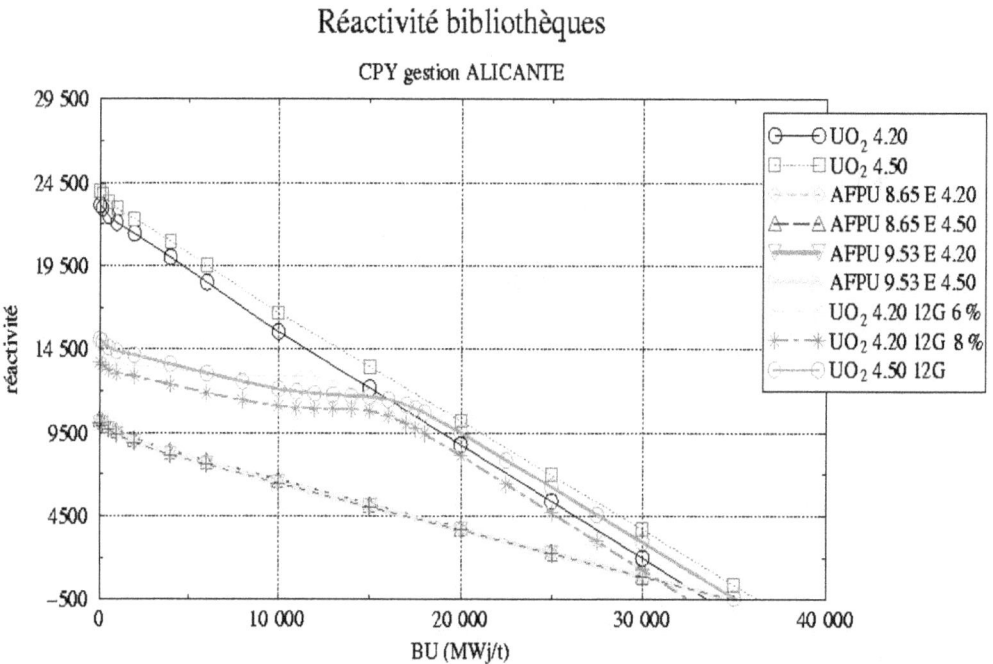

Figure 1.2. Évolution du k infini en fonction de l'irradiation pour différents assemblages.

Comme leur nom l'indique, les poisons consommables disparaissent par capture neutronique en fonction de l'irradiation des assemblages au cours du cycle (figure 1.3).

Ils ont aussi pour rôle de contrôler la distribution de puissance et sont donc généralement plutôt placés en région centrale. Au cours de l'avancement dans le cycle et en fonction de la disparition des poisons, les facteurs de point chaud (Fxy) du cœur ont toutefois tendance à remonter, ce qui doit être pris en compte dans la conception du plan de chargement et les systèmes de protection du cœur.

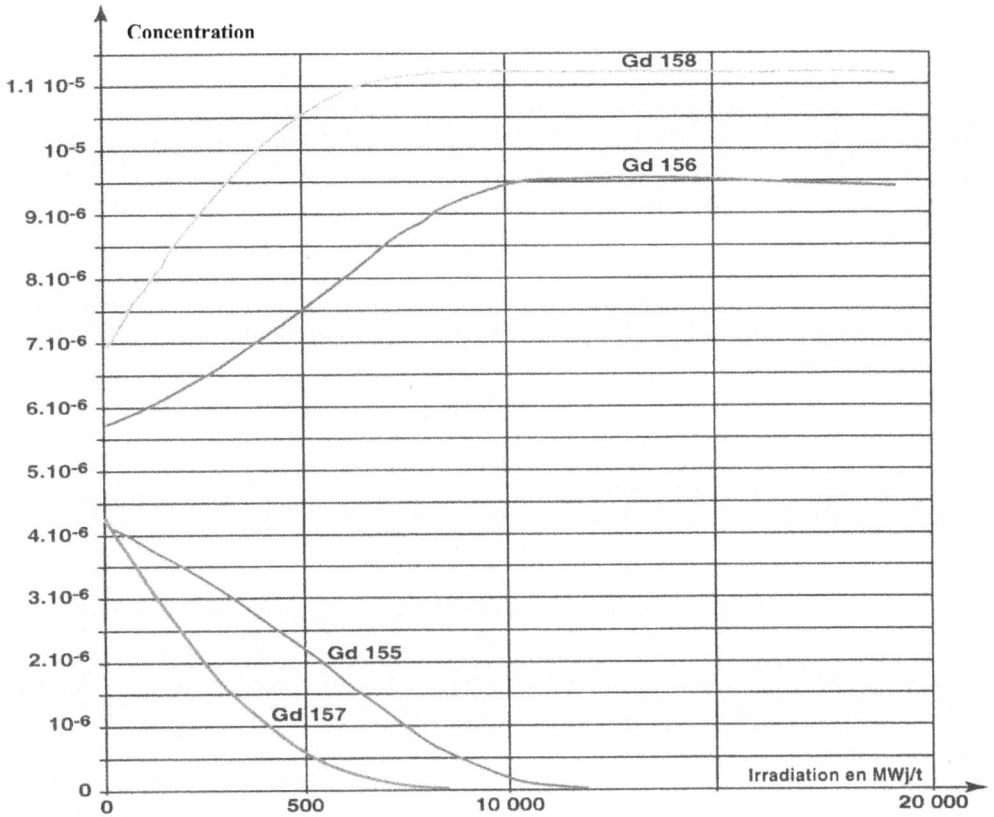

Figure 1.3. Évolution de la concentration en gadolinium (assemblage 16 crayons Gd).

On distingue deux types de poisons consommables :

- amovibles, c'est-à-dire insérés sous forme de grappes dans les tubes guides des assemblages ;

- intégrés dans le crayon combustible.

Les poisons amovibles ont l'avantage de ne nécessiter aucune particularité dans la fabrication du combustible mais ils présentent les inconvénients suivants :

- une pénalité résiduelle élevée :

    – absorption résiduelle,

    – défaut de modération,

    – absorption parasite au niveau du gainage ;

- un retraitement malaisé ;

- des problèmes de stockage des grappes après utilisation ;

- des possibilités de positionnement limitées dans le cœur.

Les poisons intégrés présentent, quant à eux, les avantages d'une pénalité résiduelle faible et d'un retraitement aisé. Cependant, ils nécessitent une fabrication particulière du combustible et sont déterminants dans la définition de la gestion.

Initialement, on utilisait dans les REP un poison amovible, le bore B_2O_3 sous forme de crayon de verre « Pyrex ». Cette solution a été retenue pour les premiers cœurs de tous les paliers 900 MWe, 1300 MWe et N4 du parc EDF. Par la suite, elle a été abandonnée au profit de l'oxyde de gadolinium Gd_2O_3 mélangé à l'oxyde d'uranium, bien que ce choix conduise à une dégradation de la conductivité thermique du crayon.

La teneur en gadolinium varie dans les crayons de 7 à 9 % sur un support en uranium dont l'enrichissement peut être compris entre 0,25 % et 2,5 %. Il peut y avoir entre 8 et 20 crayons gadoliniés dans l'assemblage. De plus, on peut utiliser un nombre variable de crayons gadoliniés en fonction de la position de l'assemblage dans le cœur (12 crayons avec une teneur de 8 % sur support enrichi à 2,5 % en gestions CYCLADES et ALCADE et sur support naturel en gestion GEMMES ; *cf.* figure 1.4).

1.1.5. *Un levier d'optimisation potentiel : la variabilité*

On appelle variabilité la variation du nombre d'assemblages neufs rechargés par rapport à une recharge standard, soit 64 assemblages neufs pour un REP 1300 MWe en gestion tiers du cœur par exemple. La variabilité peut être positive ou négative et se situe généralement à ±4 assemblages neufs pour des questions d'adéquation avec les données génériques de sûreté fournies dans le dossier général d'évaluation de la sûreté des tranches (*cf.* chapitre 6).

Intuitivement, on peut s'attendre à une augmentation de l'épuisement moyen de décharge si l'on enchaîne des campagnes avec des recharges comportant moins d'assemblages neufs que la recharge standard, car cela va dans le même sens qu'une augmentation du fractionnement. Le combustible sera donc mieux utilisé avec des recharges comportant moins d'assemblages neufs que la recharge standard.

La variabilité « en nombre » permet donc une certaine modulation de la longueur naturelle des campagnes. Ce levier supplémentaire peut être utilisé pour mieux placer les arrêts de tranche, en particulier en évitant d'arrêter une tranche pendant la période la plus froide de l'année ou en évitant une modulation volontaire de la production pendant l'hiver (*cf.* paragraphe 1.2). En hiver, en particulier aux mois de décembre, janvier et février, en raison d'une demande électrique plus importante, il est nécessaire d'utiliser les groupes thermiques classiques qui sont plus onéreux. En France, −1 °C de température moyenne entraîne une demande supplémentaire de +1200 MWe, soit pratiquement une tranche nucléaire. Un arrêt placé en hiver coûte environ 15 M€ de plus qu'un arrêt placé l'été. En conséquence, on cherche à placer les arrêts sur les périodes les moins chargées de l'année. Toutefois, on peut remarquer qu'un arrêt en été, intéressant économiquement, conduira dix-huit mois plus tard, dans le cas d'un cycle de cette durée, à un arrêt en hiver, très pénalisant d'un point de vue économique.

Enfin, notons que la variabilité dans les recharges est à l'heure actuelle rencontrée sur les REP 1300 MWe de manière limitée avec −4 assemblages neufs et sur le palier 900 MWe avec +4/−8 assemblages.

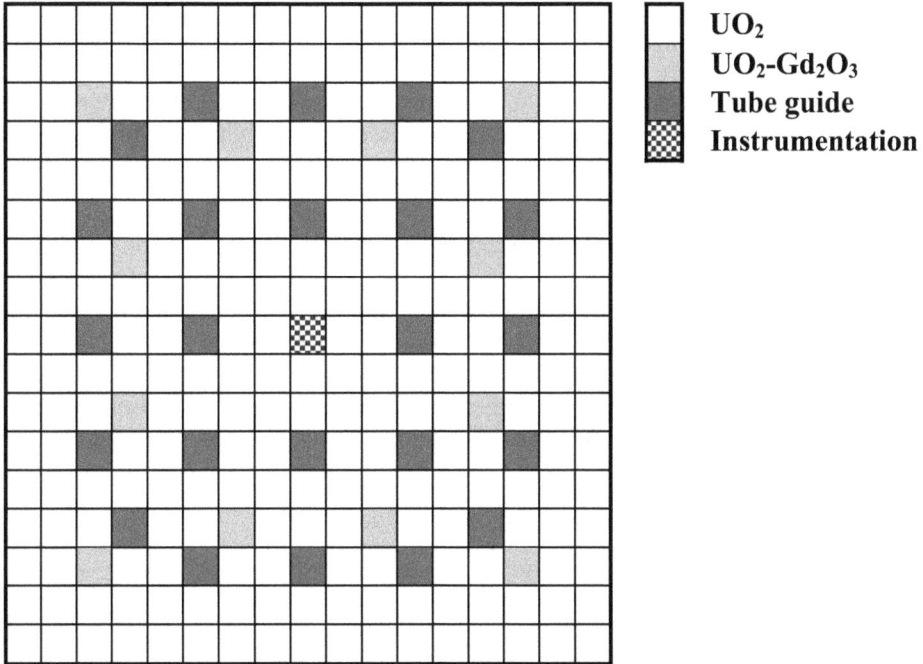

Figure 1.4. Assemblage Gadolinié Position des 12 crayons empoisonnés.

Les futurs projets de gestions, comme GALICE, prennent en compte une variabilité systématique de ±8 assemblages, dénommée flexibilité. Cette flexibilité permet une modulation de près de 60 jepp sur la longueur de campagne.

À l'avenir, la flexibilité devrait évoluer vers le concept plus global de « souplesse » dans lequel le contenu des recharges (en nombre d'assemblages et en nature) pourra être adapté au cas par cas en fonction des besoins de production. On dépassera alors le cadre traditionnel des schémas de gestion du combustible.

1.1.6. Optimisation du plan de rechargement

Cet aspect de la gestion du combustible sera vu en détail au chapitre 3.

1.2. Influence de la gestion du combustible sur les coûts

Nous verrons au chapitre 3 que la fréquence de rechargement du cœur au niveau du parc est déterminée à partir de l'optimisation globale du système Production transport consommation (PTC). Les paramètres de l'optimisation portent principalement sur :

- les données économiques telles que les prévisions de consommation et le coût des énergies de substitution,

- le coût du combustible nucléaire et plus généralement le coût du cycle complet uranium naturel ⇨ enrichissement ⇨ fabrication ⇨ retraitement,

- le coefficient Kd de disponibilité des tranches nucléaires qui dépend fortement de la durée des arrêts pour entretien et de renouvellement du combustible, ainsi que des indisponibilités fortuites (aléas).

Aujourd'hui, la saisonnalisation et la capacité du parc à réagir instantanément aux demandes du réseau (la manœuvrabilité) sont les facteurs essentiels de l'optimisation économique.

L'optimisation du système PTC conduit actuellement à une augmentation de la longueur des campagnes. Ceci a conduit à l'introduction de la gestion CYCLADES pour le palier 900 MWe CP0 à Fessenheim et Bugey. Des campagnes plus longues permettent, en diminuant le nombre d'arrêts pour rechargement, d'avoir une meilleure disponibilité des tranches nucléaires (augmentation du Kd) et de baisser le coût de gestion du système dans son ensemble par :

- une diminution des coûts de main d'œuvre et de matériel,

- un recours moins fréquent aux énergies de substitution de coûts plus élevés,

- une dosimétrie plus faible (figure 1.5).

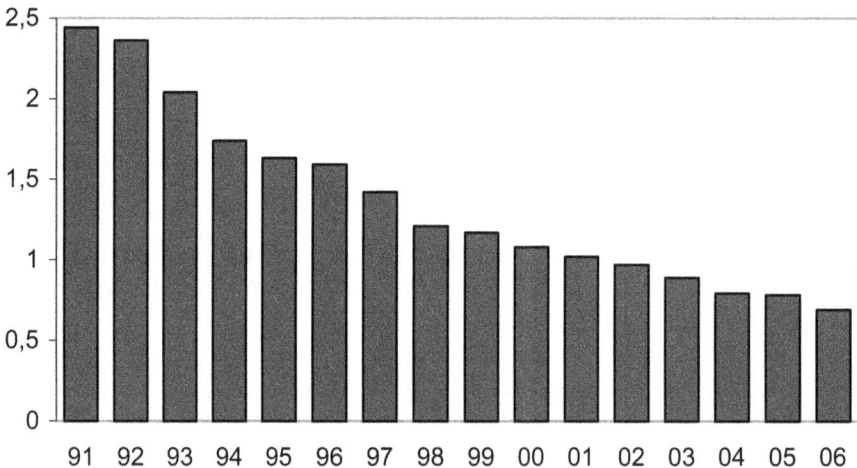

Figure 1.5. Évolution de la dose moyenne annuelle par réacteur (homme-sievert).

Les campagnes plus longues peuvent être obtenues au moyen d'un combustible plus enrichi, à fractionnement constant, mais plus cher ou au moyen d'un fractionnement plus faible, passage d'une gestion quart de cœur à une gestion tiers de cœur par exemple. Le fractionnement plus faible présente l'inconvénient de moins bien utiliser le combustible, ce qui revient à augmenter la part du coût du combustible nucléaire par GWh nucléaire produit.

Toutefois, il faut noter que si on peut diminuer la durée des arrêts pour rechargement, l'allongement des campagnes perd en partie de son intérêt. Cette tendance est actuellement constatée sur le parc EDF, comme en témoigne dans le tableau 1.2 la diminution significative du taux d'indisponibilité pour prolongation d'arrêt (Kipr) :

Tableau 1.2. Progrès réalisés dans la maîtrise des arrêts de tranches.

Année	1999	2000	2001	2002	2003	2004	2005	2006
Kipr	3,8	2,9	3,4	1,7	2,0	2,0	1,6	1,7

La figure 1.6 donne l'évolution mois après mois de la disponibilité des tranches REP 900 et 1300 MWe. On remarque que le mélange judicieux de campagnes longues de dix-huit mois et annuelles permet de positionner les arrêts de tranches lorsque la demande est la plus faible sans être pénalisé par la diminution consécutive du Kd lors de la période estivale.

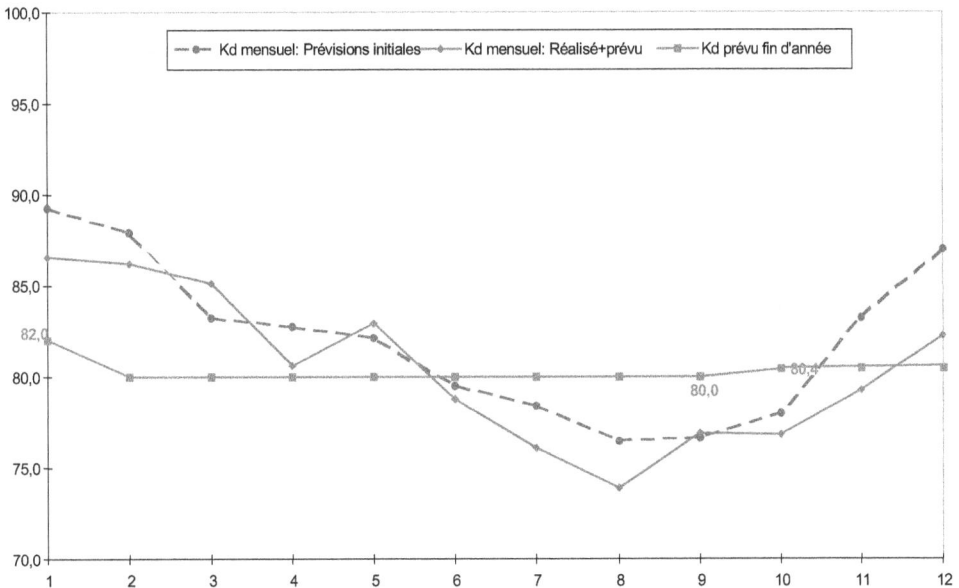

Figure 1.6. Évolution de la disponibilité des tranches REP 900 et 1300 MWe en 2000.

L'évolution annuelle du coefficient de disponibilité constatée sur le parc EDF est illustrée à la figure 1.7.

1.3. Conclusion

La gestion du combustible nucléaire chargé en réacteur repose sur un nombre restreint de paramètres dont les amplitudes de variation sont limitées en raison de critères économiques ou technologiques. Le choix d'un jeu « optimal » de paramètres définissant une nouvelle gestion repose sur de nombreuses études technico-économiques lourdes de conséquences en termes industriel et commercial. Schématiquement, il faut compter une décennie entre le début des études de faisabilité et le chargement en réacteur.

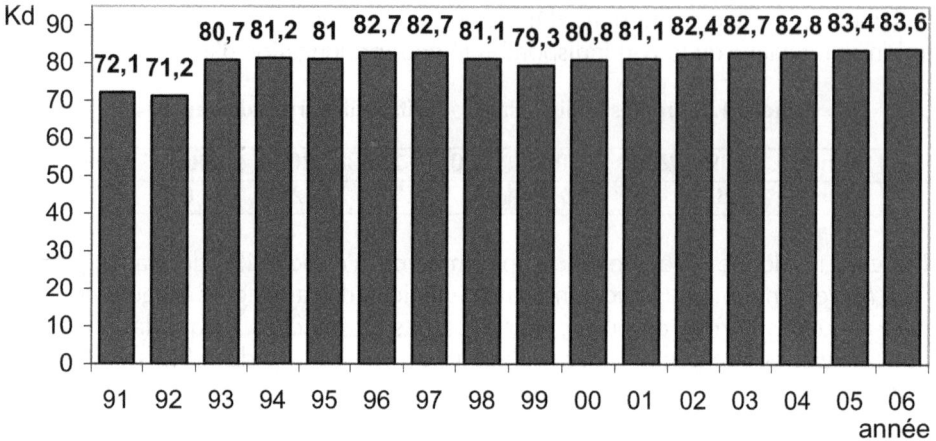

Figure 1.7. Évolution annuelle de la disponibilité du parc EDF.

Le chapitre suivant montrera comment les différentes gestions du parc électronucléaire du Groupe EDF ont été définies en réponse à l'évolution de la consommation en France.

À l'heure de l'ouverture à la concurrence du marché français de l'électricité, le choix des gestions du combustible voire la possibilité de recharger « à la carte » les réacteurs en application du concept de « souplesse » devient un élément crucial pour la compétitivité de l'énergie nucléaire.

Références

Grard H., *Étude de flexibilité des recharges en combustible des réacteurs REP*, Rapport de stage INSTN, 2000.

Micaux B., *Conception et fonctionnement des REP*, Note CEA/DEDR/SERMA.

Petit A., *Gestion des Tranches REP – Longueurs de Campagnes - Taux de combustion des assemblages déchargés*, Note technique EDF.

Reuss P., *Éléments de neutronique*, Collection enseignement INSTN CEA.

2

Introduction

L'optimisation de la gestion du combustible pour un parc de 58 tranches REP est un problème complexe, à la fois technique et économique. La bonne utilisation du combustible dépend de ses performances technologiques : résistance à la corrosion externe, limitation de la pression interne due au relâchement des gaz de fission, résistance à l'interaction pastille-gaine, tenue mécanique de l'assemblage. Mais les hypothèses économiques sont tout aussi importantes : prévisions de consommation, coût de l'énergie de substitution (fossile, hydraulique...), coût du cycle du combustible nucléaire, coefficient de disponibilité des tranches. Suivant l'importance relative donnée à ces divers paramètres, on peut être amené, pour un enrichissement fixé, à privilégier une augmentation de l'irradiation de décharge par rapport à un allongement de la durée du cycle ou bien l'inverse.

De plus, la gestion du parc REP d'EDF nécessite de disposer de la souplesse nécessaire dans le placement des arrêts pour rechargement et entretien (modulation, anticipation/prolongation) ainsi que de possibilités d'adaptation en temps réel de la production à la consommation (suivi de réseau).

Après avoir rappelé la politique qui a prévalu jusqu'à présent à EDF, les études des modes de rechargement engagées actuellement sont décrites ainsi que les orientations proposées jusqu'à la situation actuelle du parc.

2.1. Historique et caractéristiques des principales gestions

2.1.1. L'édification du parc nucléaire français

On rappelle brièvement la chronologie de l'édification du parc nucléaire français. En effet, l'historique des gestions du combustible est parallèle à celui du parc nucléaire ainsi qu'à l'évolution des performances des combustibles nucléaires.

Dans les années cinquante, le Commissariat à l'énergie atomique avait mis au point une filière nucléaire 100 % française dite « Uranium naturel graphite gaz ». Neuf réacteurs de ce type d'une capacité globale brute de 2388 MWe ont été couplés au réseau entre 1956 et 1972. Ces réacteurs étaient alimentés en uranium naturel sous forme métallique, modérés au graphite et utilisaient comme caloporteur du gaz carbonique sous pression (30 bar, 400 °C). Les trois premiers réacteurs de la filière UNGG étaient exploités par le CEA dans un but de production de matière nucléaire militaire, les six autres réacteurs étaient exploités par EDF.

Ces réacteurs ont cessé la production électrique entre 1968 et 1994 : six d'entre eux sont en cours de démantèlement et pour les trois autres, la mise à l'arrêt définitif est en cours.

Dès 1955, la Commission PEON, Commission consultative pour la Production d'électricité d'origine nucléaire, était mise en place pour évaluer les coûts liés à la construction de nouvelles tranches nucléaires. Face à la faible compétitivité économique des réacteurs UNGG par rapport à la filière à eau sous pression et aux difficultés rencontrées pour obtenir une puissance supérieure à 500 MWe, la Commission PEON émit un avis favorable pour la construction, dans une première étape, de quatre ou cinq réacteurs à eau légère d'une puissance unitaire de 900 MWe entre 1970 et 1975.

Dès le mois de mars 1974, le gouvernement de Pierre Messmer adoptait un plan sur deux ans correspondant à la mise en œuvre de seize nouvelles tranches à eau légère de 900 MWe. L'effort fut poursuivi en 1975 avec l'engagement pour 1976 et 1977 d'un programme de 12 000 MWe prévoyant un saut au palier supérieur, le REP 1300 MWe, car on estimait alors qu'il manquait 12 900 MWe pour satisfaire les besoins en capacité de production d'électricité de la France. En 1977, le rythme de construction fut ramené à 5000 MWe pour les deux années suivantes. Au début des années 1980, on comptait 18 réacteurs en fonctionnement et 33 en construction. Le programme s'est poursuivi au cours des années 1980, mais les prévisions de croissance de la demande d'électricité ayant été revues à la baisse, le programme a dû s'infléchir à partir de 1985, tout en atteignant un palier de puissance supérieure, le N4 à 1450 MWe par réacteur (figure 2.1).

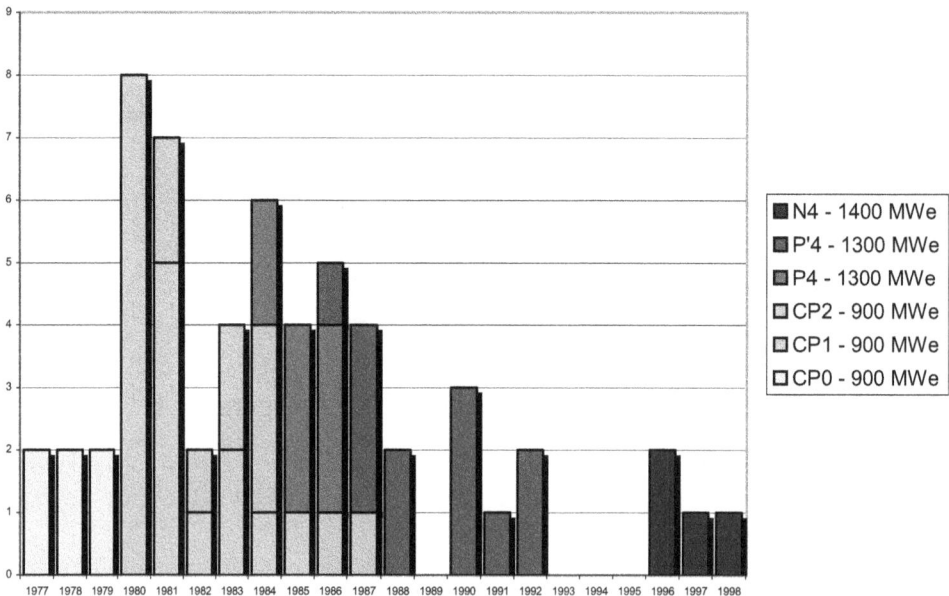

Figure 2.1. Rythme de démarrage des tranches du parc EDF.

On doit aussi mentionner le réacteur de Chooz A, premier réacteur à eau sous pression en France, le réacteur EL4, prototype de réacteur à eau lourde et uranium naturel et les réacteurs rapides au sodium Phénix et Superphénix, réacteurs dont l'exploitation a été abandonnée.

2.1.2. *Modes de rechargement adoptés des années 1980 à 1990*

Dans les années 1980, EDF, qui dispose d'un parc très jeune, s'oriente vers un allongement des campagnes, essentiellement pour améliorer la disponibilité du parc et réduire les doses intégrées par le personnel lors des arrêts de tranches.

Du rechargement standard, par tiers de cœur enrichissement 3,25 % à longueur de campagne de douze mois pour le 900 MWe (290 jepp), on envisage alors à terme un rechargement par tiers de cœur enrichissement à 4,2 %. Une étape intermédiaire est retenue avec un enrichissement à 3,7 % toujours par tiers de cœur compatible avec un taux de combustion moyen lot de 39 GWj/t. Six tranches sont alors renouvelées selon ce mode de rechargement, qui nécessite l'utilisation d'oxyde mixte de Gadolinium Gd_2O_3 mélangé à l'oxyde d'uranium dans un certain nombre d'assemblages (figure 2.2).

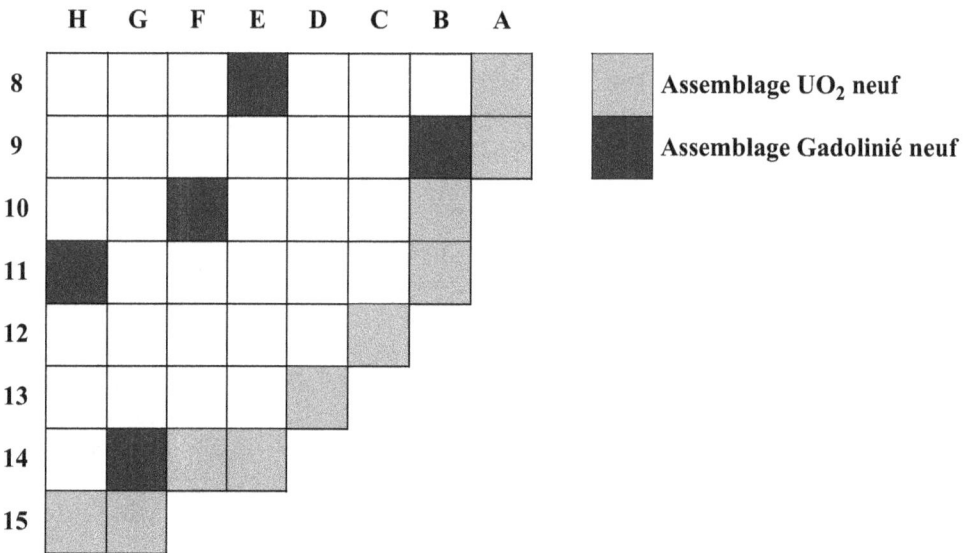

H   G   F   E   D   C   B   A

8
9
10
11
12
13
14
15

Assemblage UO_2 neuf

Assemblage Gadolinié neuf

Figure 2.2. REP 900 MWe Gestion Tiers de Cœur - 3,7 % Plan de chargement hybride.

EDF engrange alors une bonne expérience de ce poison neutronique avec plus de 300 assemblages irradiés en réacteur sur ce palier, des teneurs en gadolinium comprises entre 7 % et 9 %, le support UO_2 étant constitué d'uranium appauvri ou enrichi à 1,8 ou 2,4 % (tableau 2.1). Les campagnes correspondantes ont des longueurs de l'ordre de 330 jepp, ce qui, compte tenu du facteur de disponibilité, correspond à des durées de 16 mois, arrêt pour rechargement et entretien compris.

Tableau 2.1. REP 900 CP1/CP2 : expérience d'exploitation avec poison gadolinié durant les années 80.

Réacteur / Campagnes	Fournisseur	Assemblages avec gadolinium	Enrichissement en ^{235}U	Nombre de crayons	Teneur en oxyde de gadolinium	Enrichissement du support
GR501	FRAMATOME	8	2,4 %	12	8 %	0,25 %
		16	3,10 %	16	8 %	0,25 %
GR203	FRAMATOME	2	3,25 %	12	8 %	0,25 %
		6	3,25 %	12		
GR204	FRAMATOME	36	3,45 %	8	8 %	0,25 %
GR205	FRAMATOME	36	3,45 %	8	8 %	0,25 %
DA303	KWU	8	3,25 %	12	7 %	2,4 %
DA304	KWU	36	3,45 %	8	9 %	1,8 %
DA305	KWU	36	3,45 %	8	9 %	1,8 %
TN304	FRAMATOME	36	3,45 %	8	8 %	0,25 %
TN305	FRAMATOME	16	3,7 %	8	8 %	0,25 %
CHB104	FRAMATOME	16	3,7 %	8	8 %	0,25 %
CHB105	FRAMATOME	16	3,7 %	8	8 %	0,25 %
GR106	FRAMATOME	16	3,7 %	8	8 %	0,25 %
GR107	FRAMATOME	16	3,7 %	8	8 %	0,25 %
BL106	EXXON	16	3,7 %	8	8 %	0,71 %
BL107	EXXON	16	3,7 %	8	8 %	0,71 %
			Total CP1/CP2			
7 réacteurs	3 fournisseurs	332 assemblages	2,4 à 3,7 %	8 à 16	7 à 9 %	0,25 à 2,4 %
15 campagnes	3 fournisseurs	332 assemblages	5 enrichissements	2880 crayons	3 teneurs	4 enrichissements

GR501 : Gravelines tranche 5 cycle 1 ; DA : Dampierre ; TN : Tricastin ; CHB : ; BL : Blayais

Auparavant, une gestion à 64 assemblages à 3,45 % dont 36 gadoliniés est utilisée ponctuellement sur les trois tranches de Gravelines 2, Dampierre 3 et Tricastin 3. Par ailleurs, le premier cœur de Gravelines 5 comporte un mélange d'assemblages empoisonnés de deux types, pyrex et gadolinium.

À partir de 1986, cette politique de rechargement va s'infléchir compte tenu des progrès réalisés en matière de durée des arrêts pour rechargement, des nouveaux combustibles à grilles en zircaloy, au lieu d'inconel initialement, qui réduisent les doses intégrées pour le personnel, et surtout en raison de l'hypothèse, qui se confirme, d'un parc nucléaire durablement suréquipé par rapport à une progression modérée de la consommation. Sans changer l'enrichissement de l'uranium retenu jusqu'alors, soit 3,7 %, il est officiellement décidé en 1988 d'adopter un renouvellement par 1/4 de cœur, ce qui correspond à une irradiation moyenne lot accrue à 42 GWj/t et une longueur de campagne réduite à 275 jepp.

Le gain de 12 % ainsi réalisé sur le coût de cycle par rapport à la gestion standard initiale s'avère bénéfique pour le système production transport dans son ensemble, compte tenu des hypothèses évoquées plus haut. La période annuelle des arrêts pour rechargement et entretien est considérée comme optimale pour l'ensemble du parc. La politique retenue pour le REP 900 MWe sera un temps envisagée pour le palier REP 1300 MWe pour lequel a été étudiée une gestion par 1/4 de cœur avec un enrichissement de 3,6 %.

Au même moment, il est décidé de recycler le plutonium issu du retraitement du combustible nucléaire dans les REP 900 MWe, dans un contexte où l'utilisation de ce

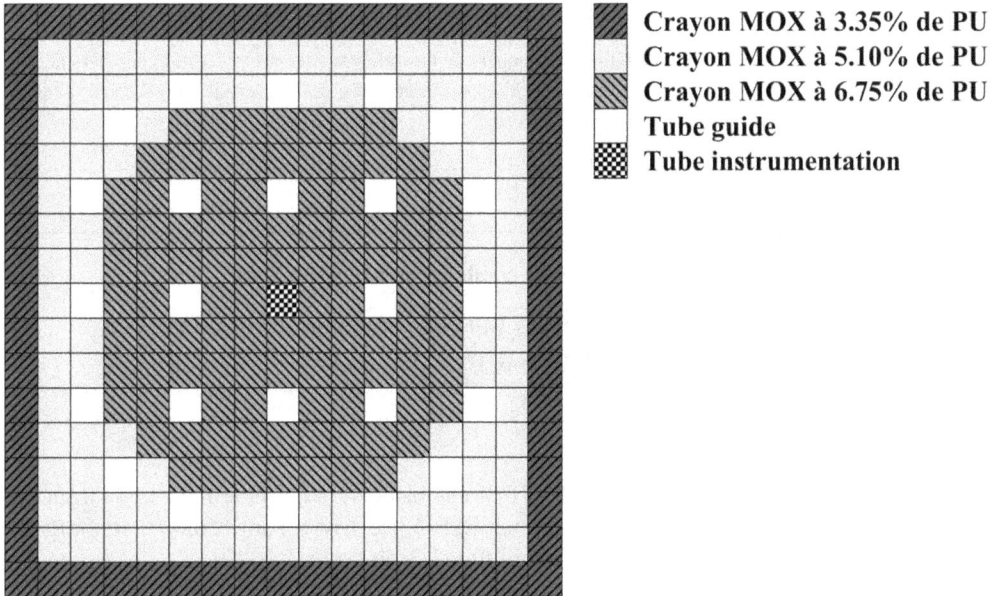

Crayon MOX à 3.35% de PU
Crayon MOX à 5.10% de PU
Crayon MOX à 6.75% de PU
Tube guide
Tube instrumentation

Figure 2.3. Assemblage MOX 5,3 %.

combustible dans les réacteurs à neutrons rapides devient hypothétique. Vingt tranches du palier 900 MWe pouvaient recevoir ce combustible en vertu de leur décret initial d'autorisation de création. Ce nombre a été porté à 24, puis à 26 fin 2007. D'une manière générale, la proportion d'assemblages MOX est limitée à un tiers (figure 2.3). De la même façon, l'uranium de retraitement peut être recyclé comme cela est le cas sur le site de CRUAS.

Malgré le surcoût de fabrication, la maîtrise du stock de plutonium issu du retraitement conduit EDF à adopter des recharges par tiers de cœur comportant 52 assemblages dont 16 sont constitués d'oxyde mixte UO_2-PUO_2, le MOX, avec une teneur en plutonium maximale de 5,3 %. Cette teneur permet l'équivalent énergétique du combustible UO_2 enrichi à 3,25 % qui constitue les 36 autres assemblages.

À la fin des années 1980 (tableaux 2.2a et 2.2b), la quasi-totalité des tranches REP 900 MWe est chargée en combustible uranium 3,7 %, 5 tranches recyclent du plutonium en gestion 1/3 UO_2 3,25 % 1/3 MOX 5,3 %. En parallèle, certaines tranches 900 MWe expérimentent la gestion UO_2 quart de cœur 3,25 %.

Néanmoins, il est clair que l'intérêt économique par rapport à la gestion standard sera sensiblement amélioré si l'on peut porter l'enrichissement des assemblages uranium à 3,7 %. Pour ce faire, on étudie une gestion dite hybride où le combustible uranium 3,7 % effectue 4 cycles en réacteur alors que le combustible à oxyde mixte y demeure durant 3 cycles. Cette nouvelle gestion a pour but de limiter l'irradiation atteinte par le MOX, dans l'attente d'un retour d'expérience accru concernant ce combustible. Cette gestion correspond à une des deux gestions, avec la gestion UO2 1/4 3,7 %, du projet GARANCE initiée en 1993 sur Dampierre 2.

Tableau 2.2a. Gestions du combustible REP 900 MWe.

	Gestion par tiers de cœur UO$_2$ 3,25 %	Gestion par quart de cœur UO$_2$ 3,25 %	Gestion par tiers de cœur UO$_2$ 3,70 %	Gestion par tiers de cœur UO$_2$ 3,25 % + MOX
REP 900 MWe CP0 Fessenheim - Bugey	4	2	-	-
REP 900 MWe CP1-CP2	1	-	22	5

Tableau 2.2b. Gestions du combustible REP 1300 MWe.

	Gestion par tiers de cœur UO$_2$ 3,10 %	Gestion par quart de cœur UO$_2$ 3,10 %
Parc 1300 MWe	18	2

De même, une variante analogue 1/4 3,10 % est testée transitoirement sur deux tranches de Saint-Alban. À cette époque, les tranches REP 1300 MWe sont toujours rechargées selon le mode de renouvellement standard initial (1/3 de cœur 3,10 %).

Les études ultérieures, comme nous allons le voir, vont conduire EDF à introduire un nouveau modèle de renouvellement pour le palier 1300 MWe.

2.1.3. Fin 1990 : évolution des données économiques

Depuis la décision d'adopter les gestions 4 cycles pour le parc REP, les données économiques ont sensiblement évolué au niveau de l'équilibre production/consommation :

- de 1988 à 1991, la prévision de consommation intérieure et les exportations ont augmenté au total de 60 TWh ;

- fin 1988, on prévoit, pour l'année 1995, 7000 heures de marginalité nucléaire, alors que l'on ne voit plus à l'aube des années 1990 que 2000 heures, ce qui confirme l'adaptation plus tôt que prévu du parc nucléaire vis-à-vis de la demande ;

- la production charbon + fuel est estimée à 15 + 2 TWh alors que la prévision réactualisée atteint 35 + 5 TWh ;

- en termes de coûts, les risques de défaillance sont revus à la hausse d'un facteur proche de 3, ce qui caractérise encore l'ajustement du parc.

La durée des arrêts pour rechargement et entretien a également fortement augmenté. En valeur moyenne sur le parc, elle est passée de 7 semaines en 1986 à 12 semaines en 1991. En effet, la durée minimale standard augmente du fait du volume des contrôles et des travaux de maintenance. On observe par ailleurs des arrêts pour visites longues, quinquennales ou décennales et, enfin, une durée moyenne de prolongation de l'ordre de 20 jepp. Mis à part les améliorations possibles grâce à une meilleure organisation, cette augmentation est alors considérée comme durable compte tenu des problèmes de vieillissement du parc nécessitant parfois des actions de maintenance lourde comme le remplacement de générateurs de vapeur par exemple.

L'augmentation du volume de la maintenance s'est également traduite par un durcissement des contraintes de site, comme la nécessité d'espacer sur un même site les arrêts pour rechargement et entretien de tranches différentes. Ceci réduit la souplesse de placement des arrêts et la bonne saisonnalisation de l'entretien programmé.

Trois voies d'amélioration apparaissent alors envisageables :

- agir sur la durée des arrêts mais les gains organisationnels sont limités ;

- desserrer les contraintes de placement d'arrêt, mais EDF est limité par la forte saisonnalité de la demande en France, contrairement à des pays comme les États-Unis ;

- allonger les durées de campagnes.

Cette troisième voie a été privilégiée.

2.1.4. 1990-2000 : engagement vers l'allongement des campagnes

La référence était alors constituée par la gestion 4 cycles avec un enrichissement de 3,7 % pour le 900 MWe et 3,6 % pour le 1300 MWe, cette dernière n'ayant cependant jamais été mise en œuvre. Pour augmenter la longueur de campagne avec une cible de dix-huit mois, on pouvait soit augmenter l'enrichissement en restant en gestion 4 cycles, soit revenir à une gestion 3 cycles. La première solution a été écartée, car obtenir une campagne de 16 mois avec un coefficient de disponibilité de 75 % impliquait un enrichissement voisin de 5 %, ce qui conduisait à une irradiation moyenne lot de 56 GWj/t, non accessible.

Cette irradiation ne peut en effet être atteinte qu'avec un nouveau type d'assemblage combustible, la solution proposée devant demeurer compatible avec les performances attendues des combustibles alors disponibles, c'est-à-dire une irradiation moyenne assemblage inférieure à 52 GWj/t.

Les études de faisabilité engagées au début des années 1990, et même avant, ont consisté à vérifier le respect des valeurs limites d'un certain nombre de paramètres clés de sûreté pour un enchaînement de campagnes tel que représenté sur la figure 2.4.

Ces paramètres clés sont :

- les facteurs de point chaud qui conditionnent les marges vis-à-vis du RFTC et de l'APRP (puissance linéique) pour le REP 1300 MWe ;

- la marge d'antiréactivité requise ;

- les coefficients de réactivité ;

- la concentration en bore soluble.

Pour compenser l'excès de réactivité en début de campagne et contrôler la distribution de puissance, un poison neutronique sous forme d'oxyde de gadolinium mélangé à l'oxyde d'uranium a été intégré dans un certain nombre de crayons.

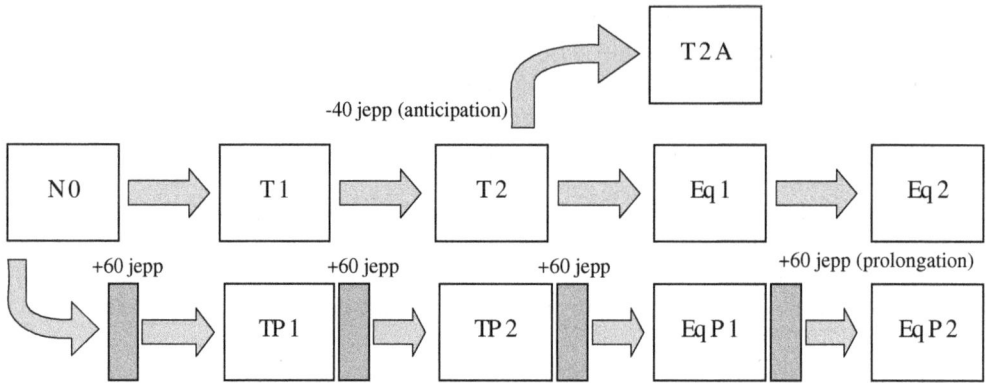

NO : premier cycle ; T : cycle de transition ; TP : transition avec prolongation ; Eq : équilibre.

Figure 2.4. Études de faisabilité.

2.1.4.1. *REP 900 MWe*

Pour le palier REP 900 MWe, des gestions 3 cycles à 3,7 %, 3,9 % et 4,2 % d'enrichissement ont été étudiées. Pour la gestion 3 cycles 3,7 % qui a été effectivement mise en œuvre sur 6 réacteurs, on a retenu sur les 52 assemblages de la recharge, 16 assemblages comportant chacun 8 crayons UO_2-Gd_2O_3 avec une teneur de 8 % en gadolinium et un support d'uranium appauvri. Pour l'étude de faisabilité avec les enrichissements de 3,9 % et 4,2 %, on a adopté un assemblage comprenant 12 crayons empoisonnés avec une concentration de 9 % d'oxyde de gadolinium, les recharges comprenant 16 de ces assemblages. Cette charge en gadolinium aurait probablement pu être optimisée mais l'effort a porté sur le 1300 MWe pour lequel l'intérêt de l'allongement des campagnes est plus grand lorsque l'on passe d'une gestion 4 cycles à une gestion 3 cycles, en raison notamment de la conformation des cœurs 900 MWe et 1300 MWe et des plans de chargement qui en résultent.

Dans les années 1990-1995, l'allongement des campagnes a donc été étudié sur les réacteurs 900 MWe avec et sans MOX. Néanmoins, il a été jugé préférable de maintenir ce palier en gestion annuelle alors que l'allongement des campagnes 1300 MWe à dix-huit mois était prévu. De fait, c'est le couple (900 MWe en gestion annuelle, 1300 MWe en gestion dix-huit mois) qui constitue un optimum économique global en particulier pour la saisonnalisation dans le placement des arrêts : 900 MWe en été, 1300 MWe au printemps et à l'automne.

Trois types de repositionnement ont été successivement introduits pour le REP 900 MWe :

- un repositionnement de type standard (figure 2.5) ;

- un repositionnement de type hybride dans lequel un certain nombre d'assemblages neufs gadoliniés sont positionnés à l'intérieur du cœur (figure 2.6) ; cette variante permet éventuellement des gains sur la marge d'antiréactivité ;

- un repositionnement réduisant la fluence au lieu dimensionnant potentiellement la durée de vie des cuves du palier 900 MWe (au bout des axes Nord-Sud et Est-Ouest).

H G F E D C B A

8
9
10
11
12
13
14
15

Assemblage UO$_2$ neuf

Assemblage gadolinié neuf

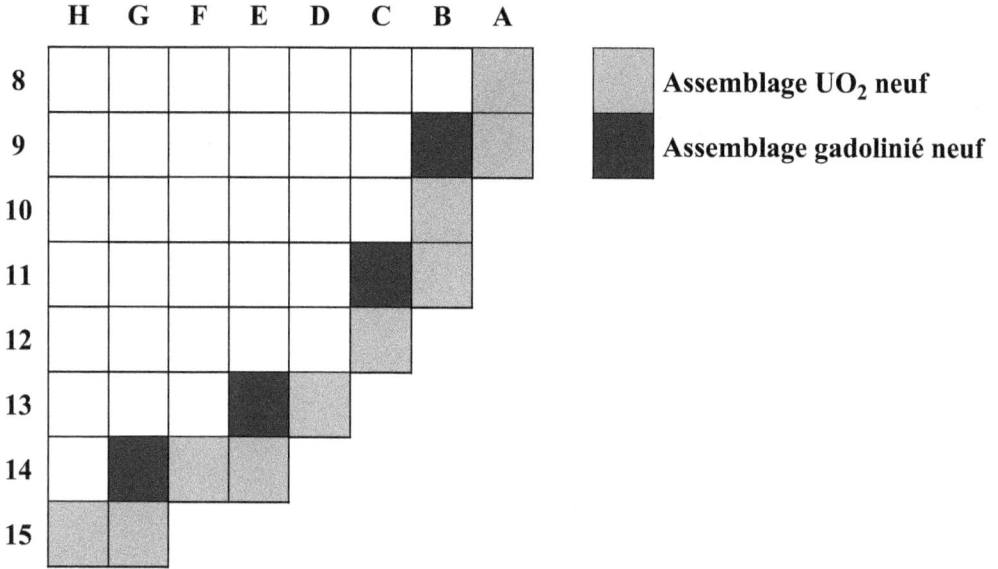

Figure 2.5. REP 900 MWe, gestion tiers de cœur plan standard.

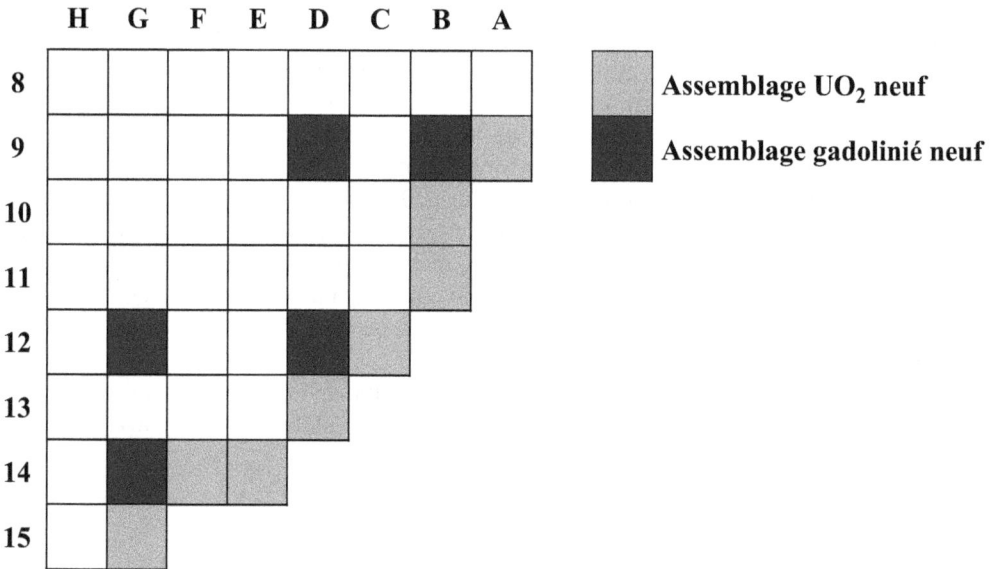

H G F E D C B A

8
9
10
11
12
13
14
15

Assemblage UO$_2$ neuf

Assemblage gadolinié neuf

Figure 2.6. REP 900 MWe, gestion tiers de cœur plan hybride.

Cette protection de la cuve est obtenue en positionnant au point chaud évoqué trois assemblages très irradiés sur la dernière couronne périphérique. Cette démarche s'accompagne d'une augmentation d'environ 5 jepp des longueurs de campagnes (figure 2.7).

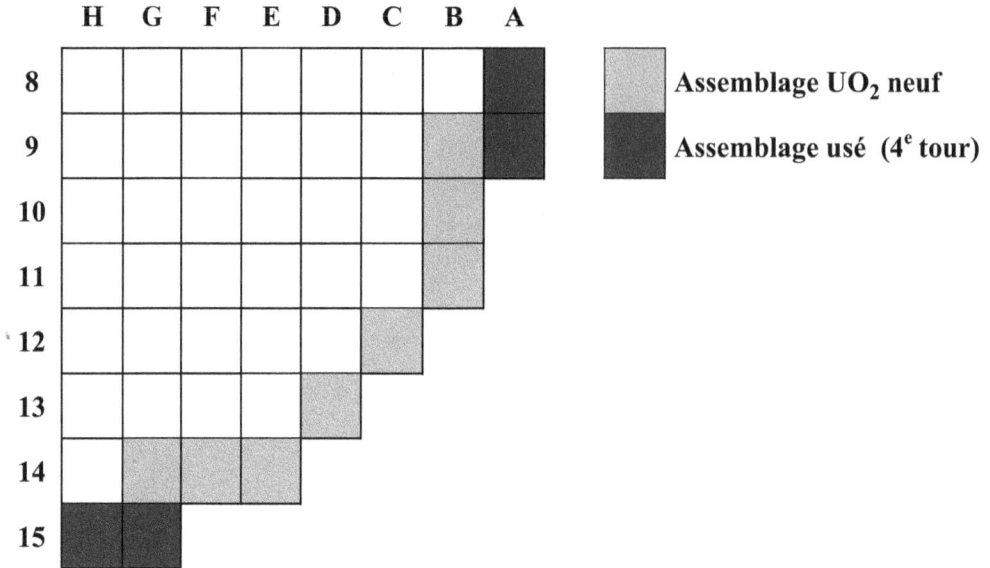

Figure 2.7. REP 900 MWe, gestion faible fluence.

En pratique, les efforts de réduction de la fluence sur le palier 900 MWe ont débuté vers 1990 essentiellement sur la gestion UO_2 1/4 3,7 % puis sur la gestion hybride MOX.

D'un point de vue sûreté, les valeurs limites des paramètres clés évoqués plus haut sont respectées, notamment le coefficient de température du modérateur et ce dans les conditions les plus sévères. Les difficultés rencontrées sont en particulier associées aux hautes concentrations en bore (pouvant atteindre 1900 ppm en début de vie à puissance nulle) pour les cycles à l'équilibre, ou à des phénomènes tels que l'interaction pastille-gaine sur lesquels nous reviendrons à propos du REP 1300 MWe.

Les résultats en termes de longueur de campagnes et d'irradiation de décharge sont présentés dans le tableau 2.3 où sont également reportées les valeurs relatives à la gestion de référence 4 cycles 3,7 %.

La gestion UO_2 1/3 4,2 % avec gadolinium sur support enrichi à 2,5 % a été adoptée sur le palier CP0 à l'occasion du projet CYCLADES en exploitation depuis 2001.

2.1.4.2. REP 1300 MWe

Les évaluations ont porté essentiellement sur la gestion 3 cycles 4 %, la référence économique étant toujours constituée par la gestion 4 cycles 3,6 %. Pour rappel, la gestion en exploitation jusqu'en 1996 était la gestion initiale 3 cycles 3,1 % dont l'équilibre constitue la base des études du rapport de sûreté 1300 MWe.

L'étude a montré que l'on pouvait éviter un enrichissement intermédiaire pour passer de l'équilibre 3 cycles 3,10 % à un enrichissement de 4,0 %. Cette gestion conduisant à des longueurs de campagnes adaptées à l'objectif de dix-huit mois, elle a donc été retenue.

Sur cette base, diverses géométries d'assemblages gadoliniés et divers plans ont été testés. Finalement, on a retenu pour la campagne à l'équilibre un assemblage à 12 crayons

Tableau 2.3. Longueur de campagne et irradiation de décharge.

TYPE DE GESTION	LONG. DE CAMP. jepp	IRRADIATION MOYENNE GWj/t	IRRADIATION MAXIMALE GWj/t
QUART DE CŒUR 3,7 %	281	42,1	45,5
QUART DE CŒUR 3,7 % + 60 jepp	304	45,4	49,1
HYBRIDE MOX	278	39,1 (UO$_2$) 36,3 (MOX)	42,9 (UO$_2$) 36,6 (MOX)
HYBRIDE MOX + 60 jepp	304	42,7 (UO$_2$) 39,6 (MOX)	47,1 (UO$_2$) 40,2 (MOX)
TIERS DE CŒUR 4,0 % STANDARD	397	44.0 (UO2) 43,3 (GADO)	45.0 (UO$_2$) 46,6 (GADO)
TIERS DE CŒUR 4,0 % STANDARD + 60 jepp	426	47,3 (UO$_2$) 46,3 (GADO)	48,5 (UO$_2$) 49,2 (GADO)

gadoliniés avec une teneur de 8 % en gadolinium, un support en uranium naturel et 24 assemblages empoisonnés. Pour la première campagne de transition, le nombre d'assemblages gadoliniés a été porté à 28. Les plans de chargement sont de type hybride (avec des assemblages neufs empoisonnés implantés à l'intérieur du cœur) afin, là encore, de protéger le point chaud des cuves situé sur le palier 1300 MWe face aux diagonales (figure 2.8).

Cette gestion, étudiée dans le cadre du projet GEMMES, a été mise en œuvre pour la première fois en 1996 sur la Tranche Tête de Série de CATTENOM 4 à l'occasion de la campagne 5. Le passage dans la nouvelle gestion s'est ensuite généralisé progressivement d'abord sur le palier P'4 puis sur le palier P4 jusqu'en 1999 avec la tranche de St-ALBAN 2 à la campagne 10.

Les résultats concernant les valeurs des paramètres clés sont portés dans le tableau 2.4. Les marges vis-à-vis du FQ limite APRP et vis-à-vis du REC en fonctionnement normal telles que calculées par le SPIN (Système de protection intégré numérique) sont représentées sur la figure 2.9 et la figure 2.10. L'ensemble des valeurs des paramètres clés calculés respecte les limites admissibles, en particulier la marge d'antiréactivité requise (1800 pcm) et le coefficient de température du modérateur dans les conditions les plus sévères (début de vie à puissance nulle sans xénon après une campagne anticipée). On peut remarquer que la première campagne de transition est la plus sévère et conduit aux marges minimales (1 % en REC), une optimisation a alors été nécessaire au niveau des études finales (tableau 2.4).

Les résultats en termes de longueur de campagne et d'irradiation de décharge sont présentés dans le tableau 2.5. La gestion 3 cycles 4 % optimisée, introduite à partir de 1996 lors du projet GEMMES, conduit à une longueur de campagne de 395 jepp pour une irradiation moyenne assemblage maximale (assemblage central effectuant 4 campagnes) inférieure à 50 GWj/t dans le cas de prolongations de campagnes systématiques de 60 jepp (cas enveloppe). Pour cette gestion, l'irradiation moyenne lot pour un enchaînement de cycles de longueur naturelle est inférieure à 44 GWj/t.

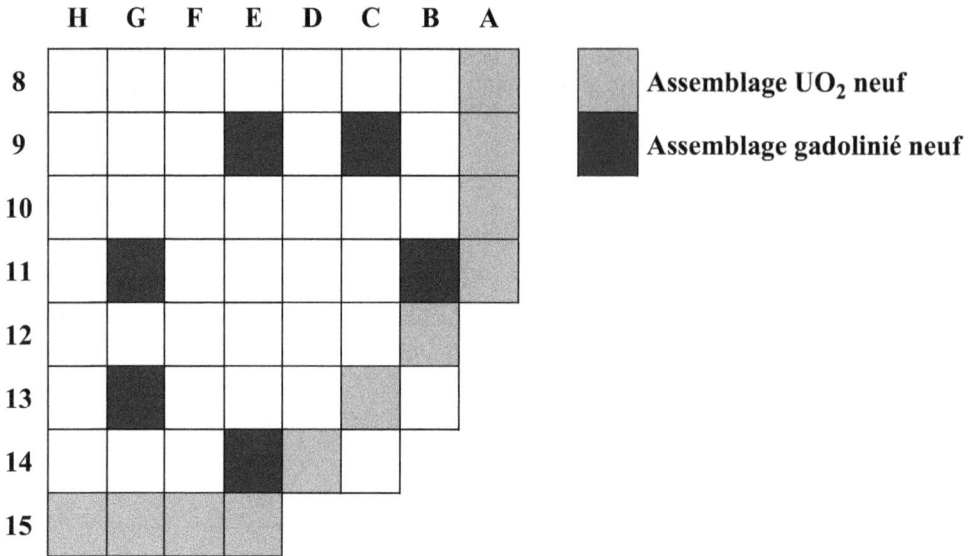

Figure 2.8. REP 1300 MWe, plan GEMMES.

Tableau 2.4. REP 1300 : Comparaison des paramètres neutroniques de la gestion 1/3 4 %
aux valeurs limites de la gestion 1/4 3,6 %.

	GESTION	
	1/3 4 %	1/4 3,6 %
Concentration en bore (ppm)		
DDC Pnul Xénon nul	1820	1470
DDC Pnom Xénon saturé	1440	1104
Efficacité du bore (pcm/ppm)		
DDC Pnom Xénon saturé	−7,2	−7,8
FDC Pnul TBH - 1	−8,7	−9,0
Facteurs Radiaux de Point chaud Fxy		
TBH	1,42	1,40
R	1,58	1,62
RG1	1,65	1,71
RG1G2	1,60	1,65
G1G2N1	1,81	1,74
G1G2	1,52	1,51
G1	1,47	1,45
Marge d'antiréactivité (pcm)	2000	1690
Marges d'exploitation		
APRP (%)	10	17
REC (%)	1	12
Coefficient température modérateur (pcm/°C)		
Valeur maximale	−3	−8,7

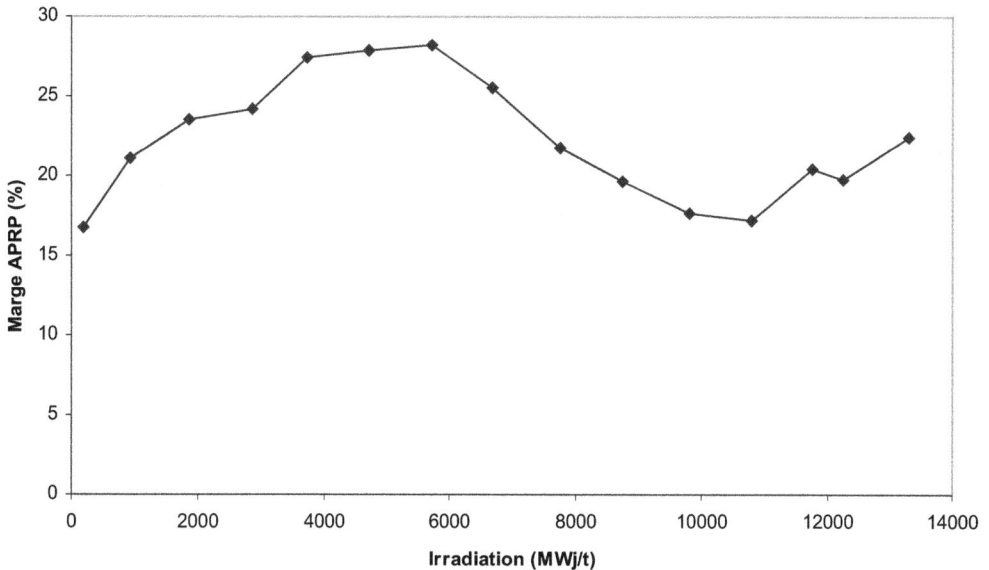

Figure 2.9. REP 1300 MWe, marge APRP en exploitation gestion GEMMES.

Les difficultés techniques principales lors de l'étude de sûreté de la gestion ont concerné notamment :

- les concentrations en bore élevées dues à la forte réactivité du cœur et leur consé-quence sur le comportement à long terme après un Accident par perte de réfrigérant primaire,

- les campagnes de transition et les différences de réactivité entre lots en particulier pour l'accident de Rupture de tuyauterie vapeur,

- la prise en compte du risque d'interaction pastille-gaine en condition 2 et la corro-sion des gaines qui intervient aussi dans l'APRP,

- la tenue des assemblages à forte irradiation aux transitoires d'injection de réactivité de type éjection de grappe.

Les études économiques ont été menées à partir des résultats de longueurs de cam-pagne et d'irradiations présentés dans le tableau 2.5 et ont conduit à retenir un optimum.

Quatre enrichissements (3,1, 3,6, 3,8 et 4 %) en gestion 1/3 de cœur ont été considérés dans l'étude économique pour être comparés à la gestion 4 cycles 3,6 % sur le palier 1300 MWe. Les comparaisons sur les coûts du combustible (prenant en compte toutes les étapes du cycle : enrichissement, fabrication, irradiation, retraitement) sont présentées dans le tableau 2.6. Plus l'enrichissement est élevé en gestion 3 cycles, plus le surcoût est faible. Il est de 3,1 % pour la gestion 3 cycles 4 %, valeur faible liée à l'optimisation de cette gestion.

L'étude a été menée au niveau parc à l'aide du modèle alors utilisé en exploitation pour le placement des arrêts. Les simulations ont été effectuées sur une période de 10 ans en

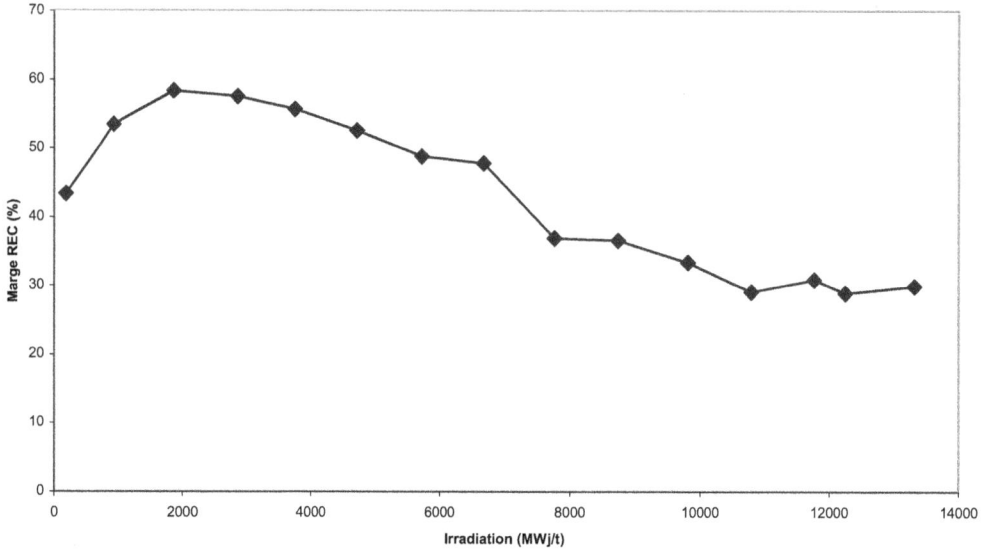

Figure 2.10. REP 1300, marge REC en exploitation gestion GEMMES.

Tableau 2.5. REP 1300 MWe : gestions 1/3 et 1/4 de cœur, longueur de campagne et irradiation de décharge.

TYPE GESTION	LONG. DE CAMP. jepp	IRRADIATION MOYENNE GWj/t	IRRADIATION MAXIMALE GWj/t
QUART DE CŒUR 3,6 %	282	41,5	43,9
QUART DE CŒUR 3,6 % + 60 jepp	306	45,5	47,6
TIERS DE CŒUR 4,0 %	395	44 (UO$_2$) 43,3 (GADO)	45 (UO$_2$) 46,6 (GADO)
TIERS DE CŒUR 4,0 % + 60 jepp	426	47,3 (UO$_2$) 46,3 (GADO)	48,5 (UO$_2$) 49,2 (GADO)

deux étapes : régime économique stationnaire (l'année 2000 est prise comme référence) et en dynamique sur la période 1994-2001.

Le bilan économique global du passage pour le REP 1300 MWe d'une gestion 4 cycles 3,6 % (référence) à une gestion 3 cycles résulte des trois postes suivants :

- surcoût combustible,

- gain en maintenance,

- gain sur la gestion du système.

Un net avantage s'est alors dégagé pour la gestion 3 cycles 4 % qui constitue l'optimum global. Le choix de l'enrichissement définitif est donc particulièrement important.

Tableau 2.6. REP 1300 MWe : comparaison des coûts de cycle.

	Gestion tiers de cœur 3,1 %	Gestion tiers de cœur 3,6 %	Gestion tiers de cœur 3,8 %	Gestion tiers de cœur 4 %	Gestion quart de cœur 3,6 %
Long. de camp. jepp	300	350	373	395	282
Irrad. moyenne GWj/t	33	39	41	43,5	41,5
Irrad. Maximale GWj/t	36	41,5	43,8	46	44
Coûts comparés	+13,6 %	+7,4 %	+5 %	+3,1 %	référence

2.1.5. 2000 : ouverture du marché français à la concurrence

2.1.5.1. La directive européenne

L'entrée en vigueur de la directive européenne relative à la libéralisation du marché de l'énergie dans le droit français depuis 1999 conduit à l'ouverture du marché français à la concurrence. Depuis juillet 2007, l'ensemble des clients français, industriels, secondaires et particuliers a la possibilité de choisir son fournisseur d'électricité.

L'amortissement du parc nucléaire étant bien engagé (plus de 50 %), cet outil de production conséquent et centralisé constitue un atout non négligeable pour EDF. Cependant, l'émergence de nouveaux acteurs sur le marché et de nouvelles techniques de production décentralisée (cogénération, pile à combustible, énergies renouvelables) bouleversent les données économiques sur lesquelles sont bâties les gestions du combustible. Le trading (vente de la partie hors contrat de fourniture de capacité de production sur une bourse de l'électricité) se développe, imposant plus de réactivité aux producteurs. Les considérations d'indépendance énergétique nationale, de planification à long terme des moyens de production, d'aménagement du territoire, de développement durable et de service public doivent être aménagées en fonction des contraintes du marché.

De nouvelles gestions sont en cours de définition pour répondre avec plus de souplesse aux changements qu'impose l'ouverture du marché. L'un des axes importants est la recherche d'une certaine flexibilité des gestions par variation limitée du nombre d'assemblages neufs dans la recharge, de l'ordre de ±8, permettant de moduler les longueurs de campagnes sur une plage d'un à trois mois afin de maintenir une bonne saisonnalisation des arrêts.

2.1.5.2. Situation actuelle du parc

L'évolution des hypothèses économiques depuis les années 1990 et l'augmentation des durées d'arrêt pour rechargement et entretien des réacteurs REP ont conduit EDF à s'orienter vers un allongement des campagnes. Cet allongement s'est adressé en priorité aux réacteurs du palier 1300 MWe qui sont exploités depuis 1996 selon la gestion allongée

GEMMES. Cette gestion 3 cycles 4 % constitue l'optimum économique pour le palier REP 1 300 MWe associé à un parc REP 900 MWe maintenu en gestion annuelle 4 cycles 3,7 %, intéressant sous l'aspect coût de cycle.

La gestion GEMMES conduit à des campagnes de dix-huit mois échelonnées, selon un cycle de trois ans, arrêt au printemps, arrêt en automne, saut d'hiver. Il est alors intéressant de maintenir des campagnes annuelles sur le parc REP 900 MWe pour garder une saisonnalisation de l'entretien globalement centrée sur l'été (figure 2.11 et figure 2.12).

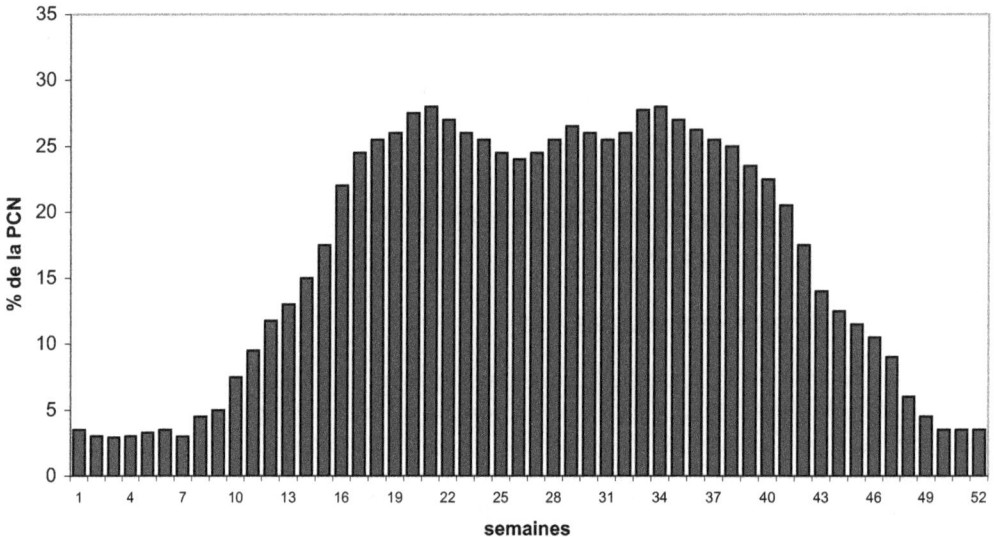

Figure 2.11. Taux d'entretien d'ensemble du parc REP.

Les études de sûreté de la nouvelle gestion en campagnes longues ont été soldées après que l'enrichissement eut été fixé au terme des études de faisabilité. Les incertitudes techniques, notamment sur la conduite à long terme en cas d'APRP et la tenue du combustible à l'interaction pastille gaine en situation de 2e catégorie ont été levées. Cette dernière question n'étant pas spécifique des campagnes longues, est posée de manière générique par l'Autorité de sûreté nucléaire quel que soit le mode de rechargement.

2.1.5.2.1. Palier 900 MWe

- Tranches CP0 : 6 tranches en campagne allongée gestion CYCLADES 1/3 4,2 % à partir de leur deuxième visite décennale. Depuis fin 2003, tout le palier CP0 est passé à cette nouvelle gestion. Les longueurs de campagne sont de l'ordre de quinze mois ce qui correspond à trois arrêts tous les quatre ans.

- Tranches CPY : 28 tranches en campagne annuelle, dont 8 tranches en gestion 1/4 3,7 % et 20 tranches en gestion Hybride MOX (assemblages UO_2 3,7 % 4 cycles et 48 assemblages MOX effectuant 3 cycles). L'usine MELOX ne fournissant que

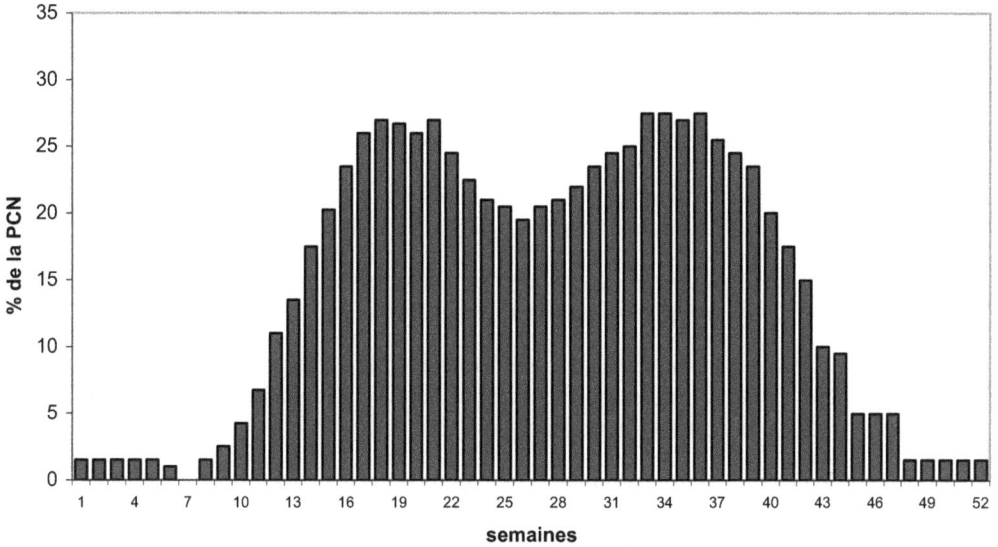

Figure 2.12. Taux d'entretien du palier 1300 MWe.

220 assemblages MOX par an, on ne peut avoir la gestion Hybride MOX à l'équilibre sur les 28 tranches de ce palier. La teneur en MOX a été augmentée de 5,3 % à 7,08 % avec maintien de l'équivalence UO_2 3,25 % en raison de la dégradation du vecteur isotopique du plutonium résultant de l'augmentation de l'épuisement de décharge UO_2. En pratique, la gestion hybride MOX comporte deux variantes principales 28 UO_2 / 16 MOX et 32 UO_2 / 8 MOX.

2.1.5.2.2. Palier 1300 MWe

L'ensemble du parc REP 1300 MWe, soit 20 tranches, est désormais en gestion GEMMES par tiers de cœur (recharge de 64 assemblages), campagnes longues de dix-huit mois et combustible UO_2 enrichi à 4 % avec poisons consommables gadolinium. Pour le premier cycle de transition, 28 assemblages gadolinium avec 12 crayons sont utilisés. Pour les cycles à l'équilibre, on utilise 24 assemblages gadoliniés.

2.1.5.2.3. Palier N4

Les cœurs de quatre tranches du palier N4 sont exploités en gestion standard quart 3,4 %, en campagne de douze mois. Cette gestion a été définie au début des années 1990. La prochaine évolution tient compte des performances accrues des futurs assemblages combustibles dans le cadre du projet ALCADE. Il s'agit d'une gestion par tiers de cœur avec combustible UO_2 enrichi à 4 %, similaire à la gestion actuelle des REP 1300 MWe. Elle a été introduite sur le parc nucléaire en 2007.

2.1.5.3. *Le défi des années 2000 : s'adapter aux contraintes du marché*

La nouvelle donne du marché de l'énergie impose à EDF de s'adapter à des besoins en rapide évolution. Cette adaptation se fait sous les contraintes suivantes :

- saisonnalisation « macroscopique » des arrêts (choix des gestions) afin de pouvoir fournir de l'électricité en fonction des opportunités du marché ;

- optimisation microscopique du placement des arrêts (modulation, flexibilité) afin d'avoir les coûts d'indisponibilité des moyens de production les plus bas ;

- définition des gestions optimales c'est-à-dire les plus robustes par rapport à un jeu d'hypothèses présentant un degré d'incertitude élevé (prévisions de consommation, disponibilité du parc, développement du trading).

Quelques tendances actuelles se dégagent en réponse à ces contraintes :

- l'augmentation de l'enrichissement et du taux de combustion maximal de décharge vers 60 à 70 GWj/t (gestion GALICE) ;

- l'allongement des campagnes 900 MWe CPY à 15 mois, maintien des campagnes 1300 MWe à dix-huit mois, allongement des campagnes N4 à dix-sept mois (gestion ALCADE) ;

- l'équivalence du MOX avec l'UO_2 enrichi à 3,7 % (gestion PARITE MOX) ;

- la flexibilité des recharges, puis la souplesse.

2.2. Optimisation globale du système

On rappelle dans ce paragraphe quelques principes qui sous-tendent l'optimisation globale du parc.

On définit la demande résiduelle au thermique par la différence entre la demande électrique et la production hydraulique.

L'objectif recherché est de répondre à la demande résiduelle au thermique avec le parc nucléaire et le thermique classique (fioul et charbon), au moindre coût, en respectant certaines contraintes. Il s'agit de réaliser un équilibre global offre-demande, la gestion de l'hydraulique étant fixée.

Les leviers sur lesquels il est possible d'agir pour minimiser le coût global de la production d'électricité répondant à la demande résiduelle au thermique sont actuellement :

- le placement des dates d'arrêt des tranches : on distingue différents types d'arrêts :

    - l'arrêt simple rechargement (ASR) de l'ordre de 3 à 4 semaines ;

    - la visite partielle (VP) pour travaux de maintenance courante (de 5 à 6 semaines) ;

    - la visite pour travaux exceptionnels (VTE) pour modification ou remplacement de gros composants comme les GV (8 à 11 semaines) ;

– la visite décennale (VD) ou visite complète, y compris pour une inspection de la cuve (13 à 14 semaines).

- la réalisation de prolongation de campagne ou d'anticipation suivant les aléas du parc ;

- la modulation des tranches nucléaires. C'est l'abaissement de la puissance fournie par le réacteur pendant la campagne combustible, hors prolongation. La modulation peut être fatale ou volontaire. La modulation fatale est celle imposée par les arrêts fortuits, la consigne de suivi de charge et le signal de téléréglage (fournis par le dispatching). La modulation volontaire consiste à abaisser volontairement la puissance afin d'augmenter la durée calendaire de la campagne par « économie du combustible ».

En effet, la modulation n'intervient pas dans la détermination de l'énergie produite par une tranche nucléaire au cours d'une campagne. L'effet de la modulation est de repousser la date d'atteinte de la fin naturelle de campagne (bore nul). L'énergie produite (jepp) s'écrit comme : longueur naturelle (jepp) + prolongation (jepp, valeur positive) ou anticipation (jepp, valeur négative). La modulation a pour conséquence l'allongement de la durée calendaire de campagne à énergie produite constante.

Les contraintes du problème d'optimisation sont :

- les dates d'arrêt au plus tôt et les dates d'arrêt au plus tard, définies pour certaines tranches ;

- les opérations de maintenance qui doivent être effectuées régulièrement, une fois tous les douze ou dix-huit mois ;

- un intervalle d'anticipation maximale-prolongation maximale ;

- les contraintes de site : un espacement minimal entre les arrêts de tranches d'un même site doit être respecté, pour permettre de préparer, encadrer et réaliser les arrêts conformément aux exigences de la qualité ;

- des contraintes inter-sites : par exemple, les moyens limités en personnels ou en matériels et ne pouvant intervenir sur plusieurs sites en même temps ;

- des contraintes sur l'ordre des arrêts ;

- la date limite pour placer la modulation ; en effet, quand une tranche a atteint 90 % de L_{NAT}, elle n'a plus la possibilité de moduler et doit produire à puissance maximale ;

- contrainte de modulation maximale : la modulation ne doit pas être supérieure à une valeur limite.

Le coût global est exprimé par une fonction objectif que l'on cherche à minimiser. Ce coût global comprend :

- le coût des rechargements (égal au coût du combustible nucléaire rechargé) et des travaux de maintenance ;

- l'écart entre le coût des stocks initiaux et les valeurs de fin de jeu (valorisation finan-cière de la réactivité restant dans le cœur en fin de campagne);

- le coût du thermique classique en tant qu'éventuelle énergie de substitution. Ce coût est égal à la somme de ce qu'il faut apporter en plus du nucléaire considéré sans modulation volontaire, pour satisfaire la demande résiduelle au thermique et de l'éventuel surcoût du classique dû à la modulation volontaire.

2.3. Conclusion

Loin d'être figées, les gestions du combustible évoluent en performance pour s'adapter aux changements du marché en intégrant les progrès technologiques apportés à la fabrication des assemblages combustibles.

L'ouverture du marché de l'électricité rend encore plus nécessaire la réactivité des producteurs. Un des axes importants adoptés par EDF est la recherche d'une souplesse accrue des gestions pour s'adapter au mieux à la demande du marché.

Références

Grard H., *Étude de flexibilité des recharges en combustible des réacteurs REP*, Rapport de stage INSTN, 2000.

Optimisation des plans de chargement des cœurs

Introduction

L'optimisation des plans de chargement pour le renouvellement du combustible neuf dans le cœur constitue une étape essentielle dans l'exploitation des 58 réacteurs du parc électronucléaire d'EDF. Cette activité récurrente participe pleinement à la compétitivité du parc nucléaire par le respect des critères d'optimisation globale du système, l'utilisation optimale des capacités du combustible et la recherche du maximum de souplesse pour l'exploitation.

3.1. Plan de chargement et étude de recharge

De manière prosaïque, un plan de chargement donne simplement la correspondance entre un identificateur d'assemblage et une position géographique dans le cœur indiquée en repère bataille navale. Le plan de chargement est dépendant pour une large part du type de gestion du cœur caractérisée, comme nous l'avons vu au chapitre 1, par :

- la fraction de cœur rechargé (tiers ou quart) ;
- le type d'assemblage : UO_2, MOX, URE (Uranium de retraitement), ...
- la présence éventuelle de poisons consommables comme le gadolinium.

Le plan de chargement est la première étape de l'étude de recharge proprement dite dont une part essentielle est l'étude de sûreté de la recharge formalisée par un Dossier spécifique d'évaluation de sûreté de la recharge (DSS) ultérieurement complété par un Dossier spécifique d'essais physiques au redémarrage (DSEP) et un Dossier spécifique de fonctionnement pilotage (DSFP). Ces dossiers sont présentés au chapitre 6.

Le plan de chargement n'est validé qu'une fois les calculs d'évaluation de la sûreté effectués. Bien que les procédures d'exécution des calculs de sûreté soient entièrement automatisées, leur nombre très important fait qu'il n'est pas possible dans les contraintes de temps imposées par l'exploitation et l'Autorité de sûreté de fournir simultanément le plan de chargement et le DSS. En pratique, le plan de chargement est établi sur la base d'une irradiation prévisionnelle estimée à partir de la date d'arrêt. L'étude de sûreté est réalisée durant l'arrêt de tranche à partir de l'irradiation de fin de cycle antérieur réelle.

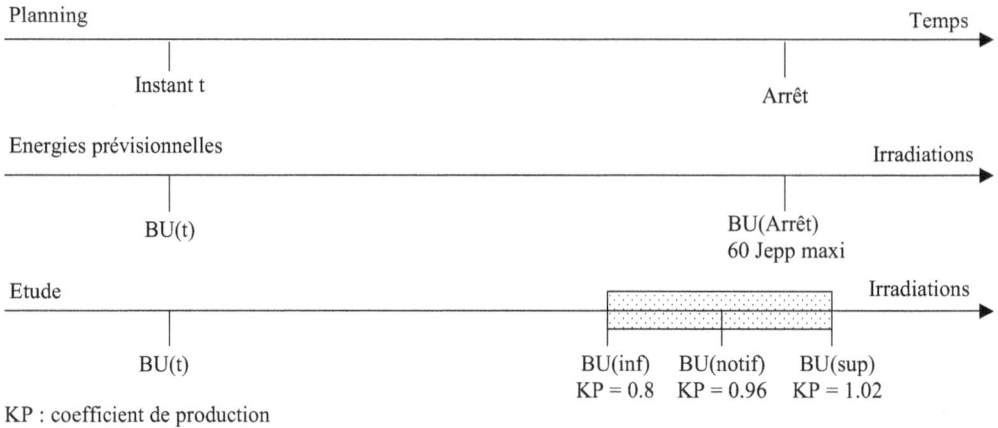

Figure 3.1. Domaine de notification.

La recherche du plan de chargement débute environ un mois avant l'arrêt de la tranche, normalement figé deux mois auparavant par le programme national de placement des arrêts. Le plan est transmis à la centrale une semaine avant la date d'arrêt. On appelle *burn-up de notification*, l'irradiation moyenne du cœur à la date prévisionnelle d'arrêt utilisée dans l'étude du plan de chargement. Du fait de l'incertitude sur la date réelle d'arrêt de la tranche, le plan est validé dans une plage de l'ordre de ±200 MWj/t autour de la valeur prévisionnelle de l'énergie fournie par la tranche à la fin de la campagne en cours (figure 3.1). Le plan trouvé devra alors vérifier les critères de sûreté à l'intérieur du domaine de notification et donc pas seulement pour le *burn-up* de notification. En cas d'indisponibilité fortuite de la tranche, d'aléas sur le combustible ou si la longueur de campagne est en dehors de la plage de validité, le plan prévisionnel sera repris.

Avant transmission au site, le plan de repositionnement déterminé à EDF est évalué par le fournisseur des assemblages combustibles à l'aide de sa propre chaîne de calcul (SCIENCE pour AREVA-NP par exemple). L'envoi du plan EDF se fait généralement trois à quatre semaines avant l'arrêt suivant le type de relations entretenues avec le fournisseur. Cette vérification peut donner lieu à des itérations entre les différents bureaux d'études afin de s'assurer que toutes les parties respectent bien les critères d'établissement du plan. En dernier recours, la décision appartient à EDF.

Le planning des activités avant arrêt, hors aléas, est donné dans le tableau 3.1.

3.2. Les contraintes

La recherche d'un plan de chargement est soumise à un certain nombre de contraintes, de nature à la fois technique et économique. D'un point de vue technique, on peut citer les contraintes résultant du modèle de gestion du cœur, de considérations physiques (symétrie, tilt), du respect des critères de sûreté (Fxy, marges d'antiréactivité, limitation du CTM) et de conception du combustible (irradiation maximale, nombre maximal de cycles, positionnement sous grappes) et des limitations de la fluence cuve. D'un point de vue

Tableau 3.1. Planning des activités avant arrêt.

Activité	Origine	Destinataire	Délai
Puissance résiduelle cœur déchargé	EDF/UNIE/GECC*	EDF/CNPE	Arrêt – 6 semaines
Recherche de plan (notification)	EDF/UNIE/GECC	Fournisseur recharge	Arrêt – 3 semaines
Accord (ou non) du constructeur pour le plan	Constructeur	EDF/UNIE/GECC	Arrêt – 2 semaines
Confirmation du plan choisi au constructeur	EDF/UNIE/GECC	Fournisseur recharge	Arrêt – 1 semaine
Réception données assemblages neufs	EDF/DC*	EDF/UNIE/GECC	Arrêt – 1 semaine
Envoi du plan officiel	EDF/UNIE/GECC	EDF/CNPE	Avant arrêt

*UNIE/GECC : Unité nationale de l'ingénierie d'exploitation / Groupe exploitation cœur combustible ; DCN : Division combustible nucléaire.

économique, il faut intégrer les contraintes liées au placement des arrêts (objectif de longueur de campagne), à l'importance des marges pour la souplesse d'exploitation et à la gestion optimale des réserves.

3.2.1. Impact du modèle de gestion

Pour chaque modèle de gestion, quelques variantes de positionnement des assemblages neufs ont été définies en fonction du cycle (transition ou équilibre) ou des caractéristiques du cycle précédent (longueur, arrêt anticipé ou prolongation). Ainsi, l'ingénieur chargé de déterminer le plan de rechargement va dans un premier temps consulter une planothèque, c'est-à-dire une bibliothèque de plans types, enrichie au fur et à mesure de l'accumulation du retour d'expérience. Il y a une planothèque par type de gestion (GARANCE, CYCLADES, GEMMES, gestion 1/4 - 3,7 %, gestion hybride MOX, ...) et dans chaque planothèque, plusieurs variantes de plan. Chaque plan a un intérêt particulier : nombre d'assemblages neufs gadolinium et non gadolinium, faible stretch à la campagne précédente, transition dans la gestion, caractéristique de l'assemblage central, type de fluence, etc.

Les figures 3.2 et 3.3 représentent respectivement un plan de chargement de REP 900 MWe en gestion dite hybride MOX par 1/4 de cœur UO$_2$ 3,7 % avec recyclage du plutonium par tiers (tranche 2 de Saint-Laurent cycle 16) et un plan de chargement de REP 1300 MWe en gestion GEMMES 1/3 de cœur 4 % (tranche 1 de Cattenom cycle 10). On y donne pour chaque assemblage, le type de combustible et le numéro de cycle qu'il effectue.

3.2.2. Respect de la physique du cœur

Le respect de la symétrie (médiane et diagonale) et la recherche d'une distribution de puissance homogène radiale relèvent du bon sens physique. L'objectif est d'utiliser de façon

	H	G	F	E	D	C	B	A
8	UO₂ 3	UO₂ 2	UO₂ 2	UO₂ 4	UO₂ 2	UO₂ 4	UO₂ 1	UO₂ 4
9	UO₂ 2	UO₂ 4	UO₂ 3	UO₂ 2	MOX 3	UO₂ 3	MOX 1	UO₂ 4
10	UO₂ 2	UO₂ 3	UO₂ 2	MOX 3	UO₂ 2	UO₂ 3	UO₂ 1	
11	UO₂ 4	UO₂ 2	MOX 3	UO₂ 2	UO₂ 4	MOX 1	UO₂ 1	
12	UO₂ 2	MOX 3	UO₂ 2	UO₂ 4	UO₂ 2	UO₂ 1		
13	UO₂ 4	UO₂ 3	UO₂ 3	MOX 1	UO₂ 1			
14	UO₂ 1	MOX 1	UO₂ 1	UO₂ 1				
15	UO₂ 4	UO₂ 4						

Figure 3.2. Plan de chargement en gestion hybride MOX de REP 900 MWe.

	H	G	F	E	D	C	B	A
8	UO₂ 2	GADO 2	GADO 2	UO₂ 3	UO₂ 2	GADO 3	GADO 2	UO₂ 1
9	GADO 2	UO₂ 2	GADO 3	GADO 1	GADO 3	GADO 1	UO₂ 3	UO₂ 1
10	GADO 2	UO₂ 3	UO₂ 2	UO₂ 3	UO₂ 2	UO₂ 3	GADO 2	UO₂ 1
11	UO₂ 3	GADO 1	UO₂ 3	UO₂ 2	GADO 2	UO₂ 2	GADO 1	UO₂ 1
12	UO₂ 2	GADO 3	UO₂ 2	GADO 2	UO₂ 2	UO₂ 3	UO₂ 1	
13	GADO 3	GADO 1	UO₂ 3	UO₂ 2	UO₂ 3	UO₂ 1	GADO 3	
14	GADO 2	UO₂ 3	GADO 2	GADO 1	UO₂ 1	GADO 3		
15	UO₂ 1	UO₂ 1	UO₂ 1	UO₂ 1				

Figure 3.3. Plan de chargement en gestion GEMMES REP 1300 MWe.

optimale le combustible par une homogénéisation des taux de combustion sous la contrainte des différents enrichissements lors des cycles à l'équilibre. Ceci permet également d'avoir une bonne représentativité des mesures internes de flux du fait du nombre limité d'assemblages instrumentés, un tiers approximativement, dans le cœur. La gestion du combustible et la recherche des plans de chargement ultérieurs en seront facilitées.

On va aussi chercher à préserver au maximum la symétrie huitième de cœur ou quart de cœur pour les assemblages positionnés sur les axes de symétrie. On considère alors que les assemblages font partie de « familles » que l'on cherche à préserver ou à reconstituer le cas échéant.

De plus, lors de la recherche du plan, on se donne une limite stricte sur le déséquilibre de puissance entre quadrants du cœur – le tilt – calculé en début de cycle, toutes barres hautes. Cette limite est très faible et de l'ordre de 3/1000e. Le tilt calculé résulte uniquement de légères dissymétries d'irradiations. En cours de campagne, on observe une atténuation du tilt sous irradiation, le « gommage ». Le tilt réel observé sur site après rechargement et divergence est en général plus fort que celui prédit par le calcul. Il s'agit d'un phénomène aléatoire dont les origines peuvent être diverses (hydraulique, mécanique, ...). On observe cependant que le tilt est caractérisé par une orientation systématique lorsque sa valeur est significative : Sud et Sud-Est pour les REP 900 MWe le plus souvent, Nord et Nord-Ouest pour les REP 1300 MWe, l'orientation du REP 1300 MWe étant précisée figure 3.4.

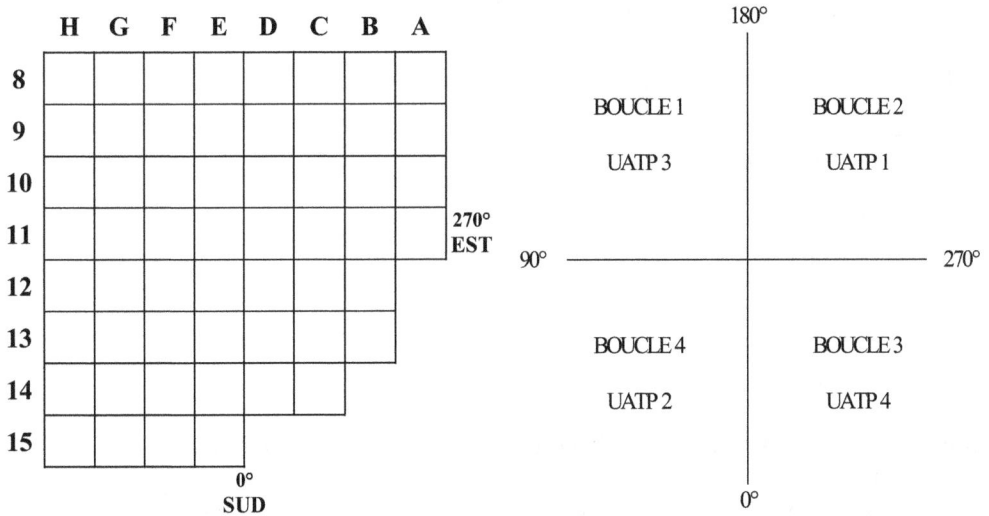

Figure 3.4. Orientation du REP 1300 MWe (P4).

Nous présentons dans les figures suivantes certaines permutations typiques utilisées classiquement lors de la recherche de plan. On distingue dans la figure 3.5 les permutations d'assemblages à l'intérieur d'une famille huitième (famille présentant une symétrie huitième de cœur), la permutation de deux familles huitièmes complètes ou encore la permutation circulaire d'assemblages issus de trois familles huitièmes différentes. Sur la figure 3.6, on peut remarquer la permutation de deux et trois familles quart complètes.

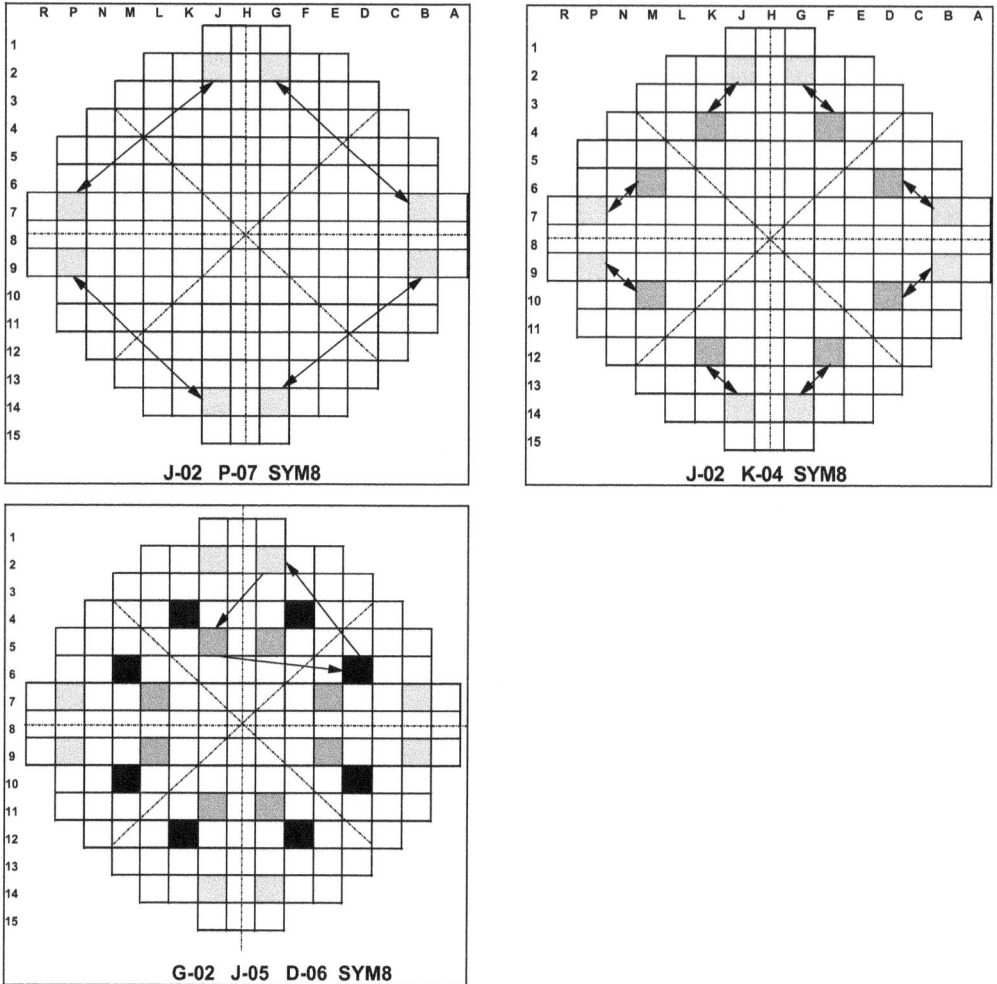

Figure 3.5. REP 900 MWe : permutations de familles huitièmes.

On trouve aussi les différents types de rotations pouvant être affectés aux assemblages à l'intérieur d'une même famille ou entre familles d'assemblages différentes. Enfin, dans la figure 3.7, on a rassemblé une permutation correspondant à la scission d'une famille huitième en deux familles quart (et vice-versa) et une permutation unique de trois assemblages « orphelins ».

3.2.3. *Limites sur les paramètres clés de sûreté*

EDF doit effectuer, pour chaque campagne, une évaluation de la sûreté de la recharge, destinée à prouver que le niveau de sûreté du réacteur est *a minima* équivalent à celui présenté à l'Autorité de sûreté nucléaire dans le Dossier général d'évaluation de la sûreté pour le type de gestion considéré.

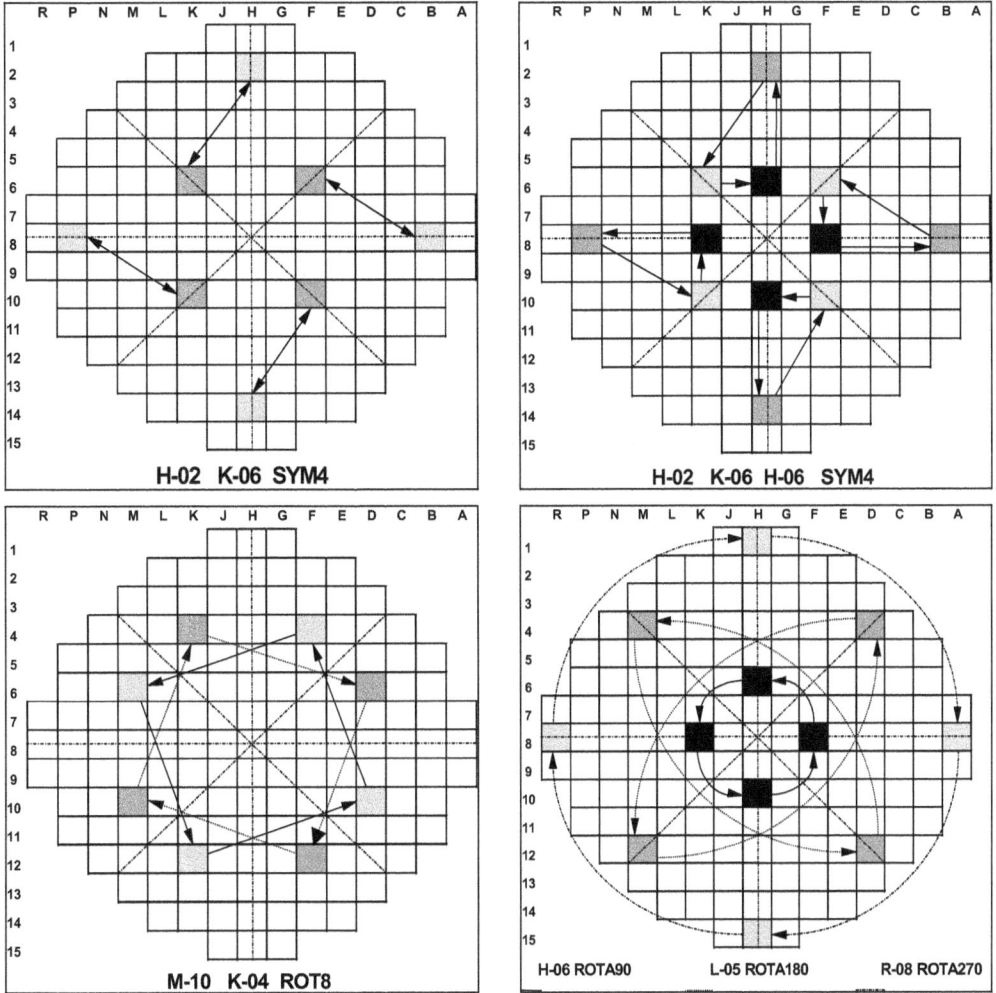

Figure 3.6. REP 900 MWe : permutations de familles quart et rotations.

Ce dossier expose les études de sûreté nécessaire pour le démarrage ou la redivergence d'une tranche après le renouvellement du combustible. Il définit :

- les différentes classes d'incidents et d'accidents en fonction de leur probabilité d'occurrence ;

- les méthodes et les conditions de calcul requises ;

- les critères de sûreté à respecter.

Compte tenu de l'importance du parc nucléaire et de l'objectif industriel de réduction des délais de réalisation des études, du nombre croissant de renouvellements du combustible à calculer et à analyser (calculs lourds, interaction neutronique-thermohydraulique,

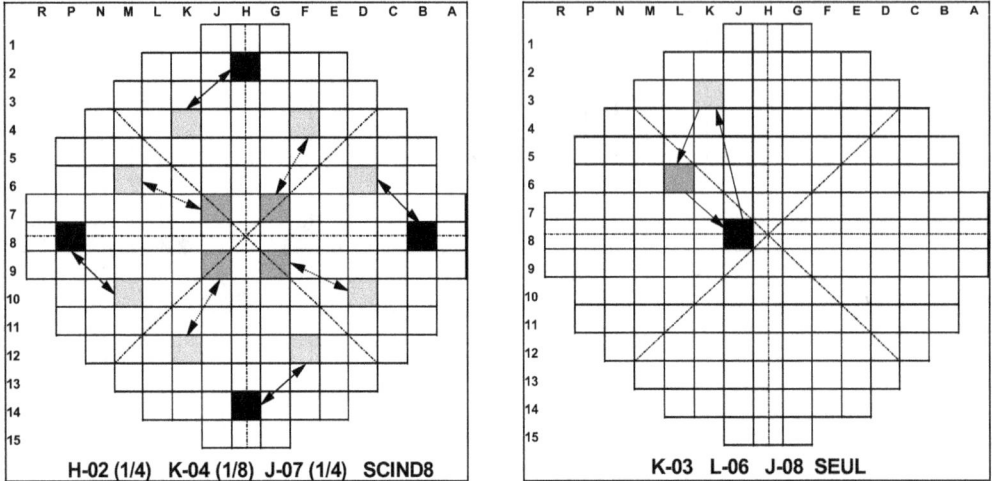

Figure 3.7. REP 900 MWe : exemples de scission de familles d'assemblages.

difficultés de modélisation), une systématisation et une simplification de la structure de l'analyse de sûreté de la recharge est recherchée.

Ainsi, la méthodologie d'évaluation de la sûreté repose sur la méthode des paramètres clés définie par les quatre principes suivants :

- vérification d'une liste de paramètres clés ;

- analyse effectuée uniquement sur les fluctuations par rapport à la conception standard de la recharge ;

- les calculs effectués avec les « moyens et méthodologies standard » d'EDF présentés à l'Autorité de sûreté nucléaire ;

- l'évaluation de la sûreté, débutant sur la base des dernières informations de la campagne précédente.

Il est alors nécessaire de définir :

- un choix de paramètres clés caractéristiques et représentatifs de l'évolution de l'incident ou de l'accident considéré, qui repose sur des calculs simples à mettre en œuvre (marge d'antiréactivité, coefficient de température modérateur, ...) ;

- des limites à respecter sur la valeur des paramètres clés, qui garantissent la « tenue » du cœur en situation incidentelle ou accidentelle ;

- des limites de sûreté, à vérifier pour certains types d'accidents liés aux spécificités du plan de chargement.

Au cas où un ou plusieurs paramètres clés ne respectent pas les valeurs limites, une analyse complémentaire des accidents impactés est nécessaire afin de démontrer le respect des critères de sûreté, moins restrictifs que les critères imposés sur les paramètres clés.

L'accident de Rupture de tuyauterie vapeur (RTV) classe 4 (rupture complète d'une ligne principale de vapeur, débit à la brèche de 5400 tonnes/heure par GV sur le palier 1300 MWe) constitue un bon exemple pour illustrer la démarche de sûreté adoptée dans les études. Les conditions les plus pénalisantes pour ce type d'accident sont l'arrêt à chaud en fin de cycle (10 ppm de bore) et la barre la plus antiréactive coincée lors de l'arrêt automatique du réacteur. Le critère de découplage à respecter est la non-crise d'ébullition. Il faut donc conserver un Rapport d'échauffement critique (REC) supérieur au seuil requis :

- REC > 1,45 pour les REP 1300 MWe.

En simplifiant les phénomènes physiques intervenant dans cette situation, le déroulement de l'accident est régi par les paramètres suivants :

- La Marge d'antiréactivité initiale (MAR) : le niveau de réactivité atteint pendant l'accident dépend de la valeur de départ ;

- le Coefficient de température modérateur (CTM) : l'apport de réactivité dépend essentiellement du CTM ;

- le coefficient Doppler : le Doppler puissance a un effet stabilisant lors du retour à la criticité ;

- l'efficacité différentielle du bore : l'impact de l'injection de sécurité dépend de ce paramètre.

Ces quatre paramètres constituent les paramètres clés de l'accident de RTV. Si leurs valeurs limites sont respectées, le transitoire générique de thermohydraulique chaudière associé à cet accident est plus pénalisant que celui de la recharge considérée.

Un calcul statique de REC minimum, prenant en compte les caractéristiques du plan de chargement dans la configuration toutes barres insérées moins une et une nappe de température d'entrée déséquilibrée par le choc froid induit par la RTV, est réalisé dans les conditions les plus pénalisantes du transitoire générique. Ceci permet de garantir l'aspect enveloppe de la sûreté de la recharge et de vérifier le critère relatif au REC.

Dans les paragraphes suivants, on détaillera trois types de paramètres clés liés à la sûreté d'une recharge :

- les facteurs radiaux de point chaud pour différentes configurations de grappes ;

- la marge d'antiréactivité à l'arrêt en fin de campagne ;

- le Coefficient de température du modérateur en début de cycle à puissance nulle.

3.2.3.1. Facteurs radiaux de point chaud

Les facteurs radiaux de point chaud, encore appelés Fxy, sont définis pour les configurations du cœur toutes barres hautes et barres insérées. Ils représentent la puissance maximale d'un crayon rapportée à la puissance moyenne. L'étude de sûreté peut être basée sur les valeurs limites des Fxy dits de conception, comme par exemple sur le palier 900 MWe CPY avec pilotage en mode G. Ce mode de pilotage requiert l'insertion en séquence dans le cœur de différents groupes de barres (G1, G2, N1, N2) selon le niveau de puissance désiré (*cf.* chapitre 9). Ceci a conduit à s'intéresser aux facteurs de point chaud pour les différentes configurations de barres. Les pics de puissance sont induits par l'insertion des groupes (effet immédiat). Ils peuvent augmenter après fonctionnement prolongé avec grappes insérées entraînant des sous-épuisements locaux (effet différé après FPPR). Ces situations sont défavorables vis-à-vis des pics locaux de puissance et donc pour les Fxy.

Les Fxy sont en général maximum en début de campagne, sauf dans le cas d'utilisation d'assemblages empoisonnés où ils ont tendance à baisser puis à remonter en fin de cycle à cause de la disparition progressive du poison.

Le tableau 3.2 donne les valeurs limites des facteurs radiaux de point chaud à respecter pour les REP 900 MWe et 1300 MWe en fonction des différentes configurations de groupes de barres. Ces valeurs limites interviennent en effet dans le dimensionnement des protections.

Pour les REP 1300 MWe, les valeurs données sont indicatives car contrairement au palier 900 MWe, il n'existe pas de Fxy limites de conception. Le système de protection utilise, en effet, des valeurs de Fxy(z) calculées lors de l'étude spécifique de sûreté ainsi que des valeurs mesurées pour la configuration TBH en cours de cycle.

Tableau 3.2. Facteurs radiaux de point chaud limites.

Configuration de grappes	REP 900 MWe			REP 1300 MWe
	MODE A Garance	MODE A Cyclades	MODE G Garance	MODE G Gemmes
TBH[1]	1,44	1,44	1,44	1,42
R	1,62	1,65	1,62	1,60
RG1	1,75	1,80	1,67	1,65
RG1G2	-	-	1,80	-
RG1G2N1	-	-	2,00	-
G1G2N1	-	-	1,92	-
G1G2	-	-	1,65	-
G1	-	-	1,46	1,46

[1] En mode A, les trois premières configurations sont TBH, D et CD (*cf.* chapitre 9).

3.2.3.2. *Marge d'antiréactivité*

La marge d'antiréactivité est définie comme le niveau de sous-criticité qui, suite à un fonctionnement cœur critique (à l'équilibre xénon), serait atteint après l'Arrêt automatique réacteur, soit la chute de toutes les grappes moins une, compte tenu de l'apport éventuel de réactivité dû à la réduction de la puissance du cœur. La grappe supposée bloquée en position haute est la plus antiréactive des grappes non entièrement insérées à l'instant initial.

La marge d'antiréactivité décroît en fonction de l'avancement dans le cycle suite à l'augmentation des contre-réactions de puissance et en particulier celle de l'effet modérateur. Elle est déterminée à partir d'un bilan prenant en compte (tableau 3.3) :

- Le défaut de puissance (augmentation de la réactivité du cœur lors du passage de la puissance nominale à puissance nulle), maximum en fin de campagne et pénalisé de 10 % ;

- l'antiréactivité totale des grappes, la plus antiréactive restant bloquée hors du cœur ;

- l'efficacité du groupe R (ou D) en puissance, initialement en limite très basse d'insertion et l'antiréactivité perdue du fait des incertitudes de positionnement des groupes de compensation de puissance, qui contribuent à diminuer l'efficacité de l'AAR ;

- la faible usure neutronique des grappes (de l'ordre de 100 pcm) ;

- l'effet de vide dû à l'ébullition locale qui peut exister dans le cœur et qui n'est pas explicitement modélisée dans les codes de calculs, estimé à 50 pcm ;

- l'effet de redistribution axiale de puissance sous forme d'une valeur forfaitaire (~1000 pcm).

Tableau 3.3. Calcul typique de Marge d'antiréactivité en gestion GARANCE.

EFFET	REACTIVITE (pcm)
ANTIREACTIVITÉ N GRAPPES	−7933
EFFICACITÉ H8	+1018
EFFICACITÉ N-1 GRAPPES	−6915
EFFICACITÉ N-1 GRAPPES AVEC 10 % INCERTITUDES	−6224
EFFET DOPPLER	1140
EFFET MODÉRATEUR	1294
EFFET REDISTRIBUTION	1000
EFFET DE VIDE	50
INSERTION LIMITE	500
INCERTITUDE DE CALIBRAGE	290
USURE DES GRAPPES GRISES	100
TOTAL DES EFFETS POSITIFS	+4374
MARGE DISPONIBLE	−1850
MARGE REQUISE	−1700

Le respect du critère de marge d'antiréactivité est vérifié en fin de campagne. Les valeurs seuils pour les différentes gestions sont regroupées dans le tableau suivant :

Tableau 3.4. Marge d'antiréactivité requise.

	REP 900 MWe		REP 1300 MWe	REP N4
Type de Gestion	**UO$_2$ 1/4 3,7 % Garance**	**MOX Garance**	**UO$_2$ 1/3 4 % Gemmes**	**UO$_2$ 1/4 3,4 % Standard**
Mode de Pilotage	**MODE G MODE A**	**MODE G**	**MODE G**	**MODE A**
Marge d'antiréactivité minimale (FDC, P$_{nulle}$)	1500 pcm	1700 pcm	1800 pcm	2000 pcm

3.2.3.3. *Coefficient de température modérateur*

Le Coefficient de température du modérateur (CTM) doit être négatif en fonctionnement normal. Cependant, il peut être légèrement positif en début de campagne, à puissance nulle, grappes extraites lors des essais physiques de redémarrage. En exploitation, il est rendu négatif par une limitation de la concentration initiale en bore ou une limitation d'extraction du groupe de régulation de température ou des groupes de compensation de puissance. Ce paramètre est déterminé par le schéma de gestion retenu et l'historique de fonctionnement à la campagne précédente.

On donne, à titre indicatif, la valeur du CTM à vérifier lors d'un accident de RTV pour différentes gestions :

Tableau 3.5. Coefficient température modérateur.

	REP 900 MWe	
Type de Gestion	**UO$_2$ 1/4 3,7 % Garance**	**Hybride MOX Garance**
Mode de Pilotage	**MODE G MODE A**	**MODE G**
CTM (pcm/°C)	−69	−73

L'augmentation de l'enrichissement et le recyclage du plutonium ont tendance à rendre le CTM plus négatif grâce à un effet favorable de durcissement du spectre neutronique. A contrario, la gestion CYCLADES UO$_2$ 1/3 4,2 % sur le CP0 présente des situations avec un CTM voisin de zéro, voire positif.

Un nombre d'assemblages neufs important en particulier pour les recharges URE, la présence d'assemblages réparés peu irradiés de premiers tours, un arrêt anticipé ou proche de la longueur naturelle sont des facteurs pouvant conduire à l'occurrence d'un CTM positif.

3.2.4. *Limites technologiques du combustible*

La pression interne des gaz de fission en fin de vie du combustible ne doit pas dépasser la pression qui conduirait à une réouverture du jeu pastille-gaine. Un historique enveloppe de puissance de fonctionnement des crayons doit alors être vérifié, en particulier lors des derniers cycles d'irradiation. Le combustible MOX est particulièrement sensible à cet aspect. En effet, le MOX a une conductibilité thermique plus faible que celle de l'UO_2 (environ 4 %) entraînant une température des crayons plus importante et un plus grand relâchement des produits de fission gazeux d'où une pression interne plus importante. La puissance linéique des MOX ne doit pas alors dépasser au cours de la campagne l'historique de puissance utilisé pour la conception thermomécanique du crayon, sachant que dans le MOX la puissance dégagée en fonction du taux de combustion décroît beaucoup moins que pour l'UO_2 (figure 3.8).

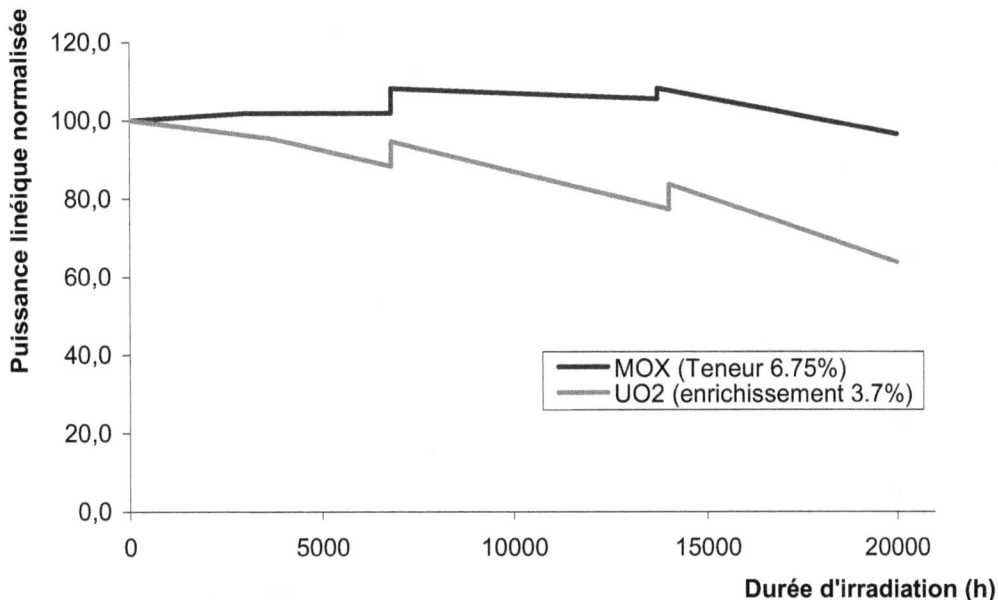

Figure 3.8. Puissances linéiques de l'UO_2 et du MOX en fonction de l'irradiation.

Des limites au taux de combustion maximum de décharge des assemblages sont imposées réglementairement compte tenu du gonflement de l'oxyde sous irradiation ainsi que de la diminution des caractéristiques mécaniques de la gaine. La limite sur l'irradiation maximale de décharge des assemblages en L_{NAT} (+60 jepp de stretch) était de 47 000 MWj/t jusqu'en 1999.

Des efforts de recherche menés dans le domaine du comportement en situations accidentelles du combustible fortement irradié (expériences CABRI menées au CEA) ont permis par le passé d'obtenir des dérogations en fonction des résultats obtenus. Durant une période transitoire, l'autorisation a été accordée de dépasser 47 GWj/t sous réserve de respecter un nombre maximum de 50 assemblages par recharges d'irradiation comprises entre 47 et 50 GWj/t. Enfin, un dossier a été instruit auprès de l'Autorité de sûreté nucléaire afin de porter l'irradiation maximale des assemblages déchargés à 52 000 MWj/t. L'autorisation en a été obtenue en 1999 et est valable pour les combustibles UO_2 de fabrication postérieure à 1993.

Les plans de chargement sont optimisés de façon à éviter les dépassements en taux de combustion. Cependant, le seuil de 52 GWj/t est susceptible d'être atteint pour les gestions CARANCE, GEMMES et CYCLADES.

Les produits récents des fournisseurs utilisent de nouveaux matériaux pour le gainage et la structure (exemple gainage M5 d'AREVA). L'objectif en taux de combustion de la prochaine génération d'assemblages est de 62 GWj/t.

3.2.5. *Limites de la fluence cuve*

La limitation de la fluence a pour objectif de protéger l'intégrité de la cuve afin d'augmenter la durée de vie de l'installation. Elle s'accompagne aussi de l'allongement de la longueur de campagne par la diminution des fuites neutroniques. On place pour cela des assemblages irradiés en périphérie du cœur aux extrémités des médianes, point le plus chaud de la cuve pour les REP 900 MWe (pour les REP 1300 MWe, le point chaud est à 45°), en tirant profit de la baisse de puissance dans ces assemblages. La stratégie de réduction de la fluence accroît sensiblement les difficultés dans la recherche du plan de chargement.

À titre d'exemple, sur le palier 900 MWe, on distingue les types de fluence suivants :

- plan standard (FS) : 3 assemblages neufs en bout de médiane (figure 3.9) ;

- plan fluence réduite (FR) : 1 assemblage irradié en bout de médiane (figure 3.9) ;

- plan faible fluence (FF) : 3 assemblages irradiés 3 tours en bout de médiane (figure 3.10) ;

- plan faible fluence généralisée (FFG) : 3 assemblages irradiés en bout de médiane et 2 assemblages irradiés en bout de diagonale (figure 3.10).

Par ordre chronologique, on a utilisé les plans FS, FR, FF puis FFG.

Actuellement, la totalité des plans sont de type faible fluence ou faible fluence généralisée.

Sur le REP 1300 MWe, les fluences adoptées sont données figure 3.11. En gestion GEMMES, seuls les plans à faible fluence sont actuellement mis en œuvre. Pour les futures gestions prévues pour le palier 1300 MWe, il est envisagé d'utiliser des plans de type faible fluence généralisée.

3.3. Réalisation d'une recherche de plan de chargement

La recherche d'un plan de chargement comporte un certain degré d'automatisation mais les développements informatiques se poursuivent tant sur le plan ergonomique que sur le plan des performances.

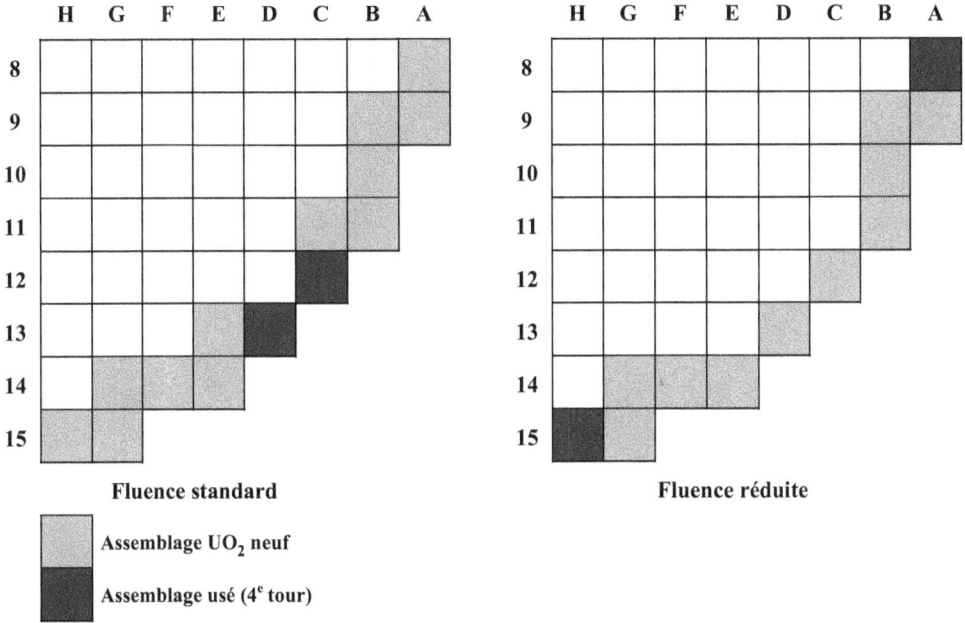

Figure 3.9. REP 900 MWe : plan avec faible standard et fluence réduite.

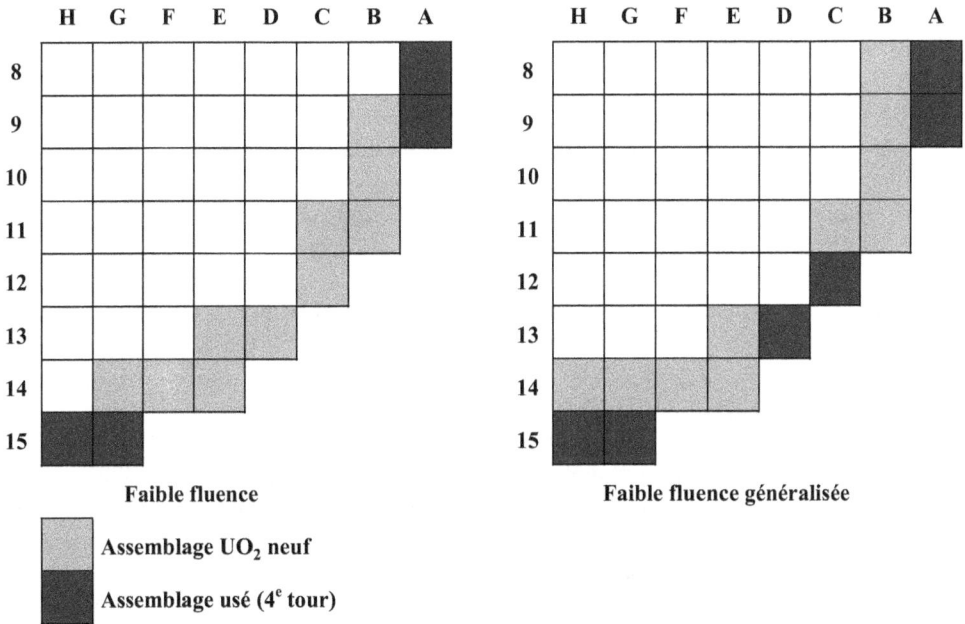

Figure 3.10. REP 900 MWe : plan avec faible fluence et faible fluence généralisée.

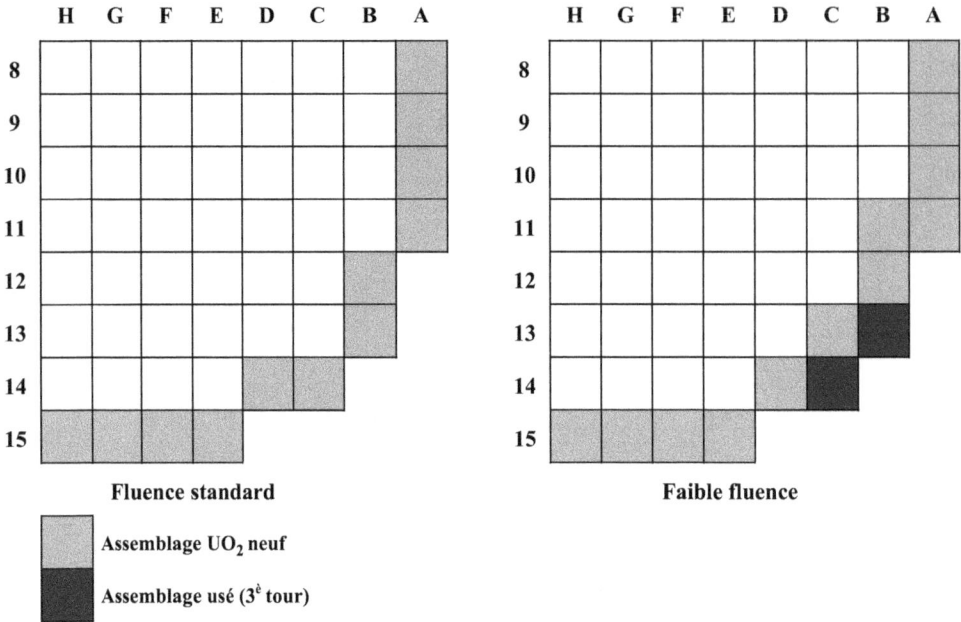

Figure 3.11. REP 1300 MWe : plan avec faible standard et faible fluence.

3.3.1. *Données d'entrée*

À EDF, la Division combustible nucléaire met à disposition de l'UNIE un document décrivant complètement la recharge. Ce document décrit l'inventaire des caractéristiques neutroniques des combustibles neufs de cette recharge, tandis que le site fournit un récapitulatif des contraintes sur les assemblages. On dispose aussi d'un état des assemblages réparés et non réutilisés sur la tranche et un état des contraintes et événements particuliers affectant les assemblages en cœur ou en réserve de gestion (assemblages expérimentaux, non grappables, non instrumentables pour le RIC, ...). Par ailleurs, les efforts de déplacement des grappes de commande dans les assemblages doivent respecter certaines limites.

On détermine les taux de combustion atteints à la fin de la campagne en cours par les combustibles irradiés rechargés par extrapolation dans le domaine de notification en faisant varier le coefficient d'utilisation KP de la tranche. Ces taux de combustion permettent de caractériser neutroniquement les assemblages à la date d'arrêt prévisionnelle. Les irradiations du combustible sont issues du suivi des cœurs en exploitation, établi à l'occasion des cartes de flux périodiques. Les hétérogénéités d'irradiation dans les assemblages sont prises en compte par l'intermédiaire de gradients d'irradiation ou d'irradiations crayon par crayon. L'orientation des gradients a une influence sensible sur les points chauds. Le déséquilibre azimutal de puissance est maîtrisé en veillant au respect des symétries. L'orientation peut avoir un effet favorable pour le traitement de l'arcure des assemblages sous flux. Ainsi, on évite de solliciter durant plusieurs cycles un assemblage avec une orientation systématique des gradients dans un sens donné de manière à avoir une « cuisson homogène » de l'assemblage.

3.3.2. La recherche de plan

La recherche du plan de chargement est faite selon un processus itératif d'essais/erreurs dans lequel l'expérience et l'intuition de l'ingénieur jouent un rôle primordial. Après avoir choisi la position des assemblages, ce dernier lance un enchaînement automatisé de calculs qui simule le comportement du cœur dans les conditions requises pour évaluer les différents critères à respecter. La phase d'optimisation proprement dite reste manuelle avec l'aide d'interfaces graphiques vigilantes qui contrôlent la légitimité des positionnements d'assemblage demandés par l'utilisateur.

Cette situation s'explique par le nombre élevé de contraintes qui rend l'optimisation complexe. En réalité, la marge de manœuvre pour une réelle optimisation, vis-à-vis de la longueur de campagne par exemple, est relativement étroite et elle conduit à des plans assez différenciés même s'ils sont bâtis sur la même base. En pratique cependant, on cherche à satisfaire les différentes contraintes fortes dans un compromis sur l'aplatissement de la nappe de puissance, la fluence cuve et les marges de fonctionnement pour augmenter la souplesse d'exploitation tout en respectant les limites de sûreté.

Les plans de chargement sélectionnés en début de cycle doivent aussi être validés par une évolution du cœur jusqu'à la fin du cycle pour s'assurer du respect de la marge d'antiréactivité requise. Cette évolution du cœur en irradiation est également nécessaire car les facteurs de pic de puissance peuvent augmenter en fin de cycle à cause de la présence de poisons consommables comme le gadolinium.

3.4. Les souplesses dans la recherche de plan

L'optimisation globale du parc et l'approvisionnement en combustible imposent de se donner un certain nombre de degrés de liberté au niveau de la recherche des plans de chargement : fourchette de validation, anticipation d'arrêt ou prolongation de campagne, saut d'hiver pour le placement des arrêts, variabilité dans la composition de la recharge en particulier avec le combustible MOX.

De plus, la politique de diversification et les programmes de recherches conduisent EDF à mettre en œuvre dans les réacteurs industriels des programmes expérimentaux constitués :

- de produits nouveaux, assemblages précurseurs dans un premier temps puis de démonstration ;

- d'assemblages standard poussés au-delà de leurs limites d'utilisation habituelle (dans le cadre de l'augmentation des taux de combustion par exemple).

3.4.1. Notification

Il est rare d'avoir à reprendre un plan notifié après la réalisation de l'étude de sûreté. Le retour d'expérience montre que la plage d'environ 200 MWj/t autour de l'irradiation de fin de campagne prévue pour prendre en compte les aléas de fonctionnement est très généralement respectée. Les situations d'aléas survenues en cours de campagne ou concernant un nombre important d'assemblages doivent donner lieu à une vigilance particulière en matière d'évaluation de sûreté prévisionnelle.

La pratique de définition des plans sur la base de quelques indicateurs simples constitue un « risque industriel acceptable » car la sûreté de l'installation sera, en définitive, garantie par la réalisation complète des études de sûreté qui est un préalable à l'exploitation
du cœur. Cependant, les calculs de sûreté sont fréquemment réalisés au stade prévisionnel
suivant la nature de la recharge avant la notification du plan au site.

3.4.2. Placement des arrêts

L'optimisation globale du parc impose des variations par rapport aux longueurs naturelles
de campagne. Le retour d'expérience des années 1995-2005 montre qu'en moyenne une
prolongation des campagnes de l'ordre de 50 jepp est réalisée pour une limite maximale
de 60 jepp. Quelques arrêts anticipés de campagnes sont a contrario parfois nécessaires.
La prolongation de campagne accroît la différence de réactivité entre les assemblages
neufs et les assemblages rechargés qui sont plus irradiés. L'optimisation de la distribution
de puissance à la campagne suivante est alors plus délicate. En cas d'arrêt anticipé, la réactivité du cœur à la campagne suivante est plus élevée, ce qui accroît la concentration en
bore et donc le risque d'atteindre une valeur du Coefficient de température du modérateur
voisine de zéro.

Une certaine souplesse dans la recharge est également utilisée à hauteur de +4/–8 assemblages par rapport à la recharge standard. On peut recharger par exemple 36 ou 44 assemblages neufs au lieu de 40 en gestion par quart de cœur 3,7 % sur les REP 900 MWe.
Cette variabilité permet, soit d'utiliser des assemblages sous-irradiés accumulés en réserve
de gestion dans la piscine du réacteur, soit d'augmenter le potentiel énergétique de la
nouvelle campagne d'irradiation pour déplacer l'arrêt au-delà de l'hiver. Parfois aussi, une
recharge avec un nombre d'assemblages accru permet de reconstituer les réserves de gestion d'une tranche ayant subi des aléas.

3.4.3. Recyclage du plutonium

L'approvisionnement en assemblages MOX se fait à « flux tendu ». Dans l'avenir, une augmentation de la production sera assurée par l'usine MELOX de façon à pouvoir alimenter
une grande partie des réacteurs REP 900 MWe des paliers CPY dont 30 % de la recharge
est composée de MOX. Compte tenu des contraintes de stockage, ces assemblages doivent
être chargés au fur et à mesure de leur livraison.

Pour une gestion 3 cycles, le combustible MOX équivalent au combustible UO_2 enrichi
à 3,25 % a une teneur en Pu moyenne par assemblage comprise entre 5 % et 7 % (MOX
NT). En gestion standard par 1/3 MOX avec du combustible UO_2 à 3,25 %, puis maintenant en gestion hybride MOX avec du combustible UO_2 à 3,7 %, les recharges contiennent
généralement 16 assemblages MOX. Il est possible de ne charger que 8 assemblages MOX
neufs, voire moins en cas de tension sur les approvisionnements, le complément étant
apporté par des assemblages UO_2. En tout état de cause, il ne doit pas y avoir plus de
48 assemblages MOX en cœur (1/3 du cœur).

Les assemblages MOX effectuaient jusqu'à présent au maximum 3 cycles. Ils attein-
dront prochainement 4 cycles dans le cadre du projet PARITE MOX dont la mise en application a débuté en 2007.

3.4.4. *Programmes expérimentaux*

Il s'agit du chargement d'assemblages témoins, précurseurs ou de démonstration, entrant dans le cadre de la diversification de l'approvisionnement en combustible ou la pré-industrialisation de nouveaux produits supportant des taux de combustion plus élevés. Ces assemblages font l'objet d'un programme de surveillance particulier, avec notamment le prélèvement de crayons pour examens en laboratoires chauds. Des solutions de remplacement de crayons prélevés sont alors adoptées pour pouvoir utiliser ces assemblages sur plusieurs campagnes.

L'objectif est de réaliser l'irradiation des assemblages expérimentaux dans des conditions représentatives de l'exploitation tout en la rendant « transparente » pour le réacteur d'accueil.

Outre le respect des limites classiques s'appliquant aux assemblages standard, certaines contraintes spécifiques doivent être respectées pour ces assemblages particuliers, comme par exemple :

- positionnement des assemblages spéciaux par rapport aux grappes ;

- plages de puissance particulières recommandées sur des assemblages réparés, expérimentaux ou spéciaux (pour atteindre les objectifs de l'expérimentation dans le respect des limites thermomécaniques, avec prise en compte éventuelle de pénalités neutroniques) ;

- prise en compte de restrictions de repositionnement de certains assemblages vis-à-vis de grappes ou de l'instrumentation interne du cœur (assemblages réparés avec tubes guides endommagés) ;

- positionnement imposé (au centre, en périphérie, en famille 1/4 ...).

3.5. Traitement des aléas

Le cœur est déchargé une fois le plan transmis et après que la puissance résiduelle du cœur a décru en dessous d'un certain seuil. La nature des repositionnements indiqués dans le plan influe sur le positionnement des assemblages dans la piscine calculé par un logiciel de manière à optimiser les séquences de manutention lors de l'arrêt. À l'occasion du déchargement, on peut constater que certains assemblages présentent des déformations géométriques (arcure sous flux). De plus, d'autres assemblages peuvent être endommagés lors des opérations de manutention lors du déchargement ou du rechargement. Enfin, certains éléments peuvent présenter des défauts d'étanchéité de gainage. Ces aléas peuvent se traduire par la non-utilisation d'assemblages initialement prévus pour être rechargés. Ils imposent alors un temps de réaction très court dans la mesure où leur impact sur le plan de chargement se trouve placé sur le chemin critique des arrêts de tranches. Un nouveau plan doit alors être déterminé au plus vite.

3.5.1. Détection des aléas

L'étanchéité des gaines est surveillée en exploitation par le suivi de l'activité du circuit primaire. Le maintien en fonctionnement ou l'arrêt anticipé du réacteur est déterminé en fonction de l'application des Spécifications techniques d'exploitation (*cf.* chapitre 4). Les seuils conduisant à l'arrêt anticipé sont rarement atteints (jets de baffle, défauts liés à la fabrication du combustible). Lorsque le niveau d'activité dépasse un certain seuil, on effectue des tests supplémentaires (ressuage) lors du déchargement sur les assemblages suspectés d'être inétanches. Les assemblages non rechargeables sont stockés dans la piscine du bâtiment combustible (BK) en attendant d'être réparés. La réparation consiste en l'extraction du ou des crayons irradiés ruptés qui sont remplacés par des crayons neufs d'enrichissement plus faible ou des crayons en inox.

Si on juge qu'il sera difficile de trouver un bon plan de chargement, on peut anticiper les opérations de réparation de façon à les réaliser en ligne pendant l'arrêt de tranche. Cette opération a déjà été réalisée à plusieurs reprises avec succès sur des assemblages expérimentaux sans impact sur la durée de l'arrêt.

Des problèmes sont parfois rencontrés lors de la manutention du combustible irradié, notamment pendant le rechargement. Ce type d'aléa est le plus pénalisant car il laisse peu de temps pour trouver un nouveau plan. Les dispositions mises en œuvre pour fiabiliser les opérations de manutention sont :

- les recommandations sur la séquence de chargement et les vitesses de déplacement des assemblages ;

- l'outil d'aide au chargement qui guide l'insertion des assemblages dans le cœur ;

- l'amélioration des futurs produits combustible, afin de réduire les risques d'accrochage entre assemblages.

3.5.2. Remplacement des assemblages non rechargeables

L'exploitant décide en dernier ressort du rechargement des assemblages. Lorsque des assemblages sont déclarés non rechargeables, le plan de chargement est repris. La fourniture de ce plan peut se situer sur le chemin critique de l'arrêt de la tranche. On utilise alors les assemblages en réserve de gestion qui sont gardés à cet effet dans la piscine du BK. Pour minimiser le déséquilibre azimutal de puissance, on remplace des « familles » d'assemblages symétriques du plan initial par les « familles » les plus proches en terme de réactivité disponibles dans le BK. Par exemple, pour un assemblage « rupté » d'une famille de 4, on peut sortir les trois autres assemblages sains en positions symétriques dans le cœur. Des solutions de transfert entre les piscines des tranches du même site sont possibles exceptionnellement. Les opérations de réparations permettent de reconstituer des familles d'assemblages symétriques rechargeables.

Le stock d'assemblages de réserve est un compromis entre l'encombrement de la piscine et la présence d'un nombre minimal d'assemblages permettant suffisamment de solutions de recours. La réserve comprend typiquement une vingtaine d'assemblages. Il s'agit d'assemblages :

- issus du premier cœur de démarrage ;

- n'ayant effectué que 3 cycles d'irradiation et choisis parmi les moins irradiés ;

- sains symétriques d'assemblages inétanches déchargés de façon prématurée en raison d'un ou plusieurs défauts trop importants ;

- réparés.

Lorsqu'un grand nombre d'assemblages peu irradiés doit être remplacé, on peut aussi avoir recours aux Magasins inter régionaux (MIR de Bugey et Chinon) qui permettent l'acheminement d'assemblages neufs UO_2 dans des délais très courts grâce aux stocks constitués. Cela a été le cas à Bugey 2 où 20 assemblages neufs ont été approvisionnés pour remplacer des assemblages irradiés à 3000 MWj/t dont certains crayons périphériques avaient été endommagés par des jets de baffle. De même à Paluel 4, 17 assemblages irradiés à moins de 300 MWj/t ont été remplacés par précaution lorsque l'on a constaté des défauts apparus sur deux d'entre eux peu de temps après le redémarrage.

3.5.3. *Recherche de nouveaux plans de chargement*

Lorsqu'une défaillance intervient au rechargement, le plan de chargement peut généralement être trouvé sous 24 heures s'il ne pose pas de problème particulier grâce au retour d'expérience de plus de 1500 années réacteur (à mi-2007) et au professionnalisme des ingénieurs en charge de l'activité. Exceptionnellement, la recherche peut prendre plusieurs jours. Dans tous les cas, elle se fait sous forte contrainte de délai. Compte tenu du fait que le plan de chargement se trouve placé sur le chemin critique, il peut être retenu sur la base des paramètres indicateurs habituels, mais sa validation définitive n'intervient qu'à l'issue des calculs d'évaluation de la sûreté.

3.6. **Automatisation de la recherche de plan**

L'automatisation de l'optimisation des plans de chargement est un problème complexe qui a fait l'objet de nombreuses études à EDF/R&D.

Les développements actuels utilisent des méthodes de perturbations généralisées qui permettent d'explorer rapidement l'espace des solutions en évitant le recours à des calculs directs encore coûteux. D'autres algorithmes, utilisant par exemple la méthode du recuit simulé qui permet d'éviter l'enfermement dans des minimums locaux, ont aussi été employés.

Des résultats encourageants ont été obtenus à l'aide du prototype LOOP qui parvient à trouver automatiquement des plans satisfaisants sur l'ensemble des facteurs de point chaud et ce, en quelques heures de calcul (environ 8 heures) sur station de travail. Les développements en cours s'attachent à intégrer l'ensemble très divers des contraintes à respecter lors de la recherche d'un plan.

D'autres solutions à base de réseaux neuronaux, d'algorithmes génétiques sont aussi à l'étude mais les applications industrielles semblent lointaines. Ceci témoigne de l'intérêt et de l'ouverture du domaine à la fois sur des problèmes mathématiques complexes et sur la richesse de l'exploitation industrielle des cœurs.

3.7. Situation actuelle du parc

Nous avons vu dans ce chapitre l'ensemble des critères et contraintes prises en compte lors de l'optimisation des plans de chargement. Il peut être intéressant maintenant de considérer la situation du parc vis-à-vis des modes de gestion et des produits combustibles adoptés.

La situation du parc électronucléaire, fin 2007, est la suivante :

Pour le palier 900 MWe :

- Les 28 réacteurs du palier CPY sont désormais sous le régime GARANCE et les 6 réacteurs du palier CP0 sont exploités en gestion CYCLADES :

    - 6 réacteurs CP0 en gestion CYCLADES UO_2 1/3 4,2 %, à l'équilibre,
    - 8 réacteurs CPY en gestion UO_2 1/4 3,7 % à l'équilibre (dont 2 tranches de CRUAS avec du combustible URE),
    - 19 réacteurs CPY en gestion hybride UO_2 1/4 3,7 % - MOX 1/3 7,08 %,
    - sur 4 tranches CPY est prévue une modification du DAC pour autoriser le passage au MOX et les 4 tranches de Cruas devraient à terme pouvoir accueillir l'URE,
    - 1 réacteur en gestion PARITE MOX.

- Deux fournisseurs de combustible :

    - AREVA (assemblages AFA 2G, AFA 2Ge, AFA 3G, HTP),
    - EFG - GROUPE WESTINGHOUSE (RFA).

- Des programmes expérimentaux sur quelques tranches.

- Durées de campagnes :

    - longueur naturelle comprise entre 220 et 280 jepp,
    - prolongation maximale de 50 jepp.

- Une plus grande variété de plans de chargement :

    - recharge à +4 à −8 assemblages,
    - proportion variable de MOX,
    - type de plans : FF et FFG.

- De nombreuses reprises d'études : environ 50 % des plans de chargement sont repris, essentiellement suite aux mesures d'efforts de déplacement des grappes dans les assemblages.

- Des gestions très contraintes (déformations d'assemblage et MOX) dans les années 2000-2005 mais avec un zeste de variabilité.

- Un effort important de désencombrement des piscines du bâtiment réacteur (BK).

Pour le palier 1300 MWe :

- Les 20 réacteurs du palier sont tous en gestion GEMMES UO$_2$ 1/3 4 % ayant atteint leur cycle à l'équilibre.

- Deux fournisseurs de combustible :

    - AREVA (assemblages AFA 2GL, AFA 2GLe, AFA 3GL, AFA3GLr, AFA3GLr-AA),
    - EFG (BELLEVILLE 1 & 2).

- Des programmes expérimentaux sur 3 tranches (QUATUOR, APA, Produit remède IPG).

- Durées de campagnes :

    - longueur naturelle comprise entre 330 et 370 jepp,
    - prolongation moyenne de 50 jepp.

- Une certaine stabilité des plans de chargement, conséquence :

    - de la contrainte imposée par les déformations d'assemblages (pas d'assemblages effectuant un troisième cycle sous grappe), contrainte aujourd'hui relaxée avec l'AFA3GLr,
    - des efforts de réduction de la fluence au point chaud de la cuve.

- De très nombreuses reprises d'études : environ 50 % des plans de chargement sont repris, essentiellement suite aux mesures d'efforts de déplacement des grappes dans les assemblages et aux arrachages de grilles. Ces mesures ont pour but justement de vérifier que la déformation inévitable des assemblages sous flux reste acceptable.

- Une gestion GEMMES performante et tolérante mais un temps « bridée » par le problème des déformations d'assemblage.

- Un effort important de désencombrement des piscines du bâtiment réacteur (BK).

Pour le palier N4 :

- Les 4 réacteurs du palier sont tous en gestion STANDARD UO$_2$ 1/4 3,4 % sans réduction de fluence, et ont atteint le cycle à l'équilibre.

- Un fournisseur de combustible AREVA (AFA, AFA 3G, AFA3GLr, AFA3GLr-AA).

- Durées de campagnes :

    - longueur naturelle comprise entre 188 et 225 jepp,
    - prolongation moyenne de 50 jepp.

- Des plans de chargement « difficile » :

  - faiblesse des marges en REC et en puissance linéique vis-à-vis des études d'accidents (RTV),

  - faiblesse des marges au redémarrage des cycles 2,

  - des cycles relativement courts (~200 jepp en moyenne) du fait du fractionnement (1/4 de cœur), de l'enrichissement relativement faible (3,4 %) et de l'historique de fonctionnement (les premiers cycles ont été longs avec une longueur de cycle supérieure à 350 jepp).

3.8. Conclusion

L'optimisation des plans de chargement est un domaine très technique où les choix effectués ont un impact économique important à court, moyen et long terme tant sur le cœur (utilisation du combustible, protection de la cuve) que sur l'optimisation globale du système de production. Il ne faut pas oublier que le choix d'un plan de rechargement impacte de façon irréversible le devenir de la tranche concernée.

On s'oriente de plus en plus aujourd'hui vers la réalisation de plans « à la carte » en fonction des contraintes propres à chaque site (maintenance, aléas sur les gros composants, ...) et des contraintes globales du système (planification des arrêts de tranches en fonction des ressources externes parfois uniques disponibles).

Pour l'avenir, le concept de « souplesse » (recharges avec un nombre d'assemblages et des enrichissements variables) devrait permettre d'améliorer encore l'adéquation de la gestion des cœurs aux besoins de la production.

Références

Barral J.C., Le Bars M., Castelli R., *La recherche des plans de chargement en exploitation : Contraintes, souplesse et traitements des aléas*, RGN 1995 N°2 mars-avril.

Gestion des cœurs en exploitation, Réunion SFEN 12/10/1999.

4 Spécifications techniques d'exploitation

Introduction

Un Centre nucléaire de production d'électricité (CNPE) est une Installation nucléaire de base (INB) source de rayonnements ionisants et d'effluents radioactifs. Pour protéger les personnes des rayonnements et limiter les rejets d'effluents dans l'environnement, des barrières sont interposées entre le combustible et l'environnement. Il existe trois barrières principales :

- la gaine du combustible ;

- le circuit primaire principal ;

- l'enceinte de confinement du bâtiment réacteur.

Des matériels et systèmes, associés à trois « fonctions de sûreté », sont mis en œuvre afin de garantir l'intégrité des différentes barrières et de limiter les conséquences d'une éventuelle détérioration. Les trois fonctions de sûreté sont :

- La fonction de sûreté Réactivité : elle requiert le contrôle de la réactivité en toutes circonstances ;

- La fonction de sûreté Refroidissement : elle vise à assurer le refroidissement de la chaudière nucléaire ;

- La fonction de sûreté Confinement : elle a pour objectif le maintien du confinement des matières radioactives.

La disponibilité des matériels de sûreté est assurée en partie grâce aux « fonctions supports » qui fournissent les informations, les ordres et les fluides nécessaires à leur bon fonctionnement.

Sur le plan sûreté, la conception de l'installation repose sur le concept de défense en profondeur. Il existe trois niveaux de défense :

- premier niveau : les études de conception et la qualité des réalisations et de l'exploitation font qu'en fonctionnement normal, l'installation est maintenue dans un domaine autorisé garantissant sa sûreté ;

- second niveau : les études du système de surveillance et de protection permettent de minimiser les effets des transitoires anormaux et des incidents ;

- troisième niveau : les études relatives aux systèmes de sauvegarde permettent de limiter les conséquences d'accidents hypothétiques remettant en cause le confinement des produits radioactifs.

Les deux premiers niveaux correspondent à l'aspect prévention des accidents tandis que le troisième correspond à l'aspect maîtrise des accidents.

4.1. Rapport de sûreté et règles générales d'exploitation

Le Rapport de sûreté (RDS) présente et justifie auprès de l'Autorité de sûreté nucléaire (ASN) les dispositions retenues à tous les stades de la vie de l'installation : conception, construction, mise en service, exploitation et démantèlement. Il précise, pour toutes les conditions de fonctionnement étudiées, les fréquences d'occurrence et démontre que les conséquences radiologiques maximales sont acceptables.

Les Règles générales d'exploitation (RGE), document à l'interface de la conception et de l'exploitation, sont le prolongement direct du Rapport de sûreté. Elles fixent un ensemble de règles spécifiques à l'exploitation de la tranche qui doivent être impérativement respectées pour rester dans le cadre de la démonstration de sûreté présentée dans le Rapport de sûreté.

Les différents chapitres des Règles générales d'exploitation contribuent d'un point de vue organisationnel et technique à la mise en œuvre du concept de défense en profondeur.

- Premier niveau : prévention des incidents et accidents par le maintien de la tranche dans le domaine de l'exploitation normale. Cet aspect se traduit par la mise en œuvre du document standard des « Spécifications techniques d'exploitation » (STE) qui constituent le chapitre III des RGE.

- Deuxième niveau : surveillance des performances des fonctions de sûreté par des contrôles périodiques et des opérations de maintenance systématiques ou conditionnelles. Cet aspect se traduit par la mise en œuvre de Programmes d'essais périodiques (PEP, chapitre IX des RGE), de Règles d'essais physiques de redémarrage et d'essais physiques en cours de cycle (REPR et REPC, chapitre X des RGE), des Programmes de base de maintenance préventive (PBMP) et de Règles de surveillance en exploitation des matériels mécaniques (RSEM).

- Troisième niveau : maîtrise des incidents et accidents par la mise en œuvre de Procédures de conduite incidentelles ou accidentelles décrites dans le chapitre VI des RGE.

4.2. Historique de la genèse des STE

Les Spécifications techniques d'exploitation (STE) constituent un moyen de maintenir le niveau de sûreté acquis à la conception en agissant en exploitation au niveau de la prévention des incidents et des accidents. D'autre part, le niveau de sûreté peut être amélioré en valorisant le Retour d'expérience (REX).

Celui-ci a mis en évidence diverses difficultés dans l'application des STE initiales :

- non-respect des spécifications ;

- demandes fréquentes de dérogations ;

- nombreuses questions posées par l'Autorité de sûreté nucléaire.

Il a alors été proposé d'améliorer les STE afin de simplifier, d'expliquer, de clarifier en faisant émerger les principes de base et de compléter si nécessaire le document utilisé par les exploitants. Les STE ont alors été améliorées tant sur la forme que sur le fond technique. Les justifications des règles actuelles ont été ajoutées.

Le plan d'action a été découpé en 3 étapes résultant d'un compromis entre les échéances visées et les moyens à mettre en œuvre :

1) restructuration du document pour le palier 1300 MWe puis le palier 900 MWe ;
2) précision sur la doctrine des STE ;
3) reprise du fond technique.

La restructuration des documents a été menée par un groupe de travail national pour chaque palier avec des représentants de tous les sites de production nucléaire. Le travail de ce groupe a été validé par un comité de relecture comprenant des représentants des différentes unités concernées de la Division ingénierie nucléaire (DIN), puis examiné par l'Autorité de sûreté nucléaire. Il a abouti à la rédaction du nouveau document standard pour le 1300 MWe.

Le passage à l'Approche par état (APE) a, par exemple, été intégré pour préciser certains points relatifs à la doctrine des STE.

Lors de la reprise du fond technique, les résultats acquis lors des Études probabilistes de sûreté (EPS) ont aussi été intégrés.

4.3. Rôle des STE

Le rôle des STE est précisé dans le document standard au chapitre I - GENéralités :

1. Définir les limites du domaine de l'exploitation normale de l'installation afin de rester à l'intérieur des hypothèses de conception et de dimensionnement du réacteur.

2. Requérir, en fonction de l'état de la tranche considéré, les systèmes de sûreté indispensables au contrôle, à la protection et à la sauvegarde des barrières ainsi qu'à l'opérabilité des procédures de conduite du chapitre VI des RGE.

3. Prescrire une conduite à tenir en cas de dépassement d'une limite du domaine d'exploitation normale ou d'indisponibilité d'un système de sûreté requis.

Les STE délimitent le fonctionnement normal de la tranche. Elles définissent les règles techniques minimales qui doivent être observées en exploitation. D'un point de vue réglementaire, le respect des STE est un principe intangible destiné à garantir la sûreté de la tranche. Tout non-respect des STE, quand il est anticipé, fait l'objet d'une demande de dérogation auprès de l'Autorité de sûreté et toute demande de modification doit au préalable avoir été approuvée par celle-ci avant sa mise en œuvre effective.

4.4. Présentation des STE

4.4.1. Présentation générale

Les STE se présentent sous la forme suivante :

- *Séparation en deux documents distincts*

    - un document de prescriptions (document standard, prescriptions spécifiques à la tranche, prescriptions provisoires),

    - un document de justifications.

- *Regroupement des domaines d'études en domaines d'exploitation*

    Chaque domaine d'exploitation regroupe plusieurs domaines d'études qui présentent des caractéristiques thermohydrauliques et neutroniques voisines, ainsi que des conditions ou finalités d'exploitation similaires. Dans un domaine d'exploitation, les risques sont relativement homogènes : les prescriptions applicables doivent donc être les mêmes dans tout le domaine, sauf exception dans le cas des charnières ou conditions limites. Une fois le domaine identifié, l'exploitant peut aisément faire un diagnostic de l'état de sûreté de la tranche. Le document est donc bien adapté pour une utilisation en temps réel. Les différents domaines d'exploitation peuvent être visualisés sur le domaine (P,T) dans la figure 4.1 et le tableau 4.1.

    Le domaine grisé est surnommé « la chaussette ». Il correspond au domaine autorisé pour l'atteinte de l'état d'arrêt à chaud qui se fait uniquement avec l'énergie fournie par les pompes primaires. Le pressuriseur est diphasique dans l'état Arrêt Normal sur GV afin d'avoir un contrôle plus aisé de la pression et de la température. Ce domaine est limité pour les raisons suivantes :

    - la limite droite ((T_{sat}-30 °C), P_{sat}) est liée au bon fonctionnement du pressuriseur et garantit une marge suffisante vis-à-vis de l'ébullition ;

    - la limite gauche ((T_{sat}-110 °C), P_{sat}) permet de respecter la différence maximale de température entre le pressuriseur et la branche chaude, autorisée par les études à la fatigue du pressuriseur et de la ligne d'expansion ;

    - le respect de la limite supérieure gauche (T_{sat}, P_{sat}+110 bar) permet d'éviter que la pression différentielle primaire – secondaire n'excède 110 bar, valeur maximale prise à la conception du Générateur de Vapeur ; cette condition réduit le domaine (pression, température) en AN/GV ;

DOMAINE (P.T) DES ÉTATS STANDARDS DE LA CHAUDIÈRE

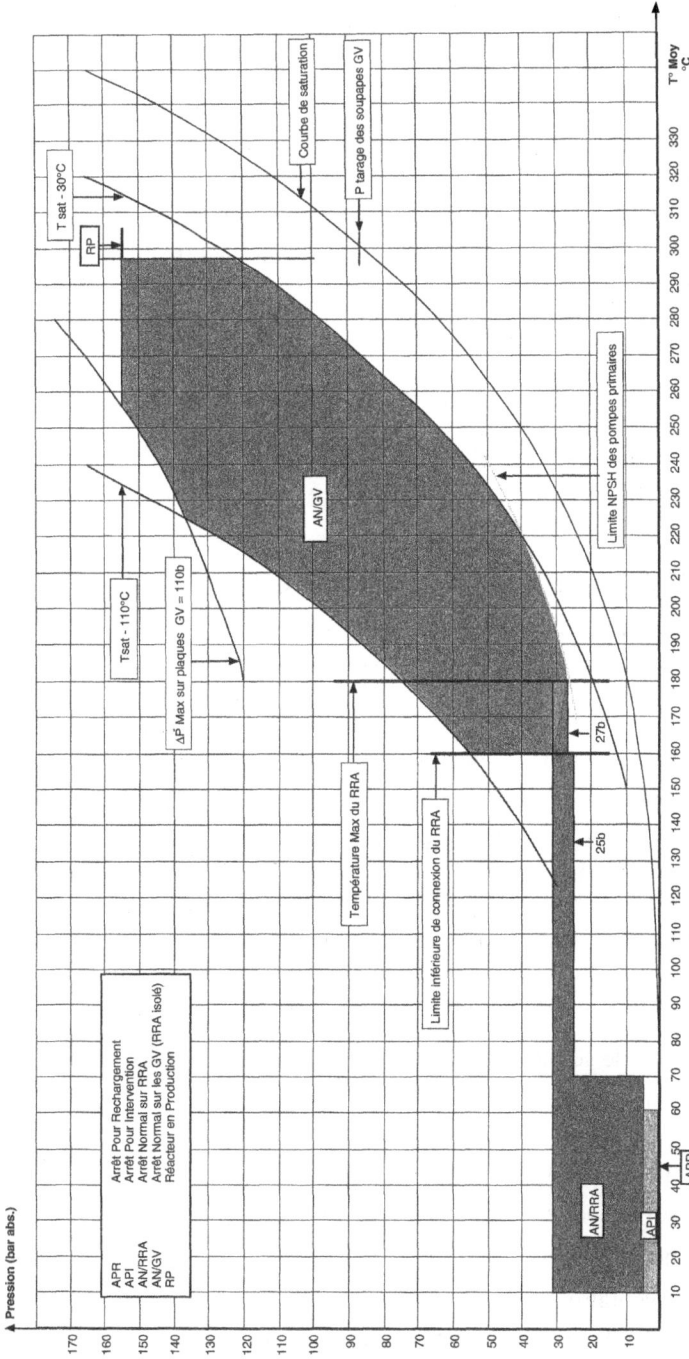

Figure 4.1. Domaine autorisé des pressions et des températures du circuit primaire.

– la limite inférieure gauche de température (160 °C) de l'état d'arrêt intermédiaire normal diphasique correspond à la valeur de la R_{TNDT} (température de transition au-dessus de laquelle l'acier des viroles de la cuve peut subir des déformations élevées) en fin de vie pour une pression de 172,3 bar abs. (seuil d'ouverture des soupapes du pressuriseur); le respect de cette limite nécessite la mise en communication du système RRA avec le circuit primaire pour assurer la protection de ce dernier contre les surpressions à froid;

– la limite inférieure de température (120 °C) de l'état intermédiaire aux conditions du RRA est une valeur en dessous de laquelle le matelas de vapeur du pressuriseur ne peut être maintenu; cette limite provenant des bases de conception de la ligne d'expansion du pressuriseur – voir limite ((T_{sat}-110 °C), P_{sat}) – est valable pour une pression primaire maintenue à 31 bar abs. à l'aspiration du RRA.

- *Les spécifications concernant un domaine d'exploitation sont autoportantes*

  Le document standard est décomposé en plusieurs chapitres :

  – GEN : Généralités : mode d'emploi et règlement des STE ;
  – RP : Réacteur en Production ;
  – AN/GV : Réacteur en Arrêt Normal sur GV ;
  – AN/RRA : Réacteur en Arrêt Normal sur RRA ;
  – API : Réacteur en Arrêt Pour Intervention ;
  – APR : Réacteur en Arrêt Pour Rechargement ;
  – RCD : Réacteur complètement déchargé ;
  – DEF : Définitions (seuils, limites, définitions diverses) ;
  – IRG : Situation d'incident réseau généralisé.

- *Les spécifications sont rassemblées par « fonctions de sûreté »*

  Les spécifications sont regroupées par fonctions de sûreté dans des paragraphes identiques quel que soit le domaine d'exploitation, ce qui facilite la recherche et la justification de chaque prescription. La structure adoptée est :

  – fonction de sûreté RÉACTIVITÉ :
    - concentration en bore ;
    - position des grappes ;
    - moyens de borication - dilution ;
    - surveillance de la sous-criticité (ou pilotage si Réacteur en production) ;
  – fonction de sûreté REFROIDISSEMENT :
    - inventaire en réfrigérant primaire ;
    - moyens de circulation du réfrigérant primaire ;
    - moyens d'appoint en réfrigérant primaire ;
    - sources froides ;

Tableau 4.1. Correspondance entre domaines d'exploitation et domaines d'étude ou états standard du palier 1300 MWe.

Domaines d'exploitation	Domaines d'études ou états standard	Inventaire en réfrigérant primaire	Pression (bar abs.) (1)	Température moyenne (°C)	Concentration en bore (ppm)	Puissance neutronique
Réacteur Complètement Déchargé (RCD)	Tout combustible dans BK	-	-	-	-	-
Arrêt Pour Rechargement (APR)	Arrêt à froid pour rechargement	729 m³ (P4) 657 m³ (P'4) au-dessus du PJC	Atmos.	$10 \leq T \leq 60$	≥ 2385	0
Arrêt Pour Intervention (API)	Arrêt à froid pour intervention primaire suffisamment ouvert	$\geq$ NB PTB RRA	Atmos.	$10 \leq T \leq 60$	≥ 2385	0
	Arrêt à froid pour intervention primaire entrouvert	$\geq$ NB PTB RRA	Atmos.	$10 \leq T \leq 60$	≥ 2385	0
	Arrêt à froid normal primaire fermé et dépressurisé	$\geq$ NB PTB RRA	$P \leq 5$	$10 \leq T \leq 60$	≥ 2385	0
Arrêt Normal sur RRA (AN/RRA)	Arrêt à froid normal	Primaire Plein	$5 \leq P \leq 31$	$10 \leq T \leq 90$	$\geq CB_{AF}$	0
	Arrêt intermédiaire monophasique	Primaire Plein	$25 \leq P \leq 31$	$90 \leq T \leq 180$	$\geq CB_{AF}$	0
	Arrêt intermédiaire diphasique aux conditions RRA connecté	Primaire Plein Pressuriseur diphasique	$25 \leq P \leq 31$	$120 \leq T \leq 180$	$\geq CB_{AF}$	0
Arrêt Normal sur GV (AN/GV)	Arrêt intermédiaire diphasique aux conditions RRA isolé	Primaire Plein Pressuriseur diphasique	$27 \leq P \leq 31$	$160 \leq T \leq 180$	$\geq CB_{AF}$	0
	Arrêt intermédiaire diphasique sur GV	Primaire Plein Pressuriseur diphasique	$27 \leq P \leq 31$ ou $160 \leq T \leq P_{12}$ (2)	$160 \leq T \leq P_{12}$ (2)	$\geq CB_{AF}$	0
	Arrêt à chaud	Primaire Plein Pressuriseur diphasique	$P_{11} \leq P \leq 155$ et $P_{12} \leq T \leq 297{,}2^{+3/-2}$ (2)		$\geq CB_{AC}$	0
Réacteur en Production (RP)	Recherche de la criticité	Primaire Plein Pressuriseur diphasique	~ 155	$297{,}2^{+3/-2}$ (2)	Recherche CB critique	~ 0
	Attente à chaud	Primaire Plein Pressuriseur diphasique	~ 155	$297{,}2^{+3/-2}$ (2)	CB critique	$\leq 2\ \%$ Pn
	Puissance	Primaire Plein Pressuriseur diphasique	~ 155	$297{,}2^{+3/-2}$ (2)	CB critique	$2\ \%$ Pn $\leq P \leq 100\ \%$ Pn

(1) Voir également figure 4.1 : domaine autorisé des pressions et températures du circuit primaire.
(2) En prolongation de cycle, la température moyenne peut être inférieure à 297 °C. Dans ce cas, le permissif P12 peut être abaissé.

- fonction de sûreté CONFINEMENT :
  - première barrière (gaine) ;
  - deuxième barrière (circuit primaire) ;
  - troisième barrière (enceinte) ;
  - chaînes de mesure d'activité KRT ;
  - confinement des locaux sensibles (salle de commande, bâtiments des auxiliaires nucléaires et de sauvegarde, bâtiment combustible) ;
  - traitement des effluents primaires ;
- fonctions supports :
  - sources électriques de puissance ;
  - sources électriques de contrôle-commande ;
  - sources d'air comprimé ;
  - système de protection et Système de surveillance post-accidentel (SSPA) ;
  - détection et protection incendie ;
  - climatisation et ventilation des locaux ;
- conduite à tenir en cas d'indisponibilité fortuite de matériel requis.

- *Les limites de sûreté sont séparées des limites d'exploitation normale*

  Dans le nouveau document, seules les limites liées à la sûreté ont été maintenues. Les limites liées à l'exploitation normale ne sont pas citées pour éviter toute confusion.

- *Définition d'une règle d'entrée dans les différents domaines d'exploitation*

  Un logigramme indique très clairement et sans ambiguïté le domaine d'exploitation dans lequel se trouve la tranche et par conséquent les prescriptions à appliquer (figure 4.2).

- *Définitions*

  Pour plus de clarté et dans le but de renforcer le caractère autoportant du document, il a été adjoint aux STE un chapitre particulier regroupant les abréviations et les définitions des termes utilisés. Il en existe près de quatre-vingt-dix pour les STE 1300 MWe avec une proportion importante relative à la disponibilité des matériels (diesels de tranche, échangeurs RRI/SEC, voie d'aspersion normale, GV, TAC, turbopompes, chaînes de protection, sources électriques, ...) et à la physique des réacteurs (déséquilibre axial et azimutal de puissance, écart à la criticité, flux critique, marge d'antiréactivité, taux de combustion, ...).

  Nous donnons, à titre d'exemple, la définition de la disponibilité au sens des STE :

  D'une manière générale, un matériel ou un système est déclaré disponible si et seulement si on peut démontrer à tout moment qu'il est capable d'assurer les fonctions qui lui sont assignées avec les performances requises (délai de mise en service notamment). En particulier, les équipements auxiliaires, nécessaires à son fonctionnement et à son contrôle-commande, doivent être disponibles.

  A minima les programmes d'EP du chapitre IX des RGE et de Maintenance Préventive de ces matériels ou systèmes sont effectués normalement : respect de la périodicité

Entrée		
⇩		
Un assemblage combustible est présent dans le bâtiment réacteur	NON ⇨	Appliquer les spécifications relatives au domaine RCD
⇩ OUI		
CB du circuit primaire supérieure ou égale à CB requise en arrêt à chaud et réacteur sous critique et non en recherche de criticité	NON ⇨	Appliquer les spécifications relatives au domaine RP
⇩ OUI		
Les deux voies RRA sont connectées au circuit primaire	NON ⇨	Appliquer les spécifications relatives au domaine AN/GV
⇩ OUI		
Pression du circuit primaire inférieure à 5 bar absolus	NON ⇨	Appliquer les spécifications relatives au domaine AN/RRA
⇩ OUI		
Couvercle de cuve déposé et volume du réfrigérant primaire au-dessus du plan de pose du joint de la cuve supérieur ou égal à : P4 : 729 m^3 P'4 : 657 m^3	NON ⇨	Appliquer les spécifications relatives au domaine API
⇩ OUI		
Appliquer les spécifications relatives au domaine APR		

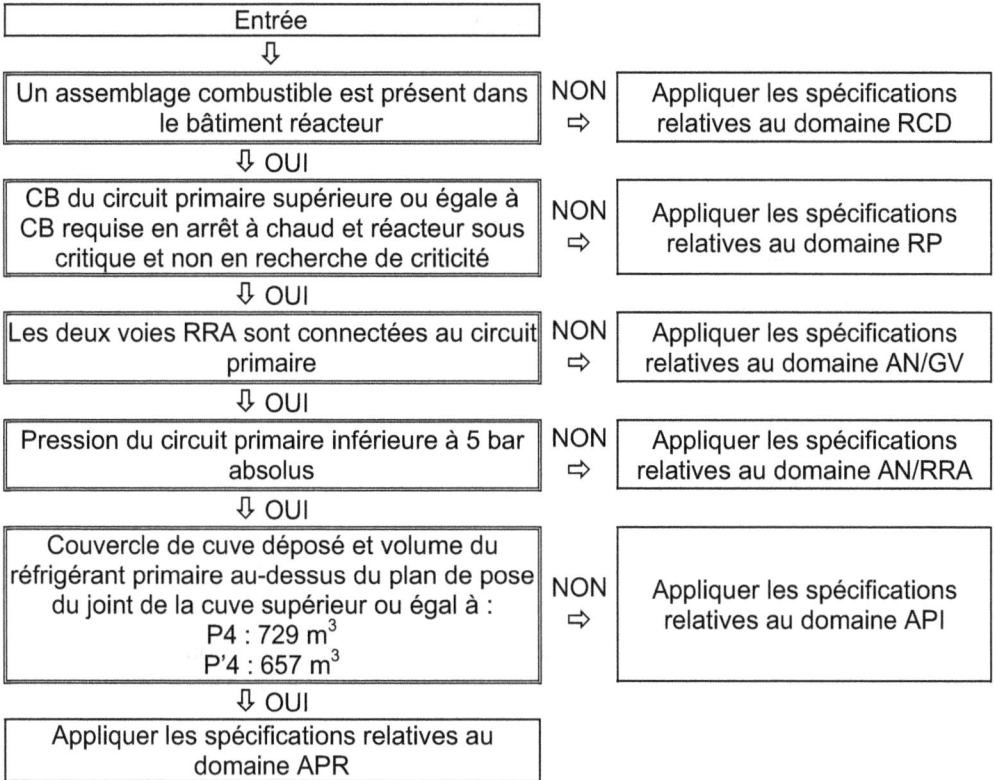

Figure 4.2. Logigramme d'orientation dans les domaines d'exploitation.

(tolérance incluse) et du mode opératoire, obtention de résultats satisfaisants. Un équipement disponible peut ne pas être en service.

Tous les matériels ou systèmes ne satisfaisant pas aux conditions de disponibilités définies ci-dessus sont considérés comme indisponibles.

Par exemple, un GV sera déclaré disponible si :

– le niveau d'eau alimentaire est contrôlé et réglé dans sa gamme étroite ;

– il est alimentable par le système d'alimentation de secours des GV (ASG) ;

– le circuit de décharge à l'atmosphère est disponible.

Les STE sont complétées par :

• un document spécifique rassemblant les valeurs numériques des paramètres chimiques et radiochimiques, les « Spécifications chimiques et radiochimiques des centrales REP » ;

• le Dossier spécifique de sûreté de la recharge contenant les prescriptions liées à l'évaluation de la sûreté du cœur pour la campagne en cours.

4.4.2. Conduite à tenir en cas de non conformité

On appelle « événement » toute non-conformité aux règles associées à un domaine d'exploitation (indisponibilité d'une fonction de sûreté requise, franchissement d'une limite du fonctionnement normal). Les événements sont classés en deux groupes :

- les événements du groupe 1 : ils génèrent directement une augmentation du risque de détérioration d'une des trois barrières, avec des conséquences radiologiques dépassant les limites acceptées lors de la conception de l'installation ;

- les événements du groupe 2 : ils couvrent des matériels ou systèmes dont l'indisponibilité compromet le contrôle, le diagnostic ou la conduite suite à d'éventuelles anomalies.

On distingue aussi :

- les événements fortuits, d'occurrence aléatoire, consécutifs à la découverte inopinée d'une anomalie de fonctionnement ;

- les événements programmés, d'occurrence certaine, suite à la réalisation du Programme de maintenance préventive ou d'essais périodiques.

Ces deux types d'événements peuvent être rattachés aux groupes 1 ou 2.

Suite à la découverte d'un événement du groupe 1 ou 2, l'exploitant doit tout mettre en œuvre pour revenir à une situation normale dans les plus brefs délais ou, à défaut, dans les temps limites définis dans le cadre des STE.

Si ce n'est pas possible :

- pour tous les événements du groupe 1 : l'exploitant doit alors rejoindre un état de repli plus sûr que l'état initial où a été découverte l'anomalie, sans dépasser la durée spécifiée du transitoire de repli ;

- pour certains événements du groupe 2 : l'exploitant doit mettre en œuvre des mesures palliatives prévues dans les textes en attendant une réparation définitive.

Tous les événements du groupe 1 disposent d'un délai d'amorçage de repli avant de passer à l'état de repli. Ce délai d'amorçage de repli est mis à profit pour :

- confirmer le diagnostic ;

- préparer le repli ;

- retrouver, le cas échéant, la disponibilité du matériel et éviter un transitoire.

Lors de l'exploitation de la tranche, plusieurs événements peuvent survenir simultanément. Il convient alors d'édicter des règles en cas de cumul d'événements.

Les règles de cumul sont différentes selon le domaine d'exploitation dans lequel on se trouve :

- soit RP, AN/GV, AN/RRA ;

- soit API, APR, RCD.

Compte tenu de la nature différente, sur le plan sûreté, des événements des groupes 1 et 2, il n'y a pas lieu d'établir des cumuls entre groupes. Les cumuls d'indisponibilités à l'intérieur d'un même système sont traités dans les événements relatifs à celui-ci.

Dans le cas de cumuls d'indisponibilités du groupe 1 en RP, AN/GV, AN/RRA, deux règles simples s'appliquent :

1. choix de l'état de repli si les états de repli sont différents :

    si une des indisponibilités affecte une source électrique, la tranche sera conduite en AN/RRA, pressuriseur diphasique ; dans les autres cas, la tranche sera conduite à l'état de repli, correspondant à l'un des événements, qui est le plus proche de l'API ;

2. choix du délai de repli :

    – si un des délais est inférieur ou égal à 8 heures, amorcer le repli sous 1 heure ;

    – si le plus court des délais est supérieur à 8 heures et inférieur ou égal à 24 heures, amorcer le repli sous 8 heures ;

    – si le plus court des délais est supérieur à 24 heures, amorcer le repli sous 24 heures ;

    – en cas de cumul de 3 événements ou plus, amorcer le repli sous 1 heure.

En cas de cumul d'événements du groupe 1 en API, APR, RCD, les règles suivantes s'appliquent :

- l'analyse de sûreté en temps réel permettra seule de définir la conduite la mieux adaptée à la situation ;

- le cumul de deux événements ou plus affectant des systèmes élémentaires différents ne doit pas être prolongé au-delà de 24 heures ;

Pour les cumuls d'indisponibilités dans le groupe 2 :

- un cumul de cinq indisponibilités dans le groupe 2 ne doit pas se prolonger au-delà de 24 heures ;

- un cumul de six indisponibilités ou plus dans le groupe 2 ne doit pas se prolonger au-delà d'une heure ;

- si la tranche est initialement divergée (domaine RP), elle sera repliée en AN/GV dans les mêmes délais que les deux règles précédentes.

4.5. Les STE vis-à-vis de la première barrière

Il ne nous est pas possible dans le cadre de ce document d'analyser les différentes spécifications relatives aux différents domaines d'exploitation. Nous nous bornerons donc au cas de la première barrière de confinement (la gaine) pour les réacteurs du palier 1300 MWe (P4 et P'4) et aux risques liés à la fusion de la pastille et à l'interaction pastille-gaine.

L'intégrité de la première barrière n'est abordée au travers des STE que pour le domaine RP. Lorsque la tranche se trouve dans les autres domaines d'exploitation, on peut considérer que l'intégrité de la première barrière n'est pas remise en cause.

4.5.1. Protection de la première barrière vis-à-vis du risque de fusion et de l'IPG

4.5.1.1. Risque vis-à-vis de la fusion de la pastille

Afin d'éviter tout risque de fusion du combustible, la température au centre de la pastille ne doit pas dépasser 2590 °C. Cette valeur correspond à la température de fusion de l'UO_2 diminuée de l'effet de l'irradiation et des incertitudes.

Sur les transitoires de condition (ou classe) 2, c'est-à-dire des transitoires dont la fréquence d'occurrence est de 1 à 10^{-2} /an/réacteur comme le Retrait incontrôlé de groupes, on montre que la température au centre de la pastille est directement liée à la puissance linéique locale du combustible. Le critère de température de 2590 °C est respecté si la puissance linéique locale est inférieure à 590 W/cm.

La puissance linéique est la puissance dégagée dans le cœur par cm de hauteur de cœur. À titre d'exemple, dans le système de protection du palier 1300 MWe (SPIN), elle s'exprimée à partir d'une formule de synthèse 1D-2D :

$$P_{lin}(z) = P(z) \cdot Fxy(z) \cdot P_{lin}^{moy} \cdot KGL$$

où

$P(z)$: Distribution axiale de puissance moyenne cœur

$Fxy(z)$: Facteur de pics radiaux $Fxy(z) = \dfrac{\text{Puissance max crayon à la cote z}}{\text{Puissance moyenne à la cote z}}$

P_{lin}^{moy} : Puissance linéique moyenne égale à 170, 23 × Puissance relative du cœur

KGL : Facteur de correction de grille (spécifique au SPIN).

Les $Fxy(z)$ sont déterminés grâce aux cartes de flux mensuelles (*cf.* chapitres 6 et 7). Toutefois, seuls les $Fxy(z)$ en configuration toutes barres hautes sont accessibles *via* les mesures. Pour les autres configurations de grappes nécessaires au calcul de la puissance linéique par le système de protection des réacteurs 1300 MWe (*cf.* chapitre 8), quelles que soient les conditions de fonctionnement, on utilise des $Fxy(z)$ de conception déterminés lors des études de sûreté spécifiques de rechargement du cœur.

Afin de se protéger du risque de fusion de la pastille par puissance linéique élevée, les spécifications techniques du combustible requièrent que la puissance linéique élaborée par le SPIN en fonction de la cote axiale reste inférieure ou égale à la valeur limite retenue lors de l'étude de la recharge du cœur.

4.5.1.2. Risque vis-à-vis de l'Interaction pastille gaine

Lors d'une élévation de puissance, les températures dans la pastille et dans la gaine augmentent, entraînant une dilatation de ces composants. Or, l'accroissement du diamètre de la pastille est plus grand que celui du diamètre interne de la gaine. Cette dilatation thermique différentielle se traduit alors par une augmentation des contraintes dans la gaine dès lors que le jeu pastille/gaine est fermé. Si la variation de puissance est suffisamment importante, les contraintes de traction induites dans la gaine peuvent dépasser le seuil de rupture.

Le risque de rupture de gaine par Interaction pastille gaine (IPG) ne peut apparaître que s'il existe une augmentation significative de la puissance dissipée par les pastilles combustibles. Par conséquent, les événements étudiés dans le cadre de l'analyse IPG sont les transitoires accidentels de condition 2 qui conduisent aux augmentations les plus sensibles de la puissance locale par déformation de la distribution de puissance et/ou par élévation de la puissance cœur.

Ces transitoires sont :

- l'Augmentation excessive de charge (AEC),
- le Retrait incontrôlé de groupe en puissance (RIGP),
- la dilution incontrôlée d'acide borique,
- la chute de grappe non détectée.

Sur le palier 1300 MWe, l'analyse de ces accidents a montré que le risque IPG porte principalement sur les transitoires AEC et RIGP, quelle que soit l'irradiation de campagne et jusqu'à 3000 MWj/t sur le transitoire de chute de grappes.

La dilution, en raison de sa cinétique lente, autorise une relaxation des contraintes et n'entraîne donc pas de rupture IPG lors des transitoires accidentels de condition 2.

Pour se prémunir contre le risque IPG, il importe donc de contrôler les augmentations de puissance locale.

Afin de prendre en compte les contraintes dues à l'interaction pastille-gaine, les Spécifications techniques d'exploitation requièrent les limitations suivantes pour toute montée en puissance après rechargement ou manipulation d'assemblages, outre la limitation de la vitesse de montée en puissance qui ne devra jamais dépasser 5 % de la puissance nucléaire par minute :

- au cours du redémarrage du réacteur faisant suite à un rechargement ou à un arrêt au cours duquel il y a eu manipulation d'assemblages, la vitesse moyenne de montée en puissance sera limitée à 3 % de la puissance nucléaire nominale par heure glissante entre 50 % et 100 % Pn (3 % Pn/h) ;

- cette restriction est supprimée sur les remontées jusqu'à la puissance P, pour autant que le réacteur ait fonctionné au minimum pendant 72 heures cumulées à une puissance supérieure ou égale à P au cours des sept derniers jours de fonctionnement en puissance ;

- au-delà de cette puissance P, la vitesse de montée en puissance est à nouveau limitée à 3 % de la puissance nucléaire nominale par heure glissante ;

- si les barres de contrôle sont restées insérées, la vitesse de retrait de celles-ci doit être limitée à 3 pas/heure dès que la puissance est supérieure à 50 % de la puissance nucléaire nominale.

Toutefois, après que les barres de contrôle ont été retirées jusqu'à une position donnée, à une puissance P1 supérieure à 50 % de la puissance nucléaire nominale, il n'y a plus de restriction sur le mouvement de ces barres, de l'insertion complète jusqu'à cette position tant que la puissance P1 n'est pas dépassée.

Ces spécifications sont résumées sur la figure 4.3.

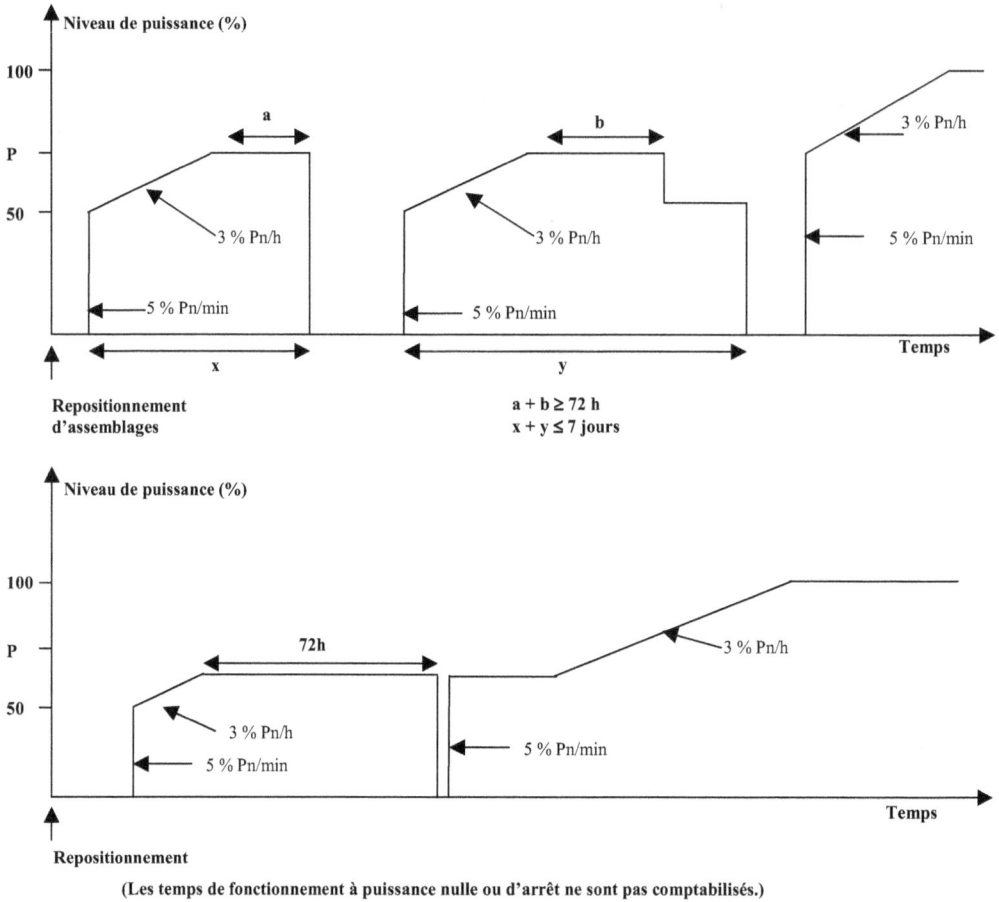

Figure 4.3. Interaction pastille gaine - Limitation de puissance après manipulation d'assemblages.

En dehors des phases de redémarrage après manipulation d'assemblages, le phénomène IPG impose en cours de cycle une durée maximale sur le fonctionnement à puissance intermédiaire (grappes insérées ou extraites) afin de limiter le déconditionnement local du combustible (état thermomécanique « dégradé » caractérisé par un jeu combustible-gaine défavorable) trop pénalisant. Cette durée est déterminée par la gestion d'un crédit de FPPI, dit crédit K.

4.5.1.3. Rôle et dimensionnement des seuils du SPIN vis-à-vis de la fusion et de l'IPG

Le Système de protection intégré numérique reconstitue à partir des paramètres spécifiques de la recharge et des mesures issues des chambres externes de mesure neutronique, la distribution enveloppe de puissance dans le cœur. À partir de ces données, le système détermine le Rapport d'échauffement critique minimal (REC$_{min}$) et la puissance linéique au point chaud.

Il peut alors évaluer les marges vis-à-vis :

- des critères de sûreté de deuxième catégorie : crise d'ébullition, fusion au centre de la pastille et rupture par IPG,

- de l'Accident par perte de réfrigérant primaire (APRP).

Les marges nulles définissent les limites du domaine de fonctionnement normal autorisé et donc les seuils d'alarme. En plus de ce rôle de surveillance, le SPIN assure le rôle de protection vis-à-vis des critères de sûreté.

Le SPIN n'est efficace qu'en puissance, au-delà de 15 % PN. Aussi, pour couvrir les accidents initiés à puissance nulle (Rupture de tuyauterie vapeur par exemple) ainsi que les accidents pour lesquels le SPIN n'est pas efficace (en particulier, les évènements à cinétique rapide ou marqués par certaines dissymétries dans le cœur), le système de protection des REP 1300 MWe est aussi doté de chaînes de protection dites spécifiques. Ces protections sont fondées sur l'observation d'un paramètre de fonctionnement indépendant de la distribution de puissance. On peut citer à titre indicatif les chaînes d'arrêt automatique suivantes :

- haut flux neutronique,

- taux élevé de diminution du flux neutronique,

- taux élevé d'augmentation du flux neutronique,

- basse pression dans le pressuriseur,

- bas débit primaire,

- basse vitesse de rotation des pompes primaires.

On donne dans les tableaux 4.2a et 4.2b, pour chaque type d'accidents, la chaîne de protection ou de sauvegarde mise en œuvre dans le SPIN.

Le dimensionnement des alarmes et des seuils de protection vis-à-vis des risques de fusion et d'interaction pastille gaine est présenté en détail au chapitre 8.

4.5.2. Surveillance de l'intégrité de la gaine

Les règles de surveillance de l'intégrité de la gaine du combustible sont prescrites dans le document « Spécifications chimiques et radiochimiques des centrales REP ».

Pour un réacteur, on mesure les activités des Produits de fission (PF) dans le circuit primaire.

L'activité du circuit primaire en PF peut provenir de la contamination ou d'un défaut du gainage :

- On distingue la *contamination initiale* provenant de dépôts de poussières d'uranium à la fabrication de la *contamination résiduelle* provenant de la dissémination de matière fissile (actinides) lors du fonctionnement antérieur avec un éventuel défaut

Tableau 4.2a. Chaînes de protection d'AAR et de sauvegarde (accidents de condition 2).

ACCIDENTS (Condition 2)	CHAÎNES DE PROTECTION
Retrait incontrôlé des grappes de contrôle, réacteur sous critique	• Haut flux neutronique, gamme de puissance, point de consigne bas
Retrait incontrôlé des grappes de régulation, réacteur en puissance	• Haut flux neutronique, gamme de puissance, point de consigne haut • Puissance linéique élevée • Bas REC
Mauvais positionnement, chute d'une grappe ou d'un groupe de grappes	• Taux élevé de diminution du flux neutronique
Dilution incontrôlée d'acide borique	• Haut flux neutronique, niveau source • Bas REC
Perte partielle du débit primaire	• Bas débit primaire
Perte totale de charge et/ou déclenchement de la turbine	• Haute pression dans le pressuriseur
Perte de l'eau alimentaire normale des GV	• Très bas niveau dans un générateur de vapeur
Mauvais fonctionnement de l'eau alimentaire normale des générateurs de vapeur	• Bas REC • Haut niveau dans un générateur de vapeur
Perte totale des alimentations électriques externes	• Basse vitesse des pompes primaires
Augmentation excessive de charge (à pleine puissance)	• Haut flux neutronique, gamme de puissance, point de consigne haut • Puissance linéique élevée • Bas REC
Dépressurisation momentanée du circuit primaire	• Basse pression dans le pressuriseur • Bas REC
Ouverture intempestive d'une soupape du secondaire	• Basse pression dans le pressuriseur • Injection de sécurité
Démarrage intempestif de la fonction de borication automatique	• Basse pression dans le pressuriseur

Tableau 4.2b. Chaînes de protection d'arrêt automatique et de sauvegarde (accidents de conditions 3 et 4).

ACCIDENTS (Conditions 3 et 4)	CHAÎNES DE PROTECTION
Ouverture intempestive d'une soupape de sûreté du pressuriseur	• Basse pression dans le pressuriseur • Bas REC
Réduction forcée de débit primaire	• Basse vitesse de rotation des pompes primaires
Retrait d'une grappe de contrôle à la pleine puissance	• Bas REC • Haut flux neutronique
Rupture importante d'une tuyauterie de vapeur principale (RTV)	• Injection de sécurité • Basse pression vapeur • Haut flux thermique
Rupture importante d'une tuyauterie d'eau alimentaire (RTE)	• Bas niveau dans GV
Rotor bloqué d'une motopompe primaire	• Bas débit primaire
Éjection d'une grappe de contrôle	• Haut flux neutronique • Taux élevé d'augmentation du flux neutronique
Rupture d'un tube de générateur de vapeur	• Basse pression dans le pressuriseur • Injection de sécurité

d'étanchéité. L'ordre de grandeur de la contamination initiale est de quelques dizaines de MBq/t (Méga-Becquerels par tonne) pour chacun des PF et peut être supérieur à des milliers de MBq/t pour la contamination résiduelle.

- À l'apparition d'un petit défaut, les activités des gaz à vie longue (Xe133) augmentent en premier. Il y a alors prépondérance des gaz à vie longue. Si le défaut évolue, il permet un temps de sortie des PF plus court. Les activités des gaz à vie courte (Xe138) vont aussi augmenter, sans pour autant rattraper les activités des gaz à vie longue. Les iodes augmentent aussi et peuvent être émis par bouffées lors des transitoires. Le défaut peut aussi se dégrader (fissures longitudinales). Éventuellement, le fluide primaire en mouvement va « lessiver » le crayon, éroder la matière fissile et la disséminer dans le cœur (phénomène initiateur de la contamination résiduelle ultérieure).

L'activité maximale en Xe133 dépend de la puissance linéique. Elle est comprise entre 10 000 et 25 000 MBq/t. Lorsque le défaut est trop petit, on ne voit pas le potentiel maximum du Xe133 en raison du temps de décroissance radioactive supérieur au temps de sortie.

L'activité du circuit primaire est mesurée par prélèvement liquide et spectrométrie gamma.

Le Retour d'expérience (REX) du parc a montré qu'en 1993, les trois-quarts des défauts étaient dus à des corps migrants (copeaux, poils de brosse métallique, ...) qui s'arrêtent généralement à la première grille et provoquent des entailles à ce niveau dans les crayons combustibles. Ces défauts apparaissent en général dès la montée en puissance, lors de la mise en mouvement du fluide primaire. Depuis, des efforts sur la propreté des chantiers ont été entrepris et les assemblages ont été munis de filtres anti-débris (tamis de 2 mm environ). La quasi-totalité des assemblages est équipée de ce type de dispositifs. Ces filtres sont situés sous la plaque de pied des assemblages ou directement constitutifs de la plaque de pied pour d'autres types d'assemblages.

Depuis 1990, le taux de pertes d'étanchéité, c'est-à-dire le nombre d'assemblages nouvellement détectés comme non étanches rapportés au nombre d'assemblages déchargés, est passé de 0,6 % à 0,1 % (figure 4.4).

On notera aussi que les examens n'ont jusqu'à présent pas mis en évidence des pertes d'étanchéité liées à l'interaction pastille gaine.

En dehors des corps migrants, les pertes d'étanchéité peuvent être dues :

- aux défauts sur les soudures des bouchons des crayons combustibles ;

- au *fretting*, phénomène d'usure sous vibration lié au maintien du crayon dans l'assemblage qui, s'il est inadéquat, peut conduire à un percement sous l'effet de la vibration du crayon au niveau des grilles et entraîner sa détérioration ;

- aux défauts de fabrication de la gaine.

L'état de la première barrière est suivi en fonctionnement par la mesure des activités du circuit primaire. Selon les STE, l'exploitation du réacteur est limité en cas d'activité élevée :

- somme des gaz (xénon + krypton) limitée à la capacité de traitement des effluents ;

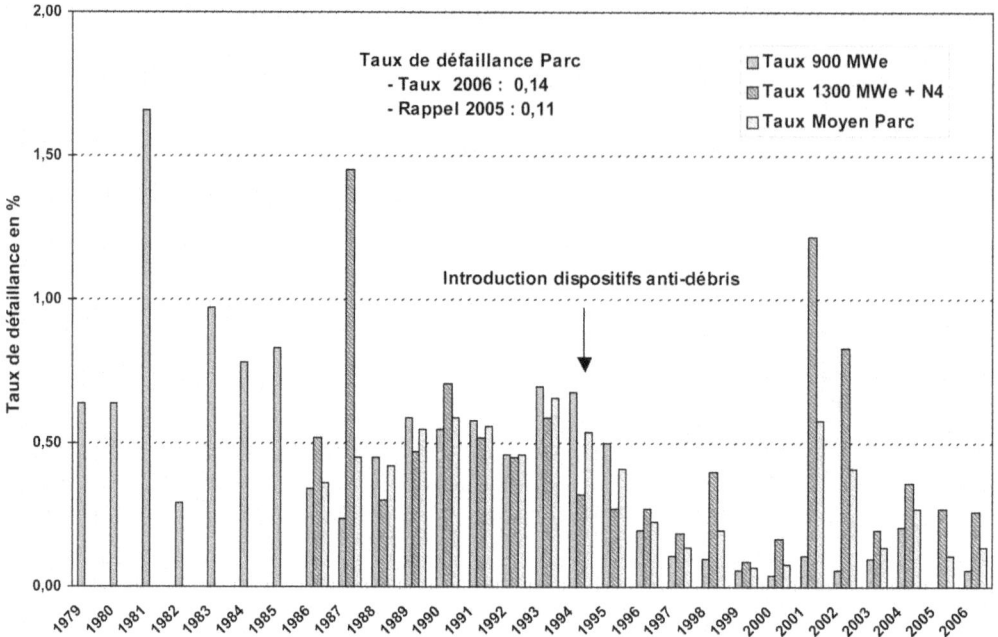

Figure 4.4. Évolution du taux de défaillance sur le parc REP.

- iode 131 équivalent (proportion pondérée des différents isotopes pénalisants de l'iode) lié au dimensionnement RTGV (*cf.* figure 4.5) ;

- iode 134 lié à la dissémination de la matière ; en cas d'activité d'Iode 134 élevée, on complète la surveillance par des mesures d'activités alpha.

Tout dépassement de l'une des valeurs consignées dans les STE doit faire l'objet d'une déclaration auprès de l'Autorité de sûreté.

Lors des arrêts de tranche, les assemblages inétanches sont identifiés dans le mât de la machine de déchargement. Le fait de remonter les assemblages (du niveau −15 mètres par rapport au niveau de la piscine pleine où ils se trouvent initialement au niveau −5 mètres) conduit par expansion des gaz de fission à un léger dégazement permettant de détecter le défaut. Celui-ci est ensuite confirmé si nécessaire dans les cellules de ressuage du bâtiment réacteur (BK) par réchauffement ce qui provoque l'expulsion des gaz des crayons fuitards.

4.6. Conclusion

Les Règles générales d'exploitation et en particulier les Spécifications techniques d'exploitation constituent le référentiel d'exploitation des tranches nucléaires. Hormis de rares phases particulières où des dérogations sont temporairement admises, comme lors des essais physiques, l'exploitant est dans l'obligation de s'y référer constamment.

Ce cadre permet l'exploitation des tranches sous couvert des études de sûreté et donc de garantir l'intégrité des différentes barrières de protection. Ainsi, pour s'assurer

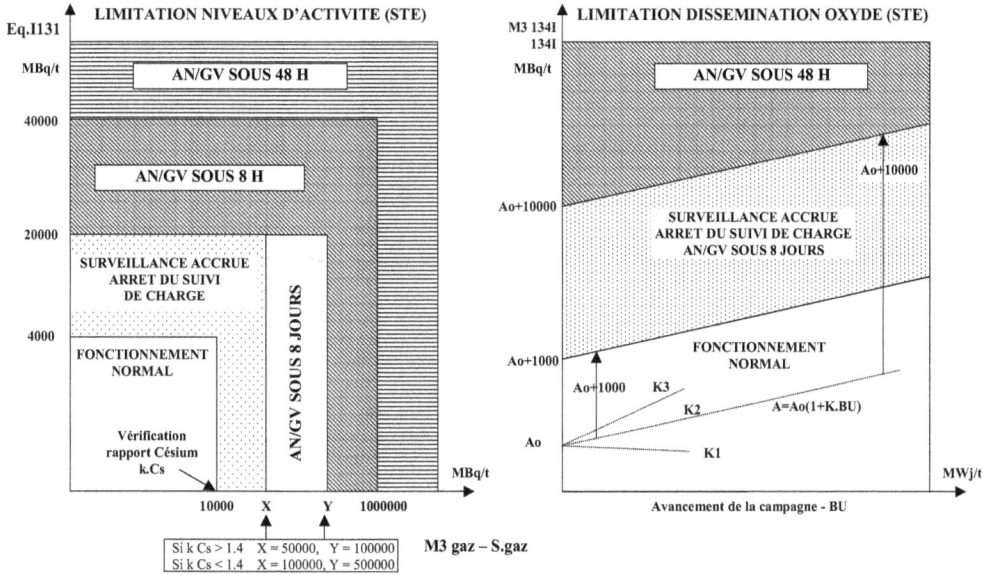

Figure 4.5. Limitation des activités iodes et gaz rares.

de l'intégrité de la première barrière de protection, un certain nombre de règles doivent être respectées. Mais, il est aussi essentiel de garder à l'esprit que les STE constituent aussi un outil de prévention.

L'accumulation du Retour d'expérience de l'exploitation des tranches permet aussi de faire évoluer les STE pour améliorer l'efficacité et la simplicité d'application après approbation de l'Autorité de sûreté nucléaire.

Références

Les nouvelles STE - Document de formation, EDF-SFP- Groupement de formation Normandie Indice 2 du 28/11/1994.

Document standard des spécifications techniques d'exploitation du palier 1300 MWe P4-P'4, Note EDF D4510/EX/N/98-1323/JIL.

Tranches REP 1300 MWe - Dossier général d'évaluation de la sûreté des recharges Méthodologie EDF/GEMMES, Note EDF D4510/NT/BC/MET/99.40.

Accidents de réactivité - Transfert de connaissances Réacteurs à eau pressurisée, EDF Notice 621.

Introduction

Le respect des critères de sûreté et de conception des centrales nucléaires impose une surveillance permanente de l'état de l'installation. Cette surveillance est opérée grâce à l'instrumentation des cœurs REP composée de deux volets, nucléaire et non nucléaire. On aborde le principe de l'étalonnage des mesures issues de l'instrumentation externe du cœur sur des mesures de référence obtenues par des mesures internes du flux neutronique et de la puissance thermique au secondaire.

5.1. Instrumentation nucléaire

L'instrumentation nucléaire permet la mesure du flux neutronique et de la réactivité. Elle peut être classée en :

- Une instrumentation d'exploitation permanente :
    - mesure du flux par des chambres externes (système RPN, Réacteur puissance nucléaire) ;
    - mesure de la concentration en bore à l'aide d'un boremètre ;
    - mesure de la position des grappes de contrôle.

Elle est utilisée pour le pilotage et la surveillance de la tranche ainsi que pour la détermination des marges de fonctionnement.

- Une instrumentation d'essai périodique :
    - mesure du flux par des détecteurs internes (système RIC, Réacteur instrumentation cœur) ;
    - mesure de la concentration en bore effectuée manuellement par titrimétrie (dosage acide-base).

Elle est utilisée comme référence pour l'étalonnage des mesures de l'instrumentation permanente.

On peut y ajouter le réactimètre qui permet la mesure de la réactivité du cœur lors des essais de redémarrage de la tranche.

5.1.1. Mesure du flux neutronique et des températures sortie cœur

5.1.1.1. Principes de détection des particules

5.1.1.1.1. Principe de détection des rayonnements ionisants

Il est basé sur l'ionisation d'un gaz par ce rayonnement, c'est-à-dire la création de paires d'ions positifs et d'ions négatifs. Les ions positifs et les ions négatifs sont collectés par deux électrodes portées à des potentiels différents (figure 5.1) :

- les ions positifs sont attirés par l'électrode négative, la cathode ;

- les ions négatifs sont attirés par l'électrode positive, l'anode.

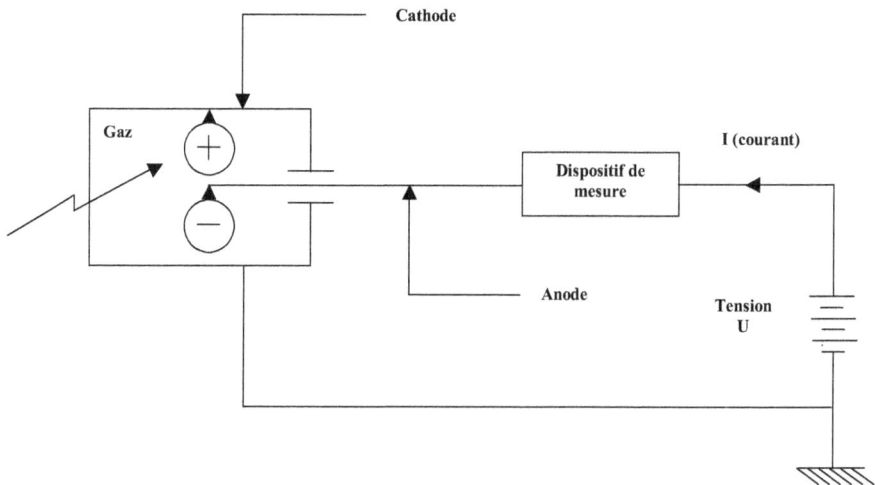

Figure 5.1. Schéma de principe d'un détecteur de rayonnements ionisants.

L'utilisation d'un gaz inerte permet de faciliter la création et la mobilité des ions. On utilise en général de l'argon.

La collecte des charges électriques par les électrodes se traduit dans le circuit par une impulsion de courant de faible intensité. Le système de mesure associé au détecteur pourra, suivant les cas :

- compter les impulsions de courant ; le détecteur est alors utilisé en impulsion : flux faible - compteur proportionnel ;

- mesurer un courant moyen ; le détecteur est alors utilisé en courant : flux élevé.

5.1.1.1.2. Principe de détection des neutrons

Le neutron est une particule électriquement neutre. Elle est donc non directement ionisante. Il faudra par conséquent employer une réaction intermédiaire pour produire une particule ionisante qui sera ensuite détectée comme précédemment.

Les réactions les plus courantes sont :

- La réaction de capture de l'isotope 10 du bore (neutrophage) :

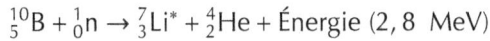

$$\,^{10}_{5}B + \,^{1}_{0}n \rightarrow \,^{7}_{3}Li^* + \,^{4}_{2}He + \text{Énergie (2, 8 MeV)}$$

La particule α est très ionisante, et le lithium produit dans un état excité revient dans l'état fondamental selon la réaction :

$$\,^{7}_{3}Li^* \rightarrow \,^{7}_{3}Li + \gamma + \text{Énergie}$$

Pratiquement, pour détecter les particules α émises, on utilise :

- des chambres d'ionisation ou compteurs proportionnels à dépôt de bore sur les électrodes (anode ou cathode) ;
- des chambres d'ionisation ou compteurs proportionnels avec un gaz à base de bore le trifluorure de bore BF3. La particule α apparaît dans le gaz et l'ionise.

Mais ces détecteurs présentent des inconvénients :

- la chambre d'ionisation à dépôt de bore contient un gaz inerte l'argon qui est ionisé par des particules α mais aussi par les rayonnements γ ; il y a donc une sensibilité « parasite » aux γ ;
- la chambre au BF3 est également sensible aux γ.

- Réaction de fission sur l'isotope 235 de l'uranium :

$$\,^{235}_{92}U + \,^{1}_{0}n \rightarrow PF1 + PF2 + \text{Énergie (200 MeV)} + \nu\overline{n}$$

Les produits de fission PF, généralement au nombre de deux, sont très ionisants et vont directement ioniser le gaz et non le rayonnement émis lors de la désintégration des neutrons.

Pratiquement, pour détecter la réaction décrite précédemment, on va utiliser une chambre d'ionisation à dépôt d'Uranium 235 sur l'anode. Toutefois, cette chambre sera elle aussi sensible aux γ et aux α (figure 5.2).

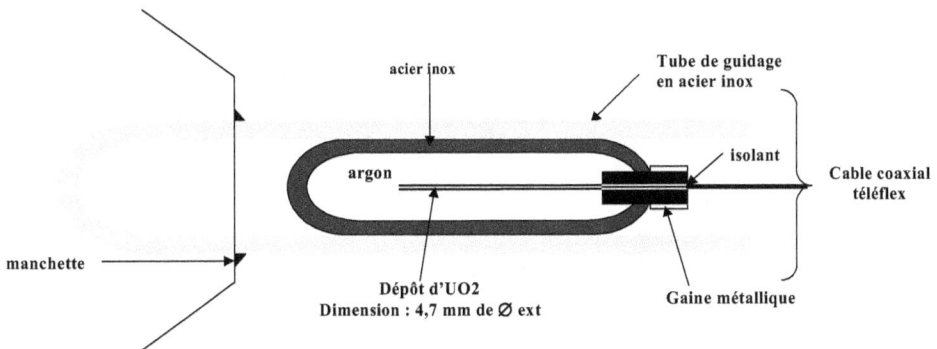

Figure 5.2. Schéma d'un détecteur chambre à fissions.

5.1.1.1.3. Problèmes posés par la détection des neutrons

La présence des rayonnements γ perturbe la mesure du flux neutronique. Cette perturbation dépend de l'influence du flux de neutrons et des γ. Aux faibles flux, la valeur de la perturbation due aux γ est importante. Par contre, pour des flux neutroniques élevés, celle-ci est négligeable, sauf peut être pour les mesures RIC dans les assemblages MOX (*cf.* paragraphe 5.1.1.3).

La gamme de flux de neutrons à mesurer est très étendue, environ 10 décades, soit de quelques Watts à 3800 MWth pour le palier 1300). Il en résulte deux nécessités :

- discriminer le rayonnement γ du flux de neutrons pour les flux faibles ;

- utiliser plusieurs gammes de mesure.

De plus, de par le niveau de flux de neutrons très élevé dans le cœur, $\sim 10^{14}$ neutrons/cm^2/s, l'instrumentation qui surveillera en permanence la puissance du réacteur sera forcément externe en raison des conditions d'ambiance. Cette surveillance contribuera essentiellement à une reconstitution de la distribution axiale de puissance. Le seul moyen de mesurer précisément le flux neutronique du cœur est d'installer une instrumentation interne qui scrutera momentanément le cœur afin d'éviter la dégradation des détecteurs sous flux. Cette instrumentation pourra aussi être complétée ou remplacée par une instrumentation interne fixe permanente à base de détecteurs au rhodium, au cobalt ou au vanadium.

5.1.1.2. *Système RPN : mesures externes du flux neutronique*

Le système RPN assure la surveillance de la puissance du réacteur, de sa distribution et de son évolution à partir de mesures externes du flux neutronique. Les signaux analogiques élaborés à partir de ces mesures sont indiqués et enregistrés en salle de commande, fournissant ainsi à l'opérateur des informations sur l'état du réacteur pendant le déchargement, le rechargement, l'arrêt, le redémarrage et au cours du fonctionnement en puissance.

Le système RPN intervient dans la régulation de température moyenne (flux des chaînes de puissance) et participe à l'évaluation de la réactivité du cœur. Des circuits sont prévus pour faire des mesures de bruit neutronique permettant d'étudier le comportement vibratoire des structures internes. Une indication auditive du taux de comptage des neutrons, une alarme en salle de commande et dans le Bâtiment Réacteur sont fournies à l'arrêt et au démarrage pour la surveillance de la réactivité.

Sur le plan de la sûreté, le rôle du système RPN est de fournir au système de protection du réacteur les signaux qui servent, en autres, à élaborer les arrêts automatiques du réacteur par flux nucléaire élevé, par variation rapide de flux ou par puissance linéique élevée. Les arrêts automatiques par flux nucléaire élevé sont précédés d'une interdiction d'extraction de grappes automatique et manuelle.

Rappelons brièvement qu'il existe trois stades d'actions vis-à-vis de la sûreté de la tranche :

- la surveillance matérialisée par une alarme ;

- le verrouillage associé aux blocages des grappes et/ou à une réduction automatique de la puissance ;

- la protection entraînant un Arrêt automatique réacteur (AAR).

Le flux neutronique en puissance est surveillé à l'aide de quatre chambres à ionisation situées à l'extérieur de la cuve sur deux axes de symétrie du cœur pour mesurer la puissance dans chacun des quadrants (figure 5.3). Ces chambres dont la hauteur active est comparable à celle du cœur sont installées verticalement dans des puits à environ 30 cm de la cuve.

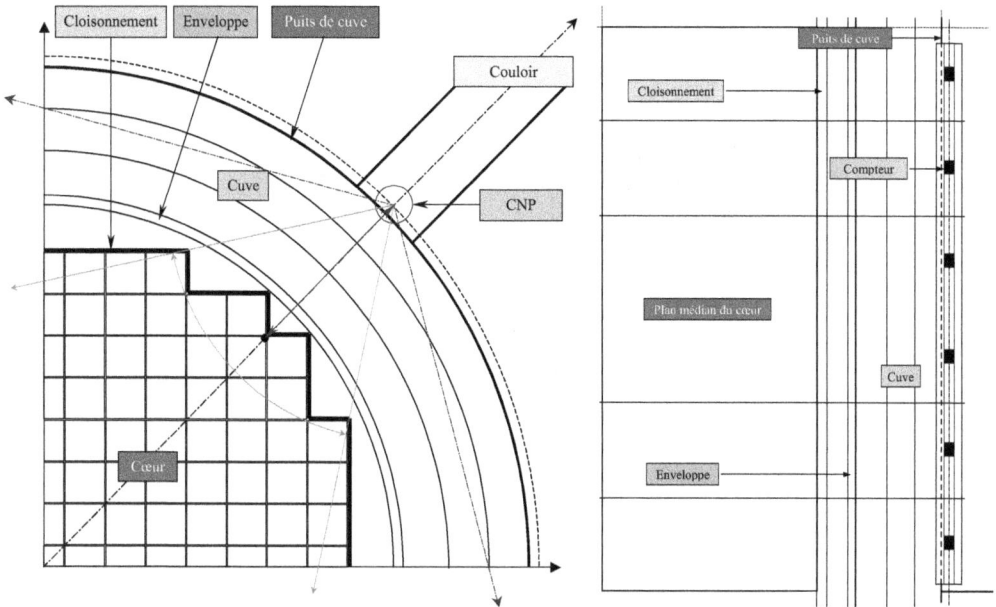

Figure 5.3. Positionnement des chambres externes.

Pour les réacteurs du type 900 MWe, les chambres sont divisées en deux parties, haute et basse, donnant des courants hauts I_H et bas I_B résultant de la puissance dégagée dans les parties correspondantes du cœur. Une mesure de la différence axiale de flux ΔI est réalisée. Pour les réacteurs 1 300 MWe, chaque chambre comporte axialement six sections actives qui permettent une véritable mesure de la distribution axiale de puissance.

Lorsque le flux neutronique est faible, on recueille aux bornes du détecteur un train d'impulsions de courant discontinu mesuré en coups/seconde. Lorsque le flux de neutrons est élevé, on recueille aux bornes du détecteur un courant continu.

Un seul détecteur ne pouvant pas contrôler toute l'étendue de la gamme, trois types de chaînes d'instrumentation sont utilisés pour fournir trois niveaux de protection selon le niveau de puissance du cœur :

- la gamme de *niveau source* (CNS) composée de 4 chaînes identiques pour une gamme de puissance de 10^{-9} à 10^{-3} % PN environ. Le capteur est un compteur proportionnel à dépôt de bore ;

Coupe schématique d'une chambre à bore compensée.

Volume extérieur sensible aux n + γ
Volume intérieur sensible aux γ
Dépôt de bore

Électrode de compensation
Électrode Signal
Électrode Haute Tension
Enveloppe

Schéma de fonctionnement d'une chambre compensée.

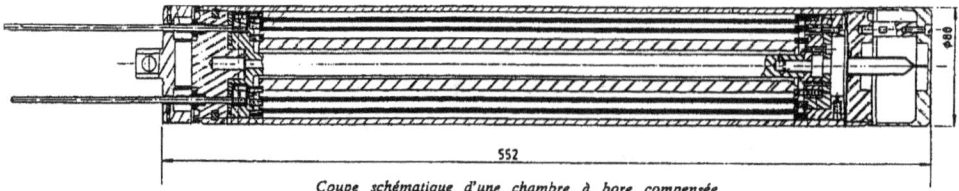

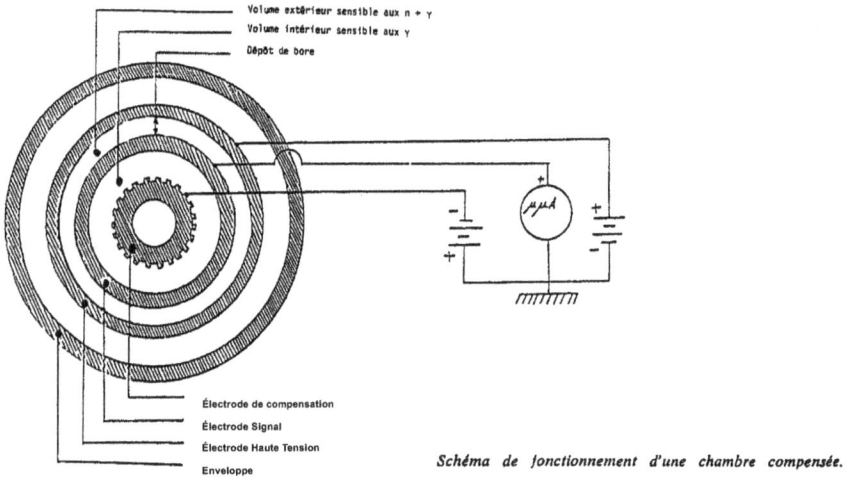

Figure 5.4. Chambre d'ionisation compensée.

- la gamme de *niveau intermédiaire* (CNI) composée de 4 chaînes identiques pour une gamme de puissance de 10^{-6} à 100 % PN. Le capteur est une chambre d'ionisation à dépôt de bore, compensée aux rayons gamma (figure 5.4).

- la gamme de *niveau de puissance* (CNP) composée de 4 chaînes identiques pour une gamme de 10^{-1} à 120 % PN. Le capteur est une chambre d'ionisation à dépôt de bore non compensée aux rayons gamma. Il est composé de 6 sections sensibles (figure 5.5).

Pour les REP 1300 MWe et N4, pour lesquels une mesure précise de la distribution axiale de puissance, et non plus simplement de l'Axial-Offset, est nécessaire, le capteur à six sections utilisé est muni d'un filtre à neutrons rapides composé de polyéthylène et de cadmium. Celui-ci ne laisse passer que les neutrons rapides en provenance directe du cœur.

Les recouvrements des gammes d'instrumentation assurent la continuité du contrôle et de la protection du réacteur (figure 5.6). Lors d'un démarrage, l'opérateur doit inhiber l'arrêt automatique de la gamme de niveau inférieur lorsque la possibilité lui en est donnée par un permissif élaboré à partir de la gamme de niveau supérieur. Des conditions de protection plus restrictives sont automatiquement remises en service lorsque la puissance du réacteur diminue.

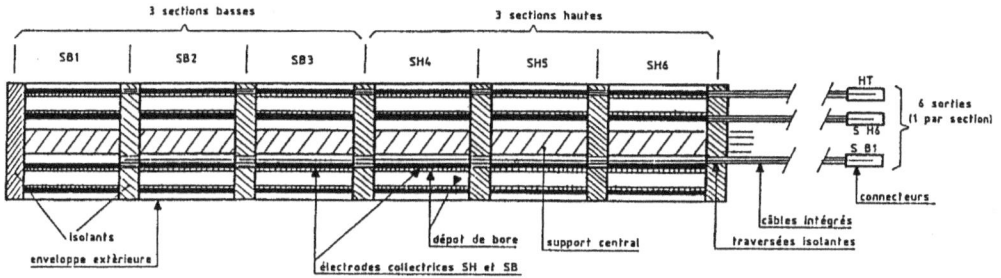

Figure 5.5. Chambre longue à six sections CBL 60.

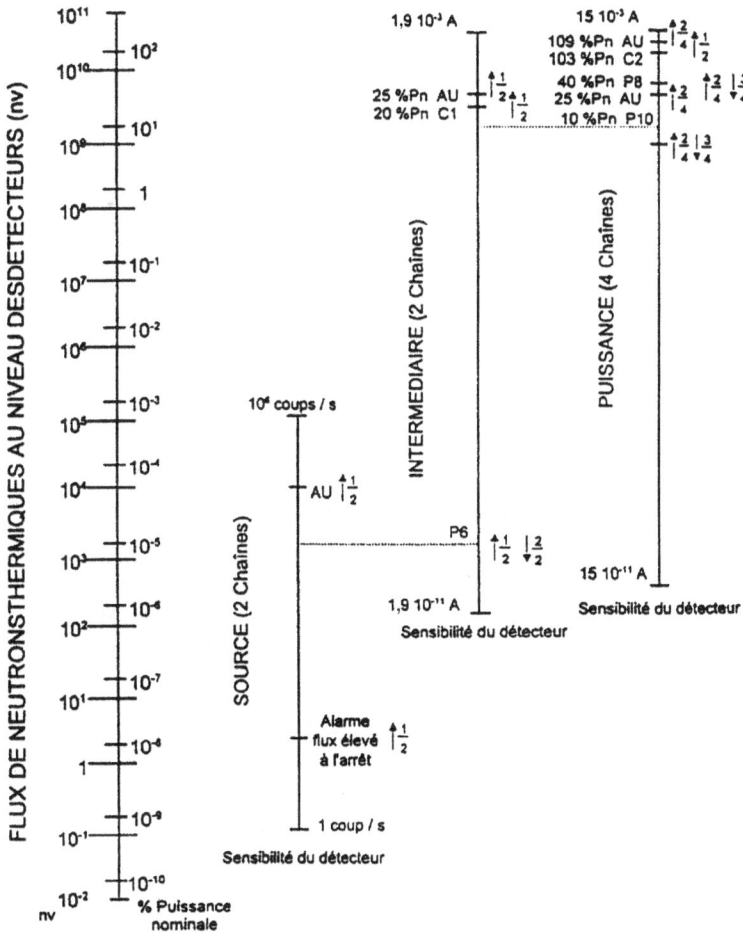

Figure 5.6. Étendue de mesure des chaînes.

5.1.1.3. Système RIC : mesures internes du flux et des températures sortie cœur

L'instrumentation interne du cœur, le RIC, fournit des informations sur la distribution du flux de neutrons, les températures de l'eau à la sortie des assemblages combustibles, la marge globale à l'ébullition. Le RIC permet ainsi de :

- vérifier la conformité du cœur lors des redémarrages ;

- calibrer périodiquement les chambres externes du système RPN ;

- s'assurer que l'épuisement du combustible en cours de cycle est conforme aux calculs prévisionnels.

Le système RIC, du fait de son utilisation intermittente et du délai important entre la phase de mesures et l'obtention de résultats exploitables, ne joue pas de rôle immédiat sur le plan de la sûreté. En cas d'indisponibilité du système, le réacteur pourra fonctionner jusqu'à ce qu'une carte de flux soit requise par les STE, c'est-à-dire au maximum 30 jours équivalent pleine puissance à partir de la dernière carte de flux.

L'ensemble des équipements du RIC se compose de 2 parties distinctes :

- les mesures de températures sorties cœur ;

- les mesures de flux neutronique.

En fonctionnement normal, les mesures de température sont disponibles en permanence pour participer à la surveillance du cœur, tandis que le système de mesure du flux n'est utilisé que pour réaliser une carte de flux complète tous les mois environ. L'usage des thermocouples RIC est pour l'instant conjoncturel en cas d'alarme de tilt RPN et non véritablement permanent.

5.1.1.3.1. Mesure des températures

La température du fluide primaire est mesurée par des thermocouples en Chromel-Alumel, gainés en acier inoxydable et isolés à l'alumine (figure 5.7). Les thermocouples pénètrent dans la cuve par des traversées au niveau du couvercle. Ils sont guidés à l'intérieur de la cuve par des conduits fixés de façon permanente aux équipements internes supérieurs. Ces thermocouples sortent des conduits à leurs extrémités inférieures et les soudures chaudes sont positionnées légèrement au-dessus de la plaque supérieure du cœur dans le courant d'eau de l'assemblage concerné. En exploitation, les thermocouples sont toujours en cœur. Ils font partie de l'instrumentation fixe du cœur.

Les mesures de température au sommet des assemblages combustibles permettent à l'opérateur de disposer en permanence d'une carte de la répartition radiale de température sortie cœur. En cas d'indisponibilité des détecteurs mobiles de mesures de flux, cette carte est le seul moyen de contrôle de la distribution radiale de puissance du cœur.

La répartition des thermocouples et des détecteurs mobiles dans le cœur est illustrée pour les REP 1300 MWe dans la figure 5.8.

L'instrumentation du N4 est une reconduction de l'instrumentation cœur REP 1300 MWe avec 60 fourreaux internes mobiles au lieu de 58 et 52 thermocouples au lieu de 48.

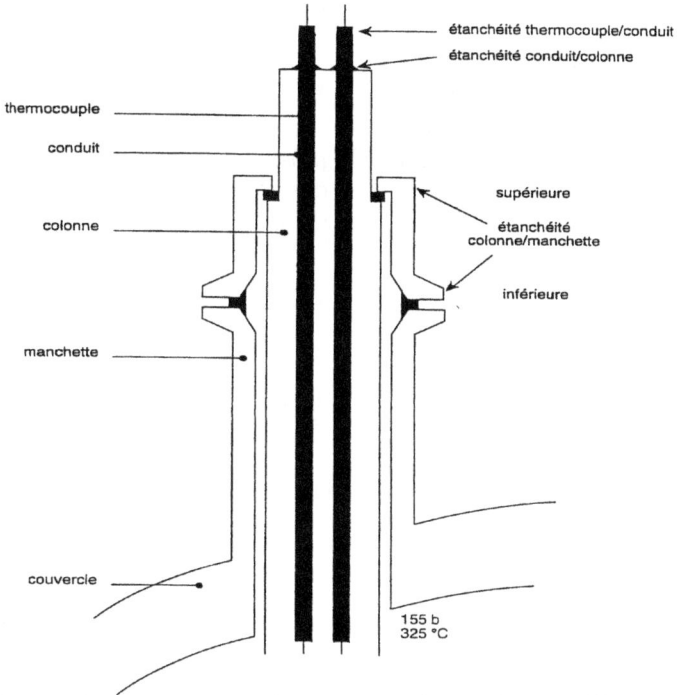

Figure 5.7. Schéma des thermocouples.

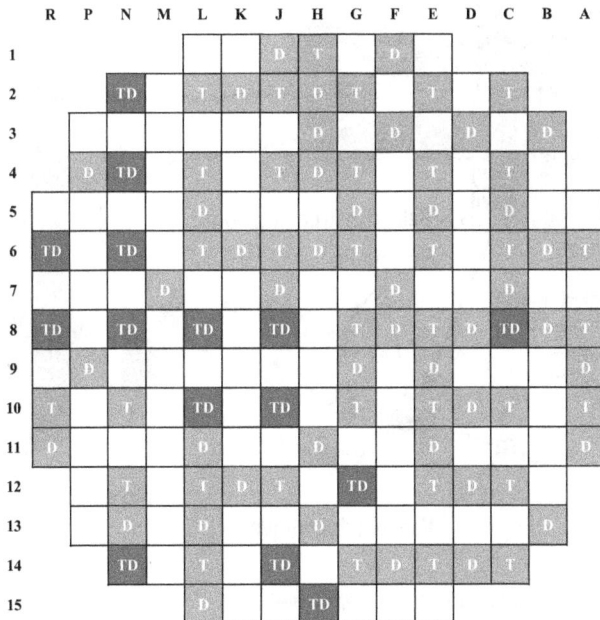

Figure 5.8. Répartition des détecteurs et des thermocouples dans les REP 1300 MWe.

5.1.1.3.2. Mesure de la distribution de flux neutronique

Le système de mesure du flux est utilisé en fonctionnement normal selon une périodicité d'une carte de flux tous les 30 jepp avec une butée calendaire de 45 jours à 60 jours en fonction de l'essai périodique. Le matériel a été dimensionné pour une cadence maximale d'une carte complète par semaine. De plus, le système assure la surveillance des détecteurs de fuite au niveau des buselures et des doigts de gant.

Les organes principaux du système de mesure du flux (figure 5.9) sont :

- les détecteurs mobiles ;

- les tubes de guidage ;

- les doigts de gant qui pénètrent par le fond de la cuve du réacteur dans le tube central de certains assemblages ;

- les vannes manuelles ou automatiques d'isolement ;

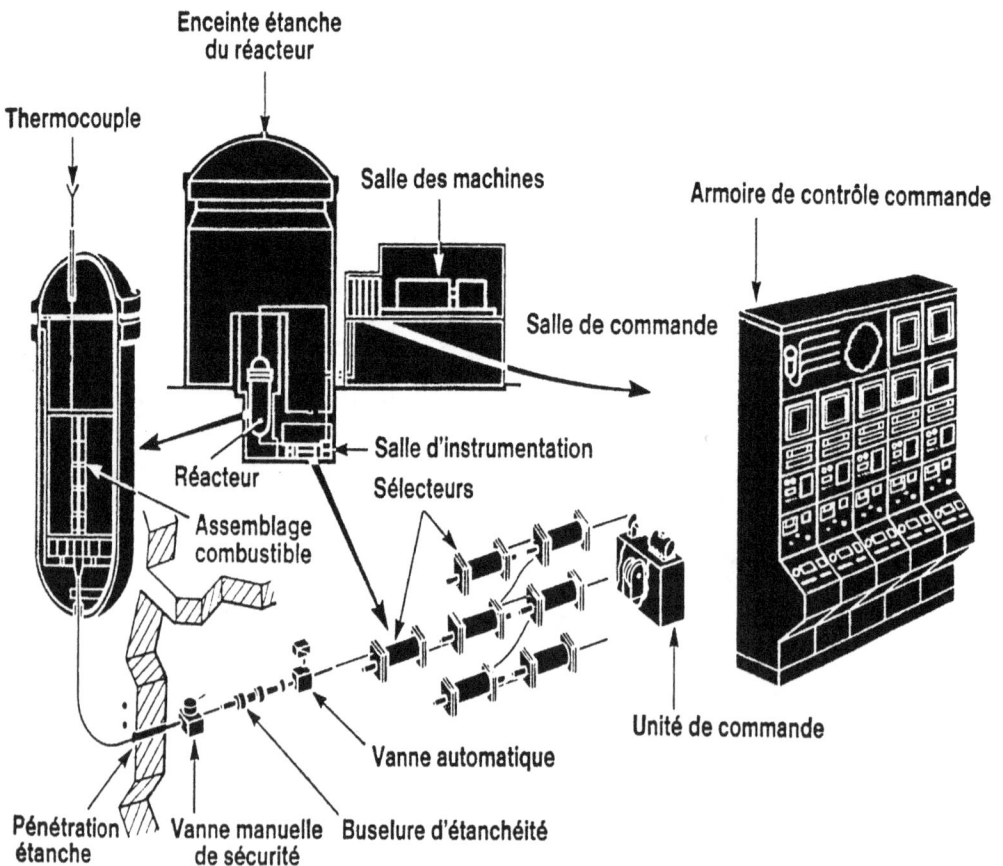

Figure 5.9. Schéma général du système d'instrumentation interne.

- les buselures qui assurent l'étanchéité à l'extrémité des tubes guides cintrés ;

- les dispositifs de sélection des détecteurs vers les assemblages à scruter ;

- les électromécanismes de commande qui permettent l'aiguillage des détecteurs ;

- l'unité de commande qui assure l'enroulement et le déroulement du câble téléflex ;

- le contrôle commande hors enceinte.

Les mesures de flux sont effectuées à l'aide de 6 détecteurs miniatures mobiles, 5 sur les REP 900 MWe, qui sont introduits par les parties inférieures de la cuve au moyen d'un système d'introduction et de sélection qui les conduit au travers des doigts de gants jusque dans les tubes guides d'instrumentation, situés au centre des assemblages du cœur (figure 5.10).

Les détecteurs sont fixés au bout d'une tige souple, le téléflex, qui est introduite dans le doigt de gant par le dessous du cœur. Ils sont tout d'abord poussés jusqu'en haut des assemblages, puis sont redescendus par pas de 8 mm environ, fournissant une série de

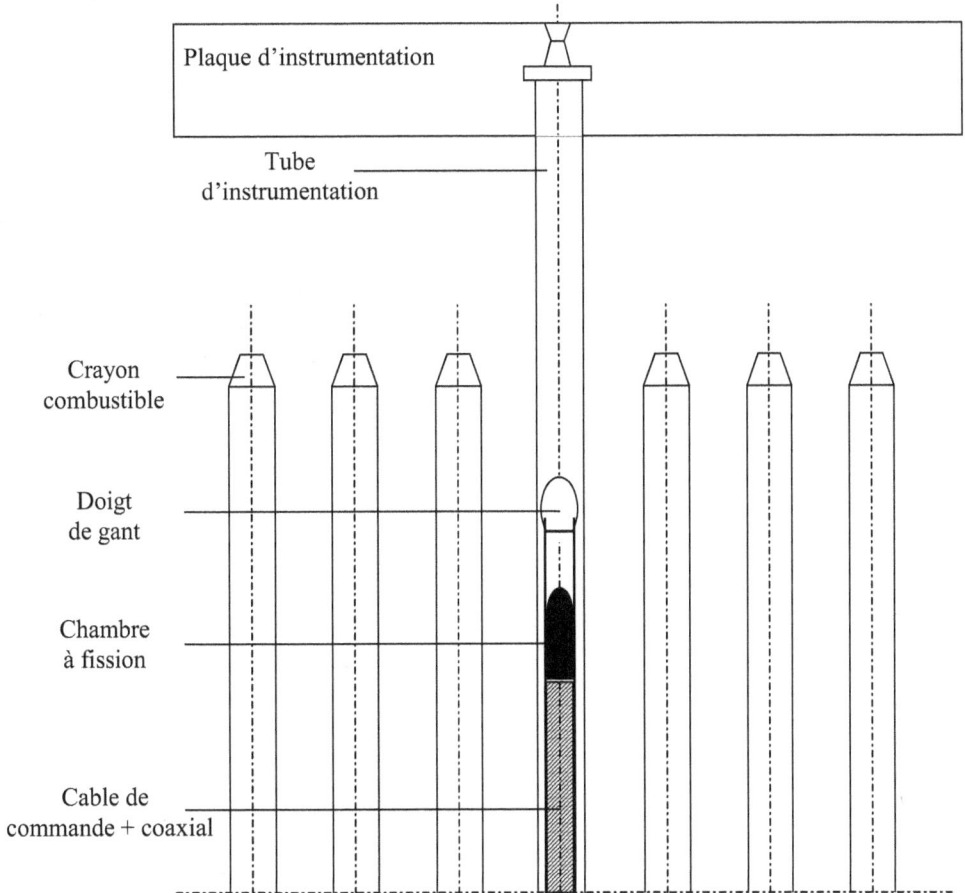

Figure 5.10. Extrémité doigt de gant et chambre à fission.

mesures du flux neutronique. En fait, il s'agit plus exactement d'un courant représentatif d'une activité neutronique correspondant au taux de fission se produisant dans une couche mince d'uranium 235 en dépôt sur l'anode du détecteur. Les points de mesure sont appelés points RIC et ils sont au nombre de 512 dans un assemblage instrumenté d'un REP 900 MWe et 616 pour le 1300 MWe et le N4 tout au long de la hauteur active.

Les conditions précises dans lesquelles la carte de flux a été réalisée sont relevées et utilisées lors du traitement des mesures. Différents paramètres sont ainsi pris en compte : le taux d'irradiation moyen cœur, la concentration en bore dans le circuit primaire, la position des grappes de commande lors de la mesure, la puissance durant les passes d'acquisition, la pression du modérateur et les températures en sortie de certains assemblages. Ces dernières sont mesurées à l'aide des thermocouples répartis dans le cœur.

5.1.1.4. Bilan sur l'instrumentation nucléaire

5.1.1.4.1. Instrumentation externe

Les recommandations d'emploi des chambres externes sont les suivantes :

- nécessité d'un calibrage interne-externe dans la configuration toutes grappes extraites car les chambres externes ne voient que la distribution de puissance des assemblages périphériques voisins. Ce calibrage doit être fait périodiquement pour tenir compte de l'épuisement du cœur et de l'éventuelle dérive des chambres ;

- nécessité de tenir compte, dans l'utilisation des signaux des chambres externes, de l'effet de redistribution spatiale de la puissance du cœur en fonction de l'insertion des grappes par exemple ainsi que des variations de température d'entrée cuve (1 % PN / °C) car l'atténuation du flux neutronique entre le cœur et les chambres varie, à puissance donnée, en fonction de la densité du réfrigérant en périphérie du cœur (densité correspondant à la température d'entrée de la cuve) ;

- tests spécifiques pour vérifier la réponse des chambres externes multi-étagées dans des situations représentatives de catégorie 2 (chute ou retrait incontrôlé de grappes) sur les cœurs ainsi instrumentés. Insuffisance prévue nécessitant un calage de l'alarme bas REC élevé sur les REP 1300 MWe et N4 pour prévenir les cas d'accidents non détectés ;

- non-qualification des chambres externes en général au comportement dégradé du cœur (APRP ou RTV dans l'enceinte).

5.1.1.4.2. Instrumentation interne

Le retour d'expérience des REP 900 MWe a mis en évidence les inconvénients de ce système.

- Aspect matériel :
  - taux de défaillance des chambres à fission non négligeable, avec des conséquences de coûts et dosimétrie ;
  - fonctionnement délicat du système ;

- complexité du dispositif de mouvement des chambres avec ouverture et fermeture de vannes d'isolement. Ce système se bloque parfois sur détection d'in-
  étanchéité (détection d'humidité souvent causée à l'extérieur du système);
- complexité du contrôle des mouvements des chambres nécessitant une armoire
  RIC par chambre;
- complexité des liaisons RIC/calculateur.

• Aspect fonctionnel :

Entre les cartes de flux effectuées tous les mois et les calibrages interne-externe com-
plets, l'exploitant doit dépouiller un nombre important d'essais dans des conditions
de stabilité contraignantes pour l'exploitation et la disponibilité du cœur.

• Aspect sûreté :

L'existence des traversées en fond de cuve implique un risque, comme une brèche
primaire particulière, qui doit être pris en compte dans l'analyse de sûreté.

Le principal avantage de l'instrumentation interne est malgré tout une mesure complète
et précise de la distribution de puissance. Un tiers des assemblages instrumentés est scruté
axialement sur toute la hauteur. Cette « densité » d'instrumentation permet une bonne
reconstitution de la nappe de puissance 3D.

5.1.2. *Mesure du bore*

Le bore naturel est un élément hautement neutrophage dans le domaine thermique. La
teneur en isotope 10 du bore naturel n'est pas très élevée, environ 19,8 %, mais sa section
efficace de capture est si grande (~3000 barns) qu'il suffit d'une faible variation de la
teneur en acide borique de l'eau du circuit primaire pour obtenir une grande variation de
la réactivité du cœur. Le bore est utilisé pour suivre l'évolution des poisons neutroniques
comme le xénon lors des transitoires de puissance ou compenser l'usure du combustible
nucléaire.

Pour mesurer la concentration en bore, un prélèvement liquide d'environ cinq litres
est effectué sur chacune des boucles primaires en fonctionnement après homogénéisation
dans le cœur et sur le circuit RRA, ou encore dans le RCV, à l'arrêt. Ce prélèvement est
amené devant le boremètre, dispositif permettant une *mesure relative* de la concentration en bore. Le principe de fonctionnement du boremètre repose sur l'atténuation d'une
source d'américium-béryllium fournissant des neutrons selon la réaction :

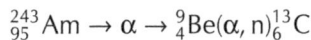

$$^{243}_{95}\text{Am} \rightarrow \alpha \rightarrow {}^{9}_{4}\text{Be}(\alpha, \text{n})^{13}_{6}\text{C}$$

Les neutrons générés sont captés par l'isotope 10 du bore selon la réaction :

$$^{10}_{5}\text{B}\,(\text{n}\,,\ \alpha)^{7}_{3}\text{Li}$$

Une chambre d'ionisation permet de collecter les charges dues au rayonnement alpha.
L'électronique associée permet après mise en forme des impulsions de relier le niveau
de comptage à la concentration en bore, pour une température et un débit donné du
prélèvement. La concentration en bore 10 est alors fonction du nombre de particules

alpha détectées. Le boremètre est uniquement sensible au bore 10. Le temps de mesure avec le boremètre après étalonnage est de l'ordre de trois minutes pour une précision de l'ordre de 3 %.

Les conditions de fonctionnement du boremètre sont les suivantes :

- débit maximal : 80 litres/heure ;

- température maximale : 35 °C.

Les paramètres thermohydrauliques du prélèvement doivent être les plus stables possibles. La température de l'eau primaire prélevée (après dépressurisation et refroidissement) pour analyse en exploitation normale n'est pas régulée. En moyenne, elle est voisine de 25 °C alors que lors des opérations d'étalonnage du boremètre, la température de l'eau analysée est régulée à 35 °C, d'où la nécessité d'une correction. Le boremètre doit être contrôlé et surtout étalonné périodiquement, une fois par semaine pratiquement, par analyse chimique du prélèvement.

Les chimistes déterminent une *mesure de référence* de la concentration en bore avec une base (soude) permettant de doser l'acide borique, tous isotopes confondus par titrimétrie. Cette mesure est cependant assez longue, de l'ordre de la demi-heure avec une précision de l'ordre du %.

On voit l'intérêt pratique du boremètre : facilité et rapidité d'obtention de la mesure, faible fluctuation. Mais en fait, la mesure du chimiste fait foi puisque c'est la référence à partir de laquelle le boremètre est étalonné une première fois et qu'il est recalé ensuite.

La comparaison entre les deux modes de mesure n'a de sens que si l'enrichissement en bore 10 ne varie pas. Or, il peut varier légèrement pour deux raisons :

- La mesure de la concentration en bore est entachée d'une certaine erreur liée à la composition isotopique précise du bore naturel, légèrement variable en fonction des échantillons et des fournisseurs. Les mesures d'enrichissement effectuées sont typiquement comprises entre 19,8 % et 20,1 %. Il faut aussi signaler l'existence d'usines d'enrichissement en bore 10, ce qui implique l'existence d'enrichissement variable et de bore appauvri. Signalons toutefois que le bore enrichi n'est pas utilisé en France.

- Il faut aussi prendre en compte l'usure du bore en fonction de l'avancement dans le cycle en raison de la disparition progressive des noyaux de bore 10, les plus absorbants. Supposons que le bore ne séjourne effectivement qu'un dixième de temps dans le cœur. Le flux intégré correspondant à une année de fonctionnement, pour $\phi_{thermique}^{nominal} = 0,4 \cdot 10^{14}$, sera :

$$\phi_{thermique} = 0,4 \cdot 10^{14} \frac{1}{100} \cdot 365 \cdot 24 \cdot 3600 = 1,3 \cdot 10^{19}$$

Pour une section efficace d'absorption du bore 10 de 2100 barns, l'enrichissement en bore 10 diminue de 3 % en valeur relative et peut ainsi passer de 19,8 % à 19,3 % au cours d'un cycle d'utilisation.

Les hypothèses retenues pour ce calcul sont pessimistes mais montrent que l'effet d'usure est à prendre en compte lorsque l'utilisation du bore est prolongée comme dans le cas du recyclage.

5.1.3. Réactimètre

Le réactimètre est un appareil qui permet de déterminer la réactivité du cœur à partir du flux neutronique par intégration des équations de la cinétique ponctuelle. Les équations classiques de la cinétique ponctuelle peuvent s'écrire :

$$\begin{cases} \dfrac{dn}{dt} = \dfrac{\rho - \beta}{l^*} n + \displaystyle\sum_{i=1}^{6} \lambda_i C_i & (1) \\[4mm] \dfrac{dC_i}{dt} = \dfrac{\beta_i}{l^*} n - \lambda_i C_i & (2) \end{cases}$$

avec :

n	la population neutronique à l'instant t,
ρ	la réactivité,
$l^* = l/k_{eff}$,	le temps de vie des neutrons,
β	la fraction totale des neutrons retardés,
C_i, λ_i, β_i,	respectivement la concentration, la constante de décroissance et la proportion de neutrons du groupe i.

Les deux premières grandeurs sont expérimentales tandis que les autres sont déterminées à l'aide de calculs théoriques. Six groupes de neutrons retardés sont pris en compte.

Si à un instant donné, on considère que le terme dn/dt est faible devant les termes de production et de disparition des neutrons, soit $dn/dt \sim 0$, l'équation (1) devient :

$$\rho = \beta - \frac{l^*}{n} \sum_{i=1}^{6} \lambda_i C_i \qquad (3)$$

Il suffit alors de connaître la concentration C_i de chaque précurseur calculée à l'aide de l'équation (2) pour déterminer la réactivité, la population neutronique étant l'image du courant fourni par les détecteurs.

On donne dans le tableau 5.1 des valeurs indicatives (issues des études de conception de la gestion GALICE) des paramètres intervenant dans les équations de la cinétique ponctuelle.

Le réactimètre est utilisé uniquement pendant les essais de redémarrage à puissance nulle. Régulièrement, lors de ces essais, on vérifie l'étalonnage du réactimètre. Pour cela, on s'assure que la relation temps de doublement en fonction de la réactivité mesurée sur l'appareil est conforme à la relation théorique établie à partir de l'étude du cœur. Un écart de 4 % est considéré comme la valeur maximale admissible. Normalement, il est de l'ordre de quelques dixièmes à 1 %.

5.2. Instrumentation non nucléaire

En complément de l'instrumentation nucléaire utilisée pour la mesure du flux neutronique et de la réactivité, la tranche dispose d'un certain nombre de dispositifs de mesures dédiés à la mesure des grandeurs thermohydrauliques (pressions, températures, niveaux d'eau) et l'élévation de la puissance thermique nécessaire à l'élaboration des protections du cœur et au fonctionnement de la tranche et de son pilotage.

La figure 5.11 illustre la localisation des différents types d'instrumentation du cœur.

Tableau 5.1. Paramètres des neutrons retardés.

Précurseurs	Valeur minimale Début de cycle		Valeur maximale Début de cycle		Valeur minimale Fin de cycle	
	β_i (pcm)	$\lambda_i(s^{-1})$	β_i (pcm)	$\lambda_i(s^{-1})$	β_i (pcm)	$\lambda_i(s^{-1})$
1	15	0,0126	18	0,0126	14	0,0126
2	117	0,0308	129	0,0309	113	0,0307
3	104	0,1191	116	0,1172	99	0,1199
4	212	0,3182	240	0,3148	202	0,3197
5	76	1,2506	84	1,2524	73	1,2487
6	26	3,2760	28	3,3082	25	3,2588
Total	550	-	615	-	526	-
Importance	0,97					
***l** (μs)**	Min 15,3 – Max 20,1					

Outre la mesure du flux neutronique ① déjà décrite, on distingue les dispositifs non nucléaires de mesure :

② des températures entrée-sortie cœur qui fournissent *via* l'enthalpie une image de la puissance thermique du cœur ;

③ de la pression et du niveau d'eau dans le pressuriseur ;

④ du débit primaire relatif à partir de la différence de pression dans la courbure de la branche en U de chaque boucle primaire ;

⑤ de la tension et de la fréquence des pompes primaires afin de s'assurer de l'absence de défaillance de la source électrique ;

⑥ du débit d'eau alimentaire ;

⑦ de la pression débit vapeur ;

⑧ du niveau Générateur de Vapeur afin de vérifier l'absence d'assèchement ou de noyage et ainsi de réguler ce paramètre important pour le refroidissement de la chaudière.

5.2.1. Température du réfrigérant primaire

La température du réfrigérant primaire est mesurée à l'aide de sondes à résistance situées sur des lignes de dérivation des boucles primaires. Ces sondes sont au nombre de trois par branche :

• une utilisée pour la protection (P) ;

• une pour le contrôle (C) ;

• la dernière en réserve (R).

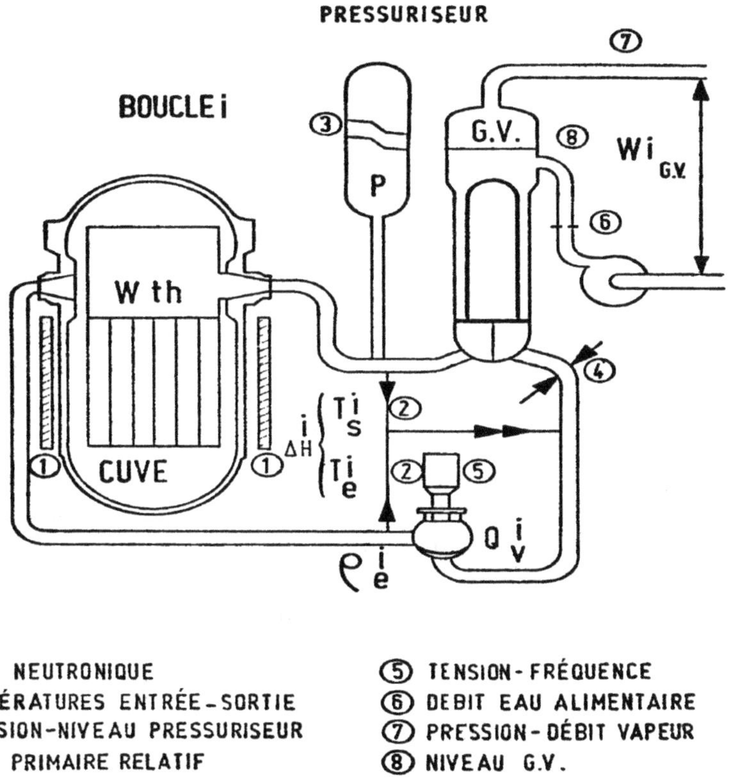

PRESSURISEUR

BOUCLE i

① **FLUX NEUTRONIQUE**
② **TEMPÉRATURES ENTRÉE-SORTIE**
③ **PRESSION-NIVEAU PRESSURISEUR**
④ **DÉBIT PRIMAIRE RELATIF**
⑤ **TENSION-FRÉQUENCE**
⑥ **DÉBIT EAU ALIMENTAIRE**
⑦ **PRESSION-DÉBIT VAPEUR**
⑧ **NIVEAU G.V.**

Figure 5.11. Localisation des différents types d'instrumentation des REP.

L'installation des sondes dans des lignes de dérivation plutôt que dans les boucles elles-mêmes résulte d'une part de considérations de maintenance et d'autre part de la nécessité de s'affranchir de l'effet de stratification du fluide en branche chaude susceptible de fausser la représentativité d'une mesure effectuée directement dans la tuyauterie. La prise du fluide par les lignes de dérivation est assurée par 3 écopes situées à 120° dans la tuyauterie qui assurent une homogénéisation du fluide prélevé.

5.2.2. *Mesure de la puissance thermique*

La puissance thermique est déduite de la mesure précédente à partir de l'écart de température ΔT entre la branche chaude et la branche froide. Cette mesure doit être étalonnée à partir de la puissance de référence mesurée au secondaire des GV pour être représentative de la puissance thermique du cœur.

La détermination de la puissance thermique fait aussi intervenir le débit primaire. La mesure de référence du débit primaire est effectuée lors d'un essai périodique réalisé une fois par cycle lors de l'atteinte du palier nominal faisant suite à l'arrêt pour rechargement.

Le débit est alors déterminé en fonction de la puissance thermique au niveau du GV et la différence d'enthalpie au niveau des boucles primaires.

La puissance thermique au niveau de la boucle primaire i du cœur peut s'écrire (voir figure 5.11) :

$$W_{th}^i = Q_m^i \Delta H^i$$

avec Q_m^i le débit massique (kg/s) qui peut aussi s'écrire coté GV :

$$Q_m^i = \frac{W_{GV}^i - \varepsilon_w}{H_s^i(T_s^i, p) - H_e^i(T_e^i, p)}$$

avec ε_w la puissance moyenne qui ne provient pas du cœur :

$$\varepsilon_w = \frac{P_{pompes} + P_{chaufferettes} - C}{n_{boucles}}$$

où C représente les pertes calorifiques.

Le débit volumique (m³/s) de la boucle considérée est finalement obtenu en faisant le rapport du débit massique par la masse volumique en entrée cœur :

$$Q_v^i = \frac{Q_m^i}{\rho_e^i}$$

Lors de l'essai, le débit mesuré est comparé à deux valeurs : une valeur minimale liée à la conception thermohydraulique, une maximale liée à la conception mécanique de l'assemblage.

5.2.3. *Mesure des pressions primaire et secondaire*

Les pressions primaire et secondaire sont mesurées à l'aide de capteurs de pression à membrane et à l'équilibre de forces situées dans le pressuriseur et dans les tuyauteries vapeur.

5.2.4. *Mesure des débits primaire et secondaire*

Les débits primaire et secondaire sont mesurés à l'aide de capteurs de pression différentielle situés dans les boucles primaires, sur les coudes à la sortie du générateur de vapeur. Le débit primaire peut varier légèrement en raison des bouchages de certains tubes GV ou des pertes de charges des différents types d'assemblages dans le cœur. L'incertitude sur la mesure du débit primaire est de l'ordre de 2 %. Cette incertitude est celle de la mesure de la puissance thermique de référence et non celle de la mesure en ligne sur les coudes du circuit primaire. Côté primaire, la mesure ainsi réalisée n'est pas assez performante en termes de précision et de bruit pour permettre une protection efficace contre les accidents du réseau. Elle n'est utilisée que pour la protection contre les pertes partielles du débit primaire comme la perte d'une pompe par exemple. Ces accidents pouvant n'affecter qu'une boucle, plusieurs mesures sont nécessaires dans chaque boucle pour assurer la détection malgré la défaillance d'une mesure.

La protection contre les pertes d'alimentation électrique est fondée sur une mesure de la vitesse de rotation des pompes primaires. Une seule mesure est nécessaire par boucle pour détecter ces accidents qui affectent toutes les boucles. Le système de mesure est constitué d'un capteur magnétique qui détecte le passage d'une cible montée sur l'arbre de la pompe et d'une horloge permettant le comptage du temps écoulé entre deux passages de la cible.

La mesure continue du débit primaire est une mesure relative, la possibilité d'installer des éléments déprimogènes n'existant pas compte tenu du diamètre des tuyauteries primaires et de l'absence de longueurs droites suffisantes mais aussi pour des raisons évidentes de sûreté. En revanche, de tels éléments (diaphragmes) sont implantés sur les tuyauteries d'eau alimentaire des GV sur la partie secondaire de l'installation. *Via* un étalonnage, ils fournissent une mesure fiable du débit alimentaire fondée sur la différence de pression amont/aval du diaphragme. Ils contribuent ainsi à la détermination de la puissance thermique.

5.2.5. Niveaux d'eau dans le pressuriseur et le générateur de vapeur

Les niveaux d'eau dans le pressuriseur et le générateur de vapeur sont mesurés à l'aide de capteurs de pression différentielle à membrane et à équilibre de forces par pesée d'une colonne de liquide.

5.2.6. Mesure de la position des grappes

Le système de commande des grappes RGL (Réacteur grappes longues) assure le contrôle de la réactivité ou du flux neutronique du cœur du réacteur à l'aide essentiellement de grappes de contrôle, en association avec un poison soluble, l'acide borique, contenu dans l'eau du circuit primaire (systèmes REA-RCV).

Le système RGL est constitué de dispositifs électriques, électroniques et électromécaniques qui permettent :

- de déplacer ou maintenir en position les grappes,

- de surveiller la position effective de chacune des grappes,

- de surveiller la cohérence fonctionnelle des commandes et des positions.

Pour chaque groupe et pour chaque grappe, une indication de position est donnée en salle de commande par un système utilisant des diodes électroluminescentes. Les indications sont données en pas d'extraction de 0 à 225 ou 260 pas suivant les paliers, correspondant à la partie active du cœur.

Les équipements de mesure individuelle de la position des grappes sont directement liés aux équipements de protection (*cf.* chapitre 8). Ces derniers peuvent déclencher l'arrêt automatique du réacteur lorsque les positions reçues ne sont pas cohérentes avec le niveau de puissance.

En cas d'arrêt automatique du réacteur, la chute des grappes est déclenchée par coupure du courant du circuit d'alimentation et de régulation des bobines électromagnétiques des mécanismes et l'ensemble mobile tige + grappe tombe sous l'effet de la pesanteur.

Une grappe de contrôle est constituée de 24 crayons absorbants qui coulissent dans les tubes guides de l'assemblage combustible. Les crayons sont reliés en une « araignée » dont le pommeau est accroché à la tige de commande cannelé. Le maintien et le mouvement de cette tige s'effectuent par un mécanisme électromagnétique à cliquet qui permet un déplacement pas à pas, un pas valant approximativement 16 mm (figure 5.12). L'équipement de mesure de position des grappes se compose :

- de capteurs, un par grappe, montés sur les gaines étanches du couvercle de la cuve du réacteur à l'intérieur desquelles se déplacent les tiges support des grappes ;

- de modules électroniques associés à chaque capteur : alimentation électrique et système de traitement des signaux du capteur ;

- d'un système d'isolement pour la transmission des mesures vers le système de protection du réacteur.

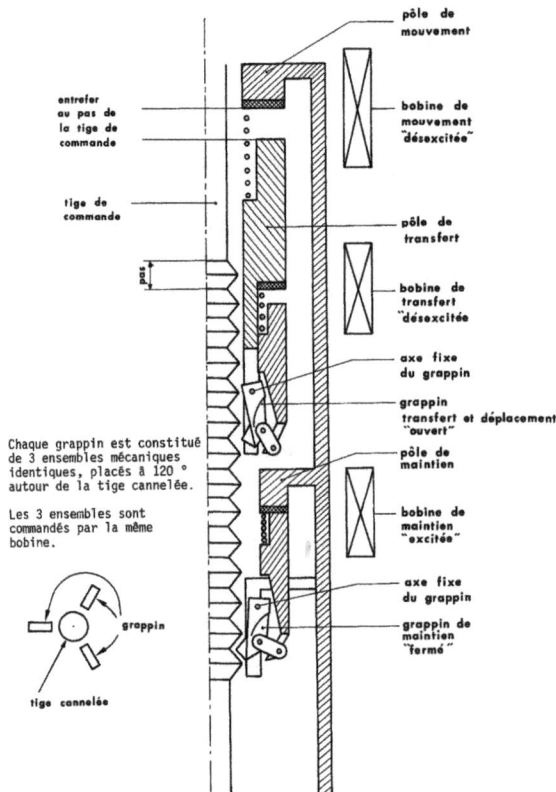

Figure 5.12. Schéma de commande des grappes.

En plus des mesures, les surveillances suivantes sont effectuées :

- sens de déplacement des grappes,

- concordance entre les positions commandées et mesurées,

- grappes en position basse,

- grappes ayant quitté la position haute, ceci uniquement pour les grappes utilisées pour l'arrêt automatique du réacteur.

5.3. Mesures étalons

Comme nous l'avons indiqué précédemment, les mesures continues de la puissance par les chambres externes ou par les sondes de température situées dans le circuit primaire fournissent des indications proportionnelles au niveau de puissance.

Un étalonnage de ces mesures est donc nécessaire. L'étalon est constitué par une mesure absolue périodique de la puissance effectuée par bilan thermique au secondaire.

De même, un étalonnage des mesures de distribution axiale de puissance issues des chambres externes est nécessaire. L'étalon est constitué par une mesure périodique de la distribution de puissance par carte de flux à l'aide de détecteurs internes mobiles.

Les mesures de débit primaire sont également des mesures relatives, un étalonnage est ici encore nécessaire sur une mesure absolue effectuée par bilan enthalpique secondaire (mesure de la puissance échangée au GV et de l'élévation de température primaire).

Le principe de ces mesures étalons et les processus d'étalonnage seront décrits de façon détaillée dans les deux chapitres suivants : essais physiques de redémarrage et essais périodiques.

5.4. Utilisation des mesures pour la surveillance du cœur

La description des instrumentations interne et externe montre que leur rôle principal est la mesure du flux neutronique. Cependant, comme nous l'avons précisé, l'instrumentation fournit un signal représentatif de l'activité neutronique qui est converti en courant par l'électronique attachée aux détecteurs.

Les grandeurs entrant dans l'élaboration des protections et surveillées dans le cadre du pilotage de la tranche proviennent d'une modélisation du flux neutronique. Elles ne sont donc pas directement accessibles. On donne dans le tableau 5.2 le statut des différentes grandeurs couramment utilisées sur l'exemple du palier 1300 MWe.

Tableau 5.2. Grandeurs cœur.

STATUT	GRANDEUR	DÉFINITION
Entrées (mesurées)	I	Courant des chambres
	Zrp	Cotes des grappes
	Te	Température entrée boucle
	Ts	Température sortie boucle
	P	Pression primaire
	W/Wo	Vitesse relative des pompes
Intermédiaires (calculées)	P(z)	Puissance axiale thermique cœur
	Fxy(z)	Facteurs de point chaud radiaux
	Q(z)	Point chaud du cœur à la cote z
	F_Q	Point chaud du cœur
Finales (comparées aux seuils)	Pth	Puissance thermique globale cœur
	Hsc	Enthalpie sortie cœur
	Xsc	Titre en sortie cœur

Les définitions des différentes grandeurs rencontrées dans le tableau ci-dessus sont :

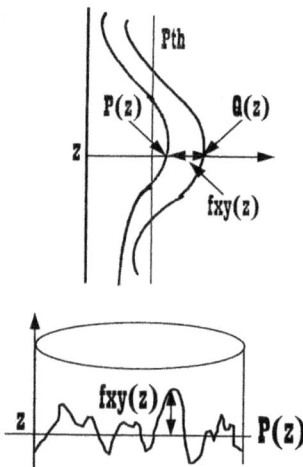

Puissance relative :
$$Pr = \frac{Pth}{Pnom} * 100$$

Puissance axiale thermique cœur :
$$P(z) = \frac{Pth(z)}{Pth}$$

Facteurs de point chaud radiaux :
$$Fxy(z) = \frac{P_{max}^{crayon}(z)}{Pth(z)}$$

Point chaud du cœur à la cote z :
$$Q(z) = \frac{P_{max}^{crayon}(z)}{Pth} = P(z) * Fxy(z)$$

Point chaud du cœur :
$$F_Q = \max\,_z [Q(z)]$$

L'enthalpie et le titre en sortie cœur sont déterminés à partir des conditions thermohydrauliques du cœur :

$$H_{sc} = H_e + (H_s - H_e)/0,955$$

avec H_e et H_s les enthalpies moyennes entrée et sortie cœur et 0,955 la fraction de débit primaire traversant le cœur. Pour le titre du canal chaud, nous avons :

$$x_{cc} = \frac{H_{cc} - H_{sat}}{H_{vap} - H_{sat}}$$

avec :

- H_{cc} l'enthalpie de sortie du canal chaud : $H_{cc} = H_e + (H_{sc} - H_e) * F'\Delta H$

et $F'\Delta H = F\Delta H * FHFR$ le facteur d'élévation d'enthalpie du canal chaud corrigé des effets de mélange avec les canaux voisins, FHFR est fonction de la pression, du titre en sortie du canal chaud, de la géométrie combustible, ...

- H_{sat} l'enthalpie de saturation du liquide,

- H_{vap} l'enthalpie de saturation de la vapeur.

On a regroupé dans les tableaux 5.3 et 5.4 les rôles fonctionnels des instrumentations interne et externe des différents paliers du parc nucléaire EDF. Le tableau 5.3 concerne le palier 900 MWe. Le tableau 5.4 est relatif au palier 1300 MWe. Les principaux ensembles de mesures sont analogues à ceux du palier 900 MWe et sont adaptés pour prendre en compte la géométrie des REP 1300 MWe. Mais, les modifications ont surtout été introduites pour s'adapter aux spécificités du système de protection du palier 1300 MWe. En effet, le système de protection des REP 1300 MWe nécessite un raffinement des mesures externes de l'instrumentation RPN.

5.5. Conclusion

La complémentarité de l'instrumentation des REP du parc EDF permet de mesurer à tout moment avec une précision adaptée à l'exploitation ou périodiquement avec une grande précision les paramètres nucléaires et thermohydrauliques représentatifs de l'état du cœur qui sont importants pour la sûreté de la tranche. Cette instrumentation est mise systématiquement à contribution lors du fonctionnement de la tranche et des essais périodiques. Elle est donc absolument indispensable lors de toutes les phases de fonctionnement de la tranche.

L'instrumentation mobile de mesure du flux peut être complétée par une instrumentation interne fixe permanente comme il en existe en Allemagne, aux États-Unis ou pour le réacteur de troisième génération EPR. Différents prototypes ont été testés sur le parc EDF actuel, à CATTENOM et GRAVELINES. Ces prototypes, couplés à un calculateur de tranche 3D, permettent d'avoir une connaissance en temps réel de la distribution de puissance et des marges vis-à-vis des critères de sûreté. À l'avenir, l'utilisation éventuelle de cette instrumentation interne fixe (thermocouples, chaînes neutroniques de puissance et éventuellement collectrons) couplée à un suivi en ligne 3D du comportement du cœur devrait procurer des gains significatifs en termes de souplesse d'exploitation et de sûreté.

Tableau 5.3. Instrumentation interne et externe des REP 900 MWe.

ENSEMBLE	DESCRIPTION	FONCTIONS
Interne mobile	50 fourreaux explorés par 5 chambres à fission mobiles	• Vérification des études de conception et des critères de sûreté sur $F\Delta H$ et F_Q • Établissement de la distribution spatiale de puissance (axiale, radiale, azimutal) et d'épuisement du cœur
Chambres externes	2 chambres sources et 2 chambres intermédiaires	• Surveillance du flux neutronique à l'arrêt et lors de la divergence • Actions de protection sur haut flux
	4 chambres de puissance à 2 sections chacune	• Surveillance du flux neutronique moyen du cœur • Actions de protection sur haut flux et $d\Phi/dt$. Signal d'entrée du réactimètre • Mesure du déséquilibre axial de puissance du cœur : $\Delta I = (P_H - P_B)/(P_H + P_B)_{nominal}$ utilisé sur le palier 900 MWe dans les protections ΔT vis-à-vis du REC, de la surpuissance et de l'IPG du combustible et dans la surveillance du respect du domaine de fonctionnement dans le plan $(\Delta I, P)$ • Mesure de l'évolution du déséquilibre azimutal de puissance du cœur
Thermocouples en sortie cœur	51 thermocouples	• Détection d'un désalignement de grappe • Mesure du tilt azimutal en cas d'indisponibilité d'une chambre externe

Tableau 5.4. Instrumentation interne et externe des REP 1300 MWe et N4.

ENSEMBLE	DESCRIPTION	FONCTIONS
Interne mobile	58 ou 60 fourreaux explorés par 6 chambres à fission mobiles	• Vérification des études de conception et des critères de sûreté sur $F\Delta H$ et F_Q • Établissement de la distribution spatiale de puissance et d'épuisement du cœur • Calibrage de la distribution axiale de puissance et du ΔI obtenus à partir de l'instrumentation externe
	4 chambres sources et 4 chambres intermédiaires	• Surveillance du flux neutronique à l'arrêt et lors de la divergence • Actions de protection sur haut flux
		• Surveillance du flux neutronique moyen du cœur • Actions de protection sur haut flux et $d\Phi/dt$. Réactimètre
Chambres externes	4 chambres de puissance à 6 sections chacune (chambres multi-étagées) Position des grappes	• Mesure de la distribution spatiale de puissance du cœur utilisée dans le système d'alarmes et de protections REC et FQ (fusion à cœur du combustible, IPG et limite APRP) du SPIN (Système de Protection Intégré Numérique). Mesure du ΔI (paramètre de pilotage) • Mesure du tilt azimutal du cœur
Thermocouples en sortie cœur	48 ou 52 thermocouples (1300 MWe)	• Détection d'un désalignement de grappe • Mesure du tilt azimutal en cas d'indisponibilité d'une chambre externe

Références

Basile B., *Systèmes RIC/RPN. Palier N4 - Formation Tronc Commun Jeunes Cadres*, mars 2000.

Dupuy M., *Les centrales 1300 MWe – Conceptions et essais physiques - Les techniques de mesures*, Note SFEN, 30 janvier 1985.

Joubert H., *Formation de base nucléaire et PWR*, Document interne FRAMATOME.

Les mesures hors cœur dans les réacteurs à eau pressurisée 1300 MWe du type Paluel, L'Onde Électrique - Mars 1987 - Vol. 67 - N°2 p. 81-94.

Rome M., *Évolution des instrumentations interne et externe des cœurs, Perspectives N4*, Note technique EDF.

Introduction

La réalisation d'essais physiques lors du premier démarrage d'une tranche nucléaire et lors de tout redémarrage suite à rechargement contribue à la validation de la démonstration de la sûreté des réacteurs nucléaires. Cette démonstration repose en grande partie sur l'analyse de nombreux scénarios d'accidents à l'aide de simulations informatiques mettant en œuvre des méthodes numériques et des modèles physiques parfois complexes et sur la vérification du bon fonctionnement des systèmes de surveillance et de protection du cœur. Les modèles et les équipements doivent être impérativement qualifiés au travers d'un programme d'essais physiques.

Nous développerons dans ce chapitre les différents objectifs des essais physiques de redémarrage ainsi que leur déroulement. Nous montrerons ensuite comment l'analyse du REX permet d'adapter les essais physiques afin d'optimiser leur durée tout en satisfaisant aux objectifs qui leur sont assignés.

6.1. Les essais physiques de redémarrage

6.1.1. Objectifs

Les essais physiques de redémarrage des réacteurs nucléaires permettent :

- la qualification expérimentale des études d'accidents ;

- la vérification de la conformité du cœur aux calculs neutroniques de recharge ;

- la validation des calculs d'évaluation de la sûreté de la recharge effectuée selon l'approche des paramètres clés (*cf.* chapitre 3) ;

- la détermination du Coefficient de température modérateur (CTM) ;

- le calibrage de l'instrumentation utilisée pour la surveillance du cœur et pour sa protection.

Les études et les essais effectués lors du redémarrage de la tranche sont regroupés et détaillés dans les documents suivants :

- Documents génériques à un mode de gestion sur un palier et définissant le cadre des études et des essais :

    - DGES : Dossier général d'évaluation de la sûreté de la recharge. Ce dossier contient pour chaque paramètre clé issu du Rapport de sûreté, une valeur limite associée. Le respect des valeurs limites des paramètres clés est suffisant pour garantir la sûreté d'une recharge. Toutefois, d'éventuels dépassements peuvent être argumentés et acceptés. Cette approche a été validée par l'Autorité de sûreté nucléaire.

    - REPR : Règles d'essais physiques au redémarrage. Ce document précise le programme d'essais physiques à réaliser, les objectifs, les tolérances sur les paramètres mesurés par rapport à la théorie ainsi que les procédures pratiques de réalisation des essais. Il est complété par des guides types décrivant les modes opératoires de réalisation des essais. Il permet de déroger sur certains points aux STE qui sont d'application pour tout changement d'état de la tranche, en particulier pour la position des grappes ou l'indisponibilité des chaînes de mesure de la puissance neutronique. Ce document reçoit l'agrément de l'Autorité de Sûreté Nucléaire.

- Documents établis à chaque recharge associés à la mise en application des principes décrits dans les documents génériques :

    - DSS : Dossier spécifique d'évaluation de la sûreté de la recharge. Ce document fait la démonstration de la sûreté d'une recharge particulière en comparant pour chaque paramètre clé, la valeur théorique obtenue pour la recharge avec la valeur limite contenue dans le DGES. Ce dossier est transmis à l'Autorité de sûreté nucléaire avant le redémarrage de la tranche.

    - DSEP : Dossier spécifique d'essais physiques de redémarrage. Ce document, spécifique à une recharge, contient l'ensemble des valeurs prévisionnelles attendues lors des essais physiques. Il permet la confrontation aux mesures effectuées dans le cadre des REPR.

    - DSFP : Dossier spécifique fonctionnement-pilotage. Destiné aux équipes de conduite de la centrale, ce document regroupe sous la forme de schémas, courbes, tableaux, les éléments relatifs à la physique du cœur nécessaires à l'exploitation de la tranche. On y trouve notamment les puissances assemblages et crayons au cours du cycle, l'évolution de la concentration et de l'efficacité de l'acide borique, les efficacités différentielle et intégrale des groupes de compensation de température et de puissance, l'évolution de l'empoisonnement xénon et samarium suite à une variation de charge.

Il convient d'ajouter à ces documents les gammes de réalisation des essais physiques rédigées par les sites. Ces gammes permettent aux sections essais des sites de conduire le programme d'essais physiques dans le respect des exigences de qualité requises pour cette activité.

La réalisation des essais physiques permet donc :

- de garantir la conformité du comportement neutronique du cœur avec les études de la recharge ;

- de s'assurer des performances, des moyens de surveillance et de contrôle du cœur dans le respect des STE ;

- de valider les modèles neutroniques utilisés dans les études d'accidents ainsi que les incertitudes et les conservatismes associés.

6.1.2. Notion de critères liés aux essais

Les critères d'acceptation liés aux essais se décomposent en trois parties :

- Les *critères de sûreté* : ils sont liés aux Règles générales d'exploitation. Ils sont déterminés sur la base des valeurs limites de paramètres utilisés pour l'analyse de la sûreté de la tranche. Le non-respect de l'un de ces critères doit interrompre immédiatement la campagne d'essais. Celle-ci ne pourra être reprise que lorsqu'une solution acceptable aura été trouvée en accord avec l'Autorité de sûreté nucléaire et en liaison avec les moyens centraux d'EDF (UNIE).

- Les *critères de conception* : exprimés en terme d'écarts entre l'expérience et les valeurs attendues, ils sont liés aux valeurs prévisionnelles des paramètres physiques de la campagne. D'une façon générale, les critères de conception sont plus restrictifs que ne le sont les critères de sûreté. En fait, les critères de conception ont été introduits dans les procédures d'essais d'une part pour s'interroger sur la validité des résultats de mesure et d'autre part pour enclencher une analyse de premier niveau des écarts calcul/mesure. Le non-respect d'un de ces critères peut être, par exemple, analysé comme la conséquence de l'utilisation de valeurs trop restrictives. Sans être lié directement à un problème de sûreté, ce non-respect peut constituer l'indice d'un problème potentiel. Il peut entraîner des essais conditionnels ainsi qu'une analyse fine de la cohérence d'ensemble des mesures.

  Dans ces conditions, un échange d'information entre les responsables du site et l'appui technique des moyens centraux d'EDF, sous l'autorité du Directeur du CNPE, est suffisant pour éliminer la plupart des écarts rencontrés.

  On donne dans le tableau 6.1 les critères de conception pour les paramètres mesurés à puissance nulle contenus dans le DGES GEMMES 1300 MWe.

- Les *critères de reconstruction* : pour les essais en puissance uniquement, ils sont associés à la reconstitution du niveau et de la distribution axiale de la puissance neutronique du cœur par le système de protection ou par le système RPN. En cas de non-respect d'un critère de reconstruction, le calibrage du système de mesure est à réaliser.

Pour chaque écart, une analyse et le traitement associé sont engagés. Les résultats de cette analyse figurent dans le compte rendu des essais physiques à transmettre à l'Autorité de Sûreté Nucléaire.

Tableau 6.1. Critères de conception.

Paramètre mesuré	Configuration	Critère de conception
Concentration critique en bore	TBH	±50 ppm
Coefficient isotherme de température (pcm/°C)	TBH, R IN, G IN	±5,4 pcm/°C
Efficacité intégrale des groupes par dilution (pcm)	groupes R et G	±10%
Efficacité intégrale de tous les groupes par échange avec le groupe R (pcm)	groupes G1, G2, N1, N2, SA, SB, SC, SD	±10%

6.1.3. Les différents types d'essais

D'une manière générale, on distingue deux grands types d'essais physiques au redémarrage, les essais à puissance nulle et les essais en puissance.

Une autre distinction peut être faite en se basant sur l'aspect sûreté et disponibilité de l'exploitation de la tranche. Ceci nous amène à distinguer les essais liés :

- à la vérification de la conformité du cœur,

- à la validation des études d'accidents et de la sûreté des recharges,

- au calibrage de l'instrumentation,

- à la vérification des performances du cœur en exploitation.

6.1.3.1. Vérification de la conformité du cœur

Les essais de conformité du cœur aux calculs de conception et de recharge sont les suivants :

- mesure de la concentration en bore et du coefficient de température modérateur ($CTM = \alpha_{iso} - \alpha_{Doppler}$) dans trois configurations de grappes :

  - Toutes barres hautes (TBH) ;

  - groupe de régulation de température R inséré (en voie de suppression) ;

  - groupes de compensation de la puissance à la position de calibrage à puissance nulle (pour les tranches fonctionnant en mode G, *cf.* chapitre 9) de façon conditionnelle (si le CTM est supérieur à 0) ;

- mesure de l'efficacité différentielle et intégrale de chaque groupe de grappes de contrôle et d'arrêt (pesée par échange ou par dilution) ;

- mesure de la distribution de puissance à l'aide de l'instrumentation interne mobile (*cf.* chapitre 5) par la réalisation d'une série de cartes de flux en puissance (paliers 8 % PN, 80 % PN et 100 % PN) afin de vérifier la pertinence du calcul de la nappe de puissance et en particulier du point chaud (crayon dégageant la plus forte puissance neutronique).

Les deux premiers types d'essais sont réalisés à puissance nulle ou très faible afin de s'affranchir des effets de contre-réaction de température combustible (Doppler) susceptibles de se superposer à l'effet physique que l'on souhaite mesurer. Chaque écart calcul-mesure (C-M) est comparé à un critère correspondant à l'incertitude de la chaîne de calcul prise en compte dans les études d'évaluation de la sûreté. En cas de non-respect d'un de ces critères, une analyse doit être menée sur l'impact du dépassement observé afin de démontrer que celui-ci ne remet pas en cause la démonstration de la sûreté de la recharge.

6.1.3.2. *Validation des études d'accidents et de la sûreté des recharges*

Les essais à puissance nulle présentés ci-dessus servent aussi à la validation de l'étude de la recharge. Le respect des critères de conception permet de démontrer la pertinence des calculs de sûreté effectués pour le DSS.

Afin de garantir la stabilité du cœur vis-à-vis des excursions de puissance incontrôlées, le coefficient de température modérateur doit être négatif. Il s'agit du seul critère de sûreté à puissance nulle. Si la mesure de ce coefficient lors des essais physiques de redémarrage conduit à une valeur positive, le respect d'une concentration minimale en bore est alors nécessaire. Ceci peut être obtenu en imposant une limite d'extraction des groupes qui est imposée pour limiter la concentration en bore puisque l'augmentation de la concentration en bore a un effet défavorable sur le CTM tandis que les STE imposent une limite d'insertion.

L'observation d'un coefficient de température modérateur positif reste toutefois l'exception en raison de la vérification de ce critère et des marges prises lors de l'établissement du plan de rechargement (*cf.* chapitre 3) et de l'utilisation de poisons consommables pour les recharges les plus réactives.

Lors des essais physiques de premier démarrage qui sont effectués sur les Tranches « Têtes de Série », des essais complémentaires sont effectués pour valider les calculs neutroniques dans des configurations de cœur typiques des transitoires accidentels étudiés (pour la première tranche d'un palier) ou dans des configurations peu fréquentes comme des cartes de flux grappes insérées (pour le premier cycle d'une nouvelle gestion). On réalise alors des cartes de flux présentant des distributions de puissance fortement dissymétriques :

- configuration avec une ou plusieurs grappes de contrôle ou d'arrêt totalement insérées afin de simuler la situation de fin de transitoire de chute de grappes ;
- configuration avec une ou plusieurs grappes de contrôle ou d'arrêt totalement extraites et le reste du groupe totalement inséré afin de simuler une situation d'éjection de grappe fortement dissymétrique ;
- configuration avec le groupe de régulation de la température ou les groupes de compensation de la puissance insérés au-delà des limites d'insertion requises par les STE

afin de simuler des situations d'évolution non contrôlée de la réactivité rencontrées lors d'un retrait de grappes en puissance, la dilution incontrôlée d'acide borique ou l'augmentation excessive de charge ;

- configuration toutes grappes insérées moins une, représentative des situations post-Arrêt automatique du réacteur avec une grappe coincée (brèches secondaires).

Ces situations permettent de vérifier que, dans ces conditions très défavorables, les codes de calcul peuvent fournir une représentation de la réalité avec une précision cohérente avec les incertitudes prises en compte dans le dimensionnement des protections ou les études d'accidents.

6.1.3.3. Calibrage de l'instrumentation

Les principales mesures effectuées pour permettre le calibrage de l'instrumentation sont (*cf.* chapitre 5) :

- *Mesure de la puissance thermique de la chaudière*

  Cette mesure est établie à partir d'un bilan enthalpique du coté secondaire, au niveau de chaque GV. Cette mesure permet de calibrer la mesure externe de la puissance nucléaire au voisinage de la cuve. Elle permet aussi de calibrer la mesure thermique primaire en fonction des températures des branches chaude et froide de chaque boucle primaire. Elle est utilisée pour le contrôle du niveau de puissance par la protection « haut flux nucléaire » et les protections contre la crise d'ébullition au niveau de la gaine, la fusion de la pastille combustible et l'Interaction Pastille Gaine (protections ΔT et SPIN, *cf.* chapitre 8).

- *Mesure du débit primaire par la méthode du débit enthalpique*

  Dans les études de sûreté, on utilise un débit de conception minorant intervenant au premier ordre dans tous les critères d'origine thermohydraulique (REC). Inversement, le dimensionnement mécanique repose sur une valeur majorante du débit primaire. Cette mesure permet donc de valider les hypothèses retenues. Elle permet de plus de calibrer la mesure relative du débit primaire à partir de l'écart de pression au niveau du coude de la tuyauterie primaire en sortie du générateur de vapeur. Cette mesure est utilisée par la protection « bas débit primaire ».

- *Mesure de la distribution axiale de puissance à l'aide de carte de flux*

  Cette mesure permet de calibrer la mesure du ΔI par les chambres externes de mesure du flux neutronique et la reconstitution de la distribution axiale de puissance effectuée par le SPIN. Ces deux calibrages sont utilisés par les systèmes de pilotage et de protection du cœur (respect des limites droite et gauche du domaine de fonctionnement, protection ΔT, protection SPIN).

6.1.3.4. *Vérification des performances du cœur en exploitation*

Afin de vérifier l'aptitude du cœur au suivi de réseau, une carte de flux à puissance nominale et un calibrage des chambres externes sont effectués. On vérifie alors que les marges disponibles permettent le fonctionnement du réacteur dans le respect des limites imposées par les Spécifications techniques d'exploitation. De plus, dans le cas d'un pilotage en mode G (*cf.* chapitre 9), on réalise un essai de vérification du calibrage des groupes de compensation de puissance (essai EP-RGL4).

6.1.4. *Déroulement des essais physiques*

6.1.4.1. *Optimisation du programme d'essais*

Le nombre d'essais, leur durée et l'enchaînement du programme d'Essais physiques au redémarrage ont été optimisés sous trois aspects principaux :

- réaliser un minimum d'essais et de mesures en garantissant l'atteinte des objectifs fixés, en concertation avec l'Autorité de sûreté nucléaire ;

- minimiser la perte de production avant la mise à disposition de la tranche sur le réseau ;

- minimiser le volume d'effluents à traiter en enchaînant les séquences de dilution-borication de façon judicieuse.

L'optimisation de ces essais a conduit à établir un programme type présenté sur la figure 6.1.

6.1.4.2. *Conduite des essais*

L'exploitant de la centrale nucléaire a la responsabilité de la réalisation des essais physiques au redémarrage dans le respect des règles d'essais. Le site peut être assisté à sa demande par les services centraux d'EDF lors de la mise en place, par exemple, de nouveaux systèmes sur la tranche (rénovation du RPN numérique sur les tranches CP0) ou lors de la modification des règles d'essais (passage en démarche « essais simplifiés » pour les tranches du palier 1300 MWe) ou de techniques de mesure (ex. Pesée Dynamique des Grappes PDG). Les CNPE sont autonomes pour la réalisation des essais. Les services centraux sont sollicités en tant qu'appui technique en cas de non-respect des critères ou lors d'aléas (indisponibilité d'un système de mesure ...).

Une séquence d'essais physiques de redémarrage d'une tranche 1300 MWe est donnée, à titre d'exemple, dans le tableau 6.2. Les durées indiquées sont indicatives car elles ont été obtenues avant la mise en place d'un important programme de réduction des durées d'arrêt engagé à EDF.

CB (ppm)

Manœuvre manuelle des grappes   Recalage   Manuel

N0/N = 0,12

N0/N = 0,15

N0/N = 0,1 stop dilution

Réglage AAR CNI/CNS Borication Mise en conformité Groupe gris à cote charge nulle

CB TBH

CB DIV

CNI/CNP Seuil Doppler Plage essai physique

Levée des grappes à 225 pas et R à 170 pas

HOMOGENEISATION DIVERGENCE

Vérification réactimètre

Vérification réactimètre

CB RIN

CB GIN

Levée TBH groupe R

Approche sous critique

Efficacité R par dilution

CB (RIN) αiso (RIN)

Pesage des groupes par échange avec R

Efficacité G par dilution

CB (GIN) αiso (GIN)

CB (TBH) αiso (TBH)

| 1 | | 2 | 3 | 4 | 5 | 6 | 7 | 8 | 9 | 10 | 11 | 12 | 13 | 14 |

Temps

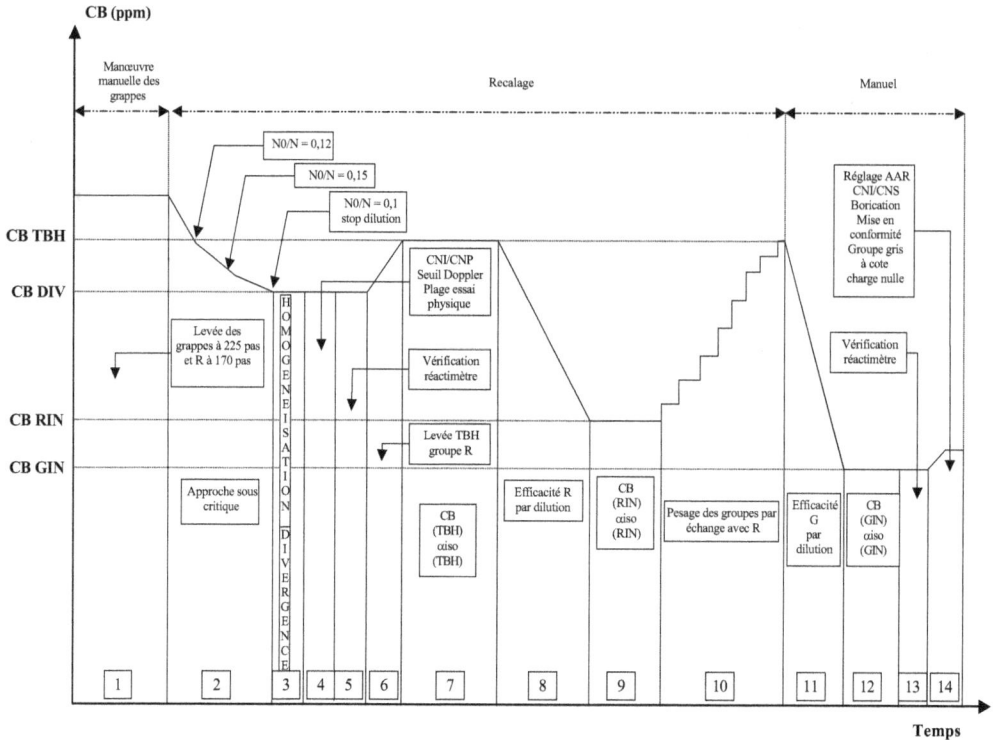

Figure 6.1. Programme d'Essais Physiques au Redémarrage.

6.1.5. *Essais physiques de redémarrage à puissance nulle*

Les essais à puissance nulle peuvent être scindés en deux parties :

- Mise en configuration de la tranche et du matériel de mesure :

  - Approche sous-critique. Divergence.
  - Recouvrement des chaînes. Recherche du niveau Doppler.
  - Détermination de la plage d'essais physiques.
  - Vérification de l'étalonnage du réactimètre.

- Mesure des paramètres d'exploitation :

  - Mesure des concentrations en bore dans les configurations toutes barres hautes, groupe R inséré et éventuellement groupes de compensation de puissance à leur position de calibrage à puissance nulle.

  - Mesure des coefficients de température isotherme dans les configurations précédentes.

Tableau 6.2. Déroulement général des essais.

PHASE	ESSAI	DÉBUT		FIN		PUISSANCE
		Date	Heure	Date	Heure	
1	Mesure du temps de chute de grappes	13/01/00				
2	Approche sous-critique	15/01/00	01 h 30	15/01/00	05 h 56	
3	Divergence	15/01/00	05 h 50			
4	Recherche du niveau Doppler + recouvrement chaînes RPN	15/01/00	06 h 15	15/01/00	17 h 00	
5	Vérification du réactimètre	15/01/00	17 h 15	15/01/00	18 h 30	NULLE
7	⎛ CB TBH ⎝ CTiso TBH	15/01/00	18 h 35	15/01/00	21 h 35	
8	Efficacité différentielle et intégrale du groupe R	15/01/00	21 h 45	16/01/00	00 h 30	
9	⎛ CB RIN ⎝ CTiso RIN	16/01/00	00 h 50	16/01/00	03 h 50	
10	Efficacité intégrale des groupes par échange avec R	16/01/00	03 h 50	16/01/00	15 h 51	
-	Vérification du réactimètre	16/01/00	16 h 30	16/01/00	17 h 50	
11	Efficacités différentielles G et intégrales de G	16/01/00	18 h 00	16/01/00	21 h 15	
12	⎛ CB GIN ⎝ CTiso GIN	16/01/00	21 h20	16/01/00	23h50	
13	Vérification du réactimètre	17/01/00	00 h 30	17/01/00	02 h 15	
-	Carte de flux à 8 % PN TBH	19/01/00	-	-	-	
-	Oscillation Xe à 80 % PN	24/01/00	-	25/01/00	-	EN
-	Carte de flux à 100 % PN TBH	28/01/00	-	-	-	PUISSANCE
-	EP-RGL4 (baisse à 50 % PN)	30/01/00	04 h 15	-	-	

(Le numéro de phase se rapporte à la figure 6.1.)

– Mesure des efficacités intégrales des groupes seuls dans le cœur.

– Mesure de R et, le cas échéant, des groupes gris en recouvrement par dilution.

Dans la suite de ce chapitre, la présentation des essais est faite en indiquant les conditions expérimentales, les méthodes de dépouillement et en donnant des exemples de valeurs et de résultats.

Les différents essais sont présentés dans l'ordre chronologique de leur déroulement.

6.1.5.1. Actions et essais préliminaires

Avant de réaliser le programme d'essais physiques au redémarrage, un certain nombre d'actions et d'essais sont nécessaires afin de s'assurer de la disponibilité des matériels ou l'obtention des conditions requises pour assurer le déroulement des essais dans le respect de la sûreté.

6.1.5.1.1. Réglage des chaînes RPN

Sur l'ensemble des paliers, les coefficients de calibrage des chaînes RPN sont réinitialisés en prenant comme référence les valeurs du cycle précédent. Généralement, les coefficients sont issus d'un calibrage à 100 % PN du cycle précédent, en début de campagne. En cas de changement de chaîne RPN pendant l'arrêt de la tranche, on utilisera la moyenne du retour d'expérience des calibrages pour la chaîne remplacée. Cette référence est corrigée des effets de variation de la distribution radiale de puissance théorique entre le nouveau et le précédent cœur.

6.1.5.1.2. Réglages des seuils d'arrêt automatique du réacteur

Cette phase est importante car elle permet d'éviter un arrêt automatique intempestif du réacteur lors des essais de redémarrage tout en assurant une protection renforcée durant les essais. On donne dans le tableau 6.3 les différents réglages des seuils pendant l'arrêt de la tranche, les essais à puissance nulle et la montée en puissance.

D'une manière générale, les seuils sont abaissés avant le redémarrage puis progressivement relaxés jusqu'à leur valeur normale au fur et à mesure de la montée en puissance et des calibrages de l'instrumentation et des protections.

Tableau 6.3. Réglage des seuils de protection des chambres RPN.

	CNS	CNI	CNP
Déchargement	$\phi_{\text{élevé}} < 2$ x comptage $AAR = 10^5$ c/s	Réglages	FDC
Rechargement	$AAR = 10^5$ c/s	$C1 = 2 \cdot 10^{-5}$ A $AAR = 5 \cdot 10^{-5}$ A	$C2 = 20$ % Pn AAR Bas flux $= 25$ % Pn AAR Haux
Fin de rechargement	$\phi_{\text{élevé}} < 2$ x comptage $AAR = 10^5$ c/s	-	-
Début des essais	$AAR = 10^6$ c/s	-	-
Après le Doppler	-	-	-
Fin des essais	$\phi_{\text{élevé}} = 1500$ c/s $AAR = 10^5$ c/s	$AAR = 25$ % cycle N-1 $C1 = 20$ % cycle N-1	-
Palier 50 % PN	-		AAR Haut flux $= 65$ % Pn
Palier 80 % PN	-	$AAR = 25$ % cycle N-1 $C1 = 20$ % cycle N-1	AAR Bas flux $= 25$ % Pn AAR Haut flux $= 90$ % Pn
Palier 100 % PN	-	-	AAR Bas flux $= 25$ % Pn AAR Haut flux $= 106$ ou 109 % Pn

6.1.5.1.3. Essai de temps de chute de grappes

La réalisation de l'essai de temps de chute des grappes est un préalable à la réalisation des essais physiques à puissance nulle. Cet essai est effectué après chaque rechargement ou après toute opération ayant pu affecter la géométrie du cœur. Il permet de vérifier la correcte insertion des groupes en cas d'Arrêt automatique du réacteur et de mesurer le temps d'insertion. Il consiste à mesurer, pour chaque grappe, le temps de chute effectif écoulé entre la perte de tension dans l'Ensemble électronique de commande (ECC) et l'entrée de chaque grappe dans son amortisseur. Pour cela, on enregistre puis on analyse le signal électrique de la bobine de grappin fixe et celui délivré par l'enroulement primaire du capteur de position de la grappe considérée. On vérifie aussi l'allure typique de la courbe qui est représentée dans la figure 6.2.

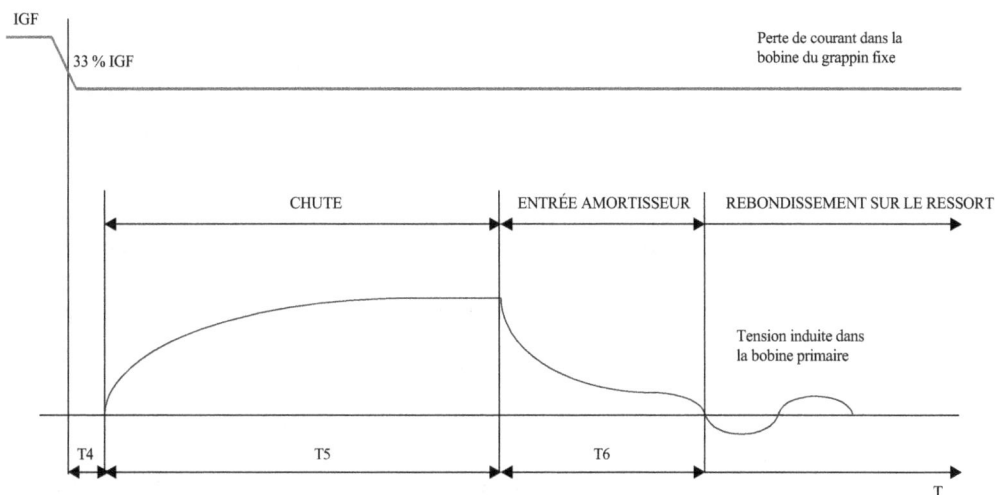

Figure 6.2. Mesure du temps de chute des grappes.

Cet essai est réalisé en arrêt à chaud, à la concentration en bore minimale requise en arrêt pour rechargement (de l'ordre de 2000 à 2500 ppm), toutes les pompes primaires en service. La position de départ de l'essai est la position haute adoptée pour la nouvelle campagne (par ex. 260, 262 ou 264 pas sur le palier 1300 MWe). L'essai s'effectue sous-groupe par sous-groupe.

Le temps de chute des grappes est un critère de sûreté. Il doit être vérifié pour l'ensemble des grappes :

$$\text{Temps}\,(T4 + T5) + \text{incertitude} < T_{\text{LIMITE}}$$

avec :

T4 : temps compris entre la perte de courant dans le grappin fixe IGF = 33 % IGF$_{\text{initial}}$ et le début de la chute de grappe ; T4 est généralement inférieur à 150 ms ;

T5 : temps compris entre le début du mouvement et l'entrée dans l'amortisseur ;

T$_{\text{LIMITE}}$: temps limite étude (sans séisme) : 2,83s pour CP0 – 2,60s pour CPY – 2,24s pour 1300 MWe – 2,23s pour N4.

On affecte, de manière conservatoire, une majoration de 10 ms à tous les résultats (incertitude comprise).

Le non-respect de ce critère de sûreté correspond à un problème mécanique qui ne garantit plus, en cas d'Arrêt automatique, le délai d'apport de la marge d'antiréactivité utilisée pour l'ensemble des études de sûreté relatives à la phase A (court terme) des accidents.

Dans ce cas, le remède peut aller jusqu'au changement de la grappe ou à la permutation de l'assemblage incriminé.

6.1.5.1.4. Actions diverses

Diverses autres actions sont aussi entreprises avant la réalisation des essais. On peut citer :

- Pendant la phase de montée en température (de 120 °C à 286 °C sur le 900 MWe, de 120 °C à 297,2 °C sur le 1300 MWe), l'intercalibration en régime isotherme des thermocouples de l'instrumentation interne à partir des sondes de température des boucles primaires (essais RIC 101).

- La préparation et le réglage du réactimètre à partir des données du DSEP fourni par l'UNIE avant la divergence. Raccordement du réactimètre sur une CNP. Mise en service d'un second réactimètre en cas de défaillance du premier (cette pratique est de moins en moins nécessaire sur les tranches équipées d'un réactimètre numérique).

- La concentration en bore est portée à environ 2000 ppm.

- Le circuit TEP est ligné pour recevoir les effluents primaires.

- L'affichage des recouvrements des groupes de compensation de puissance. Vérification du calage des groupes en position haute (EP RGL 104).

6.1.5.2. Mise en configuration de la tranche et du matériel d'essai

6.1.5.2.1. Approche sous-critique et divergence

Cet essai a pour but de rendre le réacteur critique, alors que le nouveau cœur rechargé n'est pas encore « connu » du point de vue neutronique. Il permet :

- de vérifier le recouvrement des groupes de compensation de puissance lors de leur extraction ;

- de vérifier le bon fonctionnement des CNS, des CNI et des CNP, leur recouvrement et la non-saturation des CNS avant les alarmes et AAR (*cf.* chapitre 5) ;

- de mesurer le seuil Doppler d'apparition du chauffage nucléaire et donc de définir la plage de niveau de flux pour la réalisation des essais physiques à puissance nulle ;

- de vérifier la réponse du réactimètre, principal outil de mesure lors de la phase à puissance nulle ;

- d'avoir une première évaluation de la réactivité du cœur par mesure de la concentration en bore à la divergence avec le groupe R (ou D) inséré au voisinage du quart supérieur du cœur.

La procédure de première divergence du réacteur au début d'une nouvelle campagne n'est pas identique à celle d'une redivergence standard en exploitation après arrêt du réacteur. À titre d'exemple sur le palier 1300 MWe, les conditions préalables sont les suivantes :

- réacteur en état d'arrêt à chaud, groupes d'arrêt en position haute, groupes de compensation de puissance et groupe de compensation de température à 5 pas (bas du cœur) ;

- $T_{moy} = 297,2\ °C\ (\pm 1\ °C)$ stable. P = 155 bar (+0, −2) stable, en régulation automatique ;

- C_B primaire = 2000 ppm ou supérieure ;

- 2 orifices de détente en service. Toutes les chaufferettes fixes en service ;

- niveau RCV entre 1,5 et 1,7 mètres, 200 m^3 disponibles en eau déminéralisée ;

- niveau pressuriseur entre 3 et 4 mètres.

L'approche sous-critique se déroule en plusieurs phases :

- *1re phase : extraction des grappes*

  On cherche à établir une référence de taux de comptage et on extrait les groupes de régulation en séquence normale en relevant le taux de comptage des CNS tous les 50 pas. On vérifie ainsi le recouvrement des groupes. On extrait ensuite le groupe R jusqu'à 190 pas.

  Le retrait des grappes est suspendu si un changement inattendu du taux de comptage intervient. Il sera repris si la cause est identifiée et si la sûreté de la tranche n'est pas remise en question.

- *2e phase : approche par dilution*

  Précautions :

  - surveiller l'écart C_B entre boucle et pressuriseur dans la limite de 50 ppm pour contrôler l'homogénéisation du primaire pendant la dilution ;
  - garder le niveau PZR le plus bas possible, entre 3 et 4 m, afin de minimiser le temps d'homogénéisation ;
  - pendant l'approche, noter l'évolution du comptage des CNS et du courant des CNI.

On établit une nouvelle référence du taux de comptage N_o (à 2000 ppm). On débute la dilution avec un débit de 36 m^3/h en relevant le comptage des CNS jusqu'à $N_o/N = 0,2$ ou $C_B = C_B^{DIV} + 200$ ppm.

On continue la dilution et les relevés avec un débit de dilution de 15 m^3/h jusqu'à $N_o/N = 0,15$ ou $C_B = C_B^{DIV} + 100$ ppm. On poursuit ensuite avec un débit plus faible jusqu'à $N_o/N = 0,1$ et on interrompt la dilution en laissant la concentration en bore s'homogénéiser dans le circuit primaire.

Pendant cette phase de dilution, les relevés graphiques de l'inverse du taux de comptage en fonction du temps, du volume d'eau injecté et de la C_B permettent par extrapolation d'estimer la C_B de divergence.

- 3e *phase : première divergence*

Si la criticité n'est pas atteinte lors de la fin de dilution, on extrait le groupe R progressivement, en affinant à l'approche de la divergence. Si la criticité n'est pas atteinte lorsque R est en haut du cœur, on le redescend à sa position initiale (170 pas ou 190 pas selon le palier) et on évalue à l'aide du DSEP le complément de dilution correspondant au passage de R de sa position initiale au haut du cœur. On effectue la dilution à faible débit (de 3 à 10 m^3/h), en laissant homogénéiser. L'opération est réitérée jusqu'à la divergence.

Si la divergence n'est pas obtenue à une C_B inférieure à 0,9 C_B^{DIV}, on arrête la dilution, on vérifie que les groupes sont à leurs positions respectives et on attend l'avis de l'UNIE pour continuer la campagne d'essais.

Les CNS ne sont pas inhibées à l'apparition du seuil P6 (permissif autorisant habituellement le basculement des CNS ou CNI) car le seuil d'AAR est relevé à 10^6 c/s pour vérifier le recouvrement des chaînes sources et intermédiaires. On note le recouvrement CNS / CNI au passage du P6.

La divergence peut être mise en évidence par :

- l'augmentation exponentielle du flux ;

- le décollement de l'aiguille du TDmètre (temps de doublement) et la stabilisation à une valeur différente de l'infini ;

- le signal sonore des CNS en salle de commande ;

- le décollement du signal de réactivité sur le réactimètre.

Le calcul de la C_B de divergence est effectué à partir de trois mesures manuelles des concentrations en bore boucle et pressuriseur à 15 minutes d'intervalle.

Le cœur est considéré comme homogène si les critères suivants sont vérifiés :

- la réactivité est stable ;

- les variations de C_B sont inférieures à 5 ppm entre chaque mesure ;

- l'écart C_B boucle – C_B PZR est inférieur à 20 ppm.

Pour les REP 900 MWe, la valeur moyenne des C_B boucle est corrigée de l'écart de réactivité correspondant à la différence de position du groupe R par rapport à sa position de référence (170 pas) à l'aide de l'efficacité théorique du groupe R et de l'efficacité différentielle du bore issues du DSEP. Ceci permet de procéder à une comparaison à la valeur attendue.

6.1.5.2.2. Détermination de la plage de flux pour les essais physiques

Afin d'obtenir une réponse correcte du réactimètre pour la suite des mesures, il est nécessaire d'effectuer les essais à un niveau de flux :

- suffisamment élevé pour s'affranchir de la non-compensation aux γ des chaînes de puissance se traduisant par un bruit de fond et pour se placer dans la zone de linéarité des CNP (zone où le signal délivré est proportionnel au flux neutronique reçu par les CNP) ;

- suffisamment faible pour s'affranchir de l'effet Doppler qui influe sur la réactivité et vient se superposer sous forme de contre-réactions aux effets que l'on souhaite mesurer (effet des grappes par exemple).

Pour cela, l'objectif de cet essai est de trouver une plage de flux qui réponde à ces deux conditions.

L'effet Doppler est lié à la vitesse d'agitation thermique des noyaux présentant des sections efficaces résonantes. L'effet d'élargissement du spectre élargit les résonances des noyaux cibles tandis que l'intégrale de résonance reste inchangée. Par contre, du fait de l'autoprotection des résonances, l'intégrale effective augmente proportionnellement à la racine carrée de la température absolue des noyaux cibles et c'est elle qui va influer sur la cinétique du cœur. L'effet Doppler est donc important avec des noyaux très autoprotégés.

Dans le cas des réacteurs à eau sous pression à uranium faiblement enrichi, c'est essentiellement sur la section efficace d'absorption de l'^{238}U qu'agit l'effet Doppler. L'augmentation de la température du combustible se traduit donc par un accroissement des absorptions, d'où une diminution de la réactivité du cœur.

Le chauffage nucléaire est un phénomène que l'on observe facilement. Il correspond à une rupture de l'équilibre isotherme combustible-modérateur : le combustible chauffe le modérateur, l'égalité des températures modérateur et combustible n'est plus vérifiée. L'effet Doppler devient alors significatif et apporte de l'antiréactivité.

Les conditions préalables à la détermination de la plage d'essais physiques sont :

- réacteur stable en C_B, température et pression ;

- C_B à la valeur de la C_B de divergence, R à la cote critique pour avoir une réserve suffisante de réactivité ;

- réglages adéquats du réactimètre.

Les précautions suivantes doivent être prises :

- pendant toute cette phase, on relève les taux de comptage des CNS tant qu'elles ne sont pas inhibées, des CNI et des CNP afin de valider la non-saturation des capteurs ;

- le flux doit rester dans la gamme 15 % - 90 % de la pleine échelle.

Le déroulement de l'essai consiste dans un premier temps, par extraction du groupe R à élever le niveau de flux sur les CNI par demi-décade. Cette extraction du groupe R doit, dans tous les cas, amener une surcriticité inférieure ou égale à 50 pcm. Toutes les demi-décades, on relève, après stabilisation du flux, les courants des CNI, des CNS et de la CNP branchée sur le réactimètre.

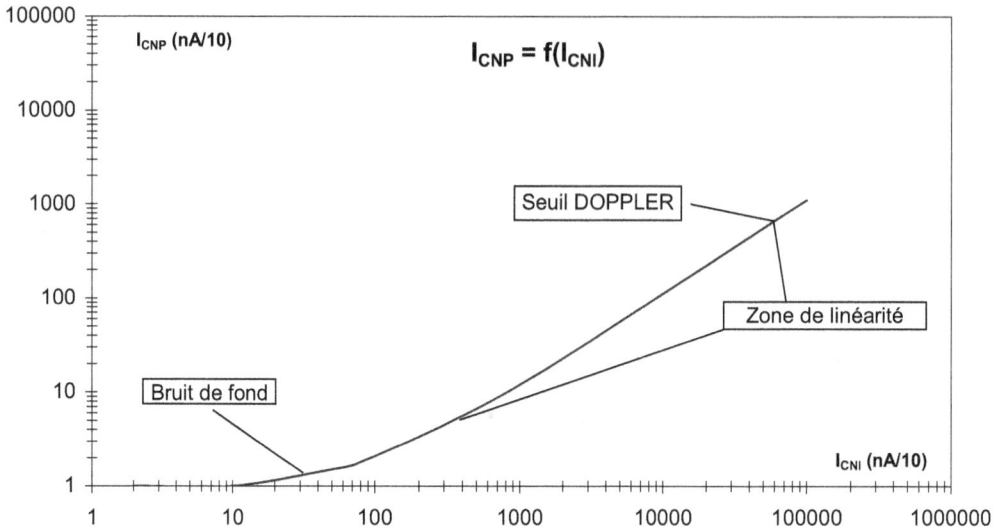

Figure 6.3. Recherche de la plage d'essais physiques.

En traçant la courbe $I_{CNP} = f(I_{CNI})$ (figure 6.3), on peut déterminer la plage de linéarité de la chaîne de puissance et son bruit de fond. Les CNI sont prises comme référence car ces chaînes sont compensées aux γ et délivrent donc un signal proportionnel au flux neutronique même à très basse puissance. Durant cette phase, il faut faire attention à l'AAR sur les CNI.

L'effet Doppler peut être observé par les effets simultanés suivants (figure 6.4) :

- décroissance du signal de réactivité,

- changement de pente du flux,

- augmentation de la température moyenne (stabilisation préalable de la T_{MOY} par débit ASG stable, GCT bien réglé, ...).

On relève alors le niveau de flux pour lequel apparaît le chauffage nucléaire. Puis, on descend le groupe R à une cote inférieure pour rendre le réacteur sous critique. Une fois le bruit de fond et le chauffage nucléaire mis en évidence, la détermination de la plage de flux est possible. Toutefois, si la condition $20 \times I_{BDF} < I_{DOPPLER}/3$ (condition empirique) n'est pas remplie et s'il n'est pas possible de déterminer une gamme de flux correcte, il faudra changer la chaîne RPN utilisée pour la mesure et recommencer l'opération.

Il faut que la plage de flux des essais à puissance nulle satisfasse les conditions suivantes :

$$20 \times I_{BDF} < \text{Plage d'essais physiques} < I_{DOPPLER}/1,5$$

Si ces conditions ne peuvent pas être remplies, on préférera une zone plus proche du Doppler que du bruit de fond. Au besoin, on limitera la gamme de flux à 70 % de la pleine échelle si à 100 % le niveau de flux est trop proche du chauffage nucléaire.

Pendant toute cette phase, on vérifiera le recouvrement des chaînes intermédiaires et de puissance.

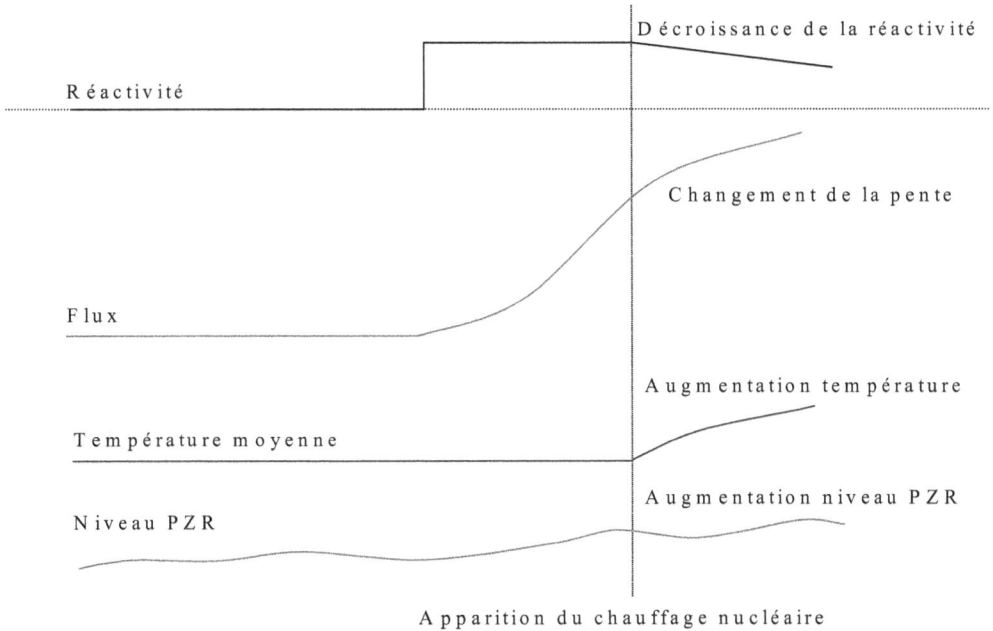

Figure 6.4. Visualisation de l'effet DOPPLER.

6.1.5.2.3. Vérification du réactimètre

Le réactimètre, utilisé uniquement pour le démarrage de la tranche, sert à déterminer la réactivité du cœur à partir du flux. Il effectue la résolution des équations de la cinétique ponctuelle de Nordheim qui donnent les valeurs de la période du réacteur en fonction de la réactivité insérée. Les temps de doublement théoriques en fonction de la réactivité insérée sont indiqués dans le DSEP. Ces données permettent la vérification de l'étalonnage, purement théorique, du réactimètre.

La vérification du réactimètre est fondamentale, c'est du réactimètre que la qualité de la majeure partie des mesures dépend, d'où le rôle fondamental de cet appareil vis-à-vis des mesures. Elle doit être effectuée toutes les 24 heures et, *a minima*, en début et fin des essais physiques à puissance nulle.

Les conditions préalables à la vérification du réactimètre sont :

- réacteur stable en C_B, température et pression,

- R à sa cote critique,

- réacteur critique, flux à 15 % de la pleine échelle,

- réglages adéquats du réactimètre.

Il est nécessaire de prendre les précautions suivantes :

- pendant tout l'essai, maintenir la température du circuit primaire aussi stable que possible. Il faut éviter toute action de conduite pouvant entraîner des variations de T_{moy},

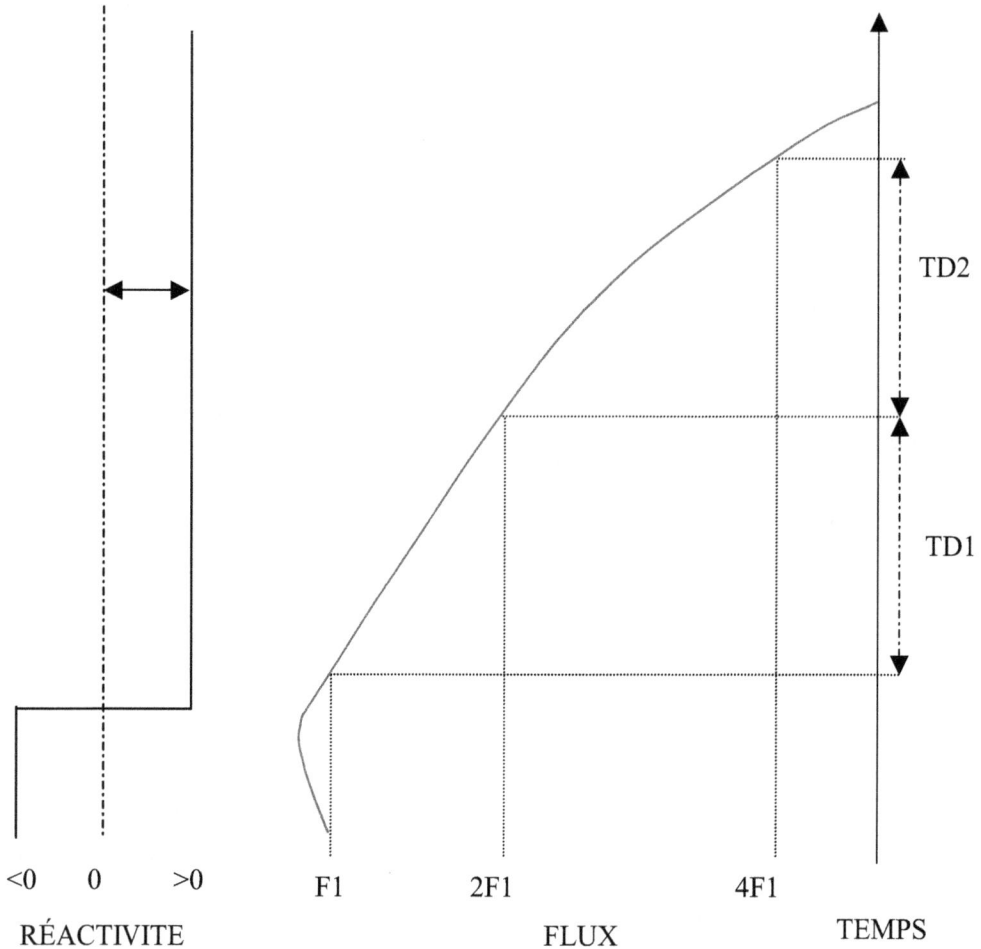

Figure 6.5. Vérification du réactimètre.

- ne pas changer les paramètres du réactimètre,

- après toute modification de la C_B du primaire, vérifier les critères de stabilité.

Les valeurs expérimentales des temps de doublement sont mesurées avec deux chronomètres à la suite d'un échelon de réactivité provoqué par extraction rapide du groupe R (figure 6.5).

On calcule alors la moyenne des temps de doublement et à l'aide de la table de correspondance théorique du DSEP, on détermine la réactivité $\rho_{Nordheim}$ correspondante. On relève la réactivité $\rho_{réactimètre}$ effectivement lue sur le réactimètre. On obtient alors l'écart :

$$\varepsilon = \frac{\rho_{réactimère} - \rho_{Nordheim}}{\rho_{Nordheim}}$$

Cet écart fait l'objet d'un critère : $\varepsilon < 4\,\%$.

Avec des réactimètres numériques, ce critère est vérifié sans difficulté compte tenu de l'absence de dérives électroniques.

À titre d'exemple, les valeurs mesurées des temps de doublement sur trois steps de 15, 25 et 40 pcm lors d'essais de redémarrage sont données dans le tableau 6.4.

Tableau 6.4. Vérification du réactimètre.

TEMPS DE DOUBLEMENT (s)	ρ(mes) Réactimètre (pcm)	ρ(the) Valeur théorique (pcm)	ÉCART (%) $\dfrac{\rho\text{(mes)} - \rho\text{(the)}}{\rho\text{(the)}}$ (critère : ±4 %)
354,3	13,5	13,04	3,5
193,3	22,75	22,77	0,09
107,7	37,75	37,89	0,37
251	17,8	17,94	0,8
154	27,5	27,9	1,4
89,7	43	44,12	2,5
255,6	17,6	17,66	0,3
194,7	22,5	22,77	1
102,7	39,5	39,39	0,3

6.1.5.3. *Mesure des paramètres d'exploitation*

Les essais décrits dans ce chapitre ont pour but de vérifier que les caractéristiques du cœur à puissance nulle sont celles prévues par les calculs prévisionnels.

Les mesures sont effectuées en séquence. Leur enchaînement sans interruption permet de minimiser les effluents et le temps d'exécution. À la fin de chaque essai, il faut anticiper sur la mesure suivante pour mettre la tranche et le matériel en configuration.

Les conditions préalables sont :

- la procédure « première divergence » a été exécutée, la gamme de flux est choisie et le réactimètre répond au critère requis,

- les CNS, CNI et les CNP sont opérationnelles,

- la section Chimie est prête à intervenir à la demande du chef d'essais pour effectuer des mesures de concentration en bore.

Les précautions particulières à respecter sont :

- les Règles Générales d'Exploitation sont à observer pendant toute la campagne d'essais, mis à part quelques dérogations spécifiques comme les insertions limites de grappes et l'interdiction de fonctionnement avec un coefficient de température modérateur positif ;

- les seuils d'arrêt automatique sont réglés selon les instructions ;

- avant de commuter la commande des grappes d'un groupe à l'autre, il faut vérifier que les deux demi-groupes sont à la même cote sur les compteurs de pas.

6.1.5.3.1. Mesures Toutes barres hautes

6.1.5.3.1.1. Concentration en bore

Il s'agit de la mesure de référence pour évaluer précisément le potentiel réactif du cœur. Celui-ci est dans sa configuration la plus réactive pour toute la campagne à venir. En effet, les grappes sont extraites, le réacteur est à puissance nulle sans Xénon aux conditions de température et de pression de l'attente à chaud à partir desquelles il peut être rendu critique en exploitation normale. L'essai permet de vérifier :

- la qualité des résultats expérimentaux par trois dosages chimiques cohérents avec prélèvements sur la boucle et au pressuriseur qui doivent être réalisés tous les quarts d'heure pour contrôler la bonne homogénéisation de la concentration en bore du circuit primaire et confirmer la mesure ;

- les calculs prévisionnels de la campagne : il s'agit en effet d'une configuration « propre » sans grappes en régime isotherme aisément reproductible à chaque campagne et tout à fait adaptée à la comparaison calcul-mesure.

La concentration expérimentale en bore Toutes barres hautes s'écrit :

$$C_B(exp, TBH) = C_B(manu, TBH) + \Delta\rho_R/eb(the, TBH)$$
$$+ \alpha_{iso}(the, TBH) * (T_{MOY} - T_{REF})/eb(the, TBH)$$

avec :

- C_B (manu,TBH) la moyenne de trois C_B manuelles de la boucle ;

- $\Delta\rho_R$ le step de réactivité lié au passage du groupe R de sa position courante à la position haute du cœur ;

- eb(the,TBH) l'efficacité du bore configuration TBH ;

- α_{iso}(the,TBH) le coefficient de température isotherme TBH ;

- T_{REF} la température de référence utilisée pour les calculs.

Cette mesure doit satisfaire le critère de conception suivant :

$$C_B(exp, TBH) = C_B(the, TBH) \pm 50 \text{ ppm}$$

Le non-respect de ce critère justifie la réalisation d'autres mesures de C_B et une investigation particulière. Il indique que le cœur effectivement chargé est trop peu ou trop réactif par rapport aux calculs prévisionnels. Six causes potentielles peuvent être avancées :

- erreur des mesures,

- erreur des calculs prévisionnels de la campagne,

- erreur sur le repositionnement des assemblages,

- erreur sur l'irradiation des assemblages usés,

- erreur sur l'enrichissement des assemblages neufs,

- erreur sur le positionnement des grappes insérées.

Les trois derniers types d'erreur ne sont pas rencontrés dans la pratique.
On peut alors envisager les actions suivantes à titre d'exemple :

- réétalonner le dosage acide-bore pour confirmer la mesure,

- visualiser la cartographie du cœur,

- confirmer la position des grappes.

En pratique, les cas de dépassement de critères observés jusqu'à présent étaient dûs à :

- un léger sur-enrichissement des recharges,

- une incertitude sur l'irradiation des assemblages,

- l'appauvrissement du bore.

Dans tous les cas, on cherchera à retrouver la cohérence avec les autres résultats d'essais.
En cas de dépassement du critère, les services centraux d'EDF réévalueront les accidents impactés (accidents de dilution) et les C_B minimales des états standard d'arrêt.

6.1.5.3.1.2. Coefficient de température isotherme

C'est la mesure essentielle de coefficient de contre-réaction à puissance nulle. À l'image de la concentration en bore toutes barres hautes qui constitue la valeur maximale de la campagne en configuration critique, le coefficient isotherme α_{iso} mesuré dans la même situation, grappes extraites, correspond à la valeur maximale de ce paramètre pour toute la campagne dans une situation critique. Les Spécifications Techniques d'Exploitation imposent que le coefficient de température du modérateur soit toujours négatif en exploitation normale, de manière à ce que le cœur soit autorégulé neutroniquement par rapport aux effets de température. La mesure réalisée au démarrage couvre donc l'ensemble des situations d'exploitation susceptibles d'être rencontrées au cours de la campagne. Elle permet :

- de définir les conditions de conformité du réacteur aux STE avec la mise en œuvre éventuelle de dispositions d'exploitation permettant, en fonctionnement normal, de garantir un coefficient de température modérateur négatif (limites d'extraction des grappes, borne supérieure de la concentration en bore, irradiation jusqu'à laquelle les mesures spécifiques doivent être appliquées) ;

- de vérifier les prévisions théoriques des effets de température pour valider les outils de calcul et les méthodes d'études.

Le Coefficient de température modérateur (CTM) est lié à la variation de densité du fluide (eau et bore) quand sa température évolue. On peut décomposer cet effet en deux parties :

- effet sur l'eau (modérateur) :

  si la température du modérateur augmente, sa densité diminue. Pour un même volume d'eau, il y aura moins de noyaux d'hydrogène donc une moins bonne modération neutronique. La résultante de cet effet est une baisse de la réactivité ;

- effet sur le bore (poison soluble) :

  de même, si la température du modérateur augmente, la densité de noyaux de bore sera plus faible. Il y aura donc moins d'absorption, d'où une augmentation de la réactivité.

Le CTM est une combinaison de ces deux effets et peut donc s'écrire : CTM = α_{eau} + α_{bore}.

Le coefficient isotherme de température α_{iso} est à distinguer du CTM, car il se place dans le domaine restreint de fonctionnement, en dessous du seuil Doppler, où l'égalité des températures modérateur et combustible est vérifiée. Ce cas n'est pas représentatif d'un cœur en exploitation « normale » mais il permet de déterminer, à partir d'une valeur calculée du coefficient Doppler, le CTM en début de cycle à puissance nulle. La relation entre les deux grandeurs fait donc intervenir le Doppler-Température spécifique au combustible qui est pratiquement constant (de −3,0 à −3,5 pcm/°C) pour l'ensemble des gestions du parc. On écrit donc : α_{iso} = CTM + $\alpha_{Doppler}$.

Il faudra vérifier dans cet essai que la condition CTM < 0 est bien remplie.

L'essai se déroule en effectuant une série de variations contrôlées de température (refroidissement – réchauffement du cœur) en relevant la variation de réactivité correspondante. Ces variations de température doivent être conduites avec un gradient assez faible et constant afin de ne pas déséquilibrer les températures du combustible et du modérateur. Le gradient permet alors de considérer la variation de température comme quasi-statique.

Si, à titre d'exemple, le premier essai est un refroidissement, on amène le flux neutronique vers le quart inférieur de la plage d'essais physiques et on établit avec le contournement vapeur (ou la décharge à l'atmosphère) un gradient de température constant d'environ −6 °C/h. On trace l'évolution de la réactivité en fonction de la température. À 295 °C par exemple, on inverse le gradient et on trace l'évolution de la réactivité jusqu'à 299 °C. On rejoint ensuite la température de référence en notant le refroidissement.

Deux essais représentatifs (respectant les critères) sont effectués au minimum pour la détermination du coefficient α_{iso} TBH (2 refroidissements et 1 chauffage ou 1 refroidissement et 2 chauffages). Sur l'enregistrement de la figure 6.6, la pente des droites p = f(T_{MOY}) représente le coefficient de température isotherme.

Si l'écart entre deux valeurs de chauffage et de refroidissement excède 2 pcm/°C, il faut reprendre les mesures car elles ne sont pas jugées suffisamment cohérentes.

Le coefficient de température isotherme est la moyenne pondérée entre les valeurs mesurées de chauffage et de refroidissement.

Cette valeur doit vérifier le critère de conception suivant :

$$\alpha_{iso}(exp) = \alpha_{iso}(the) \pm 5,4 \text{ pcm/°C}$$

TRICASTIN 3 campagne 24 : mesure du coefficient isotherme TBH
Utilisation du signal de la CNP corrigé du bruit de fond.

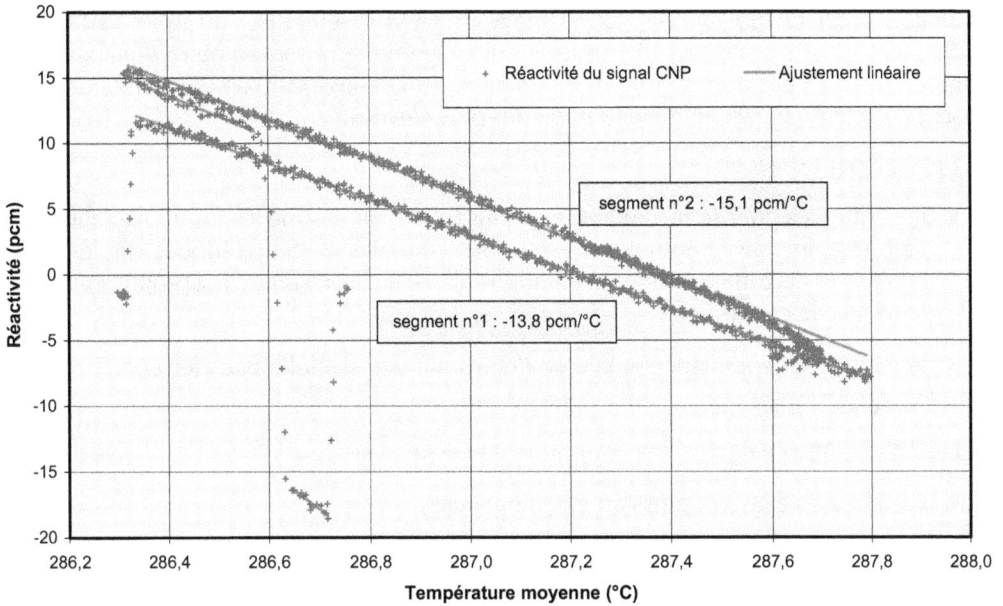

Figure 6.6. Détermination du coefficient α_{iso}.

Si ce critère n'est pas respecté, on vérifie dans un premier temps les mesures. Si la détermination de la concentration en bore TBH a montré un écart par rapport à la théorie, on analyse la cohérence avec la mesure du coefficient de température.

Le cas du CTM > 0 doit aussi être considéré. Il faut en effet que le CTM (α_{iso}(exp) - $\alpha_{Doppler}$) soit strictement négatif. Si le coefficient de température du modérateur TBH est positif, des mesures sont prises pour assurer un CTM négatif en exploitation. Ces mesures consistent à imposer des limites sur la C_B et, le cas échéant, sur l'extraction des groupes de compensation de puissance.

Ces limites d'extraction, qui dépendent de la puissance et de l'irradiation du combustible, sont déterminées avant la montée en puissance, en complément des Spécifications Techniques d'Exploitation.

Durant le déroulement des essais à puissance nulle, un CTM légèrement positif est admis (carte de flux à 8 % PN comprise).

6.1.5.3.2. Efficacité intégrale et différentielle du groupe R ou D

C'est la principale mesure d'antiréactivité des grappes en fonction de leur insertion dans le cœur. Elle est pratiquée sur le groupe R (ou D) de régulation sollicité en permanence en exploitation normale. Ce groupe est en effet utilisé pour la régulation de la température moyenne primaire et le contrôle de la distribution axiale de puissance. Il est important dans l'analyse de sûreté car il intervient directement dans de nombreux incidents et accidents comme le retrait incontrôlé de groupe de régulation en puissance, la dilution en puissance ou l'éjection de grappe. Il est, par ailleurs, soumis à des limites d'insertion pour garantir le respect de la marge d'antiréactivité ou à l'action de systèmes de verrouillage (seuils C) et de protection (droite de blocage des REP 900 MW GARANCE, seuil RECS du palier 1300 MW, *cf.* chapitre 8). Lors des essais physiques à puissance nulle, il sert en outre d'étalon pour la mesure relative des autres groupes de grappes par échange car son efficacité, lorsqu'il est seul dans le cœur, est en général parmi les plus élevées.

L'essai a pour objectifs :

- de vérifier les prévisions théoriques d'efficacité d'un groupe seul à implantation radiale et azimutale « homogène » (grappes centrales et périphériques sur les axes médians et diagonaux) entièrement inséré dans le cœur, situation « propre » au sens des outils de calcul ;

- de vérifier la dépendance axiale de l'efficacité différentielle dans les conditions de l'essai.

Les conditions préalables à la réalisation de l'essai sont :

- réacteur stable en C_B, pression et température ;

- toutes les chaufferettes fixes en service, aspersion en automatique ;

- réacteur critique en configuration TBH ;

- vérification du réactimètre effectuée.

De plus, il faut prendre les précautions suivantes :

- effectuer la dilution à débit constant, à l'aspiration des pompes de charge ;

- maintenir la température moyenne stable à ±0,5 °C ;

- ne pas laisser le flux dériver mais le garder dans la zone médiane de la plage d'essais physiques ;

- à chaque mouvement de barre, noter la position du groupe.

À partir de l'efficacité théorique du groupe R, on va évaluer le volume d'eau à injecter et le débit (pour avoir une variation de réactivité de 500 pcm/h environ) pour insérer R depuis le haut jusqu'à la position basse du cœur (5 pas). On débute l'injection d'eau déminéralisée au taux calculé et on compense les variations de réactivité en insérant le groupe R. Les variations de réactivité doivent être comprises entre 20 et 40 pcm. Lorsque le groupe est à 20 pas environ, on arrête la dilution et on laisse le cœur s'homogénéiser en gardant le réacteur critique par insertion de R. Si on arrête la dilution assez tard, R atteint la butée basse avec un débit de dilution constant. Si besoin est, on insère le groupe théoriquement le plus lourd (le premier à être pesé par échange) pour compenser la « queue de dilution ». Le dépouillement de l'essai se fera jusqu'à ce que R soit en bas du cœur. Si le groupe n'est pas totalement inséré, on effectuera un step de réactivité pour évaluer l'écart à la criticité entre la position initiale et l'insertion totale du groupe.

Au cours de l'insertion du groupe R, on note la variation de réactivité en fonction du temps. On obtient une courbe dont l'allure est illustrée dans la figure 6.7.

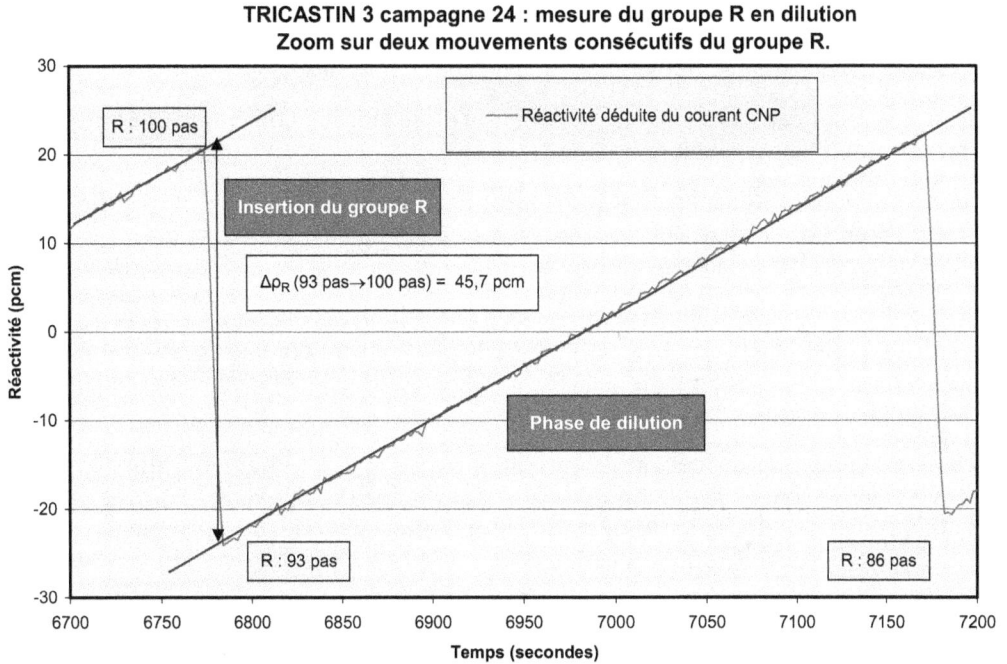

Figure 6.7. Efficacité intégrale et différentielle du groupe R.

Les segments de variation de réactivité entre deux mouvements de barres successifs sont sensiblement parallèles dans la pratique dans la mesure où le débit de dilution est stable.

L'antiréactivité due à l'enfoncement des grappes est mesurée perpendiculairement à l'axe de déroulement du papier enregistreur.

L'efficacité différentielle du groupe entre une position N et N+1 est donnée par la mesure de cette perpendiculaire ($\delta\rho/\delta h$) et l'efficacité intégrale est la somme cumulée des variations enregistrées à chaque mouvement du groupe.

L'efficacité totale de R s'écrit donc :

$$\Delta\rho(R, exp) = \Delta\rho1 + \Delta\rho_{dépouillement} + \Delta\rho2$$

avec :

- $\Delta\rho1$ le step entre la position critique et le haut du cœur en début d'essai,

- $\Delta\rho_{dépouillement}$ le résultat du dépouillement de la dilution,

- $\Delta\rho2$ le step éventuel entre la position en fin de dilution et le bas du cœur.

Le résultat de cet essai fait l'objet du critère de conception suivant :

$$\rho(R, exp) = \rho(R, the) \pm 10 \%$$

Si ce critère n'est pas vérifié, on reprend le dépouillement. Si le résultat est confirmé, on mesure l'efficacité de R en boration de bas en haut du cœur en procédant de manière similaire à la dilution.

6.1.5.3.3. Mesures Groupe R (ou D) inséré

6.1.5.3.3.1. Concentration en bore

Cet essai s'inscrit dans la continuité de la mesure de l'efficacité différentielle et intégrale du groupe R (ou D) par dilution. Il s'agit :

- de confirmer l'efficacité de R (ou D) en vérifiant la cohérence des résultats expérimentaux : conformité des mesures de concentrations en bore (différence entre les états toutes barres hautes et R (ou D) inséré) et des mesures de réactivité au réactimètre ;

- de contrôler les calculs prévisionnels de la réactivité du cœur avec une distribution spatiale de flux neutronique nettement différente de celle obtenue en configuration grappes extraites et malgré tout « propre » au sens axial.

Pour déterminer la concentration en bore groupe R (ou D) inséré, on procède de la même manière que lors de la mesure de la concentration en bore toutes barres extraites. Les critères d'homogénéisation et de stabilité sont les mêmes que précédemment.

La C_B expérimentale R Inséré s'écrit alors :

$$C_B(exp, RIN) = C_B(manu, RIN) + [\pm \Delta \rho / eb(the, RIN)$$
$$- \alpha_{iso}(the, RIN)(T_{moy} - T_{ref})/eb(the, RIN)]$$

La concentration en bore mesurée doit être cohérente avec la mesure de la $C_B(exp, TBH)$ et la mesure de l'efficacité intégrale du groupe R.

Le critère de conception associé à cette mesure tient compte de l'écart de C_B rencontré lors de la mesure de la $C_B(exp, TBH)$. Il s'écrit donc :

$$C_B(exp, RIN) = C_B(the, RIN) + (C_B(exp, TBH) - C_B(the, TBH))$$
$$\pm [0,01 C_B(exp, RIN) + 0,1(C_B(the, TBH) - C_B(the, RIN))]$$

Si ce critère n'est pas respecté, on vérifie les mesures de C_B et on analyse la cohérence de l'écart de concentration en bore entre les états TBH et RIN avec l'efficacité intégrale du groupe R (ou D) précédemment mesurée par dilution.

L'efficacité différentielle du bore peut être évaluée à partir de mesures manuelles de la concentration en bore. Il est donc possible d'estimer, entre la position TBH et la position RIN, l'efficacité moyenne de l'acide borique. On a :

$$Eb(exp, TBH-RIN) = \Delta \rho(R, exp)/[C_B(exp, TBH) - C_B(exp, RIN)] \text{ en pcm/ppm}$$

6.1.5.3.3.2. Coefficient de température isotherme

Cette seconde mesure de coefficient de contre-réaction est réalisée en présence de grappes avec une concentration en bore plus faible d'environ 100 ppm que celle de l'essai équivalent toutes barres hautes. Elle permet essentiellement de mesurer la loi de variation du coefficient de température du modérateur en fonction de la concentration en bore et de la comparer à l'évolution calculée.

En mode A (*cf.* chapitre 9), cet essai est aussi directement « valorisable » en cas de Coefficient de température modérateur TBH positif, car cette situation est alors maîtrisée par une limite d'extraction du groupe D. La mesure du paramètre α_{iso} D inséré permet de définir la C_B maximale à ne pas dépasser et donc la limite d'extraction du groupe D.

Le principe de l'essai est identique à la mesure du coefficient α_{iso} TBH. Les conditions préalables à l'essai ainsi que les précautions particulières à respecter sont les mêmes que lors de la détermination du coefficient α_{iso} TBH.

6.1.5.3.4. Efficacité intégrale des groupes seuls par échange avec le groupe R

Il s'agit de mesurer l'antiréactivité de l'ensemble des groupes d'absorbants seuls dans le cœur par échange avec le groupe étalon R préalablement mesuré. Les intérêts sont multiples :

- première indication sur la distribution radiale du flux neutronique par comparaison des écarts calcul-mesure en fonction de la position des grappes, sachant que la distribution de puissance à puissance nulle est très différente de celle à puissance nominale ;

- vérification de l'efficacité globale du système de barres. En effet, tous les groupes sont mesurés individuellement. Moyennant une évaluation correcte par le calcul des effets d'interaction entre grappes (effets d'ombre et anti-ombre), ceci permet de valider les estimations de marge d'antiréactivité ou d'efficacité d'arrêt automatique. La qualification complète avec effets d'interaction est une mesure délicate demandant des dispositions de sûreté particulières ; elle est donc limitée aux essais de démarrage sur la tête de palier ;

- retour d'expérience global et exhaustif pour les méthodes de calcul d'un paramètre neutronique fondamental, l'antiréactivité des grappes, utilisé dans les études de sûreté et de fonctionnement/pilotage.

Les conditions préalables à réunir sont :

- commutateur de sélection des grappes en mode recalage de manière à pouvoir déplacer chaque groupe individuellement ;

- réacteur stable en C_B, pression et température ;

- toutes les chaufferettes fixes en service, aspersion en automatique ;

- R inséré en position critique ;

- le premier groupe à peser peut être partiellement inséré ;

- réglages adéquats du réactimètre.

Les précautions à prendre sont les suivantes :

- se limiter à des steps de réactivité de 50 pcm maximum ;

- lors des échanges, garder le flux le plus constant possible ;

- vérifier que les sous-groupes sont toujours à la même cote (attention aux décalages) ;

- les phases de dilution-borication se font avec le réactimètre correctement réglé ;

- après une borication ou une dilution, attendre la stabilité du cœur pour poursuivre l'essai.

Lors du déroulement de l'essai, plusieurs cas sont à distinguer en fonction du poids présumé du groupe à peser par rapport au poids du groupe R.

- *Cas où R est le groupe le plus efficace (figure 6.8)*

  Les groupes sont à mesurer par ordre décroissant d'antiréactivité à partir des valeurs théoriques fournies dans le DSEP. Chaque phase débute et se termine avec les groupes hors du cœur, à l'exception du groupe étalon R.

  Dans un premier temps, on insère totalement le groupe X à mesurer (jusqu'à 5 pas) et on extrait le groupe R pour compenser l'apport d'antiréactivité. On stoppe l'opération lorsque la réactivité du cœur est nulle et on place le flux à 20 % de la plage

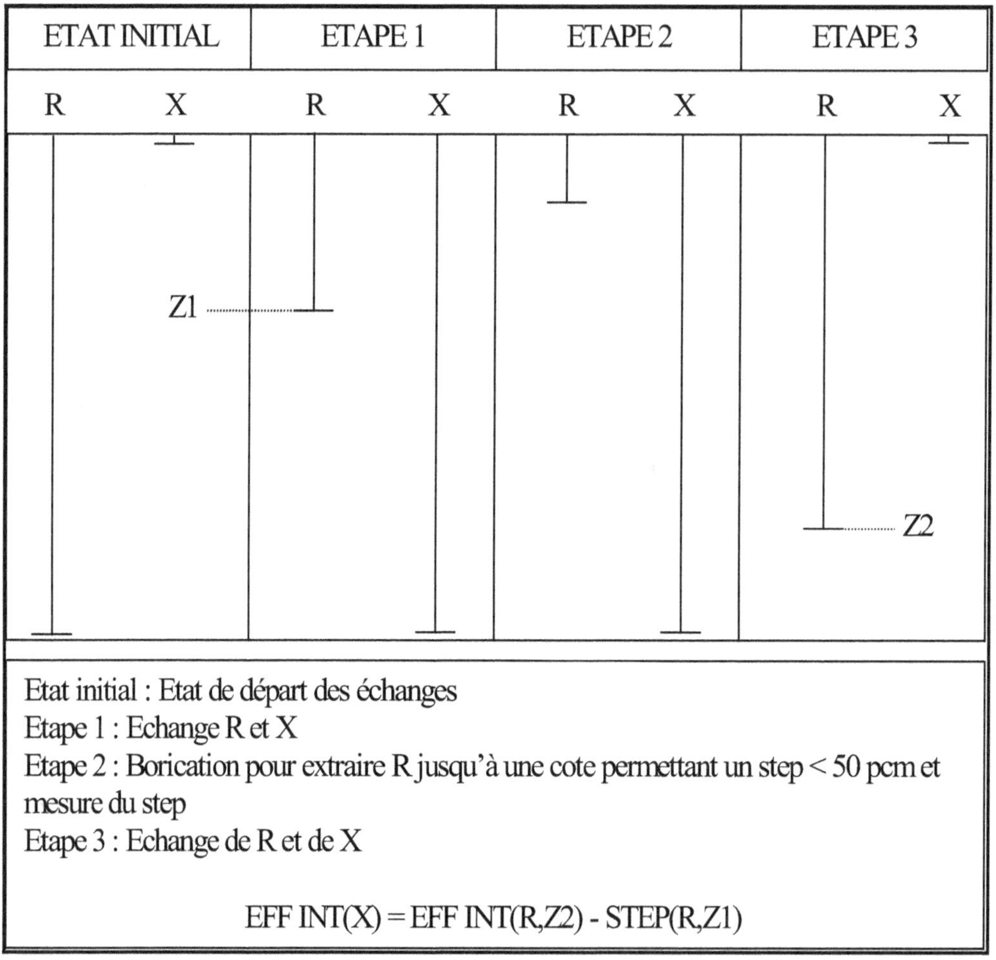

ETAT INITIAL		ETAPE 1		ETAPE 2		ETAPE 3	
R	X	R	X	R	X	R	X

Z1

Z2

Etat initial : Etat de départ des échanges

Etape 1 : Echange R et X

Etape 2 : Borication pour extraire R jusqu'à une cote permettant un step < 50 pcm et mesure du step

Etape 3 : Echange de R et de X

$$\text{EFF INT}(X) = \text{EFF INT}(R,Z2) - \text{STEP}(R,Z1)$$

Figure 6.8. Pesée par échange d'un groupe X plus léger que R.

d'essais physiques. Le groupe X est en bas du cœur (5 pas) et le groupe R à une cote Z1.

On calcule le volume et le débit de bore à injecter pour extraire R jusqu'au haut du cœur de façon à pouvoir effectuer un step inférieur à 50 pcm. Il faut faire attention à ne pas boriquer pour éviter d'étouffer le cœur. On peut procéder par borications successives. On évalue alors la réactivité libérée par le passage de R de Z1 au haut du cœur. On effectue le step $\Delta\rho$(R,Z1) pour une insertion de réactivité inférieure à 50 pcm.

Ensuite, on procède à l'échange de R et de X en extrayant totalement X et en insérant R pour compenser la réactivité libérée. La situation finale est : R à une cote Z2, X en haut du cœur et la réactivité voisine de zéro.

On dépouille cet essai et on réitère l'opération avec le groupe X+1 suivant en conservant le même principe de mesure.

L'efficacité de R à la position Z2, $\Delta\rho$(R,Z2), est connue d'après les courbes d'efficacités intégrale et différentielle expérimentale déterminées précédemment lors de la mesure du groupe R par dilution.

Finalement, l'efficacité intégrale de X s'écrit :

$$\text{EFF INT}(X, \exp) = \text{EFF INT}(R, Z2) - \text{STEP}(R, Z1)$$

Chaque efficacité intégrale de groupe doit satisfaire le critère de conception suivant :

$$\text{EFF INT}(X, \exp) = \text{EFF INT}(X, \text{the}) \pm 10\ \%$$

Si ce critère n'est pas respecté, la validité de la mesure par échange est contrôlée. Ces écarts ne sont pas bloquants pour la poursuite des essais à puissance nulle. Un écart important, s'il est confirmé, est le signe d'une distribution de puissance différente de la prévision. Il est important de vérifier a posteriori la cohérence avec les résultats de la carte de flux à 8 % de puissance nominale (*cf.* paragraphe 2.6.1).

Ces mesures ont un lien direct avec l'exploitation et la sûreté de la tranche (analysée dans le DSS). En effet, pour l'exploitation, il faudra vérifier que la marge d'antiréactivité requise lors des états standard d'arrêts est toujours respectée. Par ailleurs les accidents qui font intervenir l'efficacité des grappes concernées seront réanalysés car l'incertitude de calcul prise sur l'efficacité des grappes est de 10 %.

- *Cas d'un groupe plus lourd que R (figure 6.9)*

Le principe de l'essai est le même que précédemment. Cependant, à la fin de la première étape, le groupe X n'est pas totalement inséré dans le cœur alors que R est en haut du cœur. Il faut donc lancer une dilution pour insérer totalement X. On stoppe la dilution lorsque X est à une vingtaine de pas d'insertion et on compense la « queue » de dilution par insertion de R si nécessaire. On dépouille l'enregistrement de la dilution jusqu'à ce que X atteigne le bas du cœur et R en haut du cœur.

Si le groupe plus lourd que R était légèrement inséré avant l'échange, on mesure le $\Delta\rho$ entre sa position et le haut du cœur. On reconfigure alors la position des barres pour continuer l'essai en échangeant R et X puis en échangeant X et le groupe X1 suivant à peser.

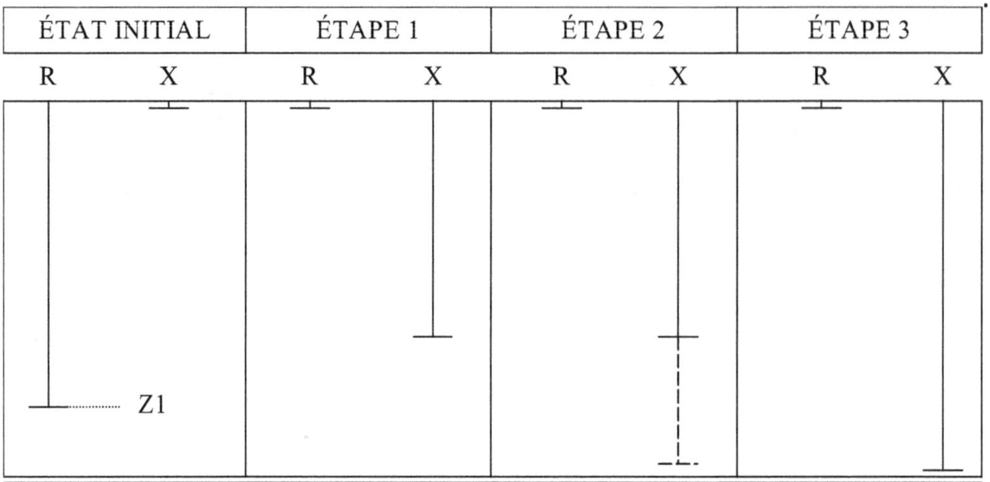

ÉTAT INITIAL	ÉTAPE 1	ÉTAPE 2	ÉTAPE 3
R X	R X	R X	R X

État intial : État de départ des échanges
Étape 1 : Échange X et R
Étape 2 : Dilution pour insérer X
Étape 3 : Compenser si nécessaire la queue de dilution par insertion de R
    EFF INT(X) = EFF INT(R) JUSQU'A Z1 + DÉPOUILLEMENT DILUTION

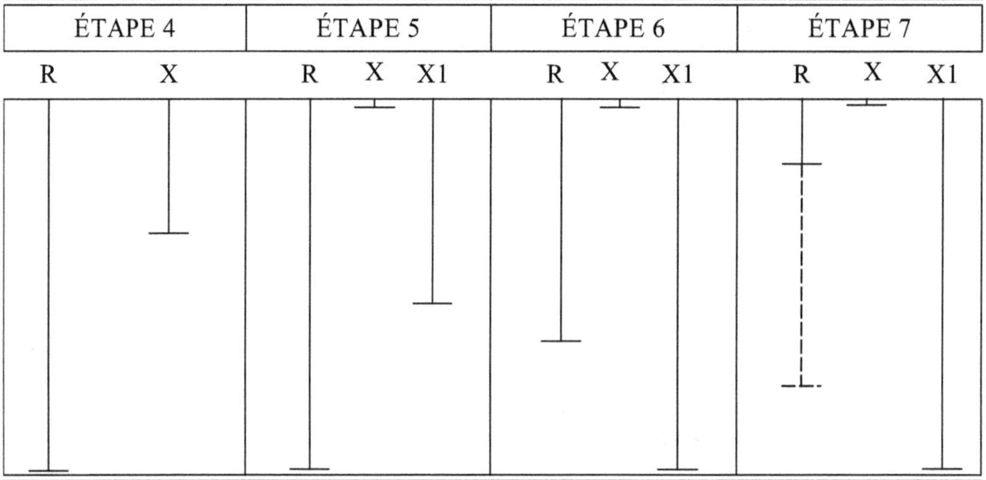

ÉTAPE 4	ÉTAPE 5	ÉTAPE 6	ÉTAPE 7
R X	R X X1	R X X1	R X X1

Étape 4 : Échange X et R
Étape 5 : Échange entre X et X1 (groupe suivant à peser par ordre décroissant)
Étape 6 : Échange R et X1
Étape 7 : Borication pour extraire R jusqu'à une cote permettant d'effectuer un step
    sur R inférieur à 50 pcm
    ENSUITE LA PESÉE DU GROUPE X1 SE DÉROULE NORMALEMENT

Figure 6.9. Pesée par échange d'un groupe X plus lourd que R.

Ensuite, la pesée du groupe X+1 se déroule normalement.

L'efficacité du groupe X s'écrit alors :

$$EFF\ INT(X, exp) = EFF\ INT(R, Z) + \text{dilution} + \Delta\rho$$

Z est la position initiale de R avant l'échange.

6.1.5.3.5. Efficacité différentielle et intégrale des groupes de compensation de puissance à la position de calibrage mode G

Il s'agit de mesurer en dilution la courbe d'efficacité intégrale et différentielle des groupes G1, G2 et N1 en recouvrement jusqu'à leur position de calibrage théorique à puissance nulle. Cet essai a une origine historique liée à l'introduction du mode G sur les REP 900 MW en 1982. Ce mode de pilotage requiert en effet l'insertion de groupes de compensation asservis à la consigne de puissance électrique de la tranche selon une courbe de calibrage dont l'actualisation fait l'objet d'un essai périodique en puissance (*cf.* paragraphe 6.1.6.6). La mesure à puissance nulle du programme d'essais physiques de redémarrage permet :

- de contrôler le recouvrement axial des groupes de compensation de puissance ;

- de vérifier les calculs prévisionnels d'antiréactivité des groupes gris en recouvrement et donc en interaction à la fois radiale (du fait de l'implantation dans le cœur des grappes de G1, G2 et N1) et axiale (du fait du recouvrement entre les groupes) ;

- de vérifier la dépendance axiale de l'efficacité différentielle des groupes de compensation dans les conditions de l'essai.

Le principe de l'essai est identique à celui exposé lors de la mesure de l'efficacité du groupe R.

Cet essai est aujourd'hui conditionnel en cas de CTM positif.

6.1.5.3.6. Efficacité différentielle et intégrale Groupes C et D en mode A

Il s'agit de mesurer en dilution la courbe d'efficacité intégrale et différentielle des groupes C et D en recouvrement jusqu'à l'insertion complète de C. Cet essai a pour objectifs :

- de vérifier le recouvrement axial des groupes C et D de régulation de la température moyenne primaire ;

- de vérifier les calculs prévisionnels d'antiréactivité de 2 groupes en recouvrement et donc en interaction à la fois radiale du fait de l'implantation dans le cœur des grappes de C et D et axiale du fait du recouvrement entre les groupes ;

- de vérifier la dépendance axiale de l'efficacité différentielle de ces groupes dans les conditions de l'essai.

Cet essai est aujourd'hui supprimé sur le parc EDF.

6.1.5.3.7. Mesures Groupes de compensation de puissance à la position de calibrage mode G

Ces essais sont conditionnels aujourd'hui en cas de CTM positif.

6.1.5.3.7.1. *Concentration en bore*

Cette mesure s'inscrit dans la continuité de la mesure de l'efficacité différentielle et intégrale des groupes de compensation de puissance à la position de calibrage en mode G (*cf.* paragraphe 6.1.5.3.5). En fin de dilution pour la détermination de l'efficacité des groupes gris et après homogénéisation du circuit primaire, on relève la concentration en bore critique. Il s'agit :

- de confirmer l'efficacité des groupes de compensation de puissance en vérifiant la cohérence des résultats expérimentaux : conformité des mesures de concentrations en bore (différence entre les états toutes barres hautes et groupes gris insérés) et des mesures de réactivité au réactimètre ;

- de contrôler les calculs prévisionnels de réactivité pour une distribution spatiale de flux neutronique avec une insertion partielle de grappes dans le cœur.

Le principe de l'essai est identique à celui des mesures de C_B TBH et RIN.
La valeur corrigée de la C_B groupes gris à la position de calibrage est :

$$C_B(\text{exp, GGIN}) = C_B(\text{manu, GGIN}) + \Delta\rho_{GGIN}/\text{eb(the, GGIN)}$$
$$+ (\alpha_{iso}(\text{the, GGIN})(T_{moy} - T_{ref})/\text{eb(the, GGIN)}$$

On vérifie de plus la cohérence avec la mesure de la C_B TBH et avec l'efficacité intégrale expérimentale des groupes gris.
Le critère associé à cette mesure s'écrit :

$$C_B(\text{exp, GGIN}) = C_B(\text{manu, GGIN}) + [C_B(\text{exp, TBH}) - C_B(\text{the, TBH})]$$
$$\pm [0{,}01\,C_B(\text{exp, GGIN}) + 0{,}1(C_B(\text{the, TBH}) - C_B(\text{the, GGIN}))]$$

6.1.5.3.7.2. *Coefficient de température isotherme*

Cette troisième mesure de coefficient de contre-réaction est réalisée avec une concentration en bore plus faible d'environ 100 à 200 ppm que celle de l'essai équivalent toutes barres hautes. Elle permet :

- d'évaluer la loi de variation du coefficient de température du modérateur en fonction de la concentration en bore et de la comparer à l'évolution calculée ;

- de mesurer directement le coefficient de température en présence des grappes qui permettent, si nécessaire, de le rendre négatif en exploitation normale par le respect d'une limite d'extraction.

6.1.5.3.8. Mesures Groupes C et D insérés en mode A

Ces essais sont aujourd'hui supprimés sur le palier CP0.

6.1.5.3.8.1. Concentration en bore Groupes C et D insérés en mode A

En fin de dilution pour la détermination de l'efficacité des groupes C et D insérés et après homogénéisation du circuit primaire, on relève la concentration en bore critique. Ceci permet de vérifier :

- la cohérence des résultats expérimentaux : conformité des mesures de concentrations en bore et des mesures de réactivité au réactimètre ;

- la réactivité du cœur dans une troisième configuration radiale de flux neutronique avec C et D insérés (après TBH et D inséré).

6.1.5.3.8.2. Coefficient de température isotherme

Cette troisième mesure de coefficient de contre-réaction est réalisée avec une concentration en bore plus faible d'environ 200 ppm que celle de l'essai équivalent toutes barres hautes. Elle permet d'évaluer la loi de variation du coefficient de température du modérateur en fonction de la concentration en bore et de la comparer à l'évolution calculée.

6.1.5.3.9. Ordres de grandeur

Les valeurs numériques données dans les paragraphes suivants ont été obtenues lors d'une campagne d'essais physiques de redémarrage effectués mi-2006 sur une tranche du palier 1300 MWe.

6.1.5.3.9.1. Concentrations critiques en bore

Les valeurs mesurées de la concentration en bore critique sont :

Tableau 6.5. Concentrations critiques en bore.

Configuration	C_B expérimentale (ppm)	C_B attendue (ppm)	Écart (ppm)	Tolérance (ppm)
TBH	1641	1638	−3	±50,0
R IN	1500	1501	1	±28,7

6.1.5.3.9.2. Coefficients isothermes de température

Les valeurs mesurées du coefficient isotherme de température sont :

Tableau 6.6. Coefficients isothermes de température.

Configuration	α_{iso} (pcm/°C)	Valeurs théoriques (pcm/°C)	Incertitudes ± 5,4 (pcm/°C)
TBH	−12,0	−12,1	−0,1
R IN	−17,6	−18,1	−0,5

6.1.5.3.9.3. Efficacités intégrales et différentielles

Les valeurs mesurées des efficacités intégrales et différentielles sont données dans les tableaux 6.7, 6.8 et 6.9.

Tableau 6.7. Efficacité intégrale (pcm).

GROUPE	EFFICACITÉ MESURÉE EI(X, mes) (pcm)	EFFICACITÉ THÉORIQUE EI(X, the) (pcm)	$\dfrac{\text{EI (X. mes) -EI (X, the)}}{\text{EI (X, the)}}$ (critère : ±10 %) (%)
R	1041	1047	−0,6

Tableau 6.8. Efficacité différentielle maximale (pcm/pas).

GROUPE	EFFICACITÉ (pcm/pas)	VALEUR ATTENDUE (pcm/pas)
R	5,7	6,1

Tableau 6.9. Efficacités intégrales des groupes seuls par échange avec le groupe R.

GROUPE	EFFICACITÉ MESURÉE EI(X, mes) (pcm)	EFFICACITÉ THÉORIQUE EI(X, the) (pcm)	$\dfrac{\text{EI (X. mes) -EI (X, the)}}{\text{EI (X, the)}}$ (critère : ±10 %) (%)
G1	138	133	3,8
G2	451	442	2,0
N1	924	883	4,6
N2	641	674	−4,9
SA	506	495	2,2
SB	765	811	−5,7
SC	932	931	0,1
SD	289	282	2,5

6.1.6. Essais physiques de redémarrage en puissance

Les essais physiques à puissance nulle sont complétés par une série de mesures en puissance. Ces essais sont effectués à différents paliers avant l'atteinte du palier nominal. Les principaux objectifs du programme d'essais physiques lors de la première montée en puissance après rechargement sont les suivants :

- vérification de la conformité du cœur aux calculs de recharge du point de vue de la distribution de puissance ;

- étalonnage de l'instrumentation et calibrage des protections utilisées en exploitation normale, pour la surveillance et la protection du réacteur ;

- calibrage des groupes de compensation de puissance ;

- validation a posteriori des calculs effectués lors de l'étude de sûreté de la recharge.

Les essais sont effectués aux trois niveaux de puissance suivants :

- essais au palier entre 6 et 8 % PN,

- essais au palier entre 75 et 80 % PN (ou entre 89 et 90 % PN),

- essais au palier entre 98 et 100 % PN.

Des essais optionnels au palier entre 45 et 50 % PN sont parfois rajoutés.

6.1.6.1. Carte de flux à 8 % PN

La réalisation d'une carte de flux à 8 % PN permet de détecter une éventuelle erreur de chargement du cœur par une mesure de la distribution de puissance interne (figure 6.10). Les grappes sont en position haute hormis le groupe de régulation de température légèrement inséré. Le dépouillement de cette carte de flux se trouve sur le chemin critique de la montée en puissance et est effectuée en « ligne » afin de ne pas retarder la poursuite de la reprise de charge.

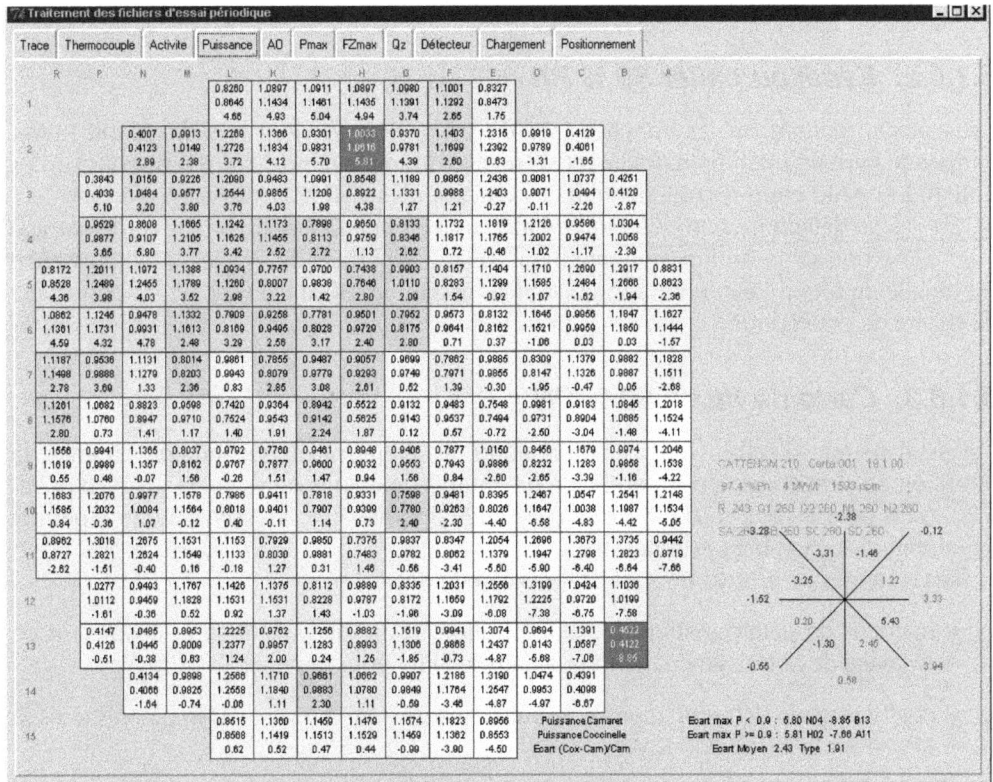

Figure 6.10. Distribution de puissance à 8 % PN.

Les critères de conception portant sur les puissances assemblage (écart calcul-mesure inférieur à 10 % pour les assemblages ayant une puissance relative supérieure à 0,9 et écart inférieur à 15 % pour les assemblages ayant une puissance relative inférieure à 0,9) et le déséquilibre azimutal (le tilt) doivent être respectés. Pour le palier 900 MWe, on vérifie aussi un critère de sûreté portant sur le facteur d'élévation d'enthalpie :

$$F\Delta H_{mesuré} < F\Delta H_{conception}$$

Cette première carte de flux permet aussi de juger de l'équilibre azimutal du cœur en analysant la répartition de puissance entre quadrant (figure 6.10).

En cas de non-respect des critères associés à cet essai, on effectue une surveillance renforcée de l'évolution de ces paramètres (cartes intermédiaires) dans l'attente d'une analyse de la situation et de mesures palliatives puis de leur approbation par l'Autorité de sûreté nucléaire.

En cas de respect des critères, on poursuit la montée en puissance jusqu'à un palier intermédiaire vers 80 à 90 % PN, en configuration TBH si le coefficient modérateur α_{iso} est négatif ou avec les groupes respectant une limite d'extraction si le coefficient modérateur est positif. Jusqu'à 50 % PN, la montée en puissance peut être réalisée rapidement (jusqu'à 2 % PN/min). Au delà de 50 % PN, on impose un gradient limite de 3 % PN/h et une vitesse de déplacement des GCP de 3 pas/h permettant le reconditionnement thermomécanique progressif du combustible.

6.1.6.2. Essai au palier 50 % PN

Cette étape, réalisée sur les tranches CPY du palier 900 MWe et le palier 1300 MWe, permet de faire un bilan enthalpique et de réaliser un réglage provisoire des seuils sur les CNP (C2 et AAR) et un réglage définitif des seuils sur les CNI (C1 et AAR).

En cas de détection d'un déséquilibre azimutal de puissance important au démarrage à 8 % PN, une carte de flux optionnelle à 50 % PN permet de vérifier la décroissance éventuelle du tilt ou l'évolution des puissances assemblages dans le cas d'un non-respect du critère de conception.

6.1.6.3. Carte de flux à 80 % PN

Cet essai permet d'établir un bilan thermique de référence au secondaire. En effet, la précision de cette mesure n'est optimale qu'à partir de ce niveau de puissance. Le palier à 80 % PN pour les REP 1300 MWe et à 87 % PN pour les REP 900 MWe mode A permet d'étalonner les chambres externes.

Les systèmes de protection sont calibrés à cette occasion :

- matrices de détermination de la distribution axiale de puissance et coefficient de recalage de la puissance thermique dans le SPIN pour le palier 1300 MWe ;

- coefficients de détermination de la puissance nucléaire (K_H et K_B) implantés dans le RPN pour le palier 900 MWe.

Les critères de validité de cet essai sont les suivants :

- Critères de sûreté :

– pour les REP 900 MWe, les critères portent sur le FΔH et le F$_Q$.

- Critères de conception :

    – les critères portent sur les puissances assemblages comme pour l'essai à 8 % PN.

    – pour les REP 1300 MWe, le critère porte aussi sur les Fxy(z) TBH :

$$F_{xy}^{MES}(z) < 1,06\, F_{xy}^{Théorique}(z)$$

- pour les REP 900 MWe, les Fxy(z) TBH doivent vérifier de plus :

$$F_{xy}^{MES}(z) < 1,04\, F_{xy}^{Limite\ deconception}(z)$$

Les grandeurs physiques soumises à ces critères sont déterminées à partir du dépouillement des mesures effectuées lors de la carte de flux (figure 6.11).

Le déséquilibre azimutal de puissance est aussi suivi à l'occasion de cet essai.

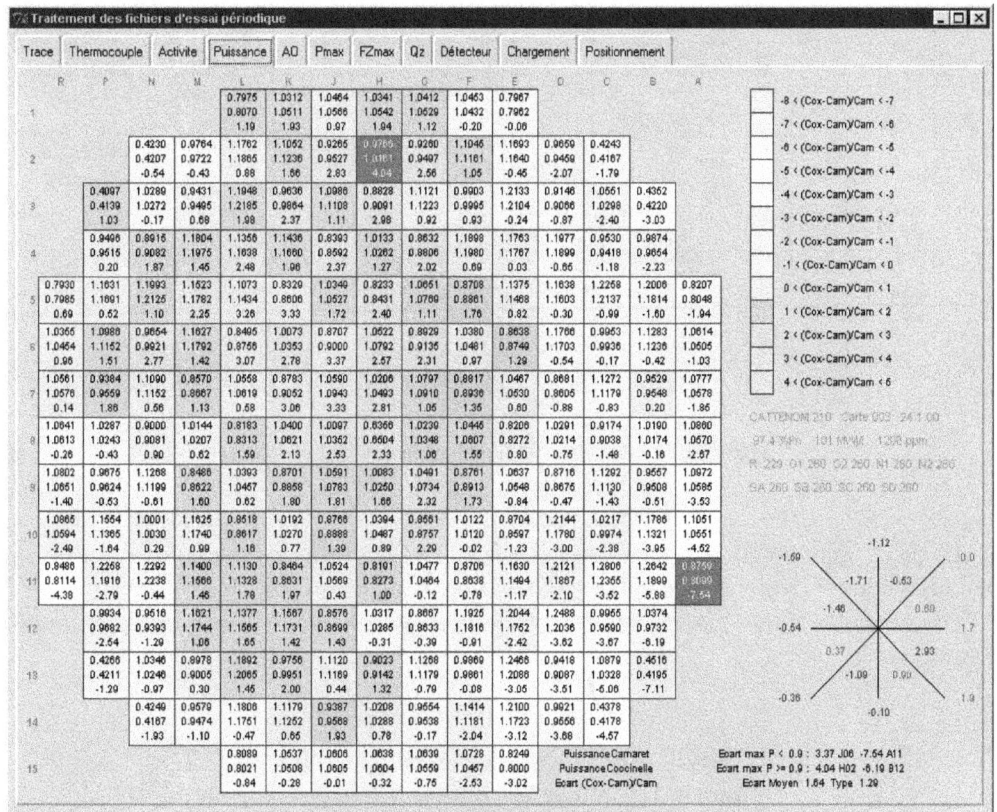

Figure 6.11. Distribution de puissance à 80 % PN.

6.1.6.4. Carte de flux à 100 % PN

On réalise une carte de flux après stabilisation du cœur après l'atteinte du palier nominal (figure 6.12). Pour le palier 900 MWe, cette carte de flux est précédée d'une oscillation xénon.

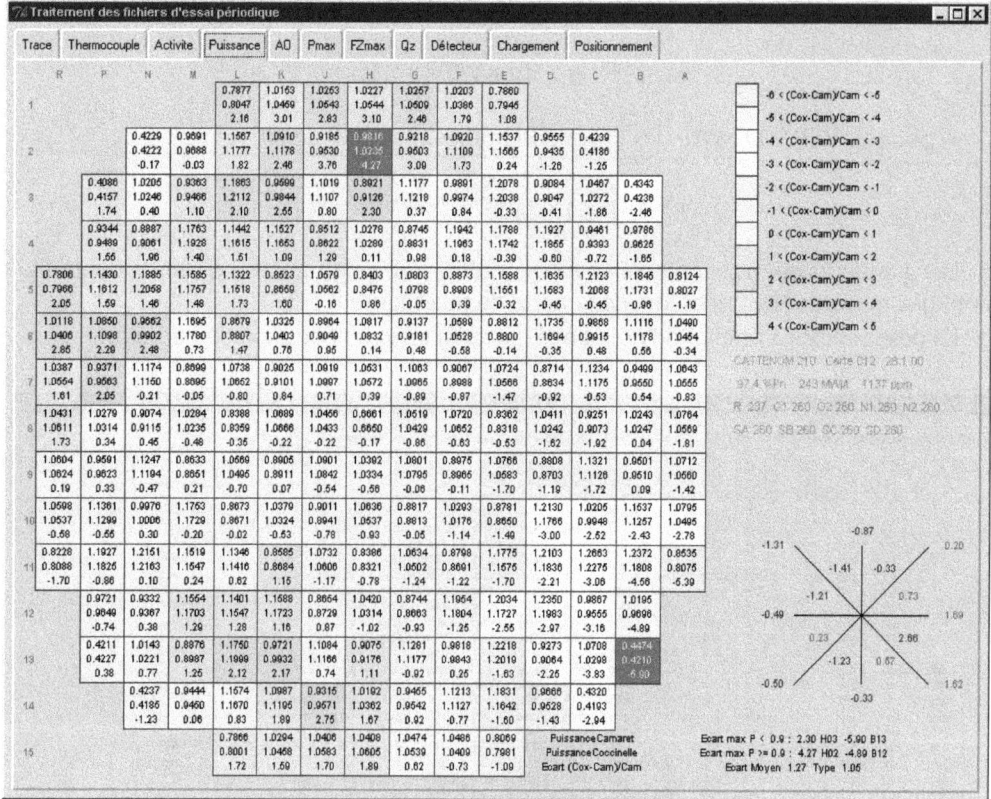

Figure 6.12. Distribution de puissance à 100 % PN.

Le débit primaire est déterminé lors d'un essai RCP 114 et réactualisé s'il est moins pénalisant que le débit de conception utilisé jusqu'alors.

Un exemple de mesures du débit primaire données en m^3/h est présenté dans le tableau 6.10.

Tableau 6.10. Débit cuve.

	Débit boucle 1	Débit boucle 2	Débit boucle 3	Débit boucle 4	Débit cuve
Série 1	23767	23559	24030	23557	94913
Série 2	23778	23637	24031	23553	94999

Les critères de validité de cet essai sont les suivants :

- critères de sûreté : Pour les REP 900 MWe, les critères portent sur le FΔH et le F_Q ;

- critères de conception :

    - les critères portent sur les puissances assemblages (comme pour l'essai à 8 % PN) ;

    - pour les REP 900 MWe, les Fxy(z) TBH doivent vérifier de plus :

$$F_{xy}^{MES}(z) < 1,04\, F_{xy}^{Limite\ deconception}(z)$$

Le déséquilibre azimutal de puissance est aussi suivi à l'occasion de cet essai. On remarque que le tilt a tendance à diminuer lors de la montée en puissance (figure 6.12). Cette tendance est générale et se poursuit normalement tout au long du cycle (effet de gommage du tilt en irradiation).

Cependant, la tranche ne pourra être déclarée apte au réseau qu'après la réalisation de l'essai EP-RGL4 de calibrage des groupes de compensation de puissance (*cf.* paragraphe 6.1.6.6).

6.1.6.5. Suivi du déséquilibre azimutal de puissance

L'apparition d'un déséquilibre azimutal de puissance, ou tilt, lors de la montée de puissance est un phénomène aléatoire mais relativement fréquent sur le parc. Le tilt est déterminé par le rapport de la puissance moyenne par quadrant sur la puissance moyenne totale cœur. Ce paramètre fait l'objet d'une surveillance particulière afin de s'assurer de sa décroissance progressive. On juge qu'il est significatif au-delà d'une valeur seuil de 2 %.

Les règles de surveillance du tilt pour le palier 1300 MWe sont schématisées sur la figure 6.13. Elles sont analogues pour le REP 900 MWe.

6.1.6.6. EP-RGL4 : Calibrage des groupes de compensation de puissance

Le dernier essai effectué permet la vérification du calibrage correct des groupes de compensation de puissance. À l'occasion d'une réduction de charge à 50 % PN avec le groupe de régulation de température en mode manuel, les groupes de puissance s'insèrent selon une courbe établie théoriquement et implantée dans le contrôle commande, dite courbe G3. Tout écart de température moyenne vis-à-vis de la valeur de consigne reflète un déséquilibre entre la puissance primaire et la puissance secondaire et traduit une imprécision de cette courbe de calibrage. Celle-ci est alors modifiée à partir des valeurs théoriques des efficacités des grappes.

L'essai EP-RGL4 est ensuite réalisé de façon périodique au cours de la campagne. À ce titre, il sera décrit de manière plus détaillée dans le chapitre 7 relatif aux essais périodiques.

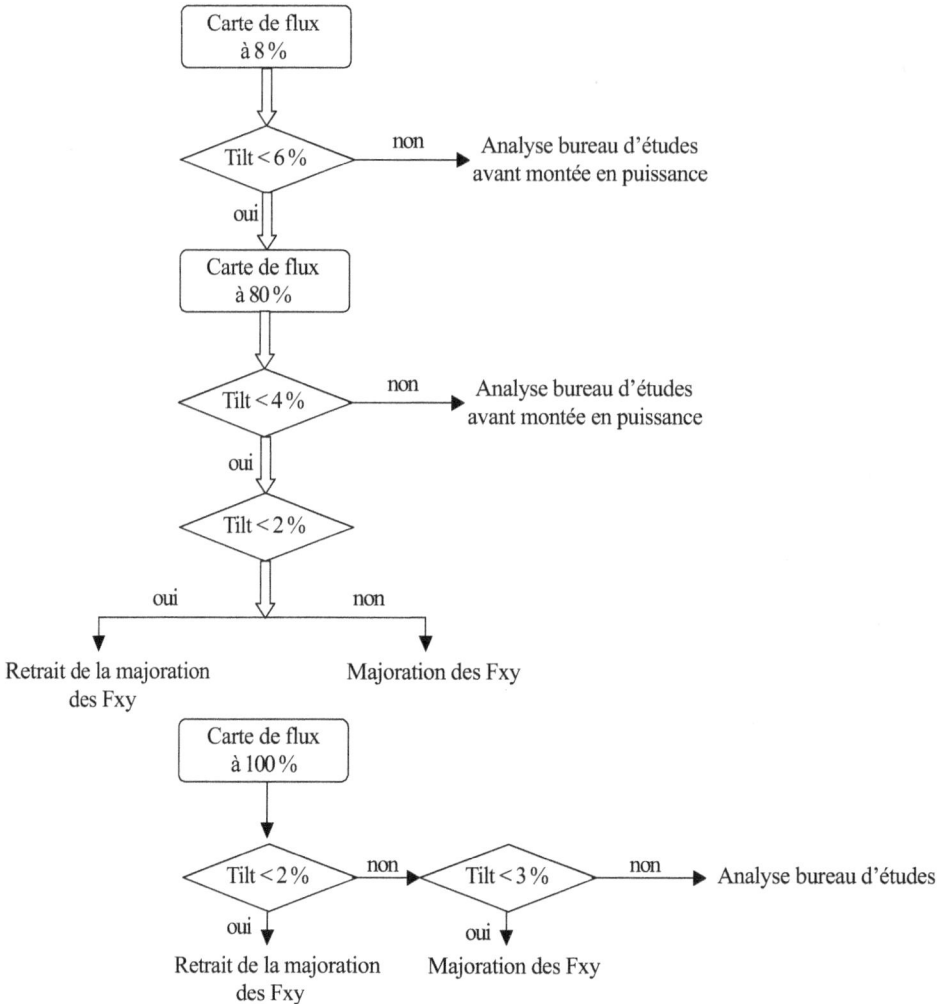

Figure 6.13. Suivi du déséquilibre azimutal REP 1300 MWe.

6.1.7. *Retour d'expérience en exploitation*

6.1.7.1. *Intérêt du retour d'expérience*

La standardisation du parc nucléaire est un atout qui permet de capitaliser rapidement l'expérience acquise au cours des essais physiques de redémarrage. Le retour d'expérience (REX) est établi annuellement par l'UNIE sur l'ensemble du parc et pour toutes les gestions du combustible.

Ceci a permis d'affiner les modèles physiques utilisés dans les codes de calculs afin de réduire les écarts calcul/mesure. La cohérence des écarts calcul/mesure montre que le niveau atteint par les chaînes de calcul neutronique est aujourd'hui satisfaisant. Elle a encore été améliorée lors des développements récents (chaîne SCIENCE d'AREVA-NP et CASSIOPEE d'EDF).

6.1.7.2. *Résultats d'analyses du REX*

Les tendances principales que l'on peut dégager du REX des différents essais sont les suivantes :

- quelques occurrences de dépassement du critère de conception sur la concentration en bore, ayant permis de mettre en évidence par exemple le phénomène d'appauvrissement du bore en cas de recyclage ;

- la constance des écarts M/C dans les configurations TBH et grappées permet d'envisager un allègement des mesures, avec l'objectif de ne conserver que les mesures TBH ;

- concernant l'efficacité des groupes, le taux de dépassement du critère de +10 % était de l'ordre de 5 % avec l'ancienne chaîne de calcul. Il a été sensiblement amélioré avec la nouvelle chaîne de calcul d'EDF CASSIOPEE ;

- enfin, des évolutions des techniques de mesure (RIC rénové par exemple) sont aussi apportées pour réduire la durée de réalisation des essais tant à puissance nulle qu'à puissance nominale.

Au-delà de la simple vérification du respect des critères de conception et de sûreté lors du dépouillement des essais physiques, le REX permet également de faire évoluer les règles d'essais. Ces dernières années, les évolutions du programme d'essais physiques de redémarrage envisagées ont consisté à rendre conditionnels les essais concernant les groupes de compensation de puissance (efficacité par dilution jusqu'à l'insertion à puissance nulle, concentration en bore critique et coefficient isotherme). Pour les tranches en mode A, l'évolution du programme d'essais a consisté à supprimer les essais avec les groupes C et D insérés (efficacité par dilution jusqu'à l'insertion complète de C et D, concentration en bore critique et coefficient isotherme).

Ce type de démarche nécessite des études de justification soumises à l'approbation de l'Autorité de sûreté nucléaire. L'allègement des essais physiques de redémarrage constitue un axe de progrès important dans le cadre du projet RDA (Réduction des durées d'arrêt) visant à l'amélioration de la disponibilité et de la sûreté du parc EDF.

6.2. Conclusion

Le programme d'essais physiques au redémarrage permet de caractériser expérimentalement le nouveau cœur (du point de vue de la réactivité, des effets de contre-réactions, des efficacités des absorbants et de la distribution de puissance) et de valider les calculs prévisionnels avant la reprise de l'exploitation normale et la mise à disposition de la tranche au réseau. Cette étape est primordiale car elle correspond aussi à la première prise en main du réacteur après rechargement. La charge de travail associée à ces essais est importante et intervient en fin d'une phase d'exploitation intense (arrêt de la tranche).

À l'issue des essais, le cœur est apte à être exploité en production et disponible au réseau, la production d'énergie débutant dès le palier à 8 % PN après couplage au réseau.

Ces dernières années, au fur et à mesure du recueil du REX et de la démonstration des performances de la chaîne de calcul des cœurs, un important programme d'optimisation des essais en vue de réduire leur volume et leur durée a été mis en œuvre après approbation par l'Autorité de sûreté nucléaire. Ce programme se poursuit avec, en autres, la mise en œuvre prévue d'une nouvelle technique de mesure par Pesée Dynamique de l'efficacité des Grappes (PDG).

Références

Javelle L., *Essais physiques à puissance nulle – REP 900 – REP 1300 – Dossier pédagogique*, Note EDF D4002-43.1-N°16/94.

Martin S., *Calibrage des groupes de régulation de puissance, Note pédagogique EP-RGL4. Code CALIN version 97*, Note EDF D4510-NT/BC/GT 97.1064.

Martin S., *Procédure d'exécution de l'activité « Dépouillement EP-RGL4 »*, REP 900 CPY/REP 1300 - TOUTES GESTIONS, Note EDF D4510-NT/BC/GT 98.0434.

Paulin Ph., Hazeveld M., *Évolution du programme d'essais physiques de redémarrage suite à l'analyse du retour d'expérience*, Note EDF D4002-43.1 N°96-115.

Provost J.L., *Les essais physiques de redémarrage des tranches REP*, RGN 1995 N°2 mars-avril.

Rivailler J., *Essais physiques à puissance nulle - Essais physiques en puissance*, Note EDF, Document de formation interne 03/11/1999.

7

Essais périodiques
cœur

Introduction

Pour satisfaire aux exigences de la sûreté en exploitation, des essais doivent être effectués périodiquement afin de vérifier les performances des systèmes et des éléments qui sont utilisés, ou pourraient être utilisés, pour l'arrêt et le refroidissement du réacteur dans les conditions normales, transitoires ou accidentelles. Certains de ces essais sont imposés par la réglementation française, principalement l'Arrêté du 26 février 1974.

Outre les essais exigés par la sûreté, de nombreux essais périodiques doivent être effectués sur les équipements, les structures ou les systèmes afin de garantir le fonctionnement efficace de la tranche.

Les principaux programmes d'essais périodiques concernent pratiquement l'ensemble des systèmes de l'installation. Ils sont ici brièvement décrits dans le cas d'un REP 1300 MWe :

- *Circuit primaire* : inspection complète après chaque épreuve hydraulique au cours des arrêts pour rechargement, essais d'étanchéité, vérifications liées à la maintenance des équipements.

- Enceinte : essais de résistance mécanique avant mise en service puis tous les 10 ans et essais d'étanchéité avec une même périodicité et des essais partiels des dispositifs d'isolement tous les deux ans.

- *Système d'injection de sûreté (RIS)* : essai complet à chaque arrêt pour rechargement des phases d'injection, de recirculation et d'isolement de l'enceinte. En outre, chaque élément du système (pompe, vanne, clapet anti-retour) est testé chaque mois.

- *Système d'aspersion de l'enceinte (EAS)* : essai complet au cours des arrêts de la tranche des systèmes hydrauliques et chimiques pendant les phases d'aspersion directe et de recirculation. En outre, chaque élément du système (pompe, échangeur de chaleur, vanne, clapet anti-retour) est testé.

- *Système d'eau d'alimentation de secours des GV (ASG)* : test chaque mois des éléments du système (moto-pompes, turbo-pompes, vannes) et du contrôle commande du système par les signaux automatiques, à l'exception du signal du RIS.

- *Vannes principales d'isolement vapeur* : un essai sur chaque vanne de la commande de fermeture suivi d'une fermeture partielle est effectué chaque mois. Lorsque le réacteur est arrêté pour rechargement, un essai de fermeture rapide est effectué.

- *Alimentations électriques de secours* : mise en route de chaque groupe électrogène tous les deux mois et test à 30 % de sa puissance nominale. Un essai à 100 % de la puissance nominale avec mise en œuvre de la séquence complète de reprise de charge est effectué chaque année sur chaque diesel. Les batteries au plomb à courant continu sont vérifiées tous les trois mois ou tous les six mois pour les batteries au Ni/Cd et un test de décharge destiné à vérifier la capacité est effectué pendant les arrêts pour rechargement.

- *Systèmes de ventilation* : test des systèmes de ventilation des locaux contenant des équipements de sûreté, lorsqu'ils ne sont pas continuellement en service, en même temps que les équipements contenus dans ces locaux. Le fonctionnement de secours, avec isolement de la salle de contrôle est vérifié chaque mois. L'efficacité de tous les filtres à charbon actif est vérifiée chaque année.

- *Système de protection réacteur* : essais périodiques sur le système de protection du réacteur et sur le système RPN de mesure du flux neutronique. Le chapitre X des Règles générales d'exploitation regroupe l'ensemble des essais cœurs : Essais périodiques, Essais physiques de redémarrage, Essais physiques en cours de cycle.

Après une présentation générale des objectifs, des principes d'élaboration et de conduite des essais périodiques, nous nous intéresserons plus particulièrement aux principaux essais périodiques relatifs au système dédié à la mesure de la puissance nucléaire, le système RPN (Réacteur puissance nucléaire), ainsi qu'à l'essai de mesure du bilan thermique et aux essais de calibrage des groupes de compensation de la puissance.

7.1. Présentation générale des essais périodiques

Les essais périodiques sont des contrôles techniques périodiques. Ces contrôles techniques sont constitués par un ensemble de gestes visant à assurer la conformité de l'objet contrôlé à une référence, à des données ou des dispositions préétablies. Ils sont effectués selon des modes opératoires, appelés gammes et déclinés par les différents CNPE, et des méthodes de dépouillement dont le caractère applicable et la représentativité ont été vérifiées au préalable. Les méthodes de dépouillement sont décrites dans des documents de principe appelés Règles d'essais.

Les essais périodiques constituent un maillon essentiel de la sûreté en exploitation. Ils s'inscrivent dans la démarche de défense en profondeur. Cependant, la réalisation des essais périodiques ne doit pas dégrader le niveau de sûreté. Pour ce faire, l'exploitant doit respecter les STE lors de la réalisation de ces essais.

Pendant l'exploitation, on doit s'assurer en permanence de la disponibilité des systèmes Importants pour la sûreté (IPS) avec un degré de confiance suffisant, dans la mesure où la disponibilité initiale a été garantie. Pour garantir le maintien du niveau de sûreté de conception, il faut supposer que celui-ci a été préalablement acquis. Les essais périodiques doivent alors permettre, au cours de l'exploitation, de garantir :

- l'absence d'évolution par rapport au référentiel de conception ;

- le respect des hypothèses choisies pour les conditions de fonctionnement dimensionnantes décrites dans les études d'accidents du rapport de sûreté ;

- le contrôle des critères de disponibilité (critère de performance et de fiabilité) des matériels et des fluides associés, intégrés aux systèmes de protection et de sauvegarde, vis-à-vis des fonctions de sûreté qu'ils ont à assurer ;

- le contrôle de la disponibilité (critère de performance et de fiabilité) des moyens indispensables à l'opérabilité des procédures, vis-à-vis de la conduite incidentelle ou accidentelle.

Les essais périodiques ne sont considérés comme valides que si :

- la conception de la tranche a été au préalable validée par des essais de tête de série sur au moins une tranche du palier ;

- la qualité de leur réalisation a été vérifiée sur chaque tranche du palier par un processus de contrôle qualité impliquant des essais de réception ou de qualification lors de la mise en service initiale ;

- les essais de réception ou de qualification précédents n'ont pas été remis en cause par des interventions de maintenance, de modification ou toute autre sortie du domaine courant d'exploitation ayant pu altérer les performances d'un matériel ou d'un sous-ensemble fonctionnel. Si tel n'est pas le cas, un nouveau processus de contrôle et de requalification doit être exécuté préalablement à la reprise du programme d'essais périodiques.

La procédure d'essais périodiques requiert pour chaque système élémentaire la constitution de trois types de documents :

- la note d'analyse d'exhaustivité qui vise à déterminer l'ensemble des contrôles nécessaires et des objectifs associés ;

- la règle d'essais périodiques, rédigée pour tous les systèmes IPS qui fournit les éléments nécessaires à l'élaboration des gammes opératoires et des tableaux récapitulatifs, résumés des prescriptions des règles d'essais périodiques et des critères à vérifier ;

- la gamme d'essais périodiques, document opérationnel contenant la description détaillée du mode opératoire, ainsi que les moyens et les conditions d'exécution. La gamme d'essais permet la réalisation effective de l'essai périodique par l'adéquation entre l'installation et l'exécutant tout en respectant les instructions exprimées dans la règle d'essai périodique.

La périodicité de réalisation de l'essai est définie dans la règle d'essais périodiques. Elle est variable suivant l'essai, du contrôle hebdomadaire jusqu'au contrôle annuel voire décennal. En vue d'une planification plus souple des opérations de surveillance par rapport à l'état de l'installation, une tolérance de 25 % sur la périodicité des essais est tolérée. Celle-ci s'applique uniquement aux essais de fréquence calendaire, les essais de fréquence événementielle ont une tolérance nulle sauf précision contraire. Cette tolérance ne peut pas être utilisée pour le décalage de la programmation de l'essai suivant. Le fonctionnement occasionnel d'un système ou équipement de sûreté (action d'une protection, mise en service intempestive d'un matériel...) peut, après analyse, et sous réserve de la démonstration de sa représentativité vis-à-vis des critères à vérifier, tenir lieu d'essai périodique.

La durée d'un essai doit être suffisante pour qu'un fonctionnement représentatif des systèmes ou matériels puisse être démontré, mais limitée autant que possible de façon à rendre négligeable le risque induit par la réalisation de l'essai.

L'articulation entre les différents essais doit minimiser autant que possible les sollicitations des matériels normalement à l'arrêt comme les diesels, les pompes EAS ou RIS, ...

7.2. Description des essais périodiques liés au cœur

Dans les REP, les mesures du niveau de flux et de la distribution de puissance utilisées pour la surveillance et la protection du cœur sont réalisées en continu à l'aide de détecteurs neutroniques placés à l'extérieur de la cuve (*cf.* chapitre 5). Ces détecteurs doivent être calibrés par rapport à une mesure de référence. La mesure de référence pour le niveau de puissance est le bilan enthalpique au secondaire aux bornes du GV, le BIL100, tandis que l'on utilise périodiquement une instrumentation interne mobile, le RIC, pour mesurer les distributions de puissance à l'intérieur du cœur.

On décrit dans ce paragraphe les trois principaux essais liés au système RPN des REP 1300 MWe importants pour la protection et le pilotage du cœur :

- le bilan thermique de la chaudière : BIL100,

- les essais de mesure de la puissance interne cœur : Essai périodique RPN 11 et 12,

- l'essai périodique RGL4 de calibrage des groupes de compensation de puissance lié au pilotage du cœur pour les réacteurs exploités en mode G.

7.2.1. Bilan thermique de la chaudière

La puissance thermique est un paramètre surveillé en permanence pour des raisons évidentes de sûreté et de disponibilité. Elle est déterminée de trois manières différentes. Deux correspondent à des bilans réalisés sur du matériel d'exploitation : le bilan enthalpique primaire (à partir de l'échauffement des boucles) et le bilan de puissance neutronique. Le dernier, le BIL 100 est réalisé au secondaire à partir de matériel d'essais. Il est plus précis et constitue la référence.

7.2.1.1. Bilan enthalpique secondaire

Le bilan enthalpique secondaire permet de déterminer la puissance thermique de référence de la tranche à partir de 30-35 % PN pour tous les calibrages des moyens de suivi et de protection du cœur. En dessous de ce niveau de puissance, les incertitudes de mesure sont trop importantes pour utiliser cette mesure. Ce bilan enthalpique, effectué sur le circuit secondaire au niveau des GV, est obtenu en réalisant un essai appelé BIL100 lorsqu'il est effectué à la puissance nominale ou BILXX aux autres niveaux de puissance. Il n'est pas disponible en permanence en salle de commande et ne constitue alors qu'un moyen de contrôle. Le BIL100 est réalisé fréquemment en parallèle d'autres essais afin de s'assurer de la valeur exacte de la puissance de la tranche.

Le BIL100 a pour but de déterminer le plus précisément possible la puissance thermique fournie par le réacteur pour permettre le réglage des chaînes de puissance et mettre en évidence des anomalies de fonctionnement sur le circuit secondaire. L'essai est réalisé, *a minima*, une fois par mois dès que la puissance de la tranche atteint ou dépasse 35 % de la puissance thermique nominale. Toutefois, la précision de la mesure n'est optimale qu'à partir de 75 % PN.

Le BIL100 sert de référence pour le recalage du BIL KIT en salle de commande pour les REP 900 MWe ou du SPIN pour les REP 1300 MWe. Il indique à l'exploitant la puissance fournie par la tranche. En aucun cas, la puissance thermique nominale du réacteur ne doit dépasser 100 %. Les essais périodiques de BIL100 et de recalage des paramètres du RPN sont effectués pour respecter cette limite de sûreté.

Le BIL100 sert aussi de référence de puissance pour les différents essais suivants :

- EP-RPN 11 et EP-RPN 12 (*cf.* paragraphe 7.2.2.3) ;

- EP-RCP 114 (mesure débit primaire), réalisé une seule fois par cycle lors de l'atteinte du palier nominal de puissance ;

- EP-RGL4 (*cf.* paragraphe 7.2.3).

La puissance thermique du réacteur est déterminée à partir d'un bilan enthalpique dans chaque générateur de vapeur. On a choisi de déterminer cette puissance par un bilan enthalpique secondaire car il est plus précis. La détermination du bilan thermique de la chaudière nécessite que soient correctement étalonnés et vérifiés les différents capteurs de température, de débit et de pression. À ce titre, les capteurs de débit secondaire utilisés pour le bilan thermique sont contrôlés tous les trois ou quatre ans (un contrôle de diaphragme sur un ligne GV à chaque arrêt de tranche).

La puissance thermique du réacteur peut s'exprimer comme la différence entre la puissance thermique fournie par les GV et la puissance calorifique apportée au circuit primaire en dehors du réacteur, par le travail des pompes par exemple :

$$W_r = \sum_{i=1}^{nb\,GV} W_{GV}(i) - W_{apr}$$

où :

- W_r est la puissance thermique du réacteur,

- W_{GV} est la puissance thermique fournie par le GV,

- W_{apr} est la puissance calorifique apportée au circuit primaire en dehors du réacteur.

La puissance thermique échangée dans un générateur de vapeur s'écrit :

$$W_{GV} = H_v(Q_e - Q_p) + H_p Q_p - H_e Q_e$$

avec :

- H_v l'enthalpie de la vapeur saturée à la sortie du GV (kJ/kg) :

$$H_v = xH_{vs} + (1 - x)H_{es}$$

- H_{es} l'enthalpie de l'eau à la saturation (kJ/kg),

- H_{vs} l'enthalpie de la vapeur saturée (kJ/kg),

- x le titre de la vapeur du GV (pratiquement 0,999),

- H_e l'enthalpie de l'eau alimentaire GV (kJ/kg),

- Q_e le débit massique de l'eau alimentaire du GV (kg/s),

- Q_p le débit massique de purge du GV (kg/s),

- H_p l'enthalpie de l'eau des purges du GV (kJ/kg).

L'enthalpie H_v de la vapeur humide à la sortie du GV est calculée en fonction du titre, de la pression de sortie des GV et des tables thermohydrauliques de l'eau pour les enthalpies à la saturation. Le titre est mesuré lors du démarrage de l'installation ou d'un remplacement de GV. Ce titre en eau a une tendance naturelle à la dégradation à cause du vieillissement des dispositifs de séchage. Ceci pourrait entraîner une diminution de la puissance thermique d'où une perte de puissance électrique. Sur une tranche 1300 MWe, 1 % de dégradation du titre correspond à une perte de 8 MWe.

L'enthalpie H_e de l'eau alimentaire est calculée à partir des pressions et des températures amont des diaphragmes nécessaires aux mesures de débit, par différence de pression amont/aval, et à partir des tables de l'eau.

Le débit massique Q_p de purge du GV représente environ 1 % du débit alimentaire. Les débits sont mesurés dans une tuyère ou dans un diaphragme suivant le palier.

La puissance calorifique W_{apr} apportée au circuit primaire en dehors du réacteur est estimée à partir de la relation :

$$W_{apr} = P_{ab} - P_{sout}$$

La puissance P_{ab} apportée au primaire dépend des apports :

- des pompes primaires,

- des pompes de charge,

- des chaufferettes du pressuriseur.

La puissance P_{sout} soutirée au circuit primaire dépend des « consommations » :

- de l'échangeur non régénérateur,

- des barrières thermiques des pompes primaires,

- des échangeurs des paliers et du moteur des pompes primaires,

- des pertes calorifiques extérieures dégagées par le circuit primaire.

Ces différents paramètres ont été chiffrés lors d'essais effectués pendant la mise en exploitation de l'installation à partir de bilan des pertes thermiques, des échangeurs, des puissances électriques absorbées par les pompes et les chaufferettes. Ils sont considérés comme constants tout au long de la vie de la tranche. À titre d'exemple, ces pertes sont estimées à 11 MWe pour le palier 900 MWe.

7.2.1.2. *Bilan thermique primaire*

Le deuxième moyen de surveillance de la puissance du cœur est le bilan enthapique primaire (BIL KIT). Le calculateur de tranche (KIT) calcule en continu la puissance pour le pilotage en salle de commande. Il constitue la référence jusqu'à 30 % PN mais est relativement peu précis car les paramètres utilisés pour établir le bilan peuvent évoluer au cours du temps du fait qu'aucune stabilité préalable n'est requise. Le bilan thermique au primaire est établi à partir des valeurs des températures primaires en branches froides et chaudes et des débits primaires.

Pour chaque boucle, la puissance thermique cœur est obtenue à partir de la relation :

$$P = Q(H_S - H_E)$$

avec Q paramètre d'étalonnage image du débit massique primaire, H_S et H_E les enthalpies de sortie et d'entrée cœur déterminées à partir des températures des boucles primaires.

Le recalage du BIL KIT est effectué tous les trente jours à partir du rapport entre la puissance thermique aux générateurs de vapeur mesurée par le BIL100, diminuée des apports et des pertes de la boucle primaire, et la puissance vue par le KIT. Une fois les coefficients de calibrage implantés, l'écart entre le BIL 100 et le BIL KIT doit être aussi proche de zéro que possible. Le recalage du paramètre Q est effectué pour tout écart constaté supérieur à 0,4 %, la périodicité du contrôle étant hebdomadaire.

7.2.1.3. *Bilan neutronique*

La dernière mesure de puissance est obtenue par un bilan neutronique établi à partir des mesures des chaînes RPN. La mesure est réalisée à partir des neutrons de fuites détectés par les chambres externes. Elle est moins précise dans la mesure où les détecteurs ne voient que les assemblages de la zone périphérique du cœur en regard de leur position.

Pour les REP 900 MWe, cette puissance est retranscrite au niveau du diagramme de pilotage du cœur constitué par le plan (ΔI, Pr). Le système d'affichage VOTAN permet de situer graphiquement le point de fonctionnement de la tranche dans le diagramme de pilotage.

Pour les REP 1300 MWe et N4, la puissance neutronique intervient au niveau du système de protection qui fournit alors les marges par rapport aux risques d'APRP ou d'échauffement critique du cœur (*cf.* chapitre 8).

7.2.2. Calibrage des chambres externes de mesure du flux

7.2.2.1. Rappels sur la surveillance du cœur

La surveillance permanente de la puissance du réacteur, de la différence axiale de puissance et de la distribution de puissance dans le cœur permet d'assurer le pilotage du réacteur (*cf.* chapitre 9) et la sûreté de l'installation.

L'état du cœur est appréhendé à l'aide de deux ensembles :

- une *instrumentation interne* composée de deux sous-ensembles distincts et complémentaires (figure 7.1) :

  - l'instrumentation du RIC composée de 5 détecteurs pour le REP 900 MWe et de 6 détecteurs pour le REP 1300 MWe et N4. Ces détecteurs parcourent

	R	P	N	M	L	K	J	H	G	F	E	D	C	B	A
1						D		T		D					
2			TD		T	D	T	D	T		T		T		
3								D		D		D		D	
4		D	TD		T		T	D	T		T		T		
5					D			D		D		D			
6	TD		TD		T	D	T	D	T		T		T	D	T
7				D			D		D			D			
8	TD		TD		TD		TD	T	D	T	D	TD	D		T
9		D						D		D					D
10	T		T		TD		TD	T		T	D	T			T
11	D				D		D		D						D
12			T		T	D	T	TD		T	D	T			
13			D		D		D						D		
14			TD		T		TD	T	D	T	D	T			
15					D			TD							

Figure 7.1. Instrumentation interne cœur - Répartition des détecteurs (D) et des thermocouples (T).

un nombre prédéfini d'assemblages pour mesurer un signal proportionnel au flux neutronique au centre de l'assemblage, appelé « activité ». L'activité est acquise sous forme d'une distribution axiale dans chaque assemblage instrumenté. Cette mesure est effectuée *a minima* mensuellement et constitue ce que l'on appelle une carte de flux ;

– des thermocouples disposés en sortie cœur sur un nombre d'assemblages donnés, 51 pour les REP 900 MWe et 50 pour les REP 1300 MWe. Ils fournissent de façon permanente une distribution radiale de la température de sortie cœur à partir de laquelle, connaissant les caractéristiques du fluide en entrée cœur, il est possible moyennant un calibrage périodique d'établir la carte radiale de la distribution de puissance interne cœur intégrée axialement.

• une *instrumentation externe*, le système RPN (figure 7.2) :

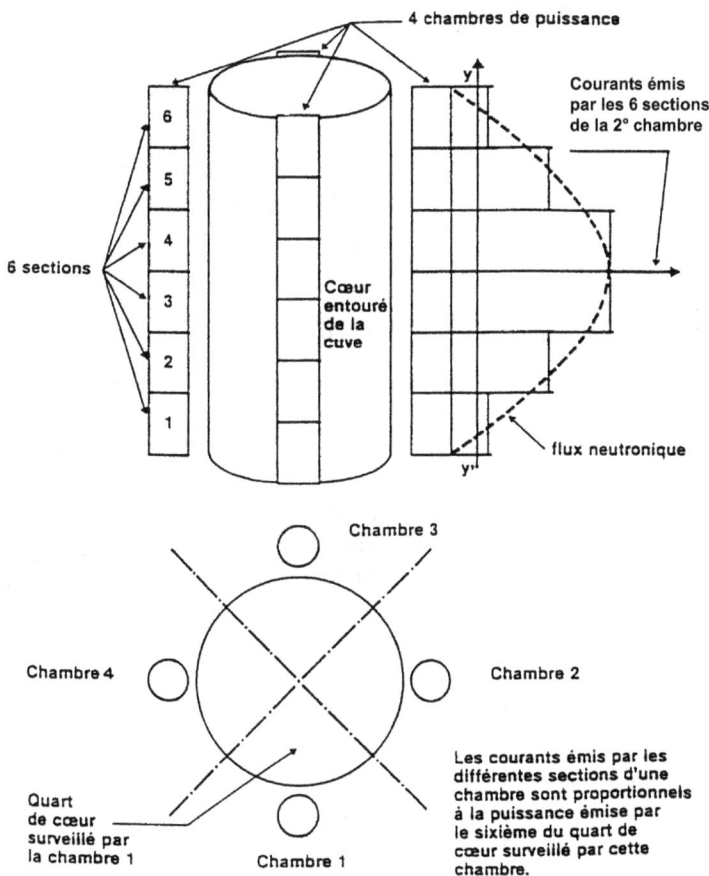

Figure 7.2. Mesure du flux neutronique par les chambres de puissance du RPN.

En fonctionnement, 4 CNP (Chambres Niveau Puissance) délivrent :

- 2 courants haut et bas par chaîne dans le REP 900 MWe ;
- 6 courants par chaîne dans les REP 1300 MWe et N4.

Les CNP sont en fait principalement dédiées à la mesure permanente de la différence axiale de puissance ∆I ou de la distribution axiale de puissance P(z) pour les REP 1300 MWe et N4.

Du fait de leur disposition, les CNP ne voient que la périphérie du cœur, c'est-à-dire les neutrons rapides détectés provenant principalement des assemblages au bout des diagonales en regard des chaînes RPN. Le positionnement des CNP doit être soigneusement contrôlé en distance par rapport au cœur et en orientation.

L'instrumentation externe est une instrumentation permanente tandis que l'instrumentation interne plus fine n'est utilisée que lors des essais périodiques. Un recalage périodique de l'externe sur l'interne est imposé par :

- le fait que les CNP ne mesurent que la puissance périphérique du cœur et qu'il y a nécessairement un biais entre la distribution de puissance moyenne du cœur et son niveau en périphérie ;

- les redistributions radiales, du fait de l'insertion des groupes et de l'épuisement du combustible, et axiales en fonction du point de fonctionnement ;

- l'éventuelle dérive électronique des capteurs.

7.2.2.2. Modélisation neutronique du cœur

La mesure en continu de la distribution de puissance en trois dimensions dans le cœur constitue un problème technologique difficile. Des systèmes combinant les mesures issues de l'instrumentation permanente et un code de calcul 3D en ligne sont actuellement en phase de tests pour pouvoir suivre en temps réel cette distribution de puissance. En attendant la mise en œuvre industrielle de ce type de système, on découpe le problème 3D en 1 D axial + 2D radial par une méthode dite de synthèse.

L'aspect 1D peut être appréhendé à partir de la différence axiale de puissance définie par la formule suivante :

$$\Delta I = \frac{P_H - P_B}{P_H + P_B} \, Pr \text{ (en \% PN) par chaîne}$$

où

P_H est la puissance moyenne dans la moitié haute du cœur,
P_B est la puissance moyenne dans la moitié basse du cœur,
Pr est la puissance relative du réacteur (% PN).

On utilise aussi une grandeur équivalente sans dimension appelée Axial-Offset ou déséquilibre axial de puissance :

$$AO = 100 * \frac{P_H - P_B}{P_H + P_B} \text{ (en \%), d'où } \Delta I = AO * Pr$$

Ces différentes grandeurs sont accessibles à partir des courants des chambres de l'instrumentation externe. Les chaînes de mesure neutroniques doivent être calibrées et les courants émis doivent être convertis en % PN afin de pouvoir fournir directement des informations en unité physique. Cela revient à déterminer la fonction de transfert cœur/détecteur et à identifier les coefficients de conversion. À cette conversion, une adaptation d'échelle électrique dans le cas d'une technologie analogique (900 et 1300 MWe) est nécessaire. Le résultat, que l'on peut considérer comme un gain, est affiché sur un amplificateur opérationnel. En technologie numérique (N4), ces facteurs sont implantés dans les logiciels à l'aide de composants électroniques programmables (EEPROM et REPROM).

Pour calculer la valeur de ces coefficients, une instrumentation de référence considérée comme étalon, doit donner la valeur exacte du paramètre à mesurer au moment où l'on enregistre les courants émis par l'instrumentation externe. On a vu dans le paragraphe précédent que la mesure du niveau de puissance par bilan enthalpique au niveau du circuit secondaire du réacteur sert de référence. Pour le déséquilibre axial de puissance, on utilise l'instrumentation interne mobile du RIC décrite précédemment.

La fonction de transfert cœur/détecteur la plus simple que l'on puisse utiliser est de la forme :

$$P = K \sum_i I_i$$

avec

I_i = courant émis par chacune des sections des chambres externes,
K = coefficient de calibrage.
Une formule plus élaborée est aussi envisageable :

$$P = \sum_i K_i I_i$$

Il faut alors déterminer les coefficients K ou K_i ce qui revient à trouver une ou plusieurs équations afin d'obtenir un système comportant *a minima* autant d'équations que d'inconnues.

Sur les paliers 900 et 1300 MWe, on utilise la fonction suivante : $P = K_H I_H + K_B I_B$ avec I_H, I_B les courants émis par les sections haute et basse et K_H, K_B les gains associés.

Sur le palier N4, on utilise une formule du type $P = K \sum_{i=1}^{6} I_i$.

Au moment du calibrage, P est la puissance donnée par le bilan enthalpique au secondaire et les courants correspondent à une distribution de puissance stable dans le cœur avec les grappes extraites. Il existe donc un triplet (puissance moyenne, distribution de puissance, courants) cohérent. C'est le principe de l'essai EP-RPN 11.

On peut faire varier ce triplet et faire des mesures à plusieurs niveaux de puissance et/ou plusieurs distributions axiales de puissance dans le cœur, à l'aide du lancement d'une oscillation xénon contrôlée. Ceci permet d'écrire plusieurs équations. C'est le principe de l'essai EP-RPN 12 réalisé sur une dizaine de cartes de flux qui balaient un intervalle de 10 % d'Axial-Offset à puissance constante.

Lorsqu'il y a plus d'équations que d'inconnues, ce qui est le cas ici puisqu'il y a peu de coefficients à déterminer, on obtient une solution approchée à l'aide d'une minimisation par la méthode des moindres carrés.

Pour le déséquilibre axial de puissance, on a choisi une fonction de transfert de la forme :

$$\Delta I = \alpha(K_H I_H - K_B I_B)$$

où K_H, K_B sont les coefficients de calibrage, identiques à ceux utilisés pour la détermination du niveau de puissance, et α le coefficient qui caractérise la relation en axial-offset entre le cœur et le détecteur.

Le coefficient α est chargé de compenser la perte de sensibilité en Axial-Offset car toute variation d'AO interne dans le cœur se traduit par une variation atténuée d'AO « externe » au niveau des détecteurs. Sa valeur est de l'ordre de 3, traduisant le fait que la variation de $\Delta I_{interne}$ moyen cœur est toujours plus grande que celle du $\Delta I_{externe}$ périphérique. La méthode des moindres carrés est encore utilisée dans les mêmes configurations de cœur pour déterminer le coefficient α.

Afin de gagner en souplesse d'exploitation, on a remplacé sur les paliers 1300 MWe et N4, la mesure du déséquilibre axial de puissance, paramètre intégral relativement « grossier », par une véritable mesure de la distribution de puissance. Cette distribution est établie en deux étapes. La première consiste à calculer, à partir des six courants, la puissance moyenne de six tranches axiales du cœur en regard des sections des chaînes de puissance. La deuxième étape consiste à reconstruire mathématiquement une courbe analytique dont les intégrales sur ces six tranches sont proportionnelles aux six puissances moyennes mesurées. Le choix d'un nombre de 6 courants résulte d'un compromis entre les objectifs fonctionnels et la simplicité technologique.

Dans ce cas, la fonction de transfert s'exprime sous la forme d'une matrice [6,6] puisqu'il faut faire correspondre deux vecteurs à six composantes chacun :

$$[P] = [A]^{-1} [I]$$

où

[P] représente le vecteur formé par les six puissances moyennes des tranches de cœur,
[I] représente le vecteur formé par les six courants émis par les six sections i du détecteur,
et

[A] est la matrice de correspondance globale.

Calibrer [A] revient à déterminer les 36 coefficients de la matrice [A] formellement équivalents aux trois coefficients α, K_H et K_B.

Différentes hypothèses simplificatrices ont été faites pour diminuer le nombre d'inconnues et le ramener à une valeur cohérente avec le nombre d'équations que l'on peut créer en faisant varier la distribution de puissance dans le cœur. Cette matrice a été décomposée en deux matrices :

$$[A] = [T] [S]$$

- La matrice [S], dite de « sensibilité », diagonale, représentant la sensibilité de chacune des 6 sections. Les éléments de cette matrice donnent aussi une image du rapport, par tranche axiale de cœur, de la puissance moyenne sur la puissance dans les assemblages périphériques ;

- la matrice [T], dite de « transfert », dont chacun des termes de rang (i,j) représente la probabilité pour qu'un neutron émis par la tranche j du cœur, soit détecté par la section i du détecteur.

La probabilité pour un neutron de faire le trajet de la tranche j vers la section i peut, en première approximation, être considérée comme une fonction de la distance i-j de type exponentielle décroissante avec une certaine longueur caractéristique. Dans ces conditions, on montre que chacun des termes T_{ij} de rang (i,j) de la matrice peut s'exprimer par :

$$T_{ij} = f(D_{ij}) = k^{|i-j|} \text{ avec } k = e^{-H/L}$$

f étant une fonction pour laquelle il faut déterminer expérimentalement la valeur numérique des paramètres caractéristiques, H étant égal à la hauteur d'un sixième de cœur actif et L le paramètre de l'exponentielle, communément appelée « longueur caractéristique ».

7.2.2.3. *Objectifs des essais EP-RPN 11 et 12*

Les principaux objectifs des essais EP-RPN 11 et 12 pour les REP 900 MWe sont :

- la mesure de la distribution de puissance,

- la vérification des coefficients de calibrage des CNP,

- la détermination du ΔI de référence nécessaire à l'actualisation du domaine de fonctionnement,

- le recalage des thermocouples RIC sur le déséquilibre azimutal de puissance interne,

- le suivi des irradiations des assemblages et la détermination de la longueur naturelle recalée de fin de campagne à partir de la mesure de la concentration en bore critique à 100 % PN.

Les objectifs sont sensiblement les mêmes lors de la réalisation des cartes de flux pour les REP 1300 MWe et N4 :

- la mesure de la distribution de puissance ;

- la vérification des coefficients de l'instrumentation externe en :

  – distribution axiale de puissance (actualisation de la matrice [S] et éventuellement de la matrice [T]) ;

  – niveau de puissance thermique ;

- l'actualisation du facteur radial de point chaud Fxy(z) toutes barres hautes ;

- le suivi des irradiations des assemblages et la détermination de la longueur naturelle recalée de fin de campagne.

Les différences proviennent essentiellement de la conception des systèmes de protection du cœur distincte entre les deux paliers (*cf.* chapitre 8).

7.2.2.4. Réalisation de la carte de flux

7.2.2.4.1. Conditions de l'essai

Au moment de la réalisation de l'essai, le réacteur doit réunir les conditions suivantes :

- stabilité en niveau et en distribution de puissance avec une puissance supérieure à 50 % PN et si possible à 100 % PN. La stabilité dépend de l'historique de fonctionnement et on retient un temps enveloppe de 48 heures sans transitoire de grande amplitude sur les REP 900 MWe. Sur le 1300 MWe, ce temps est réduit à 24 heures. Ce temps d'attente va aussi permettre de saturer le xénon à la puissance de l'essai ;

- grappes extraites à l'exception du groupe R au voisinage du milieu de bande de manœuvre afin d'être représentatif des conditions d'établissement des fichiers théoriques utilisés pour le dépouillement de la carte de flux et d'avoir une distribution de puissance la moins perturbée radialement. La bande de manœuvre de R définit l'espace des positions recommandées du groupe R en fonction de l'irradiation. Le « bite » est la valeur minimale d'insertion du groupe R garantissant une efficacité différentielle au moins égale à 2,5 pcm/pas. Le haut de la bande de manœuvre est le « bite » et sa largueur est d'environ 10 % de la hauteur du cœur soit 24 pas sur les REP 900 MWe et 26 pas sur les REP 1300 MWe ;

- aucun mouvement de barres ne doit être effectué pendant la phase d'acquisition des sondes RIC afin de conserver la pertinence de l'intercalibration des détecteurs. Lors des mesures, les détecteurs scrutent au préalable les mêmes assemblages instrumentés afin d'étalonner les capteurs entre eux à partir d'une même mesure du flux ;

- la dérive de la différence axiale de puissance ΔI doit être inférieure à 0,3 % PN/heure ;

- la température moyenne doit être stable et l'écart de température moyenne maximale avec la température de référence doit être inférieur à 0,3 °C sur le palier 900 MWe et 0,5 °C sur le palier 1300 MWe.

Les STE doivent être rigoureusement respectées pendant toute la durée de l'essai.

La réalisation des essais EP-RPN 11 et 12 doit respecter une périodicité respective de 30 et 90 jepp avec une tolérance de 5 jepp maximum.

7.2.2.4.2. Critères d'acceptabilité

Le chapitre IX des RGE demande, pour chaque carte de flux et pour chaque CNP, le respect des critères suivants :

- reconstitution du niveau de puissance : $\delta = |W_{BIL100} - P_{RPN}| < 5$ % PN,

- reconstitution de la différence axiale de puissance : $\varepsilon = |\Delta I_{interne} - \Delta I_{externe}| < 3$ % PN.

Les chaînes de protection du système RPN sont dimensionnées en tenant compte de ces incertitudes maximales de calibrage.

Les coefficients α, K_H et K_B calculés lors d'un EP RPN 12 doivent donc conduire au strict respect de ces critères. Dans le cas contraire, l'essai est invalide.

D'une manière générale, ces critères doivent évidemment être respectés à tout moment du fonctionnement pour garantir la sûreté de l'installation.

C'est pourquoi, entre deux essais RPN 12 :

- la validité des K_H et K_B est vérifiée une fois par semaine en cycle naturel. Les chaînes de puissance sont recalées pour tout écart supérieur à 2 % PN entre le BIL KIT et le BIL RPN lors des EP RPN 8 ;

- la réalisation de l'EP RPN 11 tous les 30 jepp est aussi l'occasion de vérifier la validité des coefficients α, K_H et K_B.

7.2.2.4.3. Dépouillement de la carte de flux

Le dépouillement des cartes de flux se fait à l'aide de codes de calculs spécifiques.

Un premier code effectue le décodage et la mise en forme des données expérimentales acquises sur le site (courants, températures, positions des groupes). Il permet :

- une première analyse de la présence et de la validité des acquisitions effectuées,

- la correction automatique des valeurs aberrantes.

Les données dépouillées sont visualisées sous la forme de traces de flux axiales sur les différents assemblages scrutés lors du passage des capteurs (figure 7.3).

Un second code de calcul permet ensuite d'effectuer (figures 7.4, 7.5 et 7.6) :

- l'extension radiale et axiale à l'ensemble du cœur des mesures effectuées sur les assemblages instrumentés ; cette extension se fait par exploitation des symétries du cœur et par extension « par voisinage » de la distribution radiale de puissance, et pour l'aspect axial, par affectation des traces axiales expérimentales aux traces non mesurées en fonction de la nature des assemblages instrumentés et non instrumentés ;

- le calcul des grandeurs neutroniques d'intérêt pour le fonctionnement et la sûreté de la tranche : facteurs de points chaud, déséquilibre azimutal de puissance, ... ainsi que les grandeurs thermohydrauliques : températures sortie cœur, facteurs d'élévation d'enthalpie ;

- la vérification des critères de conception et de sûreté.

Le calibrage des chaînes externes se fait à l'aide de codes de calcul spécifiques par palier.

Le code utilisé pour le palier 900 MWe est destiné au calcul des coefficients α, K_H, K_B de chaque CNP à partir des données expérimentales fournies par le site. Les coefficients α, K_H et K_B ne sont pas calculés directement à partir des courants issus des CNP. Des paramètres intermédiaires, K, A et B, sont utilisés.

On fait l'hypothèse qu'il existe une relation linéaire entre la puissance et la somme des courants issues des sections hautes et basses des chambres longues. On peut ainsi écrire :

$$K * P = I_H + I_B$$

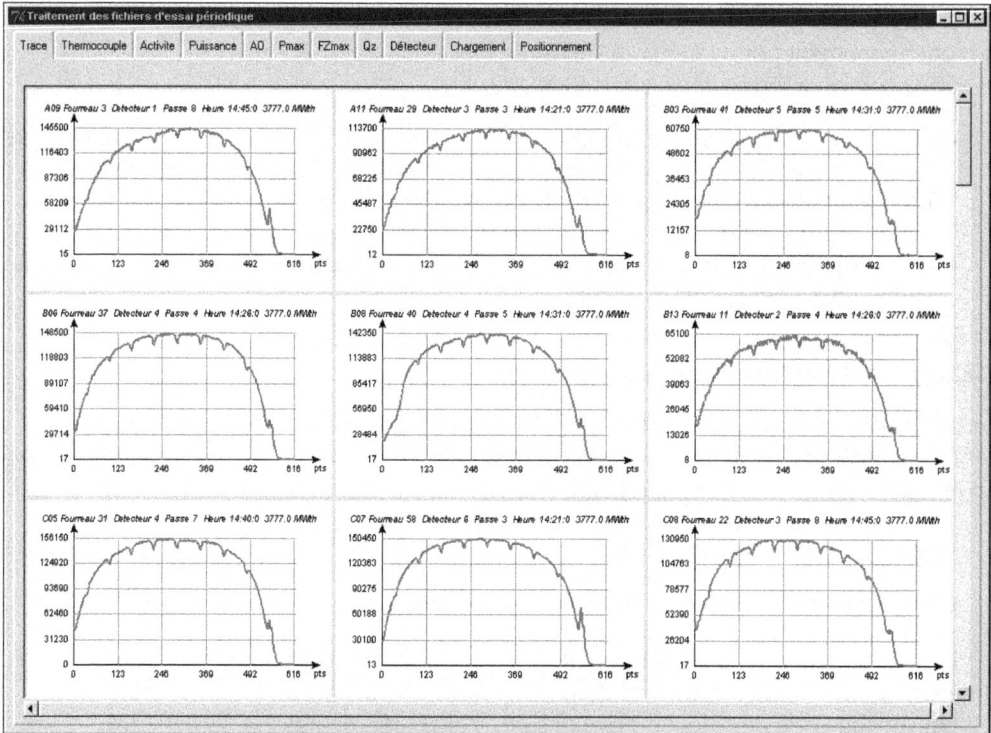

Figure 7.3. Traces de flux.

La seconde hypothèse suppose également une relation linéaire entre l'Axial-Offset externe (AO$_{ext}$) mesuré par les chaînes RPN et l'Axial-Offset interne (AO$_{int}$) issu des mesures des sondes RIC. Elle permet d'écrire :

$$AO_{ext} = A + B * AO_{int}$$

En utilisant la définition de l'Axial-Offset, les coefficients de calibrage peuvent s'exprimer selon :

$$K_H = \frac{1}{K(1 + A/100)}$$

$$K_B = \frac{1}{K(1 - A/100)}$$

$$\alpha = \frac{1 - (A/100)^2}{B}$$

La valeur de K, typiquement autour de 10, est obtenue en effectuant, en parallèle, une mesure de la puissance thermique du cœur par BIL100 ou le BIL KIT (mesure interne) et un relevé des courants issus des chambres de puissance (mesures externes). En cours de campagne, cette valeur évolue en fonction de l'irradiation et de la distribution de puissance dans le cœur.

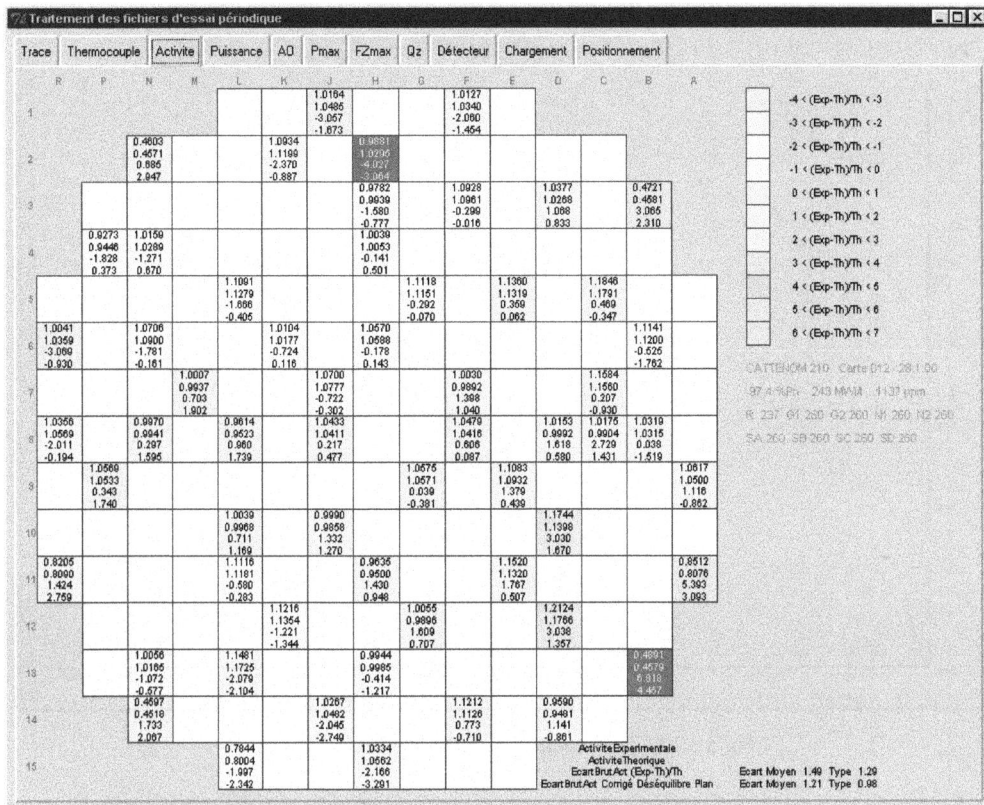

Figure 7.4. Traitement des cartes de flux – Signaux des chambres à fission mobiles.

Les valeurs de A, typiquement de 3 à 8, et de B, typiquement de 0,3 à 0,4, sont obtenues en mesurant, en parallèle, l'Axial-Offset du cœur par carte de flux (mesure interne) et les courants issus des CNP (mesures externes).

Lors d'une oscillation xénon, on relève environ une dizaine de cartes de flux réparties sur une plage d'Axial-Offset de l'ordre de 10 %.

Les points de mesure sont reportés sur la figure 7.7.

Sur les paliers 1300 MWe et N4, le code de calcul utilisé effectue le calcul des paramètres à implanter dans le SPIN suite au dépouillement des essais de type EP-RPN 11 et EP-RPN 12. En particulier, il effectue la mise à jour de la matrice [S] et éventuellement la matrice [T] et la mise à jour des Fxy(z) avec les pénalités associées pour couvrir le fonctionnement à venir entre la réalisation de deux essais.

7.2.2.5. Retour d'expérience

La réalisation des essais périodiques est l'occasion d'engranger un grand nombre d'informations très fines sur l'état de la tranche, à la fois par les sites qui conservent les données relatives aux essais et par les unités d'ingénierie chargées du dépouillement et du calibrage

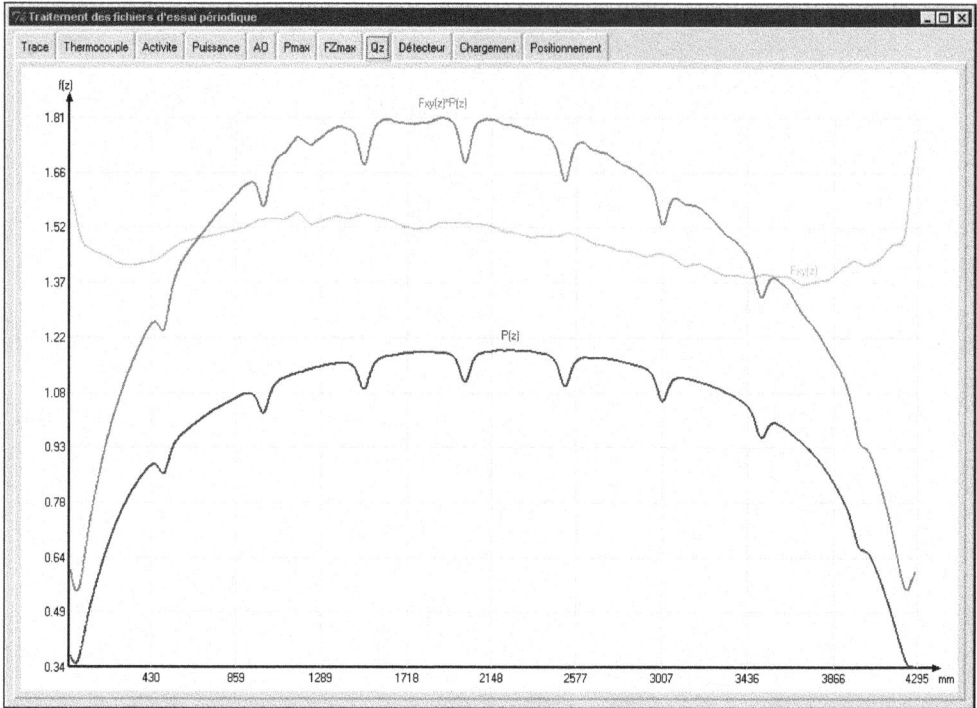

Figure 7.5. Traitement des cartes de flux - Fxy(z).

des systèmes de protection des réacteurs pour l'ensemble du parc EDF. Ces informations, stockées en base de données, alimentent le retour d'expérience et font l'objet d'une analyse ponctuelle lors des essais : détection des écarts, dérives de l'instrumentation, valeurs aberrantes... et d'une analyse systématique globale annuelle : recherche de tendances, voies d'amélioration, éléments de qualification des outils de calcul...

Parmi les paramètres alimentant le REX, certains peuvent affecter la sûreté et la disponibilité des tranches, ce sont les « Réglages Sensibles ». Ces réglages requièrent une rigueur particulière et un contrôle renforcé.

7.2.2.5.1. Principaux paramètres du REX

Parmi les principaux paramètres mesurés à puissance nominale alimentant le REX et qui sont comparés aux calculs théoriques, on peut citer :

- la longueur naturelle de campagne ;

- la concentration en bore critique, toutes barres hautes à puissance nominale ;

- les distributions de flux lors des cartes de flux mensuelles Toutes barres hautes à puissance nominale ;

- le déséquilibre axial de puissance déterminé lors des cartes de flux ;

Traitement des fichiers d'essai périodique

Trace | Thermocouple | Activite | **Puissance** | AO | Pmax | FZmax | Qz | Détecteur | Chargement | Positionnement

```
        R       P       N       M       L       K       J       H       G       F       E       D       C       B       A
 1                                    0.7877  1.0153  1.0253  1.0227  1.0257  1.0203  0.7860
                                      0.8047  1.0459  1.0543  1.0544  1.0509  1.0386  0.7945
                                      2.16    3.01    2.83    3.10    2.46    1.79    1.08
 2                    0.4229  0.9691  1.1567  1.0910  0.9195  0.9916  0.9218  1.0920  1.1637  0.9555  0.4239
                      0.4222  0.9688  1.1777  1.1178  0.9530  1.0235  0.9503  1.1109  1.1565  0.9435  0.4186
                     -0.17   -0.03    1.82    2.46    3.76    4.27    3.09    1.73    0.24   -1.26   -1.25
 3            0.4088  1.0205  0.9363  1.1963  0.9599  1.1019  0.8921  1.1177  0.9891  1.2078  0.9084  1.0467  0.4343
              0.4157  1.0246  0.9466  1.2112  0.9844  1.1107  0.9126  1.1216  0.9974  1.2038  0.9047  1.0272  0.4236
              1.74    0.40    1.10    2.10    2.55    0.80    2.30    0.37    0.84   -0.33   -0.41   -1.86   -2.46
 4            0.9344  0.8887  1.1763  1.1442  1.1627  0.8612  1.0278  0.8745  1.1942  1.1788  1.1927  0.9461  0.9786
              0.9489  0.9081  1.1928  1.1615  1.1653  0.8622  1.0289  0.8831  1.1963  1.1742  1.1816  0.9393  0.9825
              1.55    1.96    1.40    1.51    1.09    1.29    0.11    0.98    0.18   -0.39   -0.80   -0.72   -1.55
 5    0.7806  1.1430  1.1895  1.1585  1.1322  1.0679  0.8403  1.0803  0.9873  1.1688  1.1635  1.2123  1.1845  0.8124
      0.7956  1.1612  1.2059  1.1757  1.1518  0.8659  0.8475  1.0798  0.8908  1.1561  1.1583  1.2068  1.1731  0.8027
      2.05    1.59    1.46    1.48    1.73    1.60   -0.16    0.86   -0.05    0.39   -0.32   -0.45   -0.96   -1.19
 6    1.0118  1.0850  0.9662  1.1695  0.8679  1.0325  0.8964  1.0817  0.9137  1.0569  0.8812  1.1735  0.9886  1.1116  1.0490
      1.0406  1.1098  0.9902  1.1790  0.8807  1.0403  0.9049  1.0832  0.9181  1.0528  0.8800  1.1694  0.9916  1.1178  1.0454
      2.85    2.29    2.48    0.73    1.47    0.76    0.95    0.14    0.48   -0.58   -0.14   -0.35    0.48    0.56   -0.34
 7    1.0387  0.9371  1.1174  0.8899  1.0738  0.9025  1.0919  1.0531  1.1063  0.9067  1.0724  0.8714  1.1234  0.9499  1.0643
      1.0654  0.9583  1.1150  0.8895  1.0862  0.9101  1.0997  1.0572  1.0966  0.8988  1.0666  0.8634  1.1176  0.9560  1.0555
      1.61    2.05   -0.21   -0.05   -0.80    0.84    0.71    0.39   -0.89   -0.87   -1.47   -0.92   -0.53    0.54   -0.83
 8    1.0431  1.0279  0.9074  1.0284  0.8398  1.0689  1.0458  0.8861  1.0519  1.0720  0.9362  1.0411  0.9251  1.0243  1.0764
      1.0611  1.0314  0.9115  1.0235  0.8359  1.0666  1.0433  0.8850  1.0429  1.0652  0.9318  1.0242  0.9073  1.0247  1.0569
      1.73    0.34    0.45   -0.48   -0.35   -0.22   -0.22   -0.17   -0.86   -0.63   -0.53   -1.42   -1.92    0.04   -1.81
 9    1.0604  0.9591  1.1247  0.9633  1.0569  0.8905  1.0901  1.0392  1.0801  0.9975  1.0766  0.8808  1.1321  0.9501  1.0712
      1.0624  0.9623  1.1194  0.9651  1.0495  0.8911  1.0842  1.0334  1.0795  0.9965  1.0683  0.8703  1.1126  0.9510  1.0560
      0.19    0.33   -0.47    0.21   -0.70    0.07   -0.54   -0.56   -0.06   -0.11   -1.70   -1.19   -1.72    0.09   -1.42
10    1.0598  1.1361  0.9976  1.1753  0.8673  1.0379  0.9011  1.0636  0.8817  1.0293  0.8761  1.2130  1.0205  1.1537  1.0795
      1.0637  1.1299  1.0005  1.1729  0.8671  1.0324  0.8941  1.0537  0.8813  1.0176  0.8660  1.1766  0.9948  1.1257  1.0495
     -0.58   -0.55    0.30   -0.20   -0.02   -0.53   -0.78   -0.93   -0.05   -1.14   -1.49   -3.00   -2.52   -2.43   -2.78
11    0.8228  1.1927  1.2151  1.1519  1.1346  0.9595  1.0732  0.8398  1.0634  0.8798  1.1775  1.2103  1.2663  1.2372  0.8635
      0.8088  1.1825  1.2163  1.1547  1.1416  0.8694  1.0606  0.8321  1.0502  0.8691  1.1575  1.1836  1.2275  1.1808  0.8075
     -1.70   -0.86    0.10    0.24    0.62    1.15   -1.17   -0.78   -1.24   -1.22   -1.70   -2.21   -3.06   -4.56   -5.39
12            0.9721  0.9332  1.1554  1.1401  1.1588  0.8654  1.0420  0.8744  1.1954  1.2034  1.2350  0.9967  1.0195
              0.9640  0.9367  1.1703  1.1547  1.1723  0.8729  1.0314  0.8663  1.1804  1.1727  1.1983  0.9555  0.9696
             -0.74    0.38    1.29    1.28    1.16    0.87   -1.02   -0.93   -1.25   -2.55   -2.97   -3.16   -4.89
13            0.4211  1.0143  0.8876  1.1760  0.9721  1.1084  0.9075  1.1281  0.9818  1.2218  0.9273  1.0708  0.4474
              0.4227  1.0221  0.8967  1.1999  0.9932  1.1166  0.9178  1.1177  0.9843  1.2019  0.9064  1.0298  0.4210
              0.38    0.77    1.25    2.12    2.17    0.74    1.11   -0.92    0.25   -1.63   -2.25   -3.83   -5.90
14                    0.4237  1.0444  1.1574  1.0987  0.9315  1.0192  0.9455  1.1213  1.1831  0.9866  0.4320
                      0.4185  0.9450  1.1670  1.1195  0.9571  1.0362  0.9542  1.1127  1.1642  0.9528  0.4193
                     -1.23    0.06    0.83    1.89    2.75    1.67    0.92   -0.77   -1.60   -1.43   -2.94
15                                    0.7866  1.0294  1.0405  1.0408  1.0474  1.0486  0.8069
                                      0.8001  1.0458  1.0583  1.0605  1.0539  1.0409  0.7981
                                      1.72    1.59    1.70    1.89    0.62   -0.73   -1.09
```

Légende :
-6 < (Cox-Cam)/Cam < -5
-5 < (Cox-Cam)/Cam < -4
-4 < (Cox-Cam)/Cam < -3
-3 < (Cox-Cam)/Cam < -2
-2 < (Cox-Cam)/Cam < -1
-1 < (Cox-Cam)/Cam < 0
0 < (Cox-Cam)/Cam < 1
1 < (Cox-Cam)/Cam < 2
2 < (Cox-Cam)/Cam < 3
3 < (Cox-Cam)/Cam < 4
4 < (Cox-Cam)/Cam < 5

CATTENOM 210 - Carte 012 28 1 00
97.4 %Pn   243 MWd   1137 ppm
K 237 G4 260 O2 260 N1 260 N2 260
SA 260 SB 260 SC 260 SD 260

Puissance Camaret
Puissance Cocolnelle
Ecart (Cox-Cam)/Cam

Ecart max P < 0.9 : 2.30 H03 -5.90 B13
Ecart max P >= 0.9 : 4.27 H02 -4.89 B12
Ecart Moyen 1.27 Type 1.05

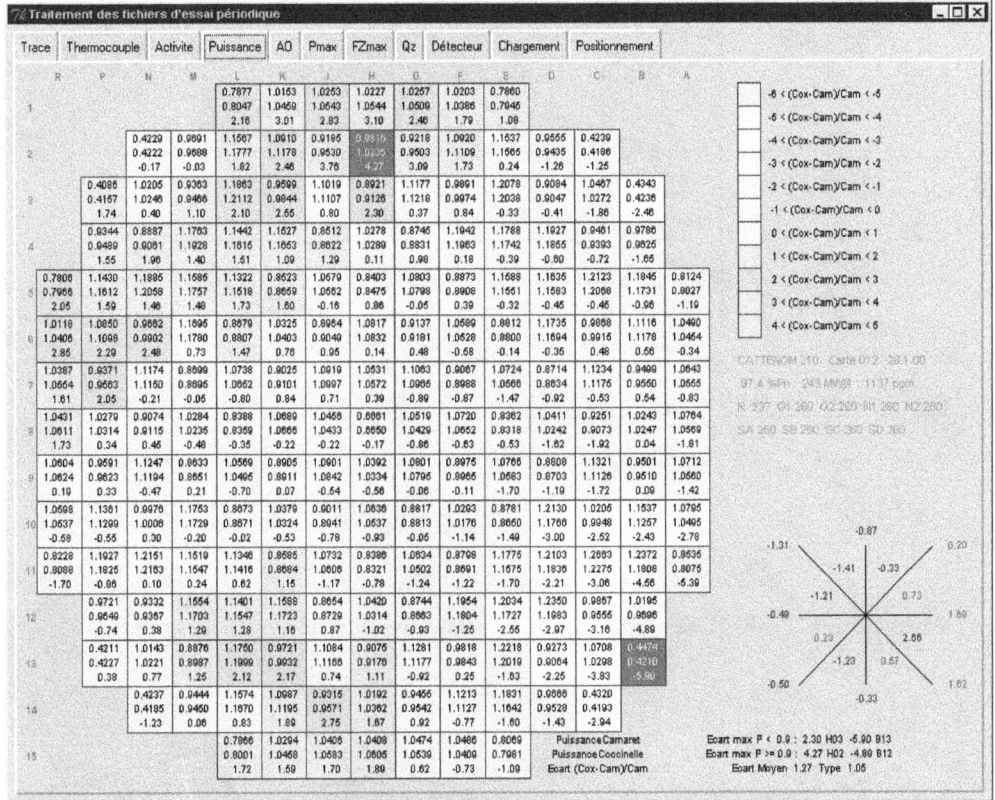

Figure 7.6. Distribution de puissance et paramètres cœur.

- le tilt ou déséquilibre azimutal entre quadrants ;
- les facteurs de pics radiaux de puissance déduits des cartes de flux.

Dans les paragraphes suivants, on présente quelques caractéristiques du REX liées aux coefficients de calibrage, aux facteurs de pics radiaux et au tilt.

7.2.2.5.1.1. REP 900 MWe - Coefficients de calibrage de la puissance nucléaire

Les valeurs typiques de α se situent entre 2 et 3 (figure 7.8). Il n'y a pas d'évolution significative de ce coefficient. Les valeurs typiques des coefficients K_H et K_B se situent autour de 0,1 (figure 7.9).

Le coefficient K_B est très généralement supérieur à K_H. Au cours d'une campagne, les coefficients K_H et K_B baissent régulièrement de quelques % (jusqu'à 5 ou 6 %).

Les efforts de réduction de la fluence adoptés lors du rechargement du cœur affectent les courants des chaînes et donc leurs coefficients de calibrage.

Les valeurs typiques des variations des K_H et K_B lors du passage à faible fluence sont de l'ordre de +15 % à +20 % avec des maxima à +30 %. Ces augmentations sont corrélées aux diminutions de puissance relative des assemblages situés au droit des CNP.

$$AO_{ext} = A + B.AO_{int}$$

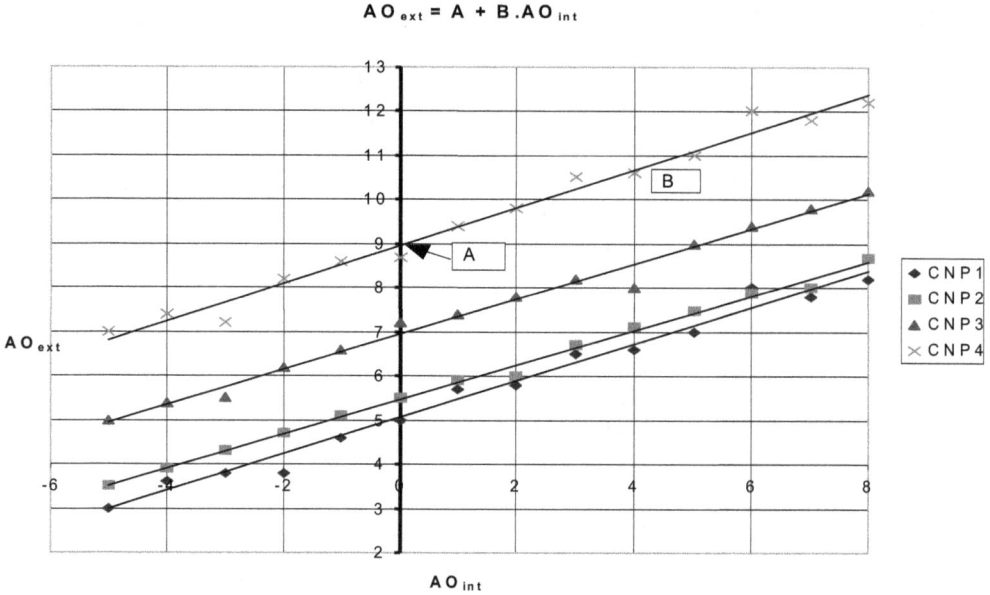

Figure 7.7. REP 900 MWe - Courbe expérimentale de calibrage des chaînes externes.

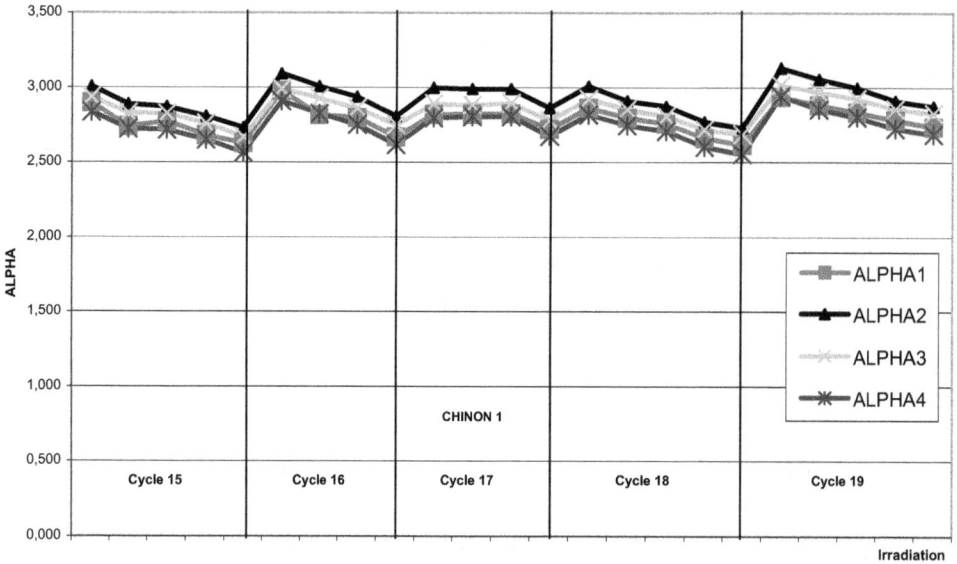

Figure 7.8. REP 900 MWe – Évolution de α en fonction de l'irradiation.

7.2.2.5.1.2. *REP 1300 MWe - Facteurs de pics radiaux de puissance*

Par définition, le facteur de pic radial Fxy(z) est le rapport, à une cote donnée, de la puissance linéique maximale d'un crayon à la puissance linéique moyenne de tous les crayons. C'est une grandeur sans dimension. Le facteur de pic radial sert donc à caractériser la

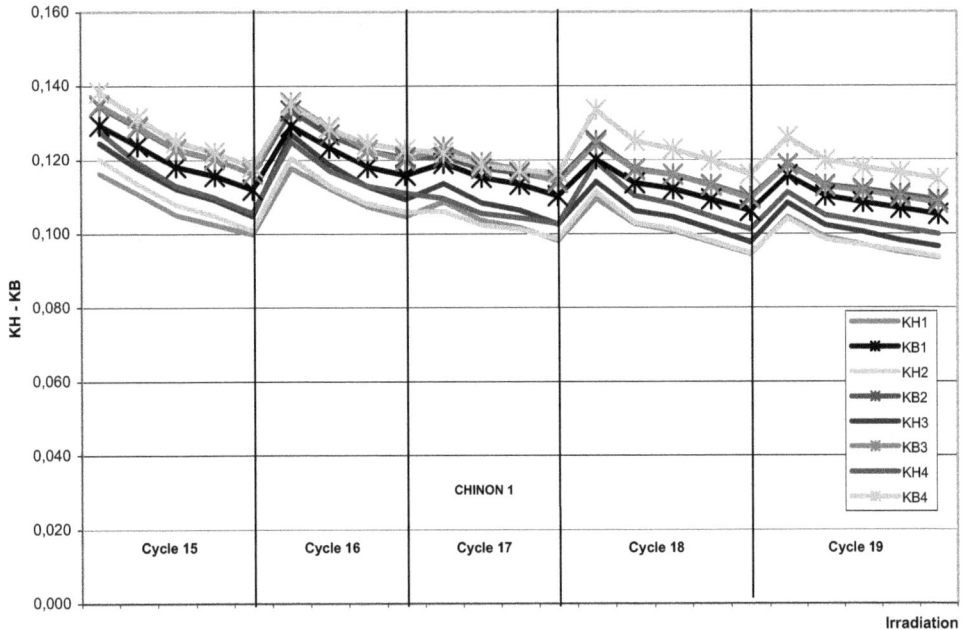

Figure 7.9. REP 900 MWe – Évolution des KH-KB en fonction de l'irradiation.

distribution axiale des points chauds du cœur. Sa réactualisation dans le système de protection des REP 1300 MWe et N4 constitue un réglage sensible car elle permet de garantir la bonne représentativité des calculs effectués et ainsi de respecter les critères de sûreté et d'optimisation des marges en puissance linéique et en REC.

En l'absence de poisons consommables, les facteurs de pic radiaux ont tendance à diminuer avec l'irradiation de la tranche en raison de l'effet de redistribution du flux. En revanche, pour des cœurs contenant des assemblages avec poisons consommables comme la gestion GEMMES sur le palier 1300 MWe, les facteurs de pic radiaux ont tendance à remonter en deuxième moitié du cycle. L'évolution des facteurs de pic radiaux passe par un maximum lors du « pic gadolinium » qui survient typiquement vers 85 % du cycle. Les facteurs de pic radiaux vont alors se situer dans les assemblages gadoliniés de premier cycle en milieu de cœur dont les crayons sont sous épuisés et donc plus réactifs.

Avant implantation dans le système de protection, les facteurs de pic radiaux mesurés sont pénalisés en fonction de l'irradiation pour prendre en compte des effets liés au risque IPG et au Fonctionnement prolongé à puissance réduite avec grappes insérées ainsi que l'accroissement éventuel des facteurs de pic radiaux entre deux essais périodiques.

7.2.2.5.1.3. Évolution du tilt

Le tilt caractérise la distribution azimutale de puissance et plus particulièrement le quadrant le plus chaud. On évalue ce tilt pour chaque carte de flux, à partir de la distribution radiale de puissance reconstituée déduite des activités intégrées mesurées dans les assemblages instrumentés.

On dispose de huit valeurs de tilt qui correspondent aux huit quadrants suivants :

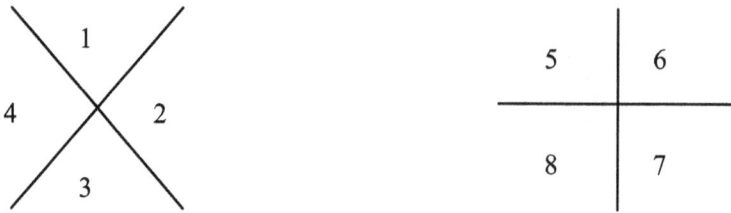

Si P_i est la puissance relative du quadrant, on a : $\sum_{i=1}^{4} Pi = 1$ et $\sum_{i=5}^{8} Pi = 1$.

L'analyse du retour d'expérience porte plus particulièrement sur les mesures de tilt en début de campagne où l'amplitude du phénomène est la plus importante. On s'intéresse au tilt maximal mesuré lors de la montée en puissance et à sa localisation. Les mesures sont donc examinées depuis la première carte de flux entre 5 et 8 % PN jusqu'à la première carte de flux à puissance nominale (grappes extraites) avec analyse en cas de dépassement du critère relatif au tilt (*cf.* chapitre 6).

On suit aussi l'évolution du tilt à 100 % PN au cours de la campagne naturelle du cœur. Celui-ci doit diminuer en fonction de l'irradiation. C'est l'effet de gommage.

Sur les deux figures 7.10 et 7.11, on remarque un certain nombre de valeurs de tilt supérieures à 2 %, seuil de tilt significatif en début de vie. Cette situation persiste parfois même jusqu'à 3000 MWj/t (figure 7.10). Elle conduit l'exploitant à renforcer la surveillance du cœur en réalisant des cartes de flux avec une périodicité réduite à 15 jepp. Des pénalités supplémentaires sur la puissance linéique sont introduites dans le système de protection tant que le tilt demeure supérieur à 2 %.

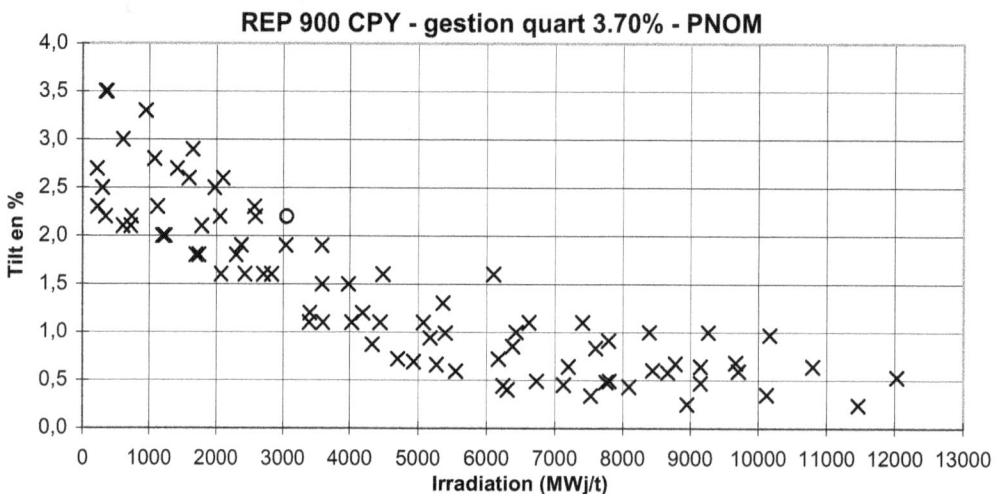

Figure 7.10. REP 900 MWe – Évolution du tilt en fonction de l'irradiation dans le cycle.

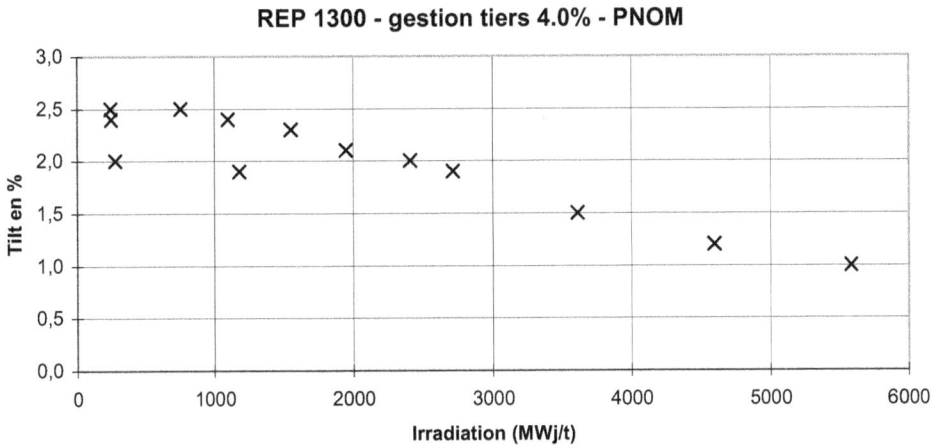

REP 1300 - gestion tiers 4.0% - PNOM

Figure 7.11. REP 1300 MWe – Évolution du tilt en fonction de l'irradiation dans le cycle.

7.2.2.5.2. Simplification des essais périodiques

La réalisation d'un essai de type EP-RPN 12 est très contraignante pour la disponibilité de la tranche et pour les équipes en charge de sa réalisation et de son traitement. On estime à deux jours par essai l'indisponibilité de la tranche pour le suivi de réseau. Il peut donc être intéressant d'alléger le programme d'essais périodiques en supprimant ce type d'essai.

L'analyse d'un grand nombre de calibrages de tranches des paliers P4 et P'4 du REP 1300 MWe pour différentes phases de fonctionnement et pour des cycles de transitions et à l'équilibre, a conduit aux constatations suivantes :

- il est possible d'utiliser une matrice [T] générique invariante tout au long du cycle, seule la matrice [S] est réactualisée avec sa périodicité mensuelle. En effet, le transfert neutronique entre la périphérie du cœur et les chaînes est un phénomène physique a priori peu dépendant des caractéristiques du cœur ;

- la matrice [T] varie légèrement entre les tranches P4 et P'4 pour des raisons liées à des différences dans la géométrie du puits de cuve (béton) ;

- les coefficients K_H, K_B qui servent à la mesure du niveau de puissance sont réactualisés avec la même périodicité de 30 jepp que la matrice [S]. Ces coefficients sont calculés par identification avec les coefficients des matrices [S] et [T].

Cette simplification des essais entraîne des progrès importants en matière d'essais périodiques RPN :

- la suppression de l'oscillation xénon entraîne un gain en disponibilité significatif ;

- l'instrumentation interne mobile (RIC) est moins sollicitée car le calibrage est réalisé sur une seule carte de flux au lieu d'une dizaine ;

- la simplicité de l'essai et sa durée d'exécution réduite permettent de le planifier de manière plus cohérente avec le programme de charge du réacteur ;

- le diminution du volume de données expérimentales à traiter réduit l'ensemble des contraintes liées aux traitements (moyens humains et matériels, procédures de vérification...), et permet d'implanter rapidement le calibrage dans l'équipement RPN afin de reprendre l'exploitation normale du réacteur.

La tranche 2 de CATTENOM a été choisie comme Tranche tête de série pour la mise en œuvre de la démarche de simplification des essais périodiques en l'an 2000. Les résultats obtenus avec l'utilisation d'une matrice [T] générique ont été conformes à ceux qui étaient attendus. La généralisation de la simplification à l'ensemble des REP 1300 MWe a été ensuite rapidement engagée à partir de mi-2001 après l'accord de l'Autorité de sûreté nucléaire.

Ce retour d'expérience peut être mis à profit sur les autres réacteurs et l'application de la démarche de simplification des essais doit se généraliser sur l'ensemble des paliers.

7.2.3. EP-RGL 4 : calibrage des groupes de compensation de puissance

Le pilotage des réacteurs EDF en mode gris repose sur l'utilisation de groupes de grappes de contrôle peu absorbants. Ces groupes permettent de compenser les variations instantanées de réactivité résultant des variations de la puissance, et ce sans déformation excessive de la distribution de puissance dans le cœur.

Cette compensation est effectuée par un ajustement de la position des groupes en fonction de la puissance demandée. Cette relation est explicitée par l'intermédiaire d'une courbe dite « courbe de calibrage » ou encore courbe G3. Les groupes sont asservis, en boucle ouverte, à une consigne fonction de la charge électrique.

Les effets de puissance étant variables en fonction de l'épuisement du combustible, il est nécessaire de réactualiser cette courbe périodiquement. Cette réactualisation est réalisée par un essai périodique RGL4 pendant la campagne naturelle. Elle se fait tous les 60 jepp pour les 1300 MWe et tous les 90 jepp pour les 900 MWe. En prolongation de campagne, on utilise des courbes génériques propres à chaque palier. Cet essai permet également de démontrer la manœuvrabilité des groupes gris en cours de campagne.

L'adaptation de la courbe G3 au fonctionnement de la tranche est vérifiée sur une rampe de baisse de charge à environ 3 % Pn/min entre 100 et 50 % Pn. Le groupe R est maintenu au milieu de sa bande de manœuvre, en manuel, et la concentration en bore est conservée constante. Ainsi, les variations de réactivité mises en jeu au cours de la baisse de charge sont dues principalement aux contre-réactions neutroniques (action des coefficients modérateur et Doppler suite à la baisse des températures moyenne cœur et combustible), à l'évolution du xénon, à l'efficacité des groupes gris en insertion et à la réactivité du cœur.

Pour tout niveau de puissance, la température de référence est définie par le point de fonctionnement. Si les groupes gris sont bien calibrés, l'insertion des groupes compense exactement le défaut de puissance lors de la baisse de charge. La température moyenne du cœur est alors exactement égale à la température de référence, en négligeant l'antiréactivité xénon et la puissance résiduelle du cœur lors du transitoire. Cependant, c'est rarement le cas, car le défaut de puissance augmente avec l'usure du combustible d'une part, et le rendement de la tranche est étroitement lié aux conditions au moment de l'essai (conditions atmosphériques par exemple) d'autre part. Il faut donc corriger la position des groupes gris.

Le bilan de réactivité s'équilibrant « naturellement » grâce à la température moyenne primaire, il y a 2 situations possibles (figure 7.12) :

- les groupes gris sont trop insérés : $T_{moy} < T_{ref}$ (exemple en zone 1),

- les groupes gris sont trop extraits : $T_{moy} > T_{ref}$ (exemple en zone 2).

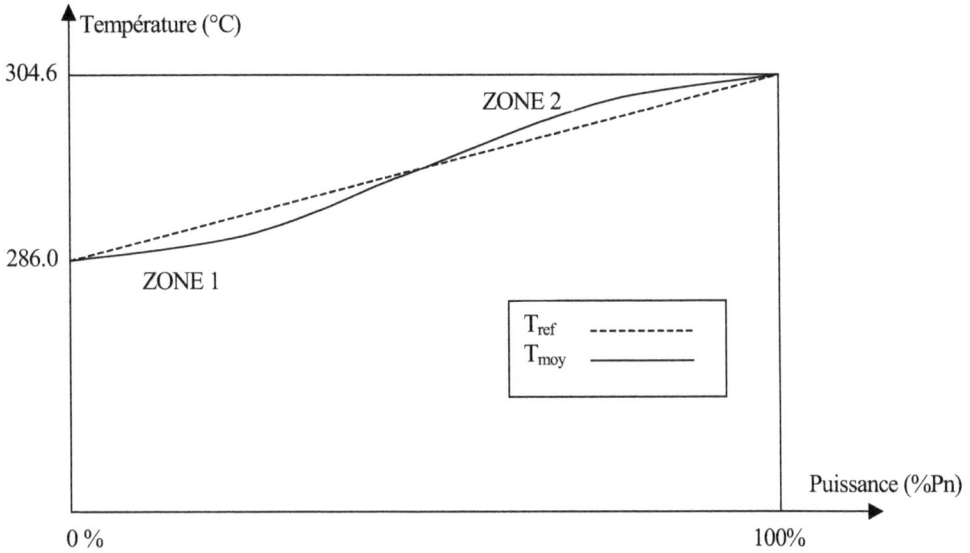

Figure 7.12. Évolution de la température en fonction du niveau de puissance.

L'écart T_{moy}-T_{ref} est donc l'image du « défaut » de la courbe de calibrage.

Lorsque la courbe de calibrage est exacte, on a à tout instant :

$\Delta\rho$ (insertion des groupes gris) = $\Delta\rho_p$ (Puissance finale - Puissance initiale)

avec $\Delta\rho_p$ le défaut de puissance qui correspond à la variation de réactivité en fonction de la variation de puissance.

On peut aussi écrire le bilan de réactivité en fonction des différents effets de contre-réactions :

$$\Delta\rho(t) = \alpha_{iso}(t)[(T_{moy}(t) - T_{ref}(t)) - (T_{moy}(0) - T_{ref}(0))] + \Delta\rho_{xénon}(t) + \Delta\rho_{calibrage}(t)$$

avec :

- $\Delta\rho(t)$ la réactivité globale à chaque instant de la baisse de charge. Elle est déduite des équations de la cinétique de Nordheim et est généralement voisine de 0 à quelques pcm près ;

- $\Delta\rho_{xénon}$ (t) la réactivité due à l'effet xénon durant le transitoire ;

- $\Delta\rho_{calibrage}$ le défaut de réactivité dû au défaut de calibrage des groupes gris ;

- $T_{moy}(0) - T_{ref}(0)$ l'écart entre la température moyenne et la température de référence à l'instant initial de la baisse de charge ;

- $T_{moy}(t) - T_{ref}(t)$ l'écart entre la température moyenne et la température de référence scrutées à l'instant t de la baisse de charge.

Les termes $\Delta\rho(t)$, $\alpha_{iso}(t)$ et $\Delta\rho_{xénon}(t)$ sont estimés à partir de données théoriques établies lors de l'étude de la recharge à différentes irradiations au cours du cycle.

On déduit immédiatement de la relation précédente :

$$\Delta\rho_{calibrage}(t) = \Delta\rho(t) - \alpha_{iso}(t)[(T_{moy}(t) - T_{ref}(t)) - (T_{moy}(0) - T_{ref}(0))] - \Delta\rho_{xénon}(t)$$

Le terme $\Delta\rho_{calibrage}(t)$ représente alors la correction de réactivité qu'il faut effectuer pour avoir en fonction du niveau de puissance $\Delta\rho(t) = 0$.

Ensuite, connaissant l'efficacité différentielle des groupes gris en fonction de leur position axiale dans le cœur (eff. diff.(z)), on déduit le nombre de pas $N(z)$ de correction à la cote z en insertion/extraction à apporter à ces groupes pour reconstituer la quantité $\Delta\rho_{calibrage}(t)$:

$$N(z) = \Delta\rho_{calibrage}(t)/eff.diff.(z)$$

On a donc déterminé la correction en nombre de pas à appliquer aux insertions des grappes G1, G2, N1 et N2 relevées pendant l'essai.

On donne dans la figure 7.13 l'allure de l'efficacité intégrale des groupes de compensation de puissance à 100 % PN :

Palier 900 MW CPY - Gestion UO2 1/4 3,7 %

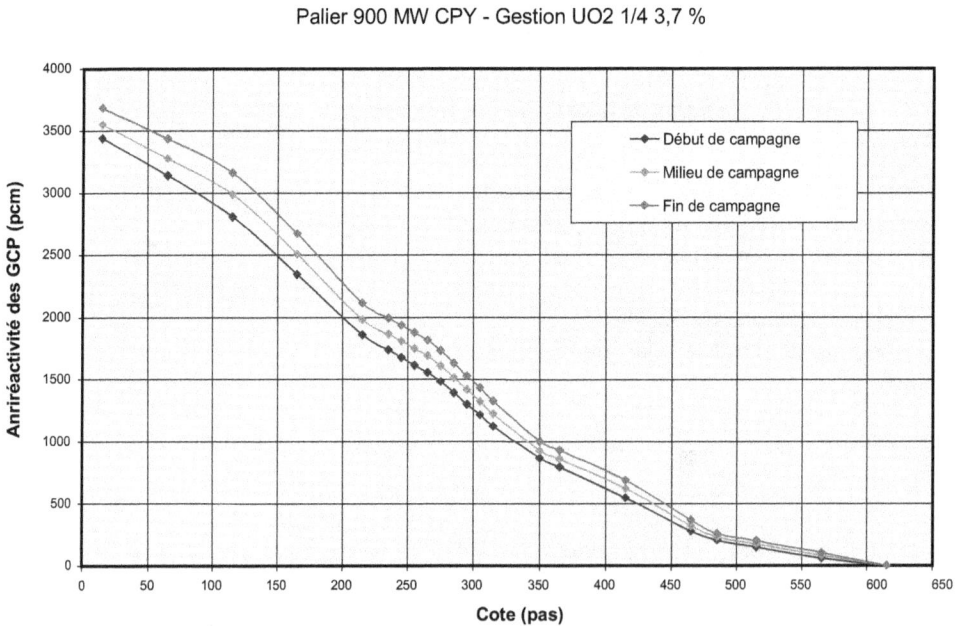

Figure 7.13. Efficacité intégrale des groupes gris.

À chaque insertion des grappes grises, corrigée de la valeur N(z) en pas, correspond une puissance du cœur déterminée à partir des relevés des températures de référence. On obtient ainsi une nouvelle courbe $P_{cœur}$ = f(insertion des groupes G1, G2, N1, N2). Cette courbe obtenue entre 100 et 50 % PN est ensuite extrapolée jusqu'à 0 % PN (figure 7.14).

REP 1300 MW en gestion GEMMES
Courbe de calibrage des Groupes de Compensation de Puissance en fonction de l'irradiation

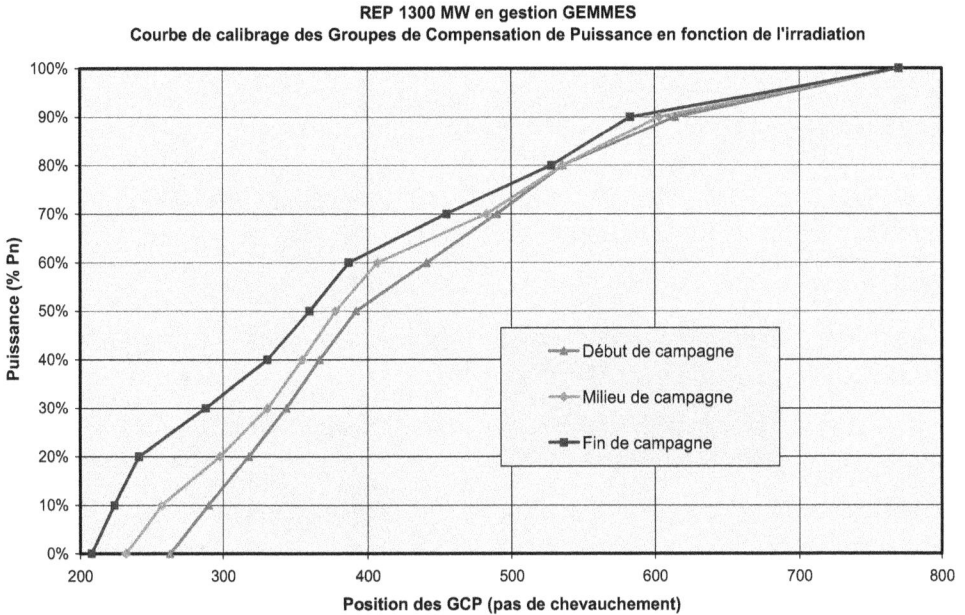

Figure 7.14. Courbes de calibrage.

Lors du dépouillement, un décalibrage partiel à l'extraction est appliqué afin de prendre en compte les incertitudes sur le positionnement des groupes, variables en fonction du niveau de puissance, de manière à limiter une éventuelle surinsertion à l'équivalent de 8 % PN au maximum (hypothèses des études sûreté). La courbe est donc baissée un peu, c'est-à-dire que pour un même niveau de puissance, les grappes s'insèrent un peu moins que la position optimale déterminée à partir des données de l'essai. Le pourcentage de correction dépend du niveau de puissance.

Enfin, la courbe obtenue est traduite en puissance électrique avant affichage selon une loi de conversion linéaire image du rendement de la tranche. Ce rendement est variable selon les conditions d'exploitation du moment.

7.3. Conclusion

Le programme d'essais périodiques cœur vient compléter le programme d'essais au redémarrage en permettant de suivre de façon régulière l'évolution de la tranche au cours de la campagne naturelle et de la prolongation de cycle. Les données mesurées lors des essais périodiques permettent de réactualiser les paramètres de protection du réacteur ainsi que le positionnement des groupes de compensation de puissance.

Les principes des essais périodiques sont largement conditionnés par les contraintes technologiques des systèmes de mesure des paramètres physiques du cœur et par le système de protection associé. Cependant, le retour d'expérience acquis en la matière peut être valorisé pour optimiser et simplifier les essais tout en améliorant la disponibilité de la tranche et en maintenant les performances vis-à-vis de la sûreté. Un exemple est la mise en application de la démarche de simplification des Essais périodiques RPN des REP 1300. Cette démarche est appelée à être étendue aux autres paliers.

Références

Bilan thermique des centrales REP - Doctrine du bilan thermique de référence BIL100 ou BILXXX, Note technique EDF D4002/43.3/94.44.

Centrales nucléaires EDF de 1300 MWe, EDF/DE/ ED 5077.

Chapitre IX de référence des Règles Générales d'Exploitation - Lot 93 - GEMMES Palier P'4, Note technique EDF D4510/EX/97.477.

Granier V., *La surveillance du cœur en exploitation*, Rapport de stage génie atomique, 2001.

Hévin J.D., *Bilan thermique de la chaudière BIL100*, Formation interne.

Les effets physiques sur le cœur mis en jeu lors des variations de puissance, Revue Générale Nucléaire – Année 2007 N°3 mai-juin.

Mourlevat J.L., Le Noan P., *Calibrage des chambres externes d'instrumentation nucléaire*, RGN 1995 N°2 mars – avril.

Rivailler J., *EP-RPN 11 et 12 - Essais de calibrage des chambres externes de puissance*, Formation interne UNIPE.

Système de protection des REP

Introduction

La protection du public contre les conséquences d'une libération de produits de fission repose sur l'interposition en série de barrières étanches. Nous décrivons dans ce chapitre les risques liés à la première barrière, le gainage du combustible, et les phénomènes physiques qui les sous-tendent. Les protections élaborées pour prévenir ces risques sont ensuite détaillées. On présente alors le système de protection des réacteurs du palier 1300 MWe et N4 et les différences avec les protections utilisées sur le palier 900 MWe.

Enfin, afin d'illustrer la présentation des principes de conception des systèmes de protection, l'accident d'éjection de grappe et les protections associées sont présentés.

8.1. Risques et protections de la première barrière

8.1.1. Risques liés à la première barrière

En condition de fonctionnement de catégorie 2 (*cf.* chapitre 9), l'intégrité de la première barrière est assurée si on peut éviter la crise d'ébullition (caléfaction) et la fusion de la pastille combustible. Pour les catégories 3 et 4, un nombre restreint de crayons ou une fraction limitée de pastilles peuvent être soumis à ces deux risques. Pour les accidents de catégorie 4, on cherche à garantir le maintien d'une géométrie refroidissable du cœur en évitant toute oxydation et fragilisation de la gaine à haute température par réaction zircaloy-eau ainsi que toute explosion du fait de la production d'hydrogène associée à cette réaction, tout en cherchant à éviter une rupture du crayon combustible par dépôt d'énergie élevée.

8.1.1.1. La crise d'ébullition

Au contact de la gaine, le fluide s'échauffe et atteint les conditions de saturation. Des bulles de vapeur apparaissent alors à l'interface fluide/gaine à partir d'une certaine hauteur dans le cœur. C'est le phénomène d'ébullition nucléée. Ce régime se caractérise par un très bon échange entre la gaine et le caloporteur. Malheureusement, il est instable et une légère augmentation du flux thermique peut alors conduire à une brutale dégradation de l'échange thermique.

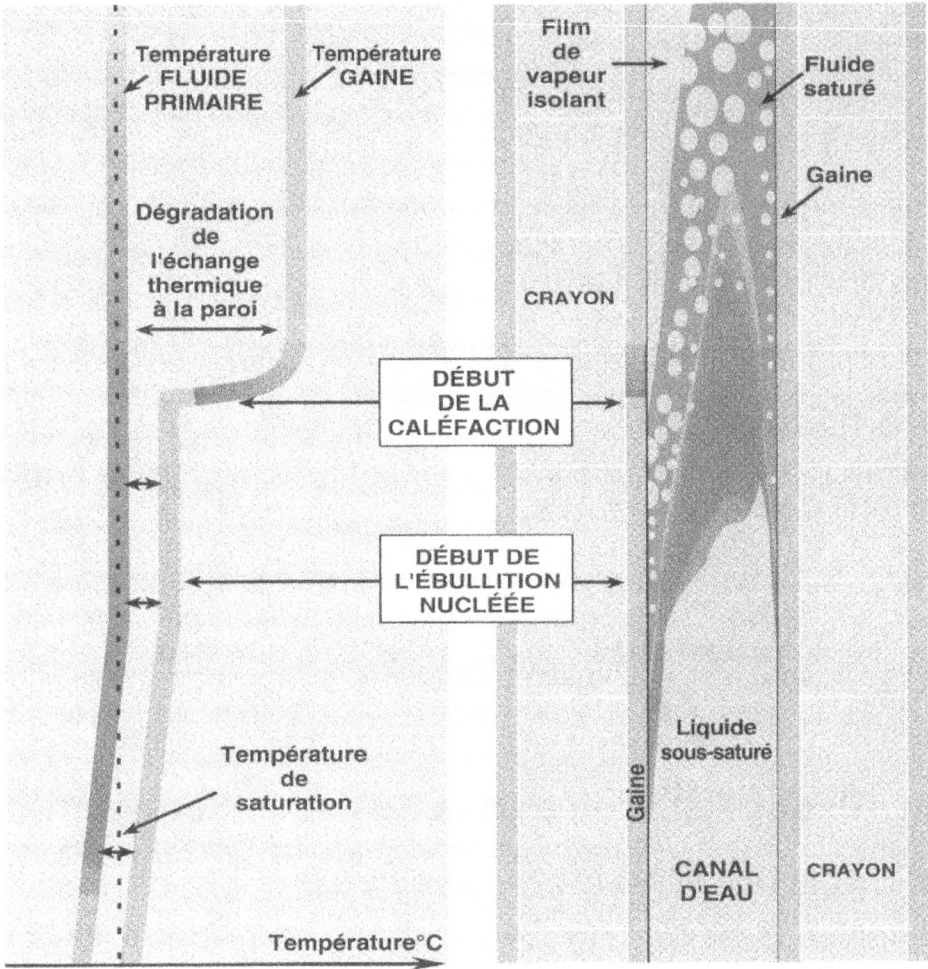

Figure 8.1. Apparition de la crise d'ébullition.

Le phénomène de crise d'ébullition est la formation d'un film continu de vapeur à la surface de la gaine du combustible (figure 8.1). Ce film de vapeur se crée lorsque le flux thermique est suffisamment élevé. Il va jouer le rôle d'isolant thermique et provoquer une dégradation brutale de l'échange thermique entre la gaine et le fluide primaire. L'énergie produite dans le combustible n'est alors plus correctement transmise au fluide primaire et la température de la gaine augmente de manière très importante.

On appelle *Departure from Nucleate Boiling* (DNB) le début de la crise d'ébullition ou la fin de l'ébullition nucléée. Deux grandeurs physiques sont calculées pour estimer le risque de crise d'ébullition :

- le flux critique Φ_c,

- le REC, Rapport d'échauffement critique ou DNBR (DNB Ratio) ou encore Rapport de Flux Thermique Critique (RFTC).

Le REC est défini par :

$$REC = \frac{\text{Flux thermique critique}}{\text{Flux thermique local}} = \frac{\Phi_c}{\Phi_l}$$

Le flux critique est, par définition, la valeur du flux transmis au liquide à partir de laquelle il y a apparition du phénomène de crise d'ébullition. La valeur du flux critique dépend des paramètres locaux du fluide primaire tels que la pression, la température, le débit, le titre, etc.

Pour estimer la valeur du flux critique, on utilise des corrélations empiriques basées sur des résultats expérimentaux obtenus dans des boucles d'essais. Dans les REP d'EDF, on utilise principalement les corrélations W3 et WRB1 d'origine Westinghouse.

Pour les accidents de classe 2, il est requis que le flux local soit inférieur au flux critique pour éviter la crise d'ébullition. Mais, la valeur du flux critique, élaborée à partir d'une corrélation, est entachée d'une incertitude globale résultant de la dispersion des résultats expérimentaux et de la qualité statistique de la corrélation. Pour s'assurer à 95 % de ne pas avoir de crise d'ébullition dans le cœur, on impose le respect de critères suivants concernant le REC :

- REP 900 MWe et 1300 MWe : REC > 1,17 pour la corrélation WRB1.

La corrélation WRB1 est valable dans un domaine de pression moins étendu que la corrélation W3. Elle permet de couvrir néanmoins l'essentiel des accidents du Rapport de sûreté à l'exception des accidents de refroidissement. Pour ces accidents, au cours desquels la pression descend en dessous de 70 bar (cas de l'accident de RTV par exemple), la corrélation W3 avec un critère spécifique (REC > 1,45) est utilisée.

8.1.1.2. Fusion du combustible

Rappelons qu'afin d'éviter la fusion du combustible, la température au centre de la pastille ne doit pas dépasser 2590 °C (figure 8.2). Cette valeur correspond à la température de fusion de l'UO_2 diminuée de l'effet de l'irradiation et des incertitudes.

Pour les transitoires de condition 2, la température au centre de la pastille est directement liée à la puissance linéique locale du combustible. Le critère de température de 2590 °C est respecté si la puissance linéique locale est inférieure à 590 W/cm.

8.1.1.3. Oxydation et fragilisation de la gaine

Le zirconium réagit avec l'eau pour donner un oxyde de zirconium, la zircone, qui fragilise la gaine avec dégagement d'hydrogène. Les caractéristiques mécaniques de la gaine se dégradent donc en fonction de son degré d'oxydation (figure 8.3).

La réaction d'oxydation du zirconium est :

$$Zr + 2H_2O \rightarrow ZrO_2 + 2H_2 + \text{chaleur}$$

Cette réaction est donc exothermique. Les degrés d'oxydation et de fragilisation de la gaine dépendent des températures atteintes et des durées de maintien à ces températures, la réaction devient significative vers 900 °C et s'emballe vers 1200 °C.

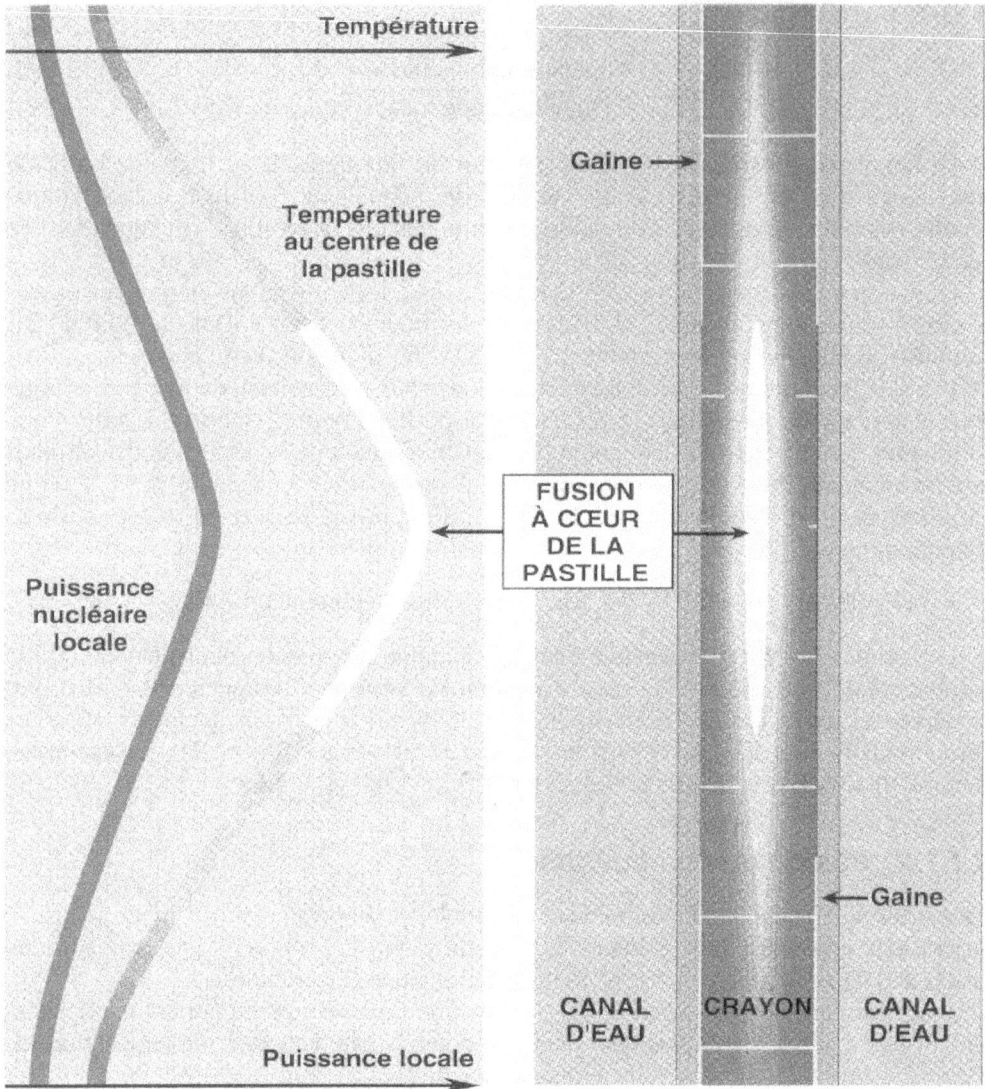

Figure 8.2. Fusion du crayon combustible.

Pour garantir en condition 4 le maintien d'une géométrie refroidissable du cœur, les critères de température sur la gaine sont fonction de la rapidité du transitoire :

1. sur des transitoires « lents », avec dénoyage du cœur pendant plusieurs minutes, la température de la gaine doit rester inférieure à 1204 °C,

2. sur des transitoires « rapides », avec assèchement de la gaine de durée inférieure à la seconde, la température peut être plus importante mais doit rester inférieure à 1482 °C.

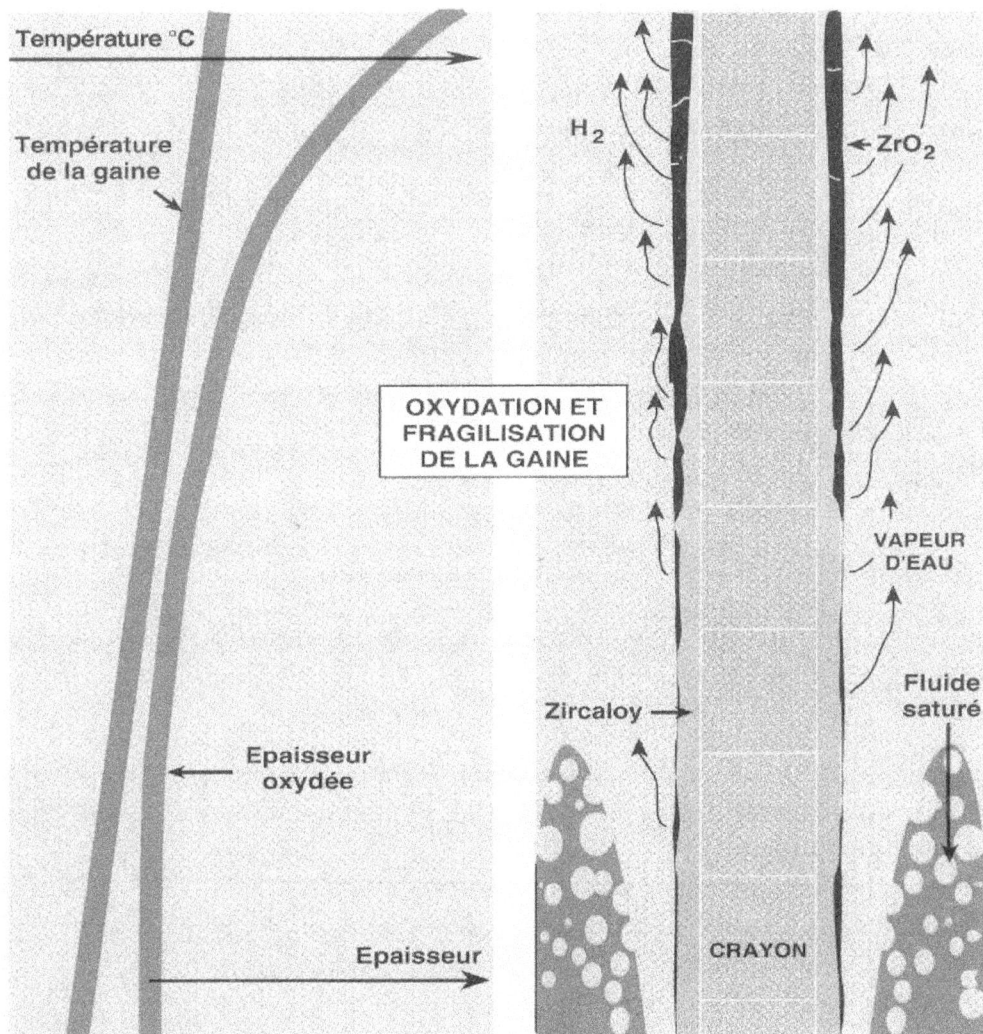

Figure 8.3. Oxydation et fragilisation de la gaine.

8.1.1.4. *Rupture du crayon par dépôt d'énergie élevé*

Lors d'un accident de réactivité comme l'éjection de grappe par exemple, des pics de puissance nucléaire très brefs mais extrêmement élevés peuvent entraîner la rupture du crayon combustible.

Deux modes de rupture du crayon combustible sont considérés (figure 8.4) :

- la rupture simple par crise d'ébullition suivie de l'oxydation de la gaine où le crayon rompu garde sa géométrie d'ensemble ;

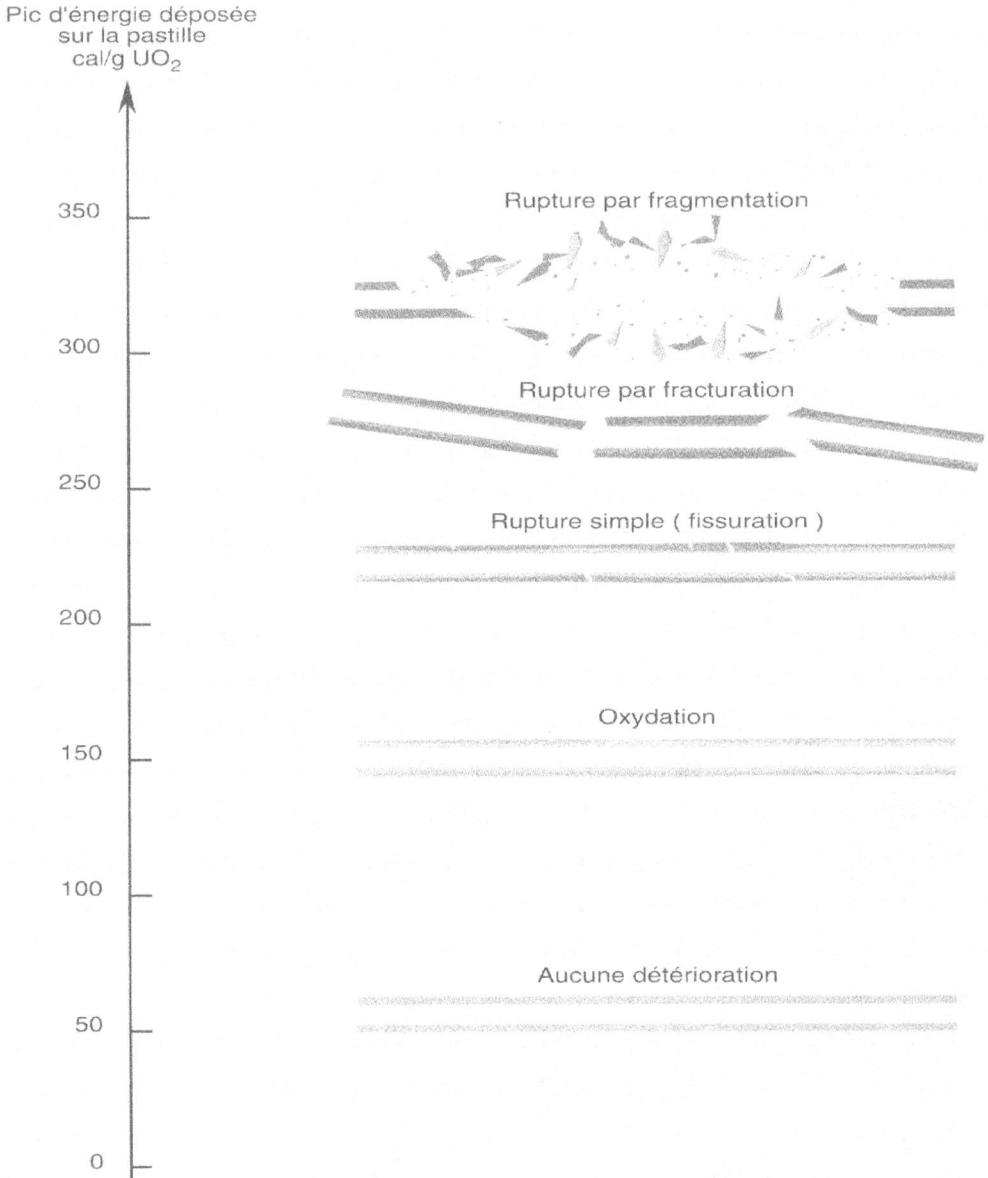

Figure 8.4. Modes de rupture du crayon combustible.

- la rupture du crayon par fragmentation, observée lors d'expériences de type RIA (Reactivity Initiated Accident), pour des énergies déposées fortes où le crayon perd complètement sa géométrie avec dissémination du combustible dans le circuit primaire.

Si le mode de rupture simple est admissible en catégorie 4 de fonctionnement, le mode de rupture par fragmentation ne l'est pas.

Par rapport aux transitoires RIA attendus en REP pour le combustible fortement irradié, la base des essais expérimentaux CABRI et les analyses associées garantissent l'intégrité de la gaine :

- pour des crayons corrodés jusqu'à 120 µm irradiés jusqu'à 63 GWj/t, soit un *burn-up* moyen assemblage supérieur à 52 GWj/t (le critère étude retenu est à 100 µm) ;

- pour des dépôts d'énergie inférieurs à 57 cal/g (non-dispersion assurée jusqu'à un dépôt d'énergie de 92 cal/g) ;

- pour des températures maximales de gaines atteignant jusqu'à 700 °C ;

- pour des pulses dont la largeur à mi-hauteur est supérieure à 30 ms.

Ces critères empiriques sont cohérents, du moins en ce qui concerne l'énergie déposée sur le crayon, avec des résultats d'essais japonais qui ont conduit aux constatations présentées dans le tableau 8.1.

Tableau 8.1. Conséquences de la rupture du crayon par dépôt d'énergie élevé.

Énergie déposée	Conséquence
< 210 cal/g	Pas de rupture de gaine
entre 210 cal/g et 285 cal/g	Rupture simple de la gaine
entre 285 cal/g et 324 cal/g	Possibilité de rupture par fragmentation
> 324 cal/g	Rupture par fragmentation et dispersion de l'UO_2

8.1.1.5. *Interaction pastille gaine*

Le phénomène d'interaction pastille gaine constitue aussi un risque vis-à-vis de la première barrière. Ce phénomène a été décrit au chapitre 4. Nous rappelons ici brièvement les origines physiques du phénomène.

Soumises à une irradiation neutronique intense, les pastilles d'UO_2 et la gaine sont le siège de déformations qui modifient l'épaisseur du jeu pastille gaine (figure 8.5).

Le combustible est soumis aux effets suivants :

- la densification : en début de vie, l'élimination des micro-porosités du combustible fritté conduit à une diminution du volume des pastilles d'UO_2 ;

- le gonflement : en cours de cycle, la rétention des produits de fission gazeux et solides se traduit par un accroissement du diamètre des pastilles ;

- la fissuration : elle est due au fort gradient de température interne ;

- la dilatation thermique : la génération de chaleur, hétérogène en raison du gradient thermique, se traduit par une déformation des pastilles (en diabolo).

La gaine pour sa part est soumise à :

- l'allongement du tube zircaloy dû à son anisotropie cristalline ;

- la dilatation thermique radiale, plus faible que celle du combustible ;

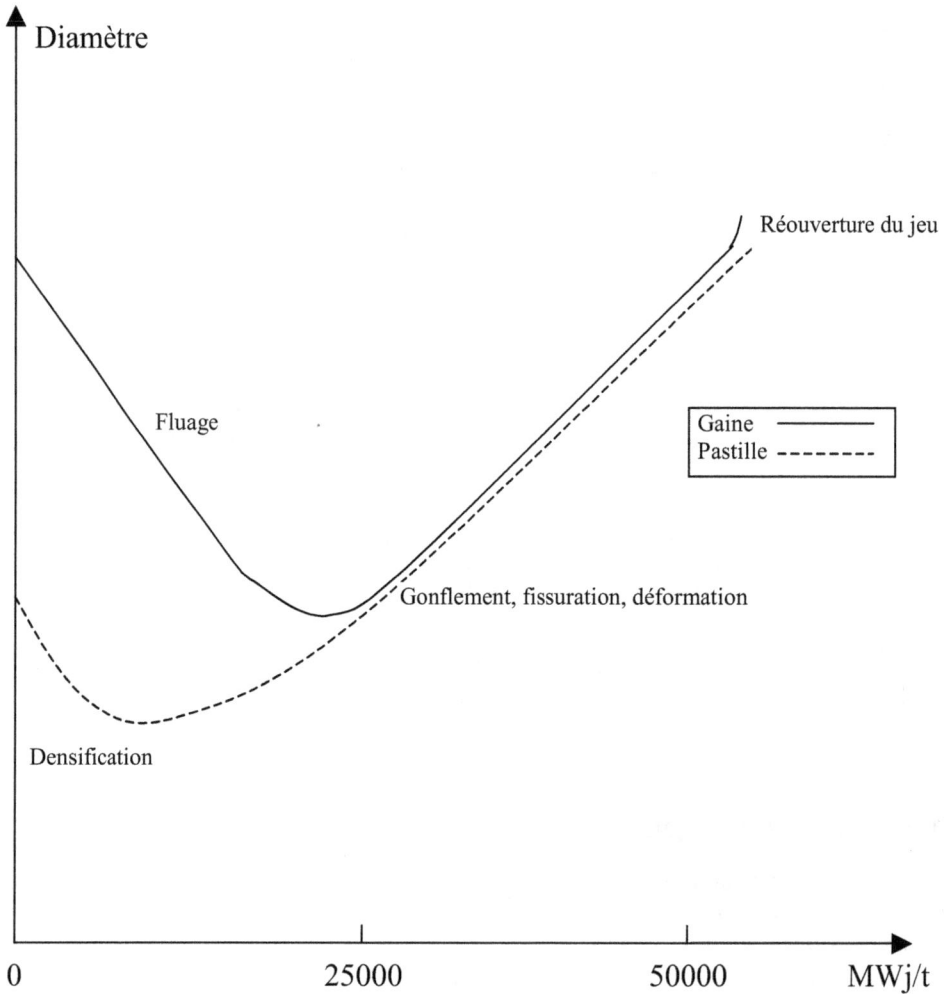

Figure 8.5. Évolution des diamètres de la pastille et de la gaine.

- le fluage radial vers l'extérieur sous l'effet de la pression des gaz de fission en cours d'irradiation ;

- la corrosion chimique interne par les produits de fission (l'iode en particulier) et externe par le réfrigérant.

Lorsque le jeu pastille gaine est comblé, la gaine est le siège de contraintes de traction qui, en augmentant lors d'une variation de puissance, peuvent entraîner une fissuration voire une rupture du gainage, affectant ainsi l'intégrité de la première barrière de protection.

À puissance stable, le niveau des contraintes de traction est modéré et quasi-constant. On dit alors que le crayon est conditionné à la puissance d'irradiation. L'amplitude des contraintes de traction ne représente pas un danger pour l'intégrité de la gaine.

En cas de transitoire de puissance en fonctionnement normal ou accidentel de classe 2, la variation de puissance linéique résultant de l'augmentation de puissance globale du cœur combinée à la déformation de la distribution de puissance peut être importante, en particulier au voisinage des assemblages grappés. En cas de baisse de puissance au-delà de huit heures, il s'amorce un déconditionnement local du crayon dû au fluage de la gaine vers l'intérieur et au léger gonflement du crayon lors du palier bas de puissance. En exploitation, on décompte précisément les durées de Fonctionnement Prolongé à Puissance Intermédiaire (typiquement en dessous de 90 % pour une durée supérieure à 8 heures par période de 24 heures). L'importance du déconditionnement dépend de l'amplitude de la variation de charge, de l'évolution de la distribution axiale de puissance, de la position de l'assemblage dans le cœur, notamment vis-à-vis des grappes de contrôle.

Le phénomène IPG limite donc la souplesse de fonctionnement du réacteur, sur tous les paliers. Actuellement, on impose des restrictions sur la durée de fonctionnement à puissance intermédiaire sous forme d'un crédit, sur les vitesses de remontée en puissance et sur le type de fonctionnement (suivi de réseau ou fonctionnement en base). En effet, l'état thermomécanique du crayon se construit en fonctionnement normal avant un éventuel transitoire incidentel. Moyennant le respect des STE (crédits et alarmes) et un réglage adapté des seuils de protection, les études montrent qu'il n'y a pas de risque de rupture par IPG.

En catégorie 2, les situations suivantes doivent être considérées :

- augmentation excessive de charge par ouverture en grand des vannes vapeur, entraînant une excursion de puissance primaire au-delà de 100 % PN ;

- retrait incontrôlé d'une grappe de contrôle en puissance, ces deux transitoires entraînant une intervention des protections $\Delta T_{surpuissance}$ et $\Delta T_{température\ élevée}$ (900 MWe) ou puissance linéique élevée (1390 MWe) ;

- chute de grappe avec retour en puissance sous l'effet de refroidissement du cœur et de l'intervention de la régulation de température moyenne avec une distribution de puissance dégradée (radialement et axialement).

L'accident de dilution homogène, en raison de sa cinétique lente, autorise une relaxation des contraintes et n'entraîne donc pas de rupture IPG lors des transitoires accidentels de condition 2.

Pour se prémunir contre le risque IPG, il importe donc de contrôler les augmentations de puissance locales.

Une approche en trois volets mettant en jeu la protection, la surveillance et les STE a été retenue pour répondre à cette nécessité.

La première consiste à dimensionner le seuil d'arrêt automatique par puissance linéique suffisamment bas pour limiter les augmentations de puissance dans les crayons à risque IPG tout en surveillant la puissance maximale au point chaud.

Ces dimensionnements permettent de couvrir le risque IPG en cas de retrait incontrôlé de groupe de puissance ou d'augmentation excessive de charge.

Pour les REP 1300 MWe, afin de ne pas trop se pénaliser vis-à-vis des situations de fonctionnement normal et aussi pour pouvoir assurer avec un seuil unique une protection IPG efficace dans une grande variété de situations accidentelles caractérisées par des configurations de grappes diverses, le dimensionnement du seuil est associé à la prise en compte d'une majoration (à travers les Fxy(z) implantés dans le SPIN) des puissances linéiques modulées en fonction des diverses configurations de grappes limitatives en classe 2.

L'optimisation de la valeur du seuil de protection par puissance linéique a conduit par ailleurs à limiter à l'aide d'une alarme de surveillance durant la longueur naturelle de campagne les valeurs positives de déséquilibre axial de puissance à +6 % à 100 % PN et à +15 % à 15 % PN, pour assurer la tenue à l'IPG en cas d'accident de chute de grappes n'entraînant pas l'intervention des protections.

La seconde approche vise à éliminer les cas les plus pénalisants de chute de grappe, à savoir les chutes de deux grappes non détectées par le système de protection en logique 2/4 (2 chaînes externes doivent détecter la chute).

En fait, la prise en compte de l'IPG en classe 2 impose de pouvoir détecter à tout moment la chute de 2 grappes en début de campagne. Or, les études menées sur le sujet montrent que dans certains cas, cette détection n'est pas garantie.

La solution consiste à « forcer », en logique 1/4, l'arrêt automatique par $d\phi/dt$ négatif, en fixant le seuil RECS du rapport d'échauffement critique à une valeur arbitrairement élevée de 4, en début de campagne. Le seuil RECS est ramené à sa valeur initiale à partir de 3000 MWj/t.

Le troisième aspect concerne le suivi de l'état thermomécanique du cœur dans le cadre des Spécifications techniques d'exploitation. La fréquence et la durée des variations de puissance en fonctionnement normal fragilisent la gaine par un accroissement des contraintes. Une limitation du Fonctionnement prolongé à puissance intermédiaire (FPPI) a donc été introduite en complément des majorations évoquées ci-dessus. Cette limitation, de l'ordre de quelques dizaines de jours, est régie par un facteur K, image des marges disponibles en contrainte entre la limite technologique du combustible, et la contrainte locale maximale atteinte pour tout transitoire de classes 1 et 2.

Une approche analogue mettant en jeu les protections ΔT, les alarmes bornant le domaine du fonctionnement normal et les STE (suivi du crédit IPG) est utilisée sur le palier 900 MWe pour différentes gestions.

8.1.2. Protection vis-à-vis des risques liés à la première barrière

Les protections du réacteur sont dimensionnées vis-à-vis des deux premières barrières (gaine et circuit primaire). La tenue de la troisième barrière (enceinte de confinement) fait appel aux systèmes de sauvegarde comme l'aspersion de sûreté de l'enceinte (EAS). Nous présentons ici uniquement les protections vis-à-vis de la gaine. Les systèmes de protection des REP 900 MWe, 1300 MWe et N4 sont ensuite globalement décrits au paragraphe 8.2.

8.1.2.1. Tranches REP 900 MWe

Les protections élaborées sont :

- ΔT_{TE} - température élevée pour le risque de crise d'ébullition,
- ΔT_{SP} - surpuissance pour le risque de fusion de l'UO_2.

Ces deux protections interviennent aussi dans la protection vis-à-vis du risque IPG. La définition de ces protections repose sur les principes suivants :

- on se donne un seuil de puissance thermique maximale à ne pas dépasser ;

- l'image de la puissance thermique choisie est la différence de température ΔT entre l'entrée et la sortie du cœur ;

- une consigne $\Delta T^{consigne}$ à ne pas dépasser est élaborée. Celle-ci est fonction de l'évolution de certains paramètres :

  - $\Delta T_{TE}^{consigne}$ = f (pression, température primaire, vitesse des pompes primaires, déformation du flux) ;

  - $\Delta T_{SP}^{consigne}$ = f (température primaire, vitesse des pompes primaires, déformation du flux) ;

- le $\Delta T^{consigne}$ variable est ensuite comparé au ΔT réel.

En fait, la prise en compte de la température primaire et de la vitesse des pompes pour la protection ΔT_{SP} ne correspond pas à une augmentation réelle du risque mais à une compensation du fait que la différence des températures d'entrée et de sortie du cœur n'est pas directement représentative de la puissance thermique ; entre les deux interviennent le débit volumique associé à la vitesse des pompes, la masse volumique et la chaleur spécifique associées à la température moyenne.

Pour la protection ΔT_{TE}, la dépendance à P, Tm et Ωpp résulte directement de l'influence de ces paramètres physiques sur le risque de crise d'ébullition.

La dépendance à la différence axiale de puissance (paramètre ΔI = AOxPr) a pour objectif la prise en compte des formes axiales présentant des points chauds importants en partie basse ($\Delta I < 0$) ou en partie haute ($\Delta I > 0$) du cœur. Les points de consigne de la protection sont donc abaissés au-delà d'une valeur de ΔI positive et en deçà d'une valeur négative de ΔI.

Ces protections fonctionnent en logique 2/3 avec 3 niveaux d'intervention :

- alarme,

- réduction automatique de charge (consignes C3 et C4) : $\Delta T = \Delta T^{consigne} -3\ \%$,

- arrêt automatique réacteur : $\Delta T = \Delta T^{consigne}$.

Les seuils sont génériques mais des réglages sont appliqués au cas par cas sur chaque boucle en fonction des caractéristiques spécifiques de la tranche pour se ramener au ΔT_{boucle} de référence aux conditions nominales.

8.1.2.2. Tranches REP 1300 MWe

Les protections sont :

- « Bas REC » contre le risque de crise d'ébullition ;

- « Puissance linéique élevée » contre le risque de fusion de l'UO_2 et IPG.

L'utilisation d'un Système de protection intégré numérique, le SPIN, et l'existence de chambres de mesure de flux multi-étagées à six sections, au lieu de deux sur les REP 900 MWe, permettent de mieux reconstituer en ligne la répartition axiale de puissance dans le cœur et de calculer plus finement les conséquences des valeurs des divers paramètres sur le risque concerné.

Le REC et la puissance linéique maximum sont calculés dans le SPIN en fonction :

- des températures entrée et sortie cœur,

- du débit primaire,

- de la pression primaire,

- de la distribution axiale de puissance issue des chambres multi-étagées,

- des positions de grappes (distribution radiale par configuration de grappes).

Les actions des chaînes de protection sont en logique 2/4 (tableau 8.2).

Les valeurs exactes de ces protections sont données dans les Spécifications techniques d'exploitation des tranches concernées.

Tableau 8.2. Actions des protections REP 1300 MWe.

« bas REC »	Puissance linéique élevée
• REC < 2,59 à 1,95 (suivant la cote) → RECS	• P. linéique > 368 W /cm → Signal C4 (Réduction automatique de charge)
• REC < 1,64 → Signal C3 (Réduction automatique de charge)	• P. linéique > 379 W /cm → AAR
• REC < 1,52 → AAR	

8.1.2.3. Tranches N4

Les principes et les protections adoptés sur le palier N4 sont similaires à ceux du palier REP 1300 MWe.

8.1.2.4. Protections spécifiques aux variations incontrôlées de réactivité

Ces protections sont liées directement à la valeur du flux neutronique ou à sa vitesse de variation. Les signaux sont similaires sur le 900 MWe et le 1300 MWe (tableaux 8.3 et 8.4).

8.2. Systèmes de protection des REP du parc EDF

Cette présentation du système de protection des réacteurs à eau pressurisée du parc d'EDF comprend une description des études de son dimensionnement (définition de la structure de chaque chaîne de protection, détermination des seuils d'arrêt automatique et des termes de compensation dynamique), ainsi qu'un bref aperçu de la constitution technologique du système.

Tableau 8.3. Protections par flux neutronique élevé.

PROTECTIONS	900 MWe		1300 MWe	
	Logique	Consigne	Logique	Consigne
Flux élevé chaînes sources	1/2	10^5 c/s	2/4	10^5 c/s
Flux élevé chaînes intermédiaires	1/2	25 % PN	2/4	25 % PN
Flux élevé chaînes de puissance (seuil bas)	2/4	25 % PN	2/4	25 % PN
Flux élevé chaînes de puissance (seuil haut)	2/4	109 % PN	2/4	109 % PN

Tableau 8.4. Protections par variation rapide du flux neutronique.

PROTECTIONS	900 MWe		1300 MWe	
	Logique	Consigne	Logique	Consigne
Variation rapide de flux à la montée ($d\Phi/dt > 0$)	2/4	+5 % PN	2/4	+5 % PN
Variation rapide de flux à la baisse ($d\Phi/dt < 0$)	2/4	−5 % PN	2/4 (1/4 si REC < RECS)	−5 % PN

Le système de protection des REP a évolué de façon importante entre les paliers 900 MWe et 1300 MWe. Cette évolution a résulté de deux types de motivations :

- une motivation à caractère fonctionnel : améliorer la précision du calcul en continu des marges par rapport aux limites physiques du cœur.

  Ceci est réalisé en remplaçant des calculs simples mais pénalisants (afin de garantir la sûreté de l'installation) par des calculs plus complexes de marges. Ces derniers permettent une évaluation en ligne plus réaliste des marges de sûreté et autorisent par conséquent une plus grande souplesse d'exploitation de la centrale. La possibilité de réaliser des calculs complexes avec des temps de traitement de l'ordre de la seconde (exigence associée au rôle de protection) impliquait le passage d'une technologie analogique à une technologie numérique ;

- une motivation à caractère matériel : mise à niveau technologique et facilité de maintenance.

Ces améliorations nécessitaient, elles aussi, le passage à une technologie numérique.

8.2.1. Conception du système de protection

Le système de protection a pour mission d'assurer la bonne tenue des différentes barrières en cas d'accident sur l'installation nucléaire.

Il comprend deux ensembles de moyens de protection de l'installation :

- *le système d'arrêt automatique*

  Ce système conduit à un arrêt rapide du réacteur par chute dans le cœur de grappes de crayons absorbants et à l'arrêt de la turbine par fermeture des vannes réglant l'admission de la vapeur à la turbine. Le signal d'arrêt automatique est fourni par différentes chaînes de protection, chaque chaîne étant constituée d'un dispositif de mesure d'une ou plusieurs grandeurs caractérisant l'état du réacteur (puissance, température, débit ...), d'une chaîne de traitement des informations analogique pour le palier 900 MWe et numérique pour les paliers 1300 MWe et N4 et d'un dispositif de comparaison de l'information ainsi générée à une valeur prédéterminée (seuil d'arrêt automatique ou point de consigne d'arrêt automatique), le dépassement du seuil conduisant alors à l'arrêt automatique.

- *le système de sauvegarde*

L'action d'arrêt automatique du réacteur peut parfois s'avérer insuffisante à court ou à long terme et doit être complétée par des actions dites de sauvegarde. Il s'agit essentiellement :

- du démarrage du système d'injection de sécurité (RIS) qui permet, en cas de brèche primaire, de compenser la perte de fluide primaire et, en cas de brèche secondaire, de compenser l'augmentation de réactivité du cœur résultant de son refroidissement par injection d'eau borée dans le primaire ;

- du démarrage de l'eau alimentaire de secours (ASG) assurant la réalimentation en eau des générateurs de vapeur en cas de perte de l'eau alimentaire normale (perte du réseau, rupture de tuyauterie d'eau alimentaire normale, ...) ;

- du démarrage de l'aspersion dans l'enceinte (EAS) en cas de brèche primaire et secondaire ;

- du démarrage de systèmes assurant des actions d'isolement de l'enceinte, des lignes vapeur ou de l'eau alimentaire normale.

Nous limiterons la présentation du système de protection au système d'arrêt automatique du réacteur et plus précisément à l'aspect protection du cœur (intégrité de la première barrière). La protection du circuit primaire est en effet assurée par le système d'arrêt automatique mais également par d'autres systèmes (vannes et soupapes installées sur les circuits primaires et secondaires, intervention des systèmes de sauvegarde).

8.2.1.1. *Critères de conception*

La conception du système de protection comprend :

- la définition des chaînes de protection (paramètres mesurés, traitement de l'information) ;

- le calcul des seuils d'arrêt automatique.

Cette conception nécessite une analyse théorique complexe passant par l'utilisation de codes de calcul simulant le comportement du réacteur lors des transitoires accidentels. Les seuils sont choisis de façon à assurer le respect des limites d'intégrité des trois barrières :

- L'intégrité de la première barrière est garantie, comme nous l'avons vu, par :

- la non-fusion au centre de la pastille en tout point du cœur. Cette limitation permet d'éviter un dommage pouvant notamment résulter d'un contact entre l'oxyde d'uranium fondu et la gaine. À cette fin, la température au centre de la pastille est limitée à 2590 °C. Cette limite est traduite dans la conception du système par une limite sur la puissance linéique (590 W/cm = surpuissance maximale) ;

– la non-crise d'ébullition en tout point du cœur. La crise d'ébullition conduit à un échauffement excessif de la gaine. Cette limite est traduite dans la conception du système de protection par une limite sur le rapport de crise d'ébullition (REC) égale à 1,17 avec la corrélation WRB1 utilisée généralement pour les études.

Ces critères doivent impérativement être respectés pendant les accidents de classe 2 les plus fréquents (probabilité de 10^{-2} à 1/tranche/an). Pour les accidents dont la fréquence d'apparition est plus faible (classe 3 et 4), ces critères peuvent être dépassés sur un nombre limité de crayons mais le système de protection assure une limitation des doses relâchées.

Les études relatives à la tenue de la première barrière en cas d'accident figurent dans le Rapport de sûreté.

- L'intégrité de la deuxième barrière est garantie par :

– le non-dépassement de la pression de calcul (172,3 bar) et la démonstration de la tenue à la fatigue en catégorie 2 ;

– une étude des contraintes subies par les matériaux en catégories 3 et 4 et une comparaison à des critères liés aux déformations maximales admissibles. De plus, la pression maximale ne doit pas dépasser 120 % de la pression de calcul en catégorie 3.

Les études relatives à la tenue de la deuxième barrière en cas d'accident figurent dans le « dossier des situations de conception du Circuit primaire principal » et dans les « dossiers d'analyse de contraintes du CPP ».

- La démonstration de l'intégrité de la troisième barrière est assurée par :

– l'étude des transitoires de pression enceinte en APRP et en RTV où on montre le non-dépassement de la pression de calcul compte tenu de l'interaction des différentes sauvegardes (démarrage EAS, isolement eau alimentaire principale, ...). Ces études figurent dans le Rapport de sûreté.

8.2.1.2. *Les différentes chaînes de protection*

Les différentes chaînes de protection sont constituées à partir des mesures effectuées pour surveiller l'état de l'installation : mesure du flux neutronique, de la température du réfrigérant primaire, de la puissance thermique, des pressions et débits primaire et secondaire.

On peut distinguer deux types de chaînes de protection :

- les protections rapides ou globales, caractérisées par le fait qu'elles ne surveillent qu'un seul des paramètres caractérisant l'état de l'installation. Ces protections, de par leur simplicité, ont un faible temps de réponse. Elles interviennent lors d'accidents rapides caractérisés par une évolution brutale d'un seul des paramètres comme la perte du débit primaire par exemple ;

- les protections complexes, dites lentes ou locales, caractérisées par le fait qu'elles surveillent un ensemble de paramètres fondamentaux de l'état du réacteur : puissance thermique représentée par l'élévation de température ΔT, température moyenne du fluide primaire, pression primaire, distribution axiale de puissance ou déséquilibre de puissance axiale entre le haut et le bas du cœur. Elles interviennent au cours de transitoires plus lents au cours desquels ces paramètres varient simultanément.

Pour les réacteurs 900 MWe, elles sont constituées par les deux chaînes suivantes :

- la chaîne ΔT-température élevée ΔT_{TE}, qui assure la protection contre la crise d'ébullition et le risque IPG ;

- la chaîne ΔT-surpuissance ΔT_{SP}, qui assure la protection contre la surpuissance linéique et la fusion au centre de la pastille combustible ainsi que le risque IPG.

L'arrêt automatique est provoqué lorsque la puissance thermique proportionnelle à ΔT dépasse une puissance limite $\Delta T^{consigne}$ qui est variable et calculée en continu à partir des mesures de température primaire, pression primaire et distribution axiale de puissance. En fait, on utilise seulement une image globale de la distribution axiale de puissance représentée par la différence axiale de puissance ΔI fournie par les chambres à deux sections situées hors cœur :

$$\Delta I = \frac{P_H - P_B}{P_H + P_B} \, Pr = AO \cdot Pr$$

avec

P_H et P_B : puissances générées dans la moitié haute et la moitié basse du cœur,

AO : déséquilibre axial de puissance (Axial-Offset),

Pr : niveau de puissance rapporté à la puissance nominale du cœur.

Pour les réacteurs 1300 MWe, ces deux chaînes sont remplacées par un calcul direct du REC et de la puissance linéaire maximale par le SPIN.

À titre d'illustration, les deux tableaux 8.5 et 8.6 relatifs aux réacteurs 900 MWe indiquent les différentes chaînes d'arrêt automatique qui assurent la protection et pour quelques accidents caractéristiques de catégorie 2, les protections qui interviennent.

8.2.2. Description des chaînes de protection nucléaire

8.2.2.1. Rôle et définition des chaînes de protection nucléaire

Le rôle de ces chaînes est donc d'assurer la protection du réacteur lors de variations de la puissance nucléaire. Ces variations peuvent résulter par exemple d'accidents de dilution intempestive de bore, de retrait incontrôlé de grappes, d'éjection d'une grappe ou de chute d'une ou plusieurs grappes. Ces accidents peuvent survenir alors que le réacteur est à l'arrêt ou en puissance.

La fonction de protection nucléaire est assurée grâce aux mesures du flux de neutrons issus du cœur effectuées par des détecteurs disposés à l'extérieur de la cuve. Cette mesure

Tableau 8.5. Différentes chaînes d'arrêt automatique.

Chaîne de protection	Paramètres mesurés
Haut flux neutronique	Flux neutronique
Taux élevé de variation du flux neutronique	Flux neutronique
ΔT température élevée et ΔT surpuissance	Puissance thermique (ΔT) Température moyenne primaire (T) Vitesse des pompes primaires (Ω_{pp}) Pression primaire (p) Déséquilibre axial de puissance (ΔI)
Haute pression primaire et basse pression primaire	Pression primaire
Haut niveau dans le pressuriseur	Niveau pressuriseur
Très bas niveau générateur de vapeur	Niveau générateur de vapeur
Bas débit primaire	Débit primaire
Basse vitesse des pompes	Vitesse des pompes

Tableau 8.6. Intervention des chaînes d'arrêt automatique.

Accident	Chaîne de protection sollicitée
Retrait incontrôlé de grappes	Haut flux neutronique ΔT température élevée ΔT surpuissance
Dilution incontrôlée d'acide borique	Haut flux neutronique ΔT température élevée ΔT surpuissance
Chute de grappes	Taux élevé de diminution du flux neutronique
Perte de débit primaire	Basse vitesse des pompes Bas débit primaire
Ouverture intempestive d'une soupape au pressuriseur	Basse pression primaire ΔT température élevée
Augmentation excessive de la charge au secondaire	Haut flux neutronique ΔT température élevée
Perte de la charge au secondaire	Haute pression primaire ΔT température élevée

de flux, proportionnelle à la puissance du réacteur, est assurée durant toutes les phases de fonctionnement ou d'arrêt du réacteur, depuis le rechargement et l'arrêt à froid jusqu'à 120 % de la puissance nominale. Les signaux analogiques sont utilisés en surveillance et en protection. Des signaux logiques sont élaborés à partir de ces mesures pour provoquer des validations (permissifs), des alarmes et des arrêts automatiques. Les signaux analogiques sont également utilisés pour reconstituer la distribution axiale du flux moyen dans le cœur utilisée dans les protections bas REC et surpuissance linéique.

8.2.2.2. Description et caractéristiques des chaînes de protection nucléaire

Trois gammes d'instrumentation nucléaire sont utilisés pour fournir trois niveaux de protection selon le niveau de puissance du cœur.

Les recouvrements en puissance des gammes d'instrumentation assurent la continuité du contrôle et de la protection du réacteur. Lors d'un démarrage, l'opérateur doit inhiber l'arrêt automatique de la gamme de niveau inférieur lorsque la possibilité lui en est donnée par un permissif élaboré à partir de la gamme de niveau supérieur. Des conditions de protection plus restrictives sont automatiquement remises en service lorsque la puissance du réacteur diminue.

- La gamme de niveau source composée de 4 chaînes identiques pour une gamme de 10^{-9} à 10^{-3} fois la puissance nominale environ. Le capteur est un compteur proportionnel à dépôt de bore.

Chacune des quatre chaînes redondantes élabore un signal d'arrêt automatique en logique 2/4 sur les REP 1300 MWe et N4. Le blocage de cette fonction qui entraîne la mise hors tension des capteurs peut être effectué manuellement par l'opérateur si le permissif P6 l'autorise (flux niveau intermédiaire supérieur à un seuil). La remise en service de cette fonction est automatique en dessous d'un certain niveau de flux (apparition du permissif P6, avec présence de P10).

- La gamme de niveau intermédiaire composée de 4 chaînes identiques pour une gamme de puissance allant de 10^{-6} à 100 % PN. Le capteur est une chambre d'ionisation à dépôt de bore, compensée aux rayons gamma.

Chacune des quatre chaînes redondantes élabore un signal d'arrêt automatique en logique 2/4. Le blocage de cette fonction de protection peut être effectué manuellement si le permissif P10 l'autorise. La remise en service de cette fonction est automatique en dessous d'un certain niveau de flux (apparition du permissif P10). Chacune des quatre chaînes élabore également le permissif P6 en logique 2/4. La présence de P6 (deux chaînes en dessous d'un seuil de niveau de puissance intermédiaire) remet en service la protection par haut flux niveau source.

- La gamme de niveau de puissance composée de 4 chaînes identiques pour une gamme allant de 10^{-1} à 120 % PN. Le capteur est une chambre d'ionisation à dépôt de bore non compensée aux rayons gamma. Il est composé de 6 sections sensibles sur tous les paliers.

Chacune des quatre chaînes redondantes élabore, en logique 2/4, des signaux d'arrêt automatique par niveau bas, par niveau haut ainsi que par variation rapide de flux. Le signal d'arrêt automatique niveau bas peut être inhibé manuellement si le permissif P10 l'autorise. Cette fonction est automatiquement remise en service en dessous d'un certain niveau de flux (apparition du permissif P10).

8.2.2.3. Points de consigne

Les valeurs des points de consigne sont rassemblées dans le tableau 8.7.

Tableau 8.7. Points de consigne des arrêts automatiques et des permissifs.

ARRÊT AUTOMATIQUE	POINT DE CONSIGNE
Haut flux nucléaire, niveau source	$7 \cdot 10^{-5}$ % PN
Haut flux nucléaire, gamme intermédiaire	25 % PN
Haut flux nucléaire, gamme de puissance, point s de consigne bas	25 % PN
Haut flux nucléaire, gamme de puissance, point t de consigne haut	109 % PN
Taux élevé de diminution du flux neutronique	−5 % PN
Taux élevé d'augmentation du flux neutronique	5 % PN
P6	$7 \; 10^{-6}$ % PN
P10	10 % PN

- *Haut flux nucléaire niveau source*

  - *Niveau du permissif P6 dans la gamme intermédiaire*

    La chaîne de niveau source et la chaîne de gamme intermédiaire doivent être simultanément en service lorsque le seuil du permissif P6 est atteint. Le seuil du permissif P6 est fixé à un facteur 10 environ au-dessus de la limite inférieure de fonctionnement des chaînes de la gamme intermédiaire (limite correspondant à un courant de 10^{-11} ampères, soit environ 10^{-8} fois la puissance nominale). Ce seuil permet, compte tenu des diverses fluctuations et des incertitudes, de s'assurer du bon fonctionnement de la chaîne de gamme intermédiaire.

  - *Écart entre l'arrêt automatique et le permissif P6*

    Lors de la montée en puissance, compte tenu des diverses incertitudes et fluctuations dues au procédé, il faut réserver un intervalle de temps raisonnable entre l'instant où le seuil P6 est atteint et celui où l'arrêt automatique par haut flux nucléaire niveau source, surviendrait, de sorte que l'opérateur puisse effectivement inhiber cet arrêt automatique. Pour satisfaire ces exigences, le point de consigne affiché sur le site vaut 10^5 coups/seconde soit $7 \cdot 10^{-7}$ fois la puissance nominale.

- *Haut flux nucléaire gamme intermédiaire et haut flux nucléaire gamme puissance seuil bas*

  La même valeur est utilisée pour les points de consigne de ces deux arrêts automatiques qui assurent une protection en cas de divergence intempestive à partir d'un état d'arrêt ou d'attente à chaud. Le point de consigne est choisi en sorte qu'il soit situé hors de la gamme de fonctionnement normal en contrôle manuel, ce qui correspond à environ 15 % PN, tout en interdisant d'approcher les limites de sûreté dans le cas de transitoires accidentels à partir d'un faible niveau de puissance.

- *Haut flux nucléaire gamme puissance seuil haut*

  La valeur du point de consigne maximum déjà utilisée sur le palier 900 MWe a été conservée sur l'ensemble des tranches. Le point de consigne maximum pris en compte dans les études de sûreté est de 118 % PN (*cf.* paragraphe 8.2.5.1). Le point de consigne affiché sur site est de 109 % PN compte tenu des incertitudes de mesure et de traitement.

  Cet arrêt automatique assure la protection contre les risques de fusion au centre de la pastille et de crise d'ébullition en cas d'accident de retrait incontrôlé de groupes. L'accident conduit en effet à une augmentation de la puissance et de la température primaire, donc à un risque d'atteinte des limites d'intégrité du cœur.

- *Taux élevé de décroissance de flux neutronique*

  Cet arrêt automatique protège le cœur contre la crise d'ébullition en cas de chute de grappe(s). Après une baisse rapide du flux, le réacteur se retrouverait dans un deuxième temps, si l'arrêt automatique n'était pas initié, à sa puissance initiale par action de la régulation des grappes et de l'effet des contre-réactions de température. Comme la distribution de puissance est perturbée par la présence de grappe(s) chutée(s), il y aurait risque de crise d'ébullition et IPG.

- *Taux élevé d'augmentation de flux neutronique*

  Cet arrêt automatique peut être sollicité lors de l'accident d'éjection de grappe par exemple.

8.2.3. Description des chaînes de protection du palier 1300 MWe

8.2.3.1. Présentation générale du SPIN

Le Système de protection intégré numérique (SPIN) regroupe l'ensemble des équipements qui, à partir des informations fournies par les capteurs de protection et l'instrumentation associée, élaborent des ordres vers les actionneurs de protection. Les actions de protection demandées par le SPIN peuvent être divisées en deux classes :

- l'arrêt automatique du réacteur (AAR),

- les actions des systèmes de sauvegarde.

L'architecture générale du SPIN comprend (figure 8.6) :

- *Quatre Unités d'acquisition et de traitement pour la protection redondantes (UATP)*

  Chaque unité effectue l'acquisition des différentes entrées du système (analogiques, numériques, impulsionnels ou logiques), le traitement (notamment la comparaison aux seuils de déclenchement) et les échanges d'informations avec les autres UATP et les autres systèmes. Elle émet les ordres d'AAR.

  L'UATP est découpée en Unités fonctionnelles (UF) correspondant chacune à une ou plusieurs fonctions de protection élémentaires et en Unités d'échange (UE) qui permettent les communications avec les autres UATP et avec l'extérieur.

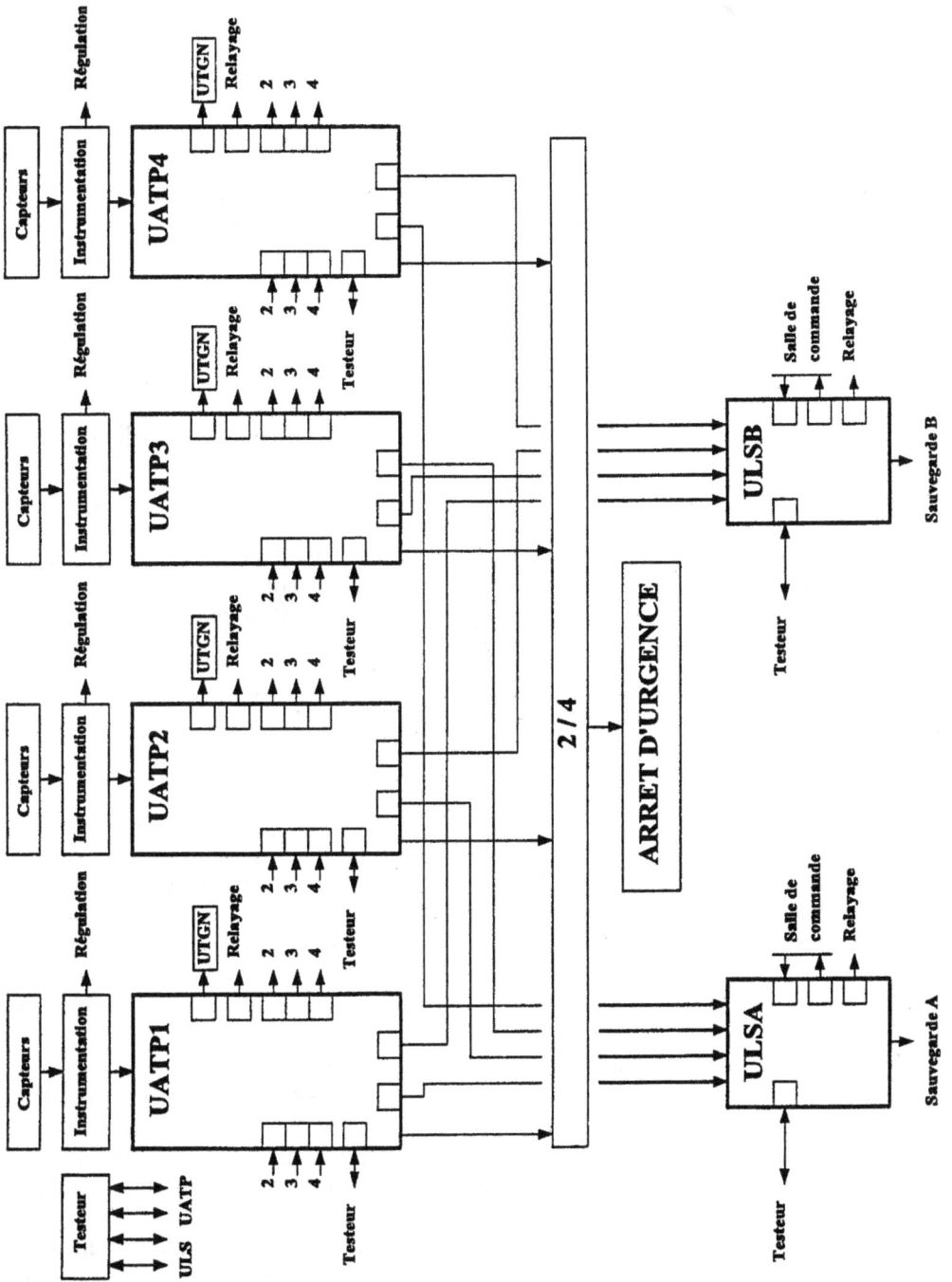

Figure 8.6. Architecture générale du SPIN.

Les fonctions de protections nouvelles par rapport aux réacteurs 900 MWe sont implantées dans les UF6 et UF7 (chaîne bas REC et chaîne surpuissance linéique).

La technologie utilisée est à base de traitements numériques par microprocesseurs et de transmissions par liaisons multiplexées.

- *Deux Unités logiques de sauvegarde indépendantes (ULS)*

Les unités logiques de sauvegarde reçoivent les signaux de déclenchement élaborés par les UATP ainsi que d'autres signaux et effectuent à partir de ceux-ci un traitement logique pour élaborer les ordres de commande des divers actionneurs des circuits de sauvegarde. L'ensemble des traitements est réalisé au moyen de circuits logiques câblés.

- *Une Unité de transfert des grandeurs numérisées (UTGN)*

Cette unité reçoit des valeurs numérisées de mesures acquises ou calculées et les retransmet au TCI (Traitement complémentaire des informations), en salle de commande et au Système d'instrumentation nucléaire (SIN contrôle).

- *Un Testeur*

Ce système permet d'effectuer les tests périodiques du SPIN et à l'aide de l'équipement de programmation des REPROM de modifier les valeurs des seuils et de certains paramètres contenus dans les mémoires REPROM réactualisés en cours de cycle.

8.2.3.2. Chaînes de protection contre la puissance linéique et la crise d'ébullition

8.2.3.2.1. Rôle et définition des chaînes

Ces deux chaînes assurent la protection en cas d'accident se traduisant par une augmentation du flux nucléaire, par une déformation de la distribution de flux ainsi que par une augmentation de la température primaire (par exemple retrait incontrôlé de grappes, dilution intempestive de bore). Elles interviennent également en cas d'accident se traduisant par une dépressurisation du primaire (ouverture intempestive d'une vanne de décharge du pressuriseur).

Le calcul du REC est effectué dans l'UF6 du SPIN, le calcul de distribution axiale de puissance linéique maximale dans l'UF7.

Ces deux chaînes constituent la principale innovation fonctionnelle par rapport au système de protection des 900 MWe. Elles remplacent les chaînes de protection par ΔT température élevée et par ΔT surpuissance des réacteurs 900 MWe. Ces nouvelles fonctions ont pour but d'améliorer la souplesse d'exploitation, en particulier le fonctionnement en suivi de charge et en réglage de fréquence, qui sont toutefois réalisés sur le palier 900 MWe mais dans un domaine de fonctionnement borné dans le plan (ΔI,P).

En effet, les chaînes analogiques par ΔT température élevée et par ΔT surpuissance des 900 MWe élaborent une puissance de consigne à ne pas dépasser. Cette consigne est une fonction linéaire de la température, de la pression et du débit primaire ainsi que de la différence axiale de puissance mesurée par les chambres externes (ΔI). Une variation enveloppe de la consigne en fonction du paramètre ΔI est utilisée à titre conservatoire. Cette loi de variation est déterminée par l'étude d'un grand nombre de distributions de puissance représentatives de situations accidentelles. À chaque valeur de ΔI, la distribution la plus pénalisante est retenue pour déterminer la loi enveloppe.

L'utilisation de distributions de puissance enveloppes se traduit inéluctablement par une réduction des marges de fonctionnement avec une entrave possible à la souplesse d'exploitation. Ceci a motivé la création de nouvelles fonctions de protection en remplacement des chaînes ΔT.

Ces protections se fondent sur :

- une meilleure connaissance en ligne de la distribution de puissance par l'utilisation de chambres multi-étagées à 6 sections, situées hors du cœur, ainsi que des indicateurs de position des groupes de contrôle (déjà présents sur le palier 900 MWe) ;

- un traitement numérique sophistiqué mais à faible temps de réponse permettant le calcul « en ligne » de la marge vis-à-vis de la crise d'ébullition et de la puissance linéique maximale.

8.2.3.2.2. Description et caractéristiques des chaînes

8.2.3.2.2.1. *Structure d'ensemble*

Les entrées du système sont les suivantes :

- mesure de la température primaire branche chaude et branche froide (T_e, T_s),

- mesure de la pression primaire (p),

- mesure de la vitesse relative de rotation des pompes primaires (Ω/Ω_o),

- mesure de la position des groupes de grappes (ZR_P),

- mesure des courants des chambres multi-étagées (I_i).

Le traitement numérique est effectué en quatre niveaux (figures 8.7 et 8.8) :

- *1er niveau*

  Le niveau de puissance P_{th} est calculé à partir des mesures de température, pression et vitesse des pompes.

  La distribution axiale de puissance $P_n(z)$ est générée en 31 points à partir des courants des chambres I(j) (algorithme 1) :

$$P_n(z) = \sum_{i=1}^{6} G(n, i)PI(i)(n = 1à31)$$

  où :

  - $PI(i) = \sum_{j=1}^{6} T(i, j)S(i, j)I(j)$ est la puissance intégrée par sixième de cœur ;

  - $S(i,j)$ la matrice de sensibilité des détecteurs déterminée par calibrage sur l'instrumentation interne mobile (RIC) et réajustée tous les mois en fonction du taux d'épuisement ;

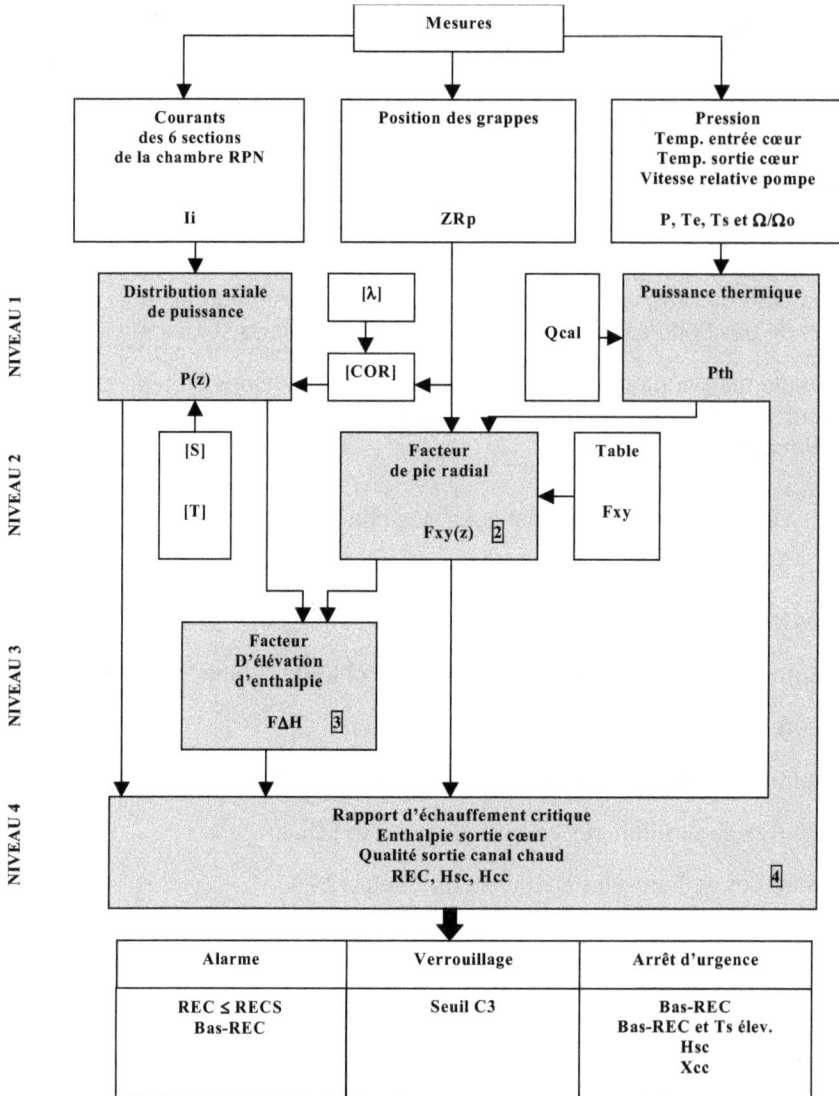

Figure 8.7. Schéma synoptique du SPIN - UF6.

– T(i,j) la matrice de transfert interne-externe déterminée par calibrage sur l'instrumentation interne mobile (RIC), initialement réajustée tous les 3 mois en fonction du taux d'épuisement. Actuellement, on utilise une matrice générique identique tout au long du cycle. En effet, le phénomène de transfert entre la périphérie du cœur et l'instrumentation externe est indépendant de l'état du cœur ;

– G(n,i) est la matrice de lissage permettant de passer de 6 à 31 points dépendant de la fonction de base choisie. Un développement polynomial est utilisé.

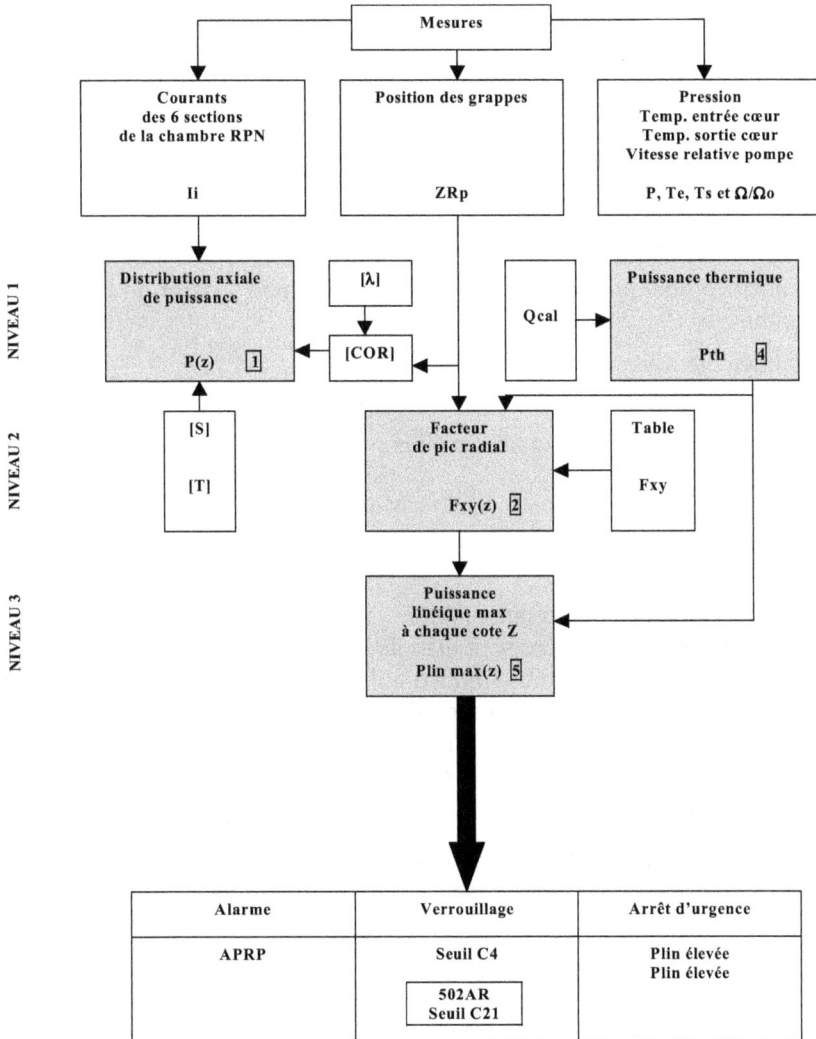

Figure 8.8. Schéma synoptique du SPIN - UF7.

- *2e niveau*

Les facteurs de pic radiaux Fxy(z) sont générés sur les 31 jonctions axiales à partir des mesures du niveau de puissance Pth, de la position des groupes ZR_p et à partir d'un tableau de constantes Fxy(z) pour les différents plans avec ou sans grappes (algorithme 2).

Les valeurs de Fxy, mesurées à puissance nominale (configuration TBH) ou calculées (configurations grappées), varient linéairement en fonction du niveau de puissance Pth :

$$Fxy(Pth) = Fxy(PN) * (1 + k(1 - Pth/PN))$$

k est une constante égale à 0,3 pour les REP 1300 MWe et le N4, enveloppant l'augmentation naturelle des facteurs de point chaud associée à la baisse de puissance.

- *3ᵉ niveau*

Le facteur d'élévation d'enthalpie FΔH est calculé à partir de Fxy(z) et P(z) par inté-gration selon une méthode de synthèse (algorithme 3) :

$$F\Delta H = \frac{1}{H} \int_0^H Fxy(z)P(z)dz$$

avec H, la hauteur active.

La puissance linéique au point chaud est déterminée à partir de Fxy(z), P(z) et Pth (algorithme 5) :

À chaque cote z, on a :

$$P_{lin}(z) = P_{lin}^{moy} Fxy(z)P(z)$$

La puissance linéique maximale est alors :

$$P_{lin}^{max} = Max(P_{lin}(z))$$

- *4ᵉ niveau*

Le REC calculé par la corrélation WRB1, l'enthalpie sortie cœur Hsc et la qualité en sortie de canal chaud Xcc sont élaborées à partir des grandeurs FΔH, Pth, P, T_e, T_s, Ω/Ω_o et P(z). Le modèle thermohydraulique est un modèle simplifié monocanal (canal chaud). Cependant, l'utilisation de termes correctifs pré-établis (FHFR et FGFR évoqués ci-après) permet de prendre en compte les effets d'échanges de débits et d'énergie entre canaux et d'obtenir des résultats voisins de ceux fournis par un code de conception thermohydraulique de référence (algorithme 4).

On effectue tout d'abord (premier niveau) le calcul de puissance thermique :

$$Pth = (Hs - He)\rho_e Q_v$$

avec :

- He, Hs et ρ_e, les enthalpies d'entrée et sortie cuve et la masse volumique du réfrigé-rant à l'entrée de la cuve déterminées à partir des températures d'entrées et sorties cœur et de la pression primaire au moyen de tables thermohydrauliques ;

- Q_v, le débit volumique du réfrigérant à l'entrée de la cuve, déterminé à partir de la vitesse relative de rotation des pompes primaires.

En pratique, on utilise une variante de la formule ci-dessus : *Pth = $Q_{CAL}\Delta H$* avec Q_{CAL} un paramètre homogène à un débit massique ajusté périodiquement.
On calcule ensuite successivement (deuxième niveau) :

- l'enthalpie sortie cœur : $H_c = H_e + (H_s - H_e)/(1 - \alpha)$

avec α, la fraction du débit primaire qui contourne le cœur ;

- le facteur d'élévation d'enthalpie du canal chaud corrigé des effets de mélange avec les canaux voisins : $F'\Delta H = F\Delta H \cdot FHFR(\chi)$;

Le coefficient FHFR est déduit des comparaisons aux résultats obtenus par un code de calcul de conception thermohydraulique de référence. Sa valeur numérique dépend du titre en sortie du canal chaud ;

- l'enthalpie et la qualité thermohydraulique du mélange en sortie de canal chaud :

$$H_{cc} = H_e + (H_s - H_e) * F'\Delta H$$
$$\chi = \frac{H_l - H_{cc}}{H_l - H_v}$$

avec H_l, l'enthalpie de saturation du liquide ; H_v, l'enthalpie de saturation de la vapeur ;

- l'enthalpie et la qualité à chaque cote du canal chaud :

$$H(z) = H_e + (H_s - H_e) * F'\Delta H \frac{1}{H} \int_0^z P(u)du$$
$$\chi(z) = \frac{H_l - H(z)}{H_l - H_v}$$

- la vitesse massique à chaque cote du canal chaud :

$$G(z) = \frac{\rho_e Q_v (1 - \alpha)}{S} FGFR(z)$$

avec S la section de passage du réfrigérant dans le cœur ; FGFR(z) le coefficient correctif tenant compte de l'influence des canaux voisins obtenu par recalage sur le code de calcul de conception et dont la valeur dépend du titre local ;

- le flux thermique à chaque cote du canal chaud :

$$\Phi(z) = 0,974 \cdot P(z) \cdot Fxy(z) \cdot Pth \cdot \phi_0 \cdot 1,033$$

avec :

0,974 la fraction de puissance dégagée dans le combustible,

ϕ_0 le flux thermique nominal (puissance thermique nominale rapportée à la surface d'échange),

1,033 le facteur d'incertitude ;

- le flux critique en amont de chaque grille de maintien dans le canal chaud : l'expérience montre que le flux critique $\Phi_c(z)$ est minimum en ces points compte tenu de l'effet de mélange bénéfique apporté par la grille. Celui-ci est déterminé, au moyen de la corrélation WRB1, à partir de la pression primaire, de la vitesse massique, de la qualité thermohydraulique et des données géométriques.

Les sorties du système sont les suivantes :

- fonction de surveillance par alarmes :

  - Alarme APRP (Accident par perte de réfrigérant primaire) sur la puissance li-
    néique en fonction de la cote en fonctionnement normal dont le respect garantit
    le respect des conditions initiales en cas d'APRP (classe 4) ;

  - Alarme bas REC pour protéger le cœur contre certains accidents de catégorie 2
    non « perçus » par le système de protection ;

- fonction de protection par AAR :

  - ordre d'arrêt automatique par bas REC ou haute qualité en sortie du canal
    chaud ($\chi > 30$ %) ou haute enthalpie en sortie cœur ($H_s > H_{sat}$) ;

  - ordre d'arrêt automatique par surpuissance linéique : puissance linéique supé-
    rieure à 435 W/cm (en vertu des dernières études, le seuil est relié à une limite
    de rupture IPG vers 435 W/cm) ;

- affichages alphanumériques ou graphiques sur écran pour la surveillance des marges.

8.2.3.2.2.2. Dimensionnement du système

Comme indiqué précédemment, le système de protection comprend les chaînes bas REC
et surpuissance linéique qui protègent le cœur contre les accidents à dynamique lente.
Ces chaînes effectuent une mesure en continu des paramètres représentatifs de la crise
d'ébullition et de la puissance linéique (paramètres thermohydrauliques, distribution de
puissance). Les conséquences des accidents tiennent compte des conditions initiales du
fait du calcul en continu des paramètres surveillés (REC min, Plinéique max). La protection contre les accidents rapides est assurée par des protections spécifiques. Les points de
consigne de ces protections étant fixes, la protection ne sera assurée que si, en exploitation normale (condition pré-accidentelle), le REC est supérieur à un seuil matérialisé par
l'alarme bas REC et si la puissance linéique est inférieure à un seuil matérialisé par l'alarme
APRP. En cas d'atteinte de ces alarmes, l'opérateur devra baisser la puissance du réacteur
ou modifier la distribution axiale de puissance jusqu'à l'effacement de ces alarmes.
La procédure de dimensionnement comprend donc :

- la détermination des seuils d'arrêt automatique par bas REC et surpuissance linéique
  (seuils théoriques et valeurs à afficher sur site) ;

- la détermination des termes de compensation dynamique du système ;

- la vérification de la non-atteinte des alarmes en exploitation normale.

Le dimensionnement de l'arrêt automatique sur le palier 1300 MWe est le suivant :

- seuils théoriques :

  - REC : 1,23 (corrélation WRB1 + pénalité de fléchissement des crayons) ;
  - Plinéique : 590 W/cm ;

- seuils nominaux :

un calcul de l'incertitude des chaînes bas REC et surpuissance linéique est effectué en prenant en compte les incertitudes de mesure et de traitement de ces chaînes. On obtient, à titre indicatif :

- 25 % d'incertitude sur l'évaluation du REC au voisinage de l'AAR (16 % au voisinage de l'alarme en fonctionnement normal) ;
- 11,9 % d'incertitude sur l'évaluation de la puissance linéique au voisinage du seuil d'alarme et 14,8 % en fonctionnement accidentel au voisinage de l'AAR ;

d'où les seuils nominaux :

- S_{REC}^{AAR} = 1,52 (=1,23/(1 – 0,25)) ;
- S_{PL}^{AAR} = 379 W/cm ;

- détermination des termes de compensation dynamique :

le but des filtres d'avance-retard est de faire en sorte que chaque paramètre mesuré ou calculé soit l'image du paramètre physique en transitoire. Ceci implique de compenser :

- le temps de réponse de l'instrumentation,
- le temps de réponse du processus,
- le temps de traitement des algorithmes,
- le temps de chute des grappes (partiellement).

Les paramètres à compenser sont :

- la température branche froide et chaude (capteur, filtre, temps de transit) ;
- le REC et la puissance linéique (temps de traitement des algorithmes).

Les termes d'avance-retard étant ainsi déterminés, une étude d'accident d'insertion de réactivité est effectuée afin de vérifier que, pour l'ensemble des vitesses d'insertion de réactivité considérées, les chaînes de protection par bas REC, surpuissance linéique et haut flux nucléaire assurent le respect des critères REC > 1,23 et Plinéique ≤ 590 W/cm. Pour chaque transitoire, l'évolution des conditions thermohydrauliques (puissance, température, pression, REC) est calculée par un code simulant le fonctionnement en régime accidentel du réacteur.

Les alarmes sont déterminées selon les principes suivants :

- *Alarme Puissance linéique élevée*

L'étude de l'accident de grosse brèche primaire montre que le respect des critères relatifs à cet accident de catégorie 4, qui concernent les conditions thermiques au point chaud (notamment T_{max} gaine ≤ 1 204 °C), n'est assuré que si le facteur de point chaud avant l'accident est inférieur à une limite dépendant de la cote axiale matérialisée par l'alarme APRP. À titre indicatif, pour les 1300 MWe : FQ ≤ 2,59 → Plinéique ≤ 460 W/cm.

On peut distinguer différentes catégories de transitoires nécessitant une protection contre le risque de fusion au centre de la pastille de combustible :

- ceux pour lesquels la chaîne de protection par puissance linéique élevée du SPIN est efficace ;
- ceux qui nécessitent une action de protection spécifique mais qui suppose le respect d'une alarme en condition pré-accidentelle pour garantir le respect du critère de sûreté (APRP, éjection de grappe...) au cours du transitoire.

Cette alarme est définie à partir de la limite physique liée à l'APRP (en haut du cœur) ou à l'IPG :

$$\text{Alarme} = \text{limite}/(1 + \varepsilon_N)$$

ε_N : précision globale de la chaîne « puissance linéique élevée » en fonctionnement normal (11,9 %).

Le risque de rupture de gaine par interaction pastille-gaine est présent sur les transitoires accidentels de condition 2 initiés en puissance et conduisant à de fortes augmentations locales de la puissance. La chaîne « puissance linéique élevée » permet de se protéger contre ce risque pour tous ces types de transitoires à l'exception de l'accident de chute de grappe(s), qui requiert le relèvement du seuil RECS en début de campagne et jusqu'à 3000 MWj/t.

Les seuils d'alarme et d'arrêt automatique de la chaîne « puissance linéique élevée » sont donc dimensionnés en tenant compte du risque IPG :

$$\text{AAR}(P_{lin}) = \min[\text{limite(IPG)}, \text{limite(fusion)}]/(1 + \varepsilon_A)$$

ε_A : précision globale de la chaîne « puissance linéique élevée » en fonctionnement accidentel (14,8 %).

$$\text{Alarme}(P_{lin}) = \min[\text{AU}(P_{lin})/(1 + \varepsilon_p), \text{Alarme(APRP)}]$$

ε_p : décalage vis-à-vis du seuil d'arrêt automatique (6 %).

On notera que lorsque le seuil d'alarme « puissance linéique élevée » est dimensionné par le risque IPG, il constitue à la fois une limitation du fonctionnement autorisé (rôle de surveillance) mais aussi un « avertissement » relatif à la proximité du seuil d'arrêt automatique (rôle de prévention).

- *Alarme bas REC*

On peut distinguer trois types d'accidents nécessitant une protection vis-à-vis de la crise d'ébullition et intervenant dans le dimensionnement des seuils de la chaîne bas REC.

- *Transitoires pour lesquels la chaîne d'arrêt automatique bas REC est efficace*
  Ces transitoires répondent aux conditions suivantes :
  - les paramètres susceptibles de faire évoluer le rapport de REC sont pris en compte dans la chaîne bas REC du SPIN ;
  - l'évolution de ces paramètres est compatible avec le temps de réponse de la chaîne.

Ce sont principalement :

- les retraits incontrôlés de groupes en puissance à dynamique lente ;
- la dilution intempestive d'acide borique en puissance.

Il s'agit d'une manière générale d'accidents « symétriques » correctement suivis par le SPIN c'est-à-dire n'incluant pas de pic local de puissance dans le cœur avec rupture de symétrie comme le retrait d'une seule grappe en puissance.

Pour ces transitoires, le seuil d'arrêt automatique et les constantes de temps des modules dynamiques de la chaîne bas REC sont dimensionnés de manière à respecter le critère de REC :

$$AAR(bas\ REC) = REC_{critère}/(1 - \varepsilon_A)$$

ε_A : imprécision globale de la chaîne bas REC en fonctionnement accidentel (25 %).

- *Transitoires nécessitant une protection spécifique*

Ces transitoires se caractérisent :

- soit par une dynamique rapide incompatible avec le temps de réponse de la chaîne bas REC ;
- soit par une évolution dissymétrique de la distribution de puissance, qui ne peut être correctement suivie par cette chaîne.

Ce sont principalement :

- les retraits incontrôlés rapides des grappes de contrôle ;
- les pertes de débit primaire ;
- les brèches primaires (cas de la dépressurisation du primaire par exemple) et secondaires (cas de RTV en puissance par exemple) ;
- la chute de grappe(s) ou d'un sous-groupe.

Pour ces accidents, on évalue la variation maximale du rapport de REC au cours du transitoire :

$$\Delta REC\,max = \frac{RECinitial - REC\,min}{REC\,min}$$

Cette variation dépend de la distribution de puissance initiale et de son évolution.

Le transitoire accidentel conduisant à la variation la plus importante permet de fixer le seuil d'alarme bas REC :

$$Alarme(REC) = REC_{critère}(1 + \Delta RECmax)/(1 - \varepsilon_N)$$

ε_N : Précision globale de la chaîne bas REC en fonctionnement normal (16 %).

Pour ces accidents, le SPIN a donc un rôle de surveillance (vis-à-vis des conditions pré-accidentelles). Ainsi, le maintien de la tranche dans la plage de fonctionnement autorisée (REC > alarme « bas REC »), permet de se protéger contre l'entrée en crise d'ébullition si l'un des accidents évoqués ci-dessus se produit.

La surveillance garantit l'intégrité de la gaine sur la base des conditions initiales au fonctionnement normal avant l'accident même si ce dernier n'est pas correctement « perçu » par le système de protection.

– *Transitoire de retrait d'une grappe en puissance*

La protection vis-à-vis de « l'accident de retrait d'une seule grappe en puissance » est particulière. La chaîne bas REC ne permet pas de suivre correctement l'évolution du REC pour cet accident dissymétrique. Le seuil d'arrêt automatique de cette chaîne est donc rehaussé (facteur KAU = 1,37) de manière à tenir compte de l'accroissement du facteur nucléaire d'élévation d'enthalpie et protéger le cœur efficacement. Sa validation intervient sur température élevée, « signature » typique d'un accident de réchauffement dissymétrique, dans une branche chaude TCS (329,4 °C).

Les tableaux 8.8 et 8.9 résument les principales caractéristiques des chaînes du SPIN (limites physiques, transitoires dimensionnants, points de consigne). On précise figure 8.9 et figure 8.10 les domaines de fonctionnement associés en conditions 1 et 2.

Les seuils d'alarme et d'arrêt automatique étant déterminés, un calcul du REC en exploitation normale (suivi de charge et réglage de fréquence) est effectué pour l'ensemble des distributions de puissances générées lors de ce type de fonctionnement. Une comparaison des valeurs ainsi obtenues avec les seuils d'alarme permet de déterminer les marges d'exploitation et de faire apparaître les contraintes éventuelles d'exploitation.

De même, une étude des transitoires contractuels de catégorie 1 (îlotage, échelon, rampe) permet de vérifier la présence de marges suffisantes en fonctionnement normal par rapport aux seuils d'alarmes.

Tableau 8.8. Chaîne de protection par puissance linéique élevée.

	PUISSANCE LINEIQUE (W/cm)		DIMENSIONNEMENT
	Site	**Étude**	
Critère fusion	-	590	
Seuil IPG	-	435	*AEC - RIGP*
Seuil Arrêt Automatique	379	-	Seuil IPG / (1.+ Iau)
C4	368	-	Seuil AU / (1.+ 0,03)
Alarme (1er segment)	357	-	Seuil C4 / (1.+ 0,03)
Alarme (2e segment)	357 à 274	400 à 306	*APRP* Limite APRP / (1.+ Ial)

Ial Incertitude globale de la chaîne « Puissance linéique élevée » en fonctionnement normal = 11,9 %.
Iau Incertitude globale de la chaîne « Puissance linéique élevée en fonctionnement accidentel = 14,8 %.

8.2.4. *Système de protection des réacteurs N4*

Le système de protection des réacteurs N4 est constitué du Système de protection intégré numérique (SPIN) et de l'Unité de surveillance (US). Ces systèmes sont complétés par un Calculateur de marge d'arrêt (CMA) qui constitue avec l'US, l'autre originalité du système de protection du palier N4 par rapport au palier 1300 MWe.

Tableau 8.9. Chaîne de protection bas REC.

	RAPPORT D'ÉCHAUFFEMENT CRITIQUE (W/cm)		DIMENSIONNEMENT
	Site	Étude	
Critère WRB1	-	1,17	-
Critère REC	-	1,23	Critère WRB1 / (1-Pf)
Seuil d'Arrêt Automatique	1,52	-	Critère REC x (1.-C) / (1-Iau)
C3	1,64	-	Seuil AU / (1.-0,08)
Seuil d'Arrêt Automatique modifié sur T° > TCS	2,08	1,68	*Retrait d'une grappe en puissance* Seuil AU x KAU
Alarme	1,95	1,77	*Chute d'une grappe* Critère REC x ΔREC x(1.-C) / (1-Ial)
Seuils ΔRECS	2,59 à 1,95	2,36 à 1,77	*Chute de deux grappes* Critère REC x ΔRECS x (1.-C) / (1-Ial)

Pf : Pénalité de fléchissement = 5 %
C : Coefficient de recalage d'algorithme du SPIN = 7,4 %
Ial : Incertitude globale de la chaîne « Bas REC » en fonctionnement normal = 16,0 %
Iau : Incertitude globale de la chaîne « Bas REC » en fonctionnement accidentel = 25,0 %
KAU : Facteur d'accroissement du seuil d'AAR « bas REC » = 1,37
ΔREC : Accroissement du REC lors des transitoires non « vus » par le SPIN (chute de grappes en 2/4)= 92 %

8.2.4.1. *Présentation générale du SPIN et de l'US N4*

Tout comme sur les réacteurs REP 1300 MWe, le SPIN reconstitue, à partir des paramètres spécifiques de la recharge et des informations délivrées par les chambres externes, la distribution enveloppe de puissance dans le cœur. Il assure la protection du cœur vis-à-vis du phénomène de crise d'ébullition, du risque de fusion au centre du combustible, de la rupture par IPG et de l'APRP.

Pour cela, le SPIN évalue en continu le Rapport d'echauffement critique minimal (REC-min), la puissance linéique au point chaud et, chose nouvelle spécifique au palier N4, le bilan de réactivité. Son rôle est donc d'initier et d'élaborer des actions de protection dont le but est :

- soit de provoquer l'Arrêt automatique réacteur (AAR) pour conserver l'intégrité du combustible ;

- soit de solliciter les systèmes de sauvegarde lors de transitoires accidentels ;

- soit d'engager des actions de prévention afin d'éviter l'AAR (blocage de grappes, réduction de charge turbine).

Puissance linéique (W/cm)

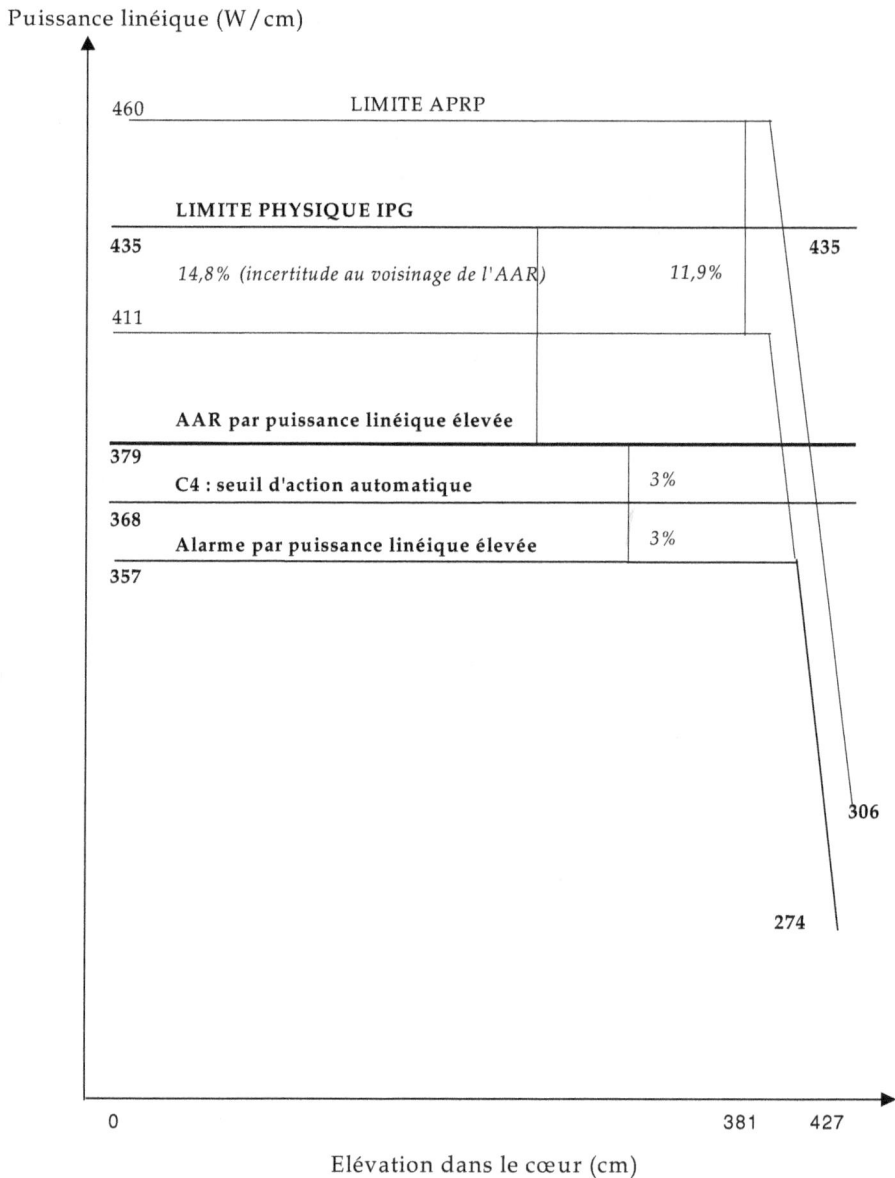

Figure 8.9. Seuils puissance linéique.

Le SPIN étant dédié à la protection, la fonction de surveillance qui est dévolue à l'US définit le domaine de fonctionnement autorisé par rapport aux conditions pré-accidentelles. Pour cela et de la même manière que pour le SPIN, l'US évalue en continu le REC, la puissance linéique, le bilan de réactivité et aussi, les limites d'insertion des groupes. L'US calcule ainsi les marges de fonctionnement vis-à-vis :

- des critères de sûreté de deuxième catégorie (crise d'ébullition, fusion au centre du combustible et rupture par IPG) ;

Rapport d'échauffement critique

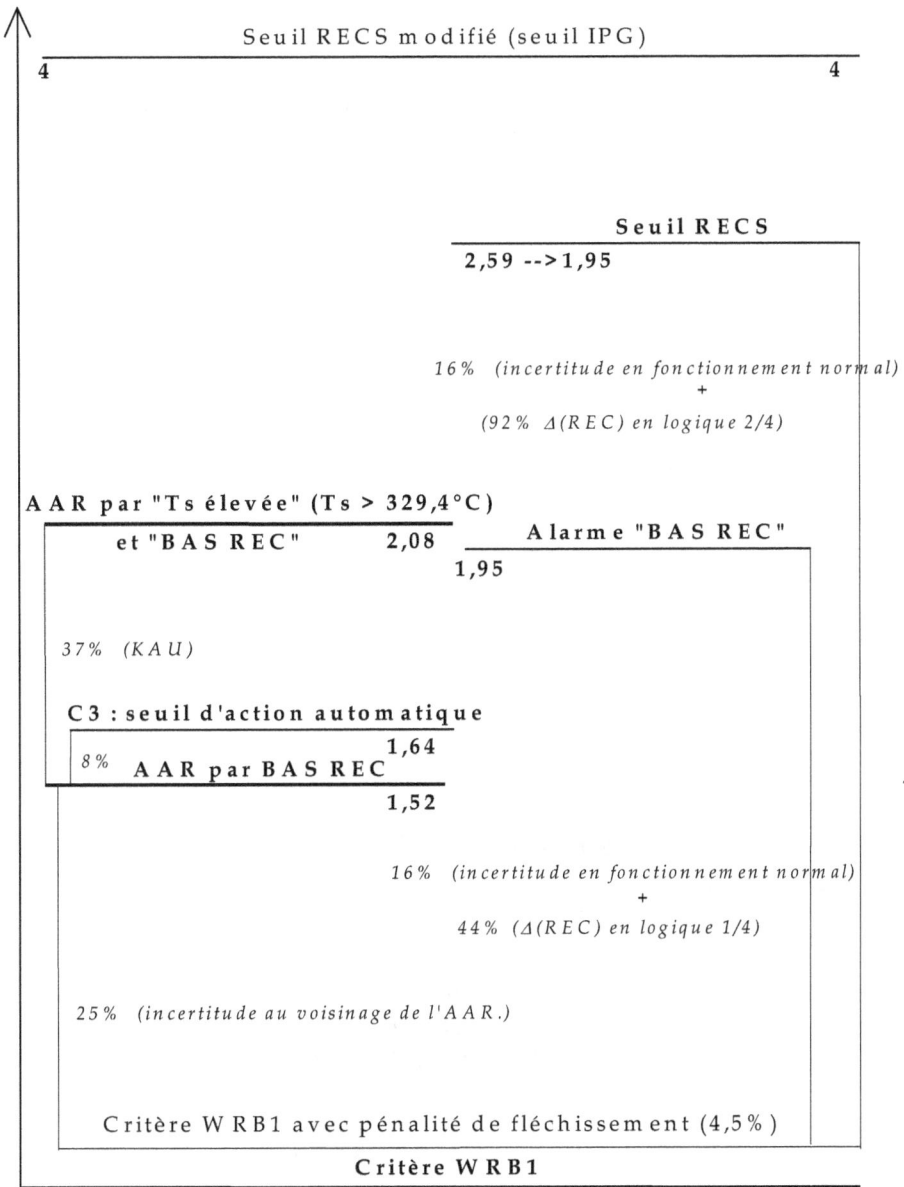

Figure 8.10. Seuils bas REC.

- de l'APRP ;

- de la marge d'antiréactivité.

Les marges nulles définissent les limites des plages de fonctionnement autorisées et donc les seuils d'alarme. Les signaux de sortie de l'US permettent d'activer ces différentes alarmes.

Ainsi, les fonctionnalités du SPIN sont, pour la plupart, reprises dans l'US. La différence majeure consiste en l'utilisation d'un maillage axial du cœur en 270 points pour l'US contre 31 points pour le SPIN. Cela permet en particulier une prise en compte plus fine de la position des grappes dans le calcul des marges.

Le SPIN et l'US ne sont efficaces qu'en puissance. Ils sont en service au-dessus du seuil P10 donc au-dessus de 10 % PN (15 % PN sur le palier 1300 MWe). À faible puissance, la notion de protection fondée sur la surveillance de la puissance linéique ou du REC n'a en effet plus de sens pour le SPIN et l'US.

Aussi, pour couvrir les accidents initiés à puissance nulle et plus largement les accidents non protégés par le SPIN et l'US, le système de protection des réacteurs N4 est doté, par ailleurs, de chaînes de protection dites spécifiques analogues à celles des autres paliers. Ces protections sont fondées sur l'observation d'un paramètre de fonctionnement indépendant de la distribution de puissance. Citons à titre indicatif les chaînes d'arrêt automatique suivantes :

- haut flux neutronique,

- taux élevé de diminution du flux neutronique,

- taux élevé d'augmentation du flux neutronique,

- basse pression dans le pressuriseur,

- bas débit primaire,

- basse vitesse de rotation des pompes primaires, etc.

8.2.4.2. *Présentation générale du Calculateur de marge d'arrêt (CMA)*

8.2.4.2.1. But du calculateur

L'analyse de sûreté de la chaudière doit montrer que la marge d'arrêt est suffisante pour contrôler le réacteur en cas d'accident et, en particulier, dans le cas d'une Rupture de tuyauterie vapeur (RTV, accident dimensionnant). Cette démonstration repose sur une démarche en deux temps :

- l'établissement du bilan de réactivité théorique de l'AAR ;

- la surveillance sur site du respect des conditions qui ont servi à établir ce bilan.

L'évaluation par le calcul de la marge d'antiréactivité disponible est constituée par le bilan de réactivité entre deux états :

- l'état de référence, cœur critique à la puissance nominale toutes grappes extraites ;

- l'état après AAR, cœur sous-critique à puissance nulle, toutes grappes insérées sauf la plus antiréactive supposée coincée hors du cœur.

La surveillance en fonctionnement du respect de la marge d'arrêt consiste à vérifier que le bilan de réactivité partiel sur les paramètres de pilotage respecte la valeur fixée pour l'effet d'insertion des groupes. Le non-respect de cette condition est matérialisée sur site par l'apparition d'une alarme.

En mode A, ceci est obtenu par la surveillance du seul paramètre libre du système : la position du groupe de régulation de température au moyen d'un seuil d'alarme fondé sur la limite d'insertion de ce groupe, comme sur les autres paliers.

En mode X, les positions des cinq groupes de pilotage, le niveau de puissance, l'AO, sont autant de paramètres indépendants qui interviennent dans le contrôle de la réactivité et qu'il est nécessaire de surveiller en ligne du fait de la grande diversité des configurations susceptibles d'être rencontrées avec ce mode de pilotage. Le CMA contrôle donc l'insertion des groupes de pilotage et reconstruit le bilan de réactivité à partir de ces six paramètres.

8.2.4.2.2. Principe du calculateur

Le principe du calculateur est d'évaluer, pour un état quelconque, la contribution à la réactivité de l'insertion des groupes de pilotage et du défaut de puissance (écart par rapport à la puissance nominale). Le bilan entre ces deux termes permet de comparer, vis-à-vis de la marge d'antiréactivité disponible, l'état actuel du cœur à la configuration de référence du calcul théorique.

Ce bilan est affiché et comparé à un seuil d'alarme pour limiter sa dérive dans le sens de la surinsertion des groupes de pilotage. Dans le calcul théorique de la marge d'antiréactivité disponible, l'effet d'insertion des grappes pris en compte correspond à la valeur du seuil d'alarme augmentée des incertitudes de l'algorithme du calculateur. Les différents termes sont représentés figure 8.11.

8.2.4.2.3. Les bases de l'algorithme du CMA

Le CMA reconstruit le bilan partiel de réactivité par la sommation de différents termes calculés à partir de variables mesurées et de paramètres internes : le défaut de puissance, l'effet d'insertion des groupes de pilotage, un effet correctif de forme axiale de puissance et un effet de température.

Le défaut de puissance est calculé directement à partir de la mesure de la puissance cœur par application du coefficient de puissance, corrigé en fonction de l'AO mesuré.

L'effet d'insertion des groupes de pilotage représente la variation de réactivité due à l'absorption neutronique des grappes. Il est établi par le produit matriciel entre :

- un vecteur « puissance axiale de référence » représentatif de l'épuisement axial du cœur ;

- une matrice d'empoisonnement du cœur construite à partir des positions des groupes de pilotage et des valeurs de leur efficacité intégrale ;

- un vecteur « puissance mesurée » image de la distribution axiale de puissance mesurée.

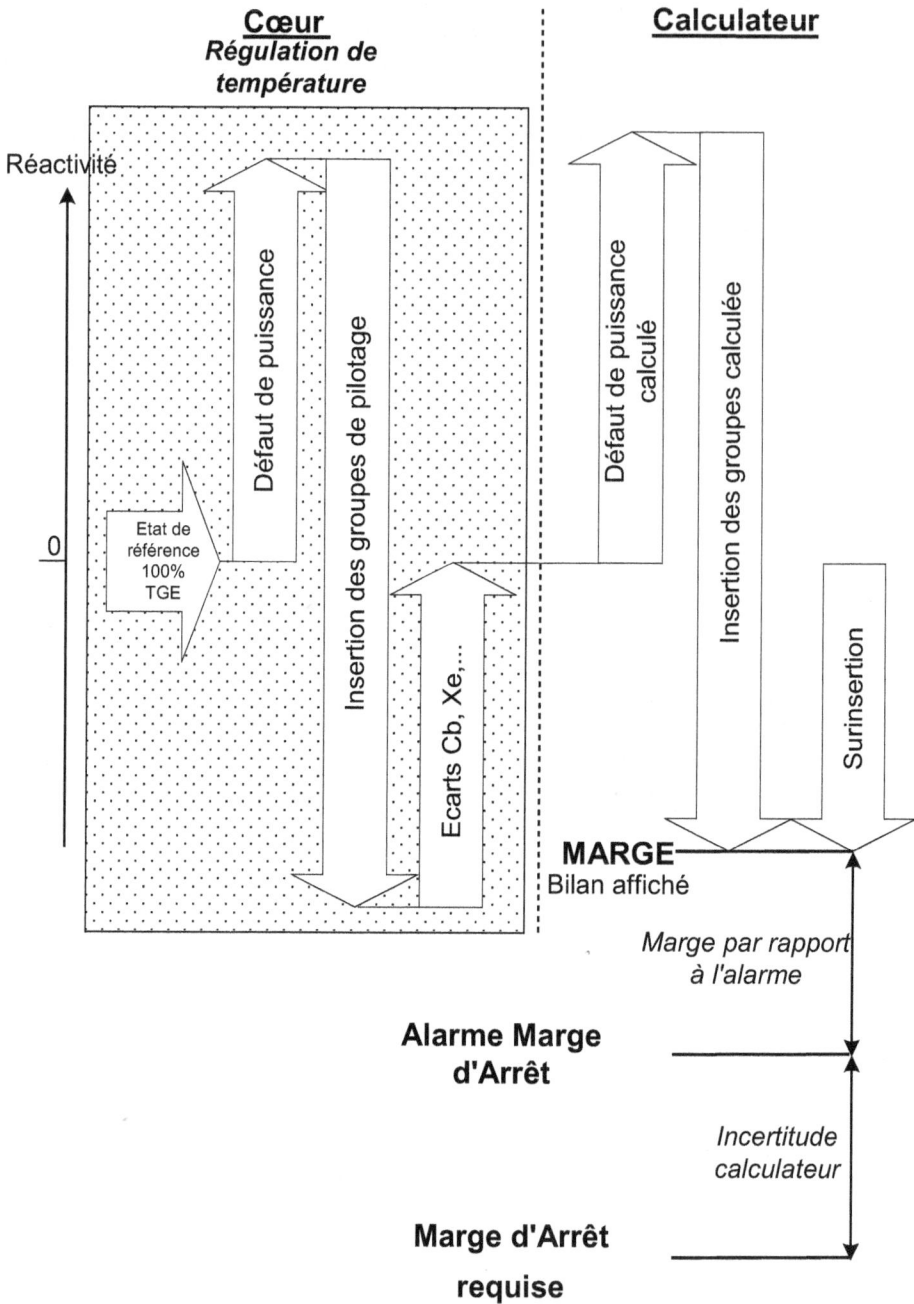

Figure 8.11. Principe du calculateur - Bilan de réactivité.

L'effet de forme axiale de puissance est l'effet en réactivité constaté lors d'une modification de la distribution axiale de puissance. Il est modélisé par une fonction qui prend en compte l'AO mesuré et la puissance relative du cœur.

Enfin, l'effet de température est destiné à corriger le bilan précédent de l'écart entre la température moyenne du modérateur et la température de référence du programme de température. Il est calculé d'après la mesure de la température moyenne par l'intermédiaire d'un coefficient de température.

8.2.4.2.4. Utilisation du CMA

Le résultat de l'algorithme sert à activer une alarme de surinsertion des groupes, mais son affichage fournit également des informations supplémentaires à l'opérateur pour le pilotage de la tranche.

L'algorithme du CMA est conjointement programmé dans le SPIN et dans l'US. Les alarmes d'aide au pilotage de dilution et de borication sont élaborées dans l'US. Les deux systèmes SPIN et US assurent en parallèle le calcul de surinsertion des groupes. En revanche, seul le CMA du SPIN assure la protection vis-à-vis de l'accident de dilution incontrôlée du bore en puissance (figure 8.12).

8.2.5. Système de protection des réacteurs 900 MWe

D'un point de vue fonctionnel, la principale différence par rapport aux paliers 1300 MWe et N4 concerne la protection contre la surpuissance et la crise d'ébullition qui est assurée par les deux chaînes analogiques : ΔT température élevée et ΔT surpuissance.

8.2.5.1. Protection contre la surpuissance

Cette protection doit assurer le non-dépassement d'une puissance linéique donnée (590 W/cm pour la surpuissance, de l'ordre de 400 W/cm pour l'IPG) en tout point du cœur. Deux chaînes de protection assurent cette fonction :

- la chaîne par haut flux neutronique,

- la chaîne par ΔT surpuissance.

Le principe du calcul du point de consigne de ces deux chaînes est le suivant : la puissance au point chaud du cœur Pmax peut s'écrire :

$$Pmax = F_Q \cdot P$$

avec
F_Q : facteur de point chaud de la distribution de puissance,
P : puissance moyenne.

La puissance moyenne P est surveillée en permanence à l'aide des chambres externes (protection neutronique) ou à l'aide des chaînes de mesure de température primaire (protection ΔT).

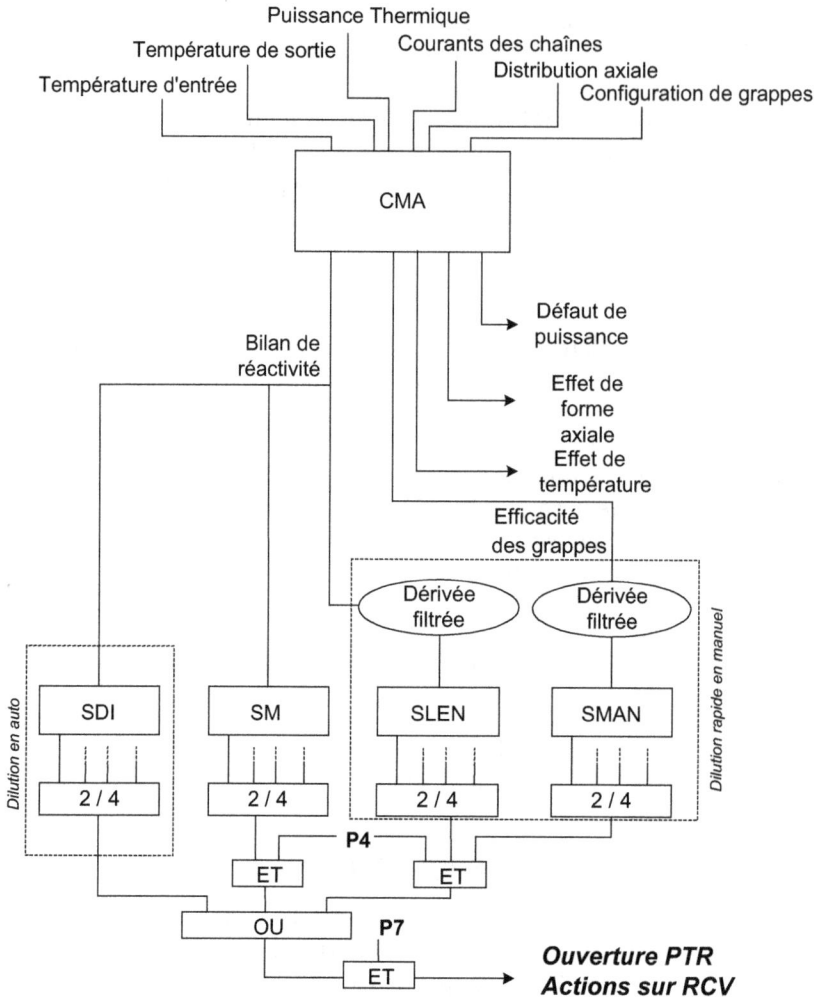

Figure 8.12. Protection contre la dilution en puissance.

La connaissance continue de la distribution de puissance est obtenue par la mesure de la différence axiale de puissance ΔI (chambres externes). Mesurant le ΔI et voulant surveiller en fait le facteur de pic F_Q, il s'agit donc d'établir une relation entre ces deux paramètres, soit $F_Q = f(\Delta I)$. Cette relation est établie à partir de calculs neutroniques reposant sur l'utilisation de codes de diffusion. Un grand nombre de configurations du cœur résultant d'accidents conduisant à une forte perturbation de la distribution de puissance sont étudiées. Les accidents simulés sont de type mouvements intempestifs de grappes ou dilutions et borications intempestives.

Afin d'assurer un caractère enveloppe à cette étude dont le but est l'établissement d'une protection, une analyse paramétrique est effectuée pour englober tous les états possibles du réacteur en niveau de puissance, taux d'épuisement, distribution axiale du xénon, ...

Ces études montrent qu'une borne supérieure du facteur de pic en fonction du déséquilibre axial est constituée par un nuage de points présentant un « plateau » pour les faibles ΔI et des « ailes » de part et d'autre pour les valeurs absolues de ΔI élevées positive et négative. Ce constat conduit donc à limiter le niveau de puissance moyen en fonction du déséquilibre axial AO ou de la différence axiale de puissance ΔI (figure 8.13).

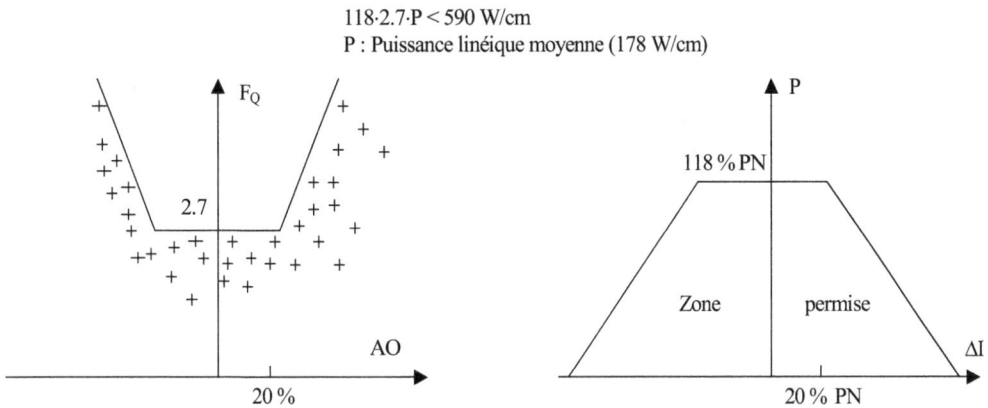

Figure 8.13. **Limite du niveau de puissance moyen en fonction du ΔI.**

Le système de protection contre la surpuissance linéique devra donc :

- limiter le niveau de puissance moyen en cas d'accident à 118 % de la puissance nominale si la différence axiale de puissance reste comprise dans une bande dont la largeur est typiquement de −20 % à +20 % PN ;

- en cas de sortie de cette bande, le système de protection devra automatiquement réduire le seuil d'arrêt automatique de façon linéaire en fonction du ΔI.

Ces deux impératifs sont pris en compte :

- par la chaîne de haut flux neutronique dont l'intervention est nécessaire lors de transitoires rapides à faible déformation axiale du flux et dont le seuil d'arrêt automatique est réglé à 118 % PN ;

- par la chaîne ΔT surpuissance qui limite la puissance thermique ΔT par comparaison avec une consigne variable avec la mesure de ΔI et assurant le non-dépassement d'une puissance thermique de 118 % PN. L'équation de cette consigne variable est la suivante :

$$\Delta T_{SP} = \Delta T_{nom} \left[K_4 - K_5 \frac{\tau_5 s}{1 + \tau_5 s} T - K_6 (T - T_{nom}) - f(\Delta I) \right]$$

avec

- ΔT_{nom} : élévation de température du fluide primaire aux conditions nominales,

- T : température moyenne mesurée (valeur nominale T_{nom}),

- ΔI : différence axiale de puissance mesurée par les chambres externes et recalibrée périodiquement lors des cartes de flux,

- K_4, K_5, K_6, τ_5 : constantes,

- s : variable de Laplace.

Les termes K_4 et K_6 sont obtenus en représentant dans le plan $(\Delta T, T_m)$ le lieu des points correspondant à 118 % de puissance nominale. Ces points sont situés sur une courbe qui décroît légèrement en fonction de T_m, compte tenu des variations de Cp et de ρ avec la température $(P = Q_v \rho Cp \Delta T)$. Une droite $\Delta T_{SP} = \Delta T_{nom}[K_4 - K_6(T - T_{nom})]$ matérialise le seuil de protection, enveloppe par valeurs inférieures de ces points (figure 8.14).

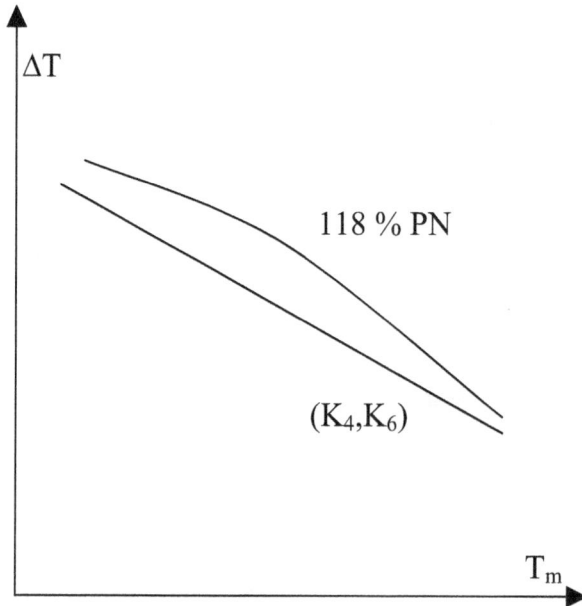

Figure 8.14. Lieu des points correspondant à 118 % PN.

La valeur obtenue pour K_4 (marge en puissance) est voisine de 1,15. Les termes dynamiques K_5, τ_5 ont pour but d'assurer une compensation du retard de l'évolution de la température moyenne boucle mesurée par rapport à l'évolution de la température moyenne cœur à surveiller. Ils sont calculés à l'aide de codes de calcul simulant, en transitoire, l'évolution des paramètres caractéristiques de l'état de la chaudière en différents points de celle-ci (cœur, tuyauteries, générateur de vapeur ...).

Le terme f(ΔI), pénalité du point de consigne en fonction de la différence axiale de flux, est déduit des études neutroniques comme vu précédemment.

Notons que les termes en $K_i \Delta T_{nom}$ représentent des pourcentages du ΔT qui sera mesuré à 100 % PN lors des essais de redémarrage de l'installation. La valeur utilisée dans les études de conception est $\Delta T_{nom} = 37,4$ °C. Cette valeur correspond à l'échauffement moyen cœur aux conditions nominales. Les échauffements réels mesurés sur les différentes boucles sont ajustés sur cette valeur de référence.

8.2.5.2. *Protection contre la crise d'ébullition*

Cette protection doit permettre d'éviter la crise d'ébullition en tout point du cœur. Différentes chaînes de protection assurent cette fonction :

- les chaînes de protection spécifiques,
- la chaîne ΔT température élevée.

8.2.5.2.1. Établissement des limites physiques

Il s'agit de calculer un point de consigne qui sera fonction du niveau de puissance, de la température et de la pression primaire ainsi que de la distribution de puissance ΔI. On a :

$$REC = f(\Delta T, T, p, \Delta I)$$

Le niveau de puissance ΔT sera donc comparé à chaque instant à un point de consigne variable : $\Delta T_{TE} = f (T, p, \Delta I)$.

Afin de simplifier le calcul de cette fonction, une séparation des variables est effectuée et la consigne est calculée en deux phases :

- calcul d'un point de consigne qui prend en compte les effets sur la crise d'ébullition de la température T et de la pression p pour une distribution de puissance donnée, dite de référence. Cette première étape conduit à l'établissement de limites physiques dans un plan température-puissance, limites paramétrées en fonction de la pression primaire ;

- calcul d'une fonction de correction du point de consigne établi précédemment pour tenir compte de l'effet de la distribution axiale de puissance (à travers le paramètre ΔI) à conditions thermohydrauliques (T,p) données.

Les limites physiques sont calculées à l'aide d'un code de thermohydraulique qui détermine le niveau de puissance limite en fonction de la température et de la pression primaire, avec les hypothèses suivantes :

- distribution axiale de référence en cosinus « tronqué », donc symétrique ($\Delta I = 0$), avec un pic égal à 1,55. Comme nous le verrons plus loin, cette loi est enveloppe vis-à-vis du REC des distributions réelles de puissance dans une plage de ΔI « raisonnables » correspondant au fonctionnement normal de l'installation. Ceci évite une réduction du point de consigne de la protection (par f (ΔI)) en exploitation normale dans une bande « médiane » de ΔI ;

- distribution radiale caractérisée par un facteur d'élévation d'enthalpie $F\Delta H$ égal à 1,62 à puissance nominale dans les études GARANCE et variant linéairement avec le niveau de puissance pour prendre en compte l'effet d'insertion des barres de contrôle et la variation des effets de contre-réaction selon la loi :

$$F\Delta H = 1,62[1 + 0,2(1 - P)]$$

- débit primaire minimum compte tenu des tolérances de fabrication du matériel et des incertitudes de calcul. Le débit ainsi défini est appelé débit de conception thermohydraulique. Lors des essais de démarrage, on vérifie que le débit mesuré sur site est supérieur au débit de conception thermohydraulique ;

- pression primaire comprise entre 124 et 165,5 bar. En dehors de cette plage, l'arrêt automatique est actionné par haute ou basse pression.

En plus des limites sur la crise d'ébullition, apparaissent les limites en saturation à la sortie du cœur dont le but est de conserver la validité de la mesure de puissance par ΔT. Pour une pression primaire donnée, le domaine interdit est donc situé au-dessus de la limite physique correspondante (figure 8.15).

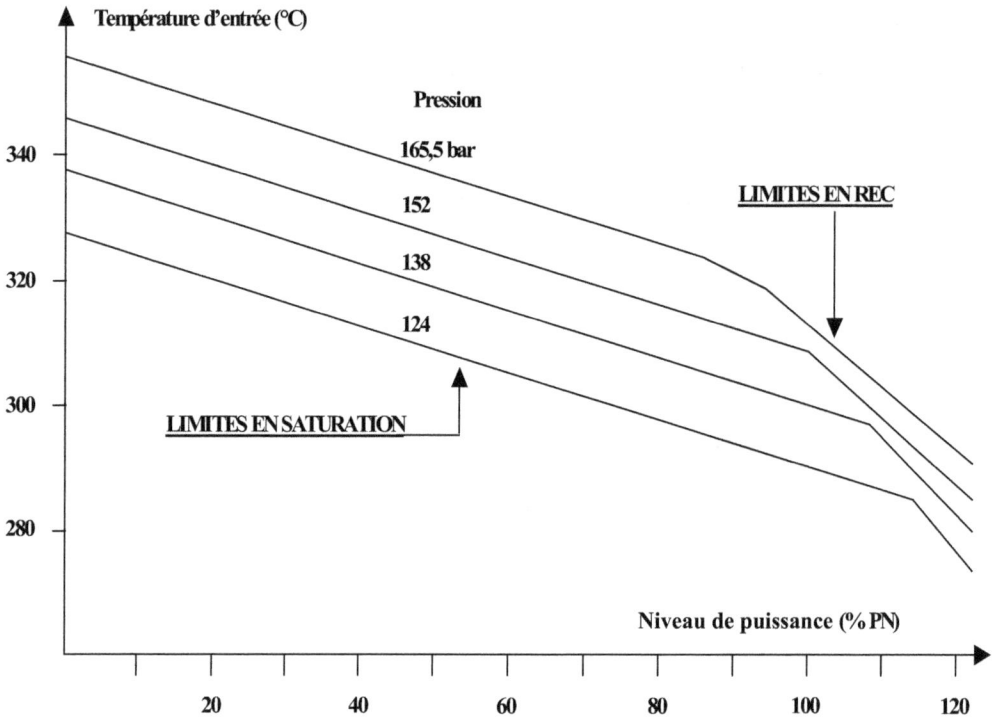

Figure 8.15. Palier 900 MWe : limites physiques du cœur.

La correction à apporter aux limites physiques en fonction de la distribution de puissance est calculée à l'aide d'un code de thermohydraulique qui détermine le niveau de puissance limite pour des valeurs de la pression et de la température primaire situées sur les limites physiques et pour différentes distributions de puissance. L'échantillon de distributions de puissance examiné est le même que celui décrit pour la protection contre la surpuissance.

Une schématisation des calculs décrits précédemment est présentée figure 8.16.

La fonction de pénalité déterminée est indiquée figure 8.17. La distribution de puissance de référence est bien l'enveloppe des distributions réelles de puissance dans une plage suffisante de différence axiale du flux : −20 % PN à +5 % PN en cycle 1, −15 % PN à +14 % PN pour les cycles ultérieurs, en mode G : bande correspondant au fonctionnement normal du réacteur. En dehors de cette plage, la puissance limite définie par les limites physiques devra être réduite linéairement en fonction du ΔI.

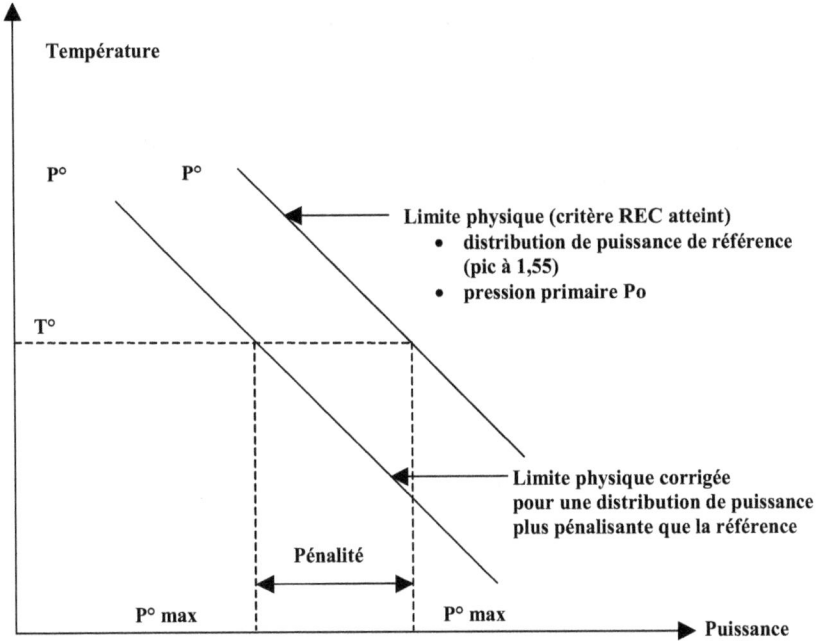

Figure 8.16. Correction des limites physiques.

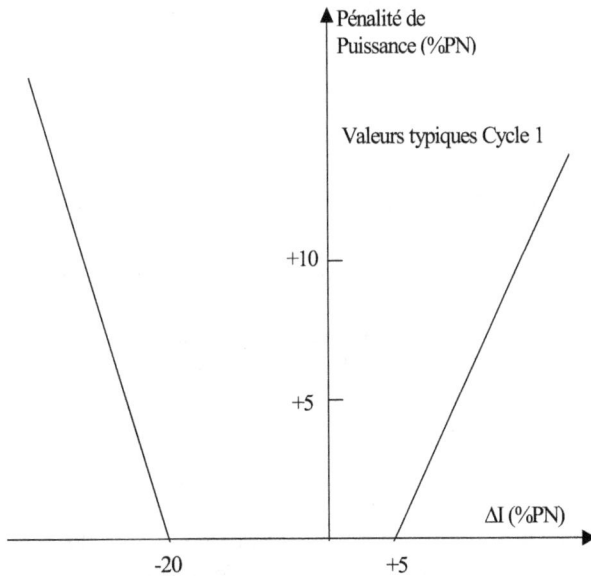

Figure 8.17. Fonction de pénalité.

8.2.5.2.2. Prise en compte des limites physiques par les chaînes de protection

Nous allons examiner tout d'abord la prise en compte des limites physiques par la chaîne ΔT température élevée et nous aborderons ensuite le calcul des points de consigne des chaînes spécifiques.

La prise en compte des limites physiques implique le calcul en continu (chaîne analogique) d'un point de consigne ΔT_{TE} (puissance limite) variable en fonction de la température T, de la pression p et de la différence axiale de puissance ΔI et la comparaison en continu de cette consigne à la puissance mesurée (ΔTmesuré). Tout dépassement entraîne l'arrêt automatique du réacteur. Une variation linéaire de la consigne en fonction de p, T, ΔI est utilisée compte tenu de la linéarité approximative des phénomènes physiques et dans un but de simplification.

L'équation du point de consigne est la suivante :

$$\Delta T_{TE} = \Delta T_{nom} \left[K_1 + K_2 \left(p - p_{nom}\right) - K_3 \frac{1 + \tau_3 s}{1 + \tau_4 s} \left(T - T_{nom}\right) - f'(\Delta I) \right]$$

avec :

- T, p, ΔI : valeurs mesurées ;

- K_1, K_2, K_3 : constantes appelées points de consigne ;

- $\frac{1+\tau_3 s}{1+\tau_4 s}$: fonction d'avance retard destinée à compenser le retard de l'évolution de la température moyenne boucle mesurée par rapport à la température moyenne cœur à surveiller. τ_3 et τ_4 sont des constantes déterminées par calcul ;

- $f'(\Delta I)$: fonction de pénalité liée à la prise en compte de la distribution axiale de puissance.

Le calcul du point de consigne (K_1, K_2, K_3, τ_3, τ_4, $f'(\Delta I)$) est effectué en 3 étapes :

- *1ère étape : calcul du point de consigne en régime stationnaire*

  Les limites physiques correspondant à $\Delta I = 0$ (distribution de puissance de référence) sont représentées dans le plan (ΔT,T) (paramètres mesurés). Dans ce plan, sont également indiquées :

  - la limite en surpuissance à $\Delta I = 0$,

  - la limite correspondant à l'ouverture des soupapes du générateur de vapeur. Cette ouverture conduit par écrêtage à imposer une valeur fixe à la pression (pression de tarage) ou à la température de la vapeur au secondaire, donc à imposer une valeur fixe à la température moyenne du primaire pour chaque valeur de la puissance échangée entre le primaire et le secondaire ;

  comme le montre l'équation : $P = h(T - T_{sat}(Pc))$

avec

> P : puissance échangée entre primaire et secondaire,
>
> h : coefficient d'échange primaire-secondaire,
>
> T : température moyenne primaire,
>
> $T_{sat}(Pc)$: température de saturation dans les GV correspondant au seuil de tarage Pc.

Le domaine de fonctionnement autorisé est ainsi défini : pour une pression primaire donnée, c'est le domaine compris entre la limite en surpuissance, les limites en saturation et en crise d'ébullition et la limite correspondant à l'ouverture des soupapes du générateur de vapeur.

L'approximation linéaire du point de consigne revient à représenter des droites de protection assurant le non-dépassement des limites précédemment définies. Le point de consigne en régime stationnaire à $\Delta I = 0$ devient en effet :

$$\Delta T_{TE} = \Delta T_{nom} \left[K_1 + K_2 \left(p - p_{nom} \right) - K_3 \left(T - T_{nom} \right) \right]$$

Les coefficients K_1, K_2, K_3 sont déterminés à partir du tracé des droites de protection. La figure 8.18 représente le diagramme de protection où apparaissent les droites de protection et les différentes limites à respecter. La valeur obtenue pour K_1 (marge en puissance) est égale à 1,25 (valeur typique).

Comme pour la protection contre la surpuissance, les termes $k_i \Delta T_{nom}$ représentent des pourcentages du ΔT qui sera mesuré à 100 % de puissance lors des essais de démarrage. La valeur de conception est $\Delta T_{nom} = 37,4\ ^\circ C$.

- *2e étape : étude en régime transitoire*

  Cette étape permet de valider le calcul des points de consigne K_1, K_2, K_3 effectué précédemment en régime stationnaire et de déterminer les constantes d'avance retard τ_3 et τ_4. Le calcul est effectué à l'aide d'un code simulant en transitoire l'évolution des paramètres caractéristiques de l'état de la chaudière en différents points de celle-ci (cœur, tuyauteries, générateur de vapeur ...). Des transitoires d'insertion de réactivité comme le retrait incontrôlé de groupes sont simulés. Une étude paramétrique est effectuée afin d'englober les différents états possibles du réacteur en niveau de puissance initial, vitesse d'insertion de réactivité, taux d'épuisement du cœur, ... Cette étude permet de déterminer les valeurs des constantes τ_3 et τ_4 destinés à compenser les retards de la boucle par rapport au cœur et le temps de retard de la chaîne (capteur, traitement) pour différentes cinétiques accidentelles.

- *3e étape : prise en compte du terme ΔI dans le point de consigne*

  Un code de calcul effectue un tracé automatique du diagramme de protection pour différentes valeurs de ΔI à partir des limites à ΔI nul et des fonctions de pénalité. Ces dernières sont déterminées par les études neutroniques et thermohydrauliques.

  La prise en compte des limites physiques par les protections spécifiques est extrêmement simple du fait que ces protections interviennent lors d'accidents rapides à faible évolution de la distribution de puissance durant le déroulement de l'accident.

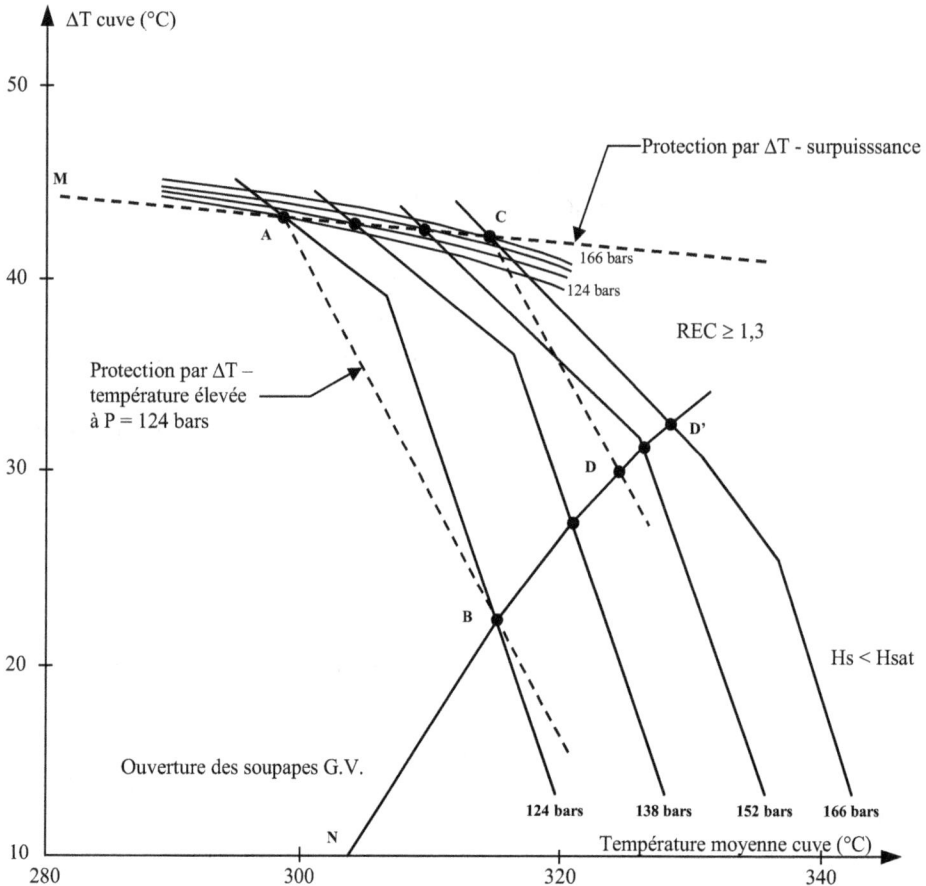

Figure 8.18. Diagramme de protection du cœur.

Les points de consigne de ces chaînes de protection ne comportent donc pas de fonction de pénalité f (ΔI) et sont établis à partir d'une distribution de puissance de référence (forme axiale avec pic Fz = 1,32 en haut du cœur, distribution radiale FΔH = 1,62 à 100 % PN) enveloppe pour ces transitoires.

Le point de consigne est donc lié à la valeur du paramètre physique à surveiller qui correspond à un REC supérieur à 1,17 au cours du transitoire pour une distribution de puissance de référence. Son calcul est effectué à l'aide du code précédemment décrit qui simule le comportement global de la chaudière, sans calcul de la distribution de puissance dans le cœur, mais avec une simulation des chaînes de protection afin d'évaluer le retard entre le moment où le point de consigne d'arrêt automatique est atteint et le moment où l'action de protection devient efficace.

D'une façon générale, la connaissance précise de l'installation et des performances du matériel constituant les chaînes de protection est nécessaire pour la détermination des points de consigne de ces chaînes. En effet, cette détermination doit prendre en compte différents temps de retard liés notamment à la localisation du capteur de mesure par rapport au phénomène surveillé, au temps de retard du capteur, au temps de réponse de la chaîne, au temps mort de l'actionneur (chute des grappes).

De la même façon, la connaissance de la précision de la chaîne est nécessaire pour déterminer les points de consigne devant être affichés sur le site à partir des points de consigne théoriques. Cette précision prend en compte des effets tels que :

- les effets physiques ;

- la précision des capteurs de mesure (précision d'étalonnage, fidélité, dérives, ...) ;

- la précision de la chaîne de traitement et des relais à seuil ;

- la précision de réglage ou d'étalonnage de la chaîne.

À titre d'exemple, les valeurs théoriques des chaînes ΔT sont $K_1 = 1,25$ et $K_4 = 1,15$. Les valeurs réglées sur le site, compte tenu des différentes incertitudes, sont : $K_1 = 1,14$ et $K_4 = 1,10$.

Les points de consigne nominaux (valeurs affichées sur site) étant déterminés, il est ensuite vérifié qu'une marge suffisante existe pour éviter l'atteinte des seuils d'alarme lors de l'exploitation normale de l'installation (fonctionnement de catégorie 1). Une simulation de ces transitoires est effectuée afin de vérifier qu'aucun seuil d'alarme n'est atteint et a fortiori les seuils « C » et les seuils d'AAR, en particulier pour les chaînes ΔT température élevée et ΔT surpuissance. Les transitoires d'îlotage manuel et d'îlotage suite à un défaut réseau qui sont les plus pénalisants pour les marges sont simulés. Le bien-fondé de ces simulations est vérifié sur site où sont effectués des îlotages manuels toutes les deux ou trois campagnes.

Le schéma de la figure 8.19 résume, pour la chaîne ΔT température élevée, les différents seuils d'arrêt automatique : valeurs affichées sur site et valeurs théoriques compte tenu des imprécisions de la chaîne.

8.3. Accident d'éjection de grappe et protections associées

8.3.1. *Mouvements incontrolés de grappe*

L'accident d'éjection de grappe fait partie d'une famille plus large d'incidents ou d'accidents liés aux mouvements incontrôlés de grappes dans le cœur. Son initiateur est la rupture du carter d'un mécanisme de grappe sous l'action de la pression primaire. Il s'agit d'un accident de classe 4.

L'accident est dans un premier temps gouverné par les caractéristiques physiques du cœur par effet Doppler principalement. L'AAR vient ensuite « conclure » le transitoire et rendre le cœur sous critique.

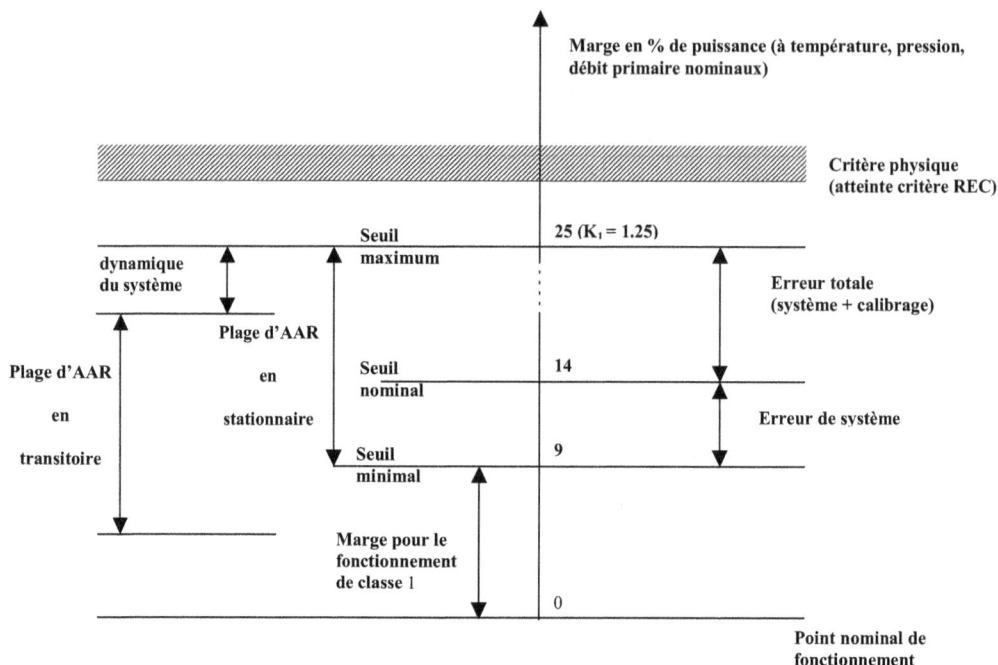

Figure 8.19. Seuils d'arrêt automatique.

Pour ces différents mouvements de grappes, les évolutions des flux nucléaire et thermique dépendent de nombreux paramètres et on en distingue trois principalement (figure 8.20) :

- le couple (niveau de flux initial, réactivité initiale) qui a une influence sur la variation de la réactivité suite au mouvement de grappe, sur la valeur des contre-réactions neutroniques et les conditions initiales locales de température et d'enthalpie, en particulier dans le combustible ;

- le couple (réactivité globale insérée, vitesse d'insertion) qui détermine la dynamique du transitoire et la possibilité d'action des contre-réactions neutroniques. Ainsi lorsque la réactivité insérée et la vitesse d'insertion sont élevées, le transitoire est caractérisé par une brusque excursion de flux nucléaire (prompt jump) limité par la contre-réaction Doppler qui est la « plus rapide à agir ». Lorsque la réactivité insérée et la vitesse d'insertion sont faibles, l'accroissement du flux nucléaire est beaucoup plus faible et il est alors limité par les contre-réactions Doppler et modérateur ;

- le comportement symétrique ou dissymétrique du cœur. Le retrait d'un ou plusieurs groupes de grappes est moins pénalisant du point de vue des pics de puissance (mais pas de la réactivité injectée) que celui d'une grappe isolée car l'augmentation de la puissance est répartie de façon plus homogène dans le cœur. Les conséquences sont alors réduites sur la gaine et les crayons. Dans le cas de l'éjection

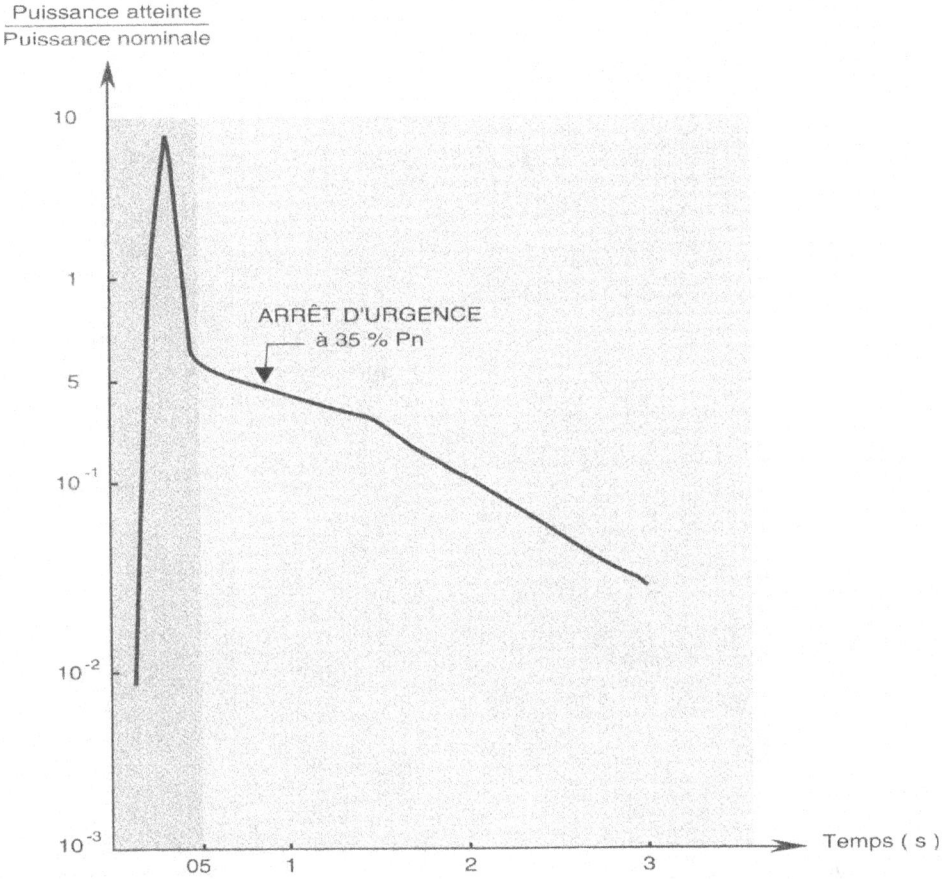

Figure 8.20. Évolution du flux moyen en cas d'éjection de grappe à puissance nulle.

d'une grappe isolée, une déformation importante de la distribution radiale et axiale de puissance provoque un accroissement de l'enthalpie du canal chaud avec risque de crise d'ébullition et même de rupture de crayon.

Les différents accidents liés à des mouvements de grappes peuvent être classés suivant la valeur du couple (réactivité globale insérée, vitesse d'insertion). Le tableau 8.10 représente une synthèse des caractéristiques de ces différents accidents.

8.3.2. Éjection d'une grappe de régulation

8.3.2.1. Conséquences de l'accident

L'éjection d'une grappe en un temps très bref, de l'ordre de 0,1 s, conduit à une insertion importante de réactivité qui provoque une excursion brutale de la puissance avec d'importantes déformations radiales et axiales de flux.

Tableau 8.10. Classification des accidents de mouvements de grappes.

Accidents	catégorie	Protection impliquée		Réactivité insérable (pcm)	Vitesse d'insertion (pcm/s)	Contre réactions	Comportement du cœur
Éjection de grappe	4	$\frac{d\Phi}{dt} > 0$ Haut flux		200 à 700	2000 à 9000	Doppler	dissymétrique
Retrait de groupes réacteur sous critique	2	Haut flux gamme puissance seuil bas		> 2000	< 50 à 100	Doppler	symétrique
Retrait de groupes réacteur en puissance	2	900 ΔT_{TE}	1300 Bas REC	> 500	< 30	Doppler et modérateur	symétrique
Retrait d'une grappe réacteur en puissance	3	900 ΔT_{TE}	1300 Bas REC	< 100	< 1 à 2	Doppler et modérateur	dissymétrique
Chute de grappes	2	$\frac{d\Phi}{dt} < 0$		< 600	< 30	Doppler et modérateur	dissymétrique

L'augmentation locale de puissance peut entraîner, à l'endroit de la grappe éjectée, la crise d'ébullition et un accroissement important de l'énergie contenue dans le combustible pouvant conduire à un endommagement plus ou moins sévère des crayons.

Les principales conséquences de cet accident sont les suivantes :

- accroissement important de l'énergie dans le combustible avec éclatement ou rupture violente des gaines ;

- dispersion de l'UO_2 à très haute température dans le réfrigérant ;

- réaction violente de l'UO_2 avec l'eau et dégagement d'énergie supplémentaire ;

- blocage de la circulation dans les canaux adjacents et crise d'ébullition ;

- augmentation de la pression, développement d'onde de choc et risque pour le circuit primaire.

Cet accident peut donc se traduire, en l'absence de protection, par des conséquences très sévères sur la première barrière et un risque de perte d'intégrité de la deuxième barrière.

Le système de protection du réacteur, permettra de limiter l'endommagement du combustible à un niveau acceptable, défini par les critères de sûreté.

8.3.2.2. *Critères à respecter et protections associées*

En raison des difficultés de modélisation des processus conduisant à la rupture des crayons combustibles dans le cas de l'accident d'éjection de grappe, on se réfère à des critères empiriques définis expérimentalement (« tirs » effectués sur des réacteurs d'essais de type CABRI en France, NSRR au Japon et SPERT aux États-Unis). Ces critères de découplage permettent de garantir la non-dispersion du combustible dans le réfrigérant en cas d'accident d'éjection de grappe. Ceux-ci se déclinent en critères locaux (au point chaud du cœur ou pour l'assemblage haut *burn-up*) et généraux (thermohydraulique cœur).

Au point chaud du cœur, les critères sont les suivants :

- l'enthalpie du combustible au point le plus chaud doit être inférieure à 225 cal/g pour le combustible non irradié (*burn-up* nul) et à 200 cal/g pour le combustible irradié (*burn-up* < 47 GWj/t) ;

- la fusion du combustible est limitée à 10 % en volume du combustible au point chaud, même si l'enthalpie moyenne de la pastille est inférieure à la valeur du critère précédent ;

- la température maximale de la gaine au point chaud doit rester inférieure à la température de fragilisation de la gaine, soit 1482 °C pour des transitoires rapides qui ne donnent lieu qu'à une faible oxydation de la gaine.

Pour les assemblages haut burn-up (taux de combustion supérieur à 47 GWj/t et jusqu'à 52 GWj/t), les critères de découplage à respecter sont les suivants :

- le dépôt d'enthalpie doit être inférieur à 57 cal/g ;

- la largeur à mi-hauteur du pulse de puissance vu par le combustible doit être supérieure à 30 ms ;

- la température de la gaine ne doit pas dépasser 700 °C ;

- l'épaisseur de zircone doit rester inférieure à 100 μm.

En outre, on impose un critère de découplage vis-à-vis d'éventuels rejets radioactifs dans l'environnement :

- sur l'ensemble du cœur, le pourcentage de crayons susceptibles d'entrer en crise d'ébullition doit rester inférieur à 10 %.

Enfin, vis-à-vis de la deuxième barrière, le pic de pression du circuit primaire doit rester inférieur à 190 bar.

On distingue deux niveaux de protections vis-à-vis de l'accident d'éjection de grappe (figures 8.21 et 8.22) :

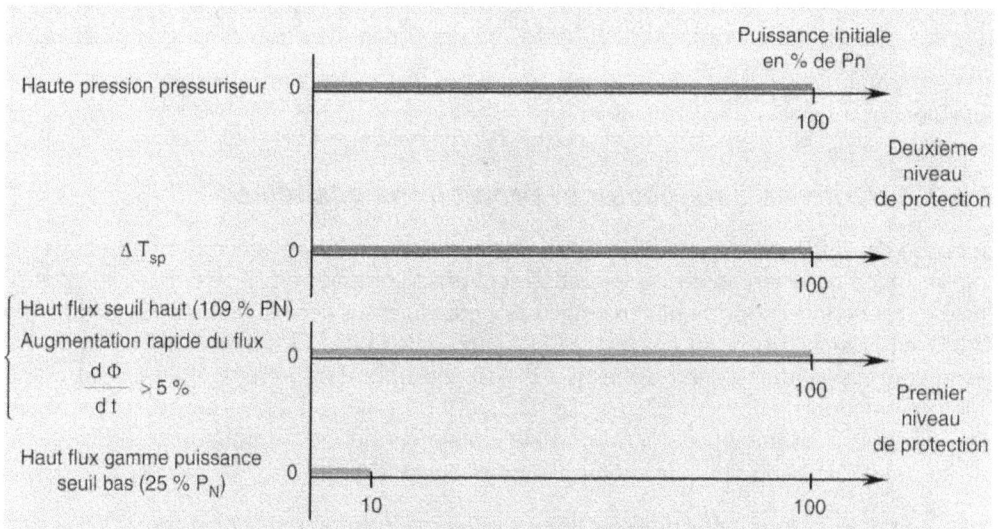

Figure 8.21. Protections du palier 900 MWe.

- à puissance minimale, ou pour une puissance inférieure à 10 % PN, l'arrêt automatique sera provoqué par le signal de haut flux nucléaire gamma puissance seuil bas (25 % PN).

- pour une puissance supérieure à 25 % PN, l'arrêt automatique sera provoqué par le signal de haut flux seuil haut (109 % PN).

Les arrêts automatiques intervenant en deuxième niveau risquant d'être tardifs ou absents, il a été nécessaire de dimensionner un second ordre de protection susceptible d'intervenir en premier niveau, quel que soit le niveau de puissance nucléaire. Il s'agit de l'ordre d'arrêt automatique par augmentation rapide de flux nucléaire $\frac{d\Phi}{dt}$ positif.

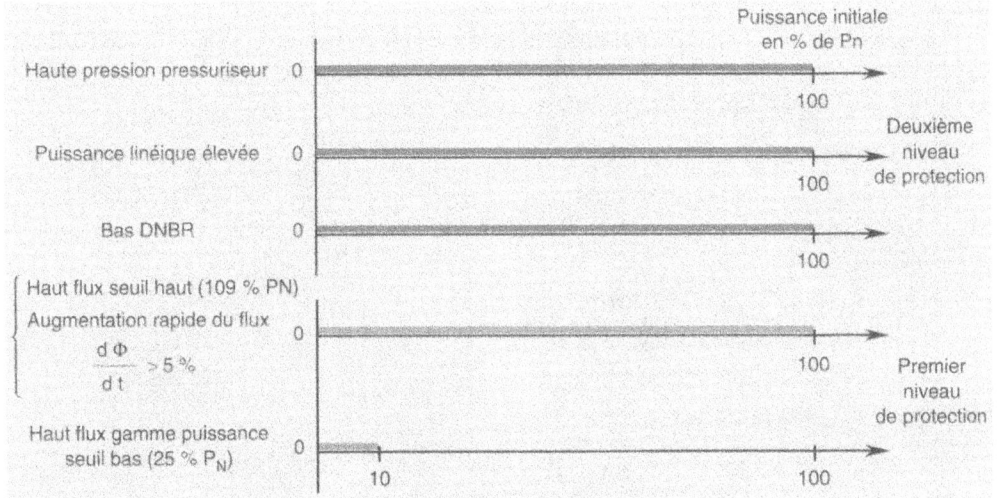

Figure 8.22. Protections du palier 1300 MWe.

Notons toutefois que lorsque l'AAR intervient, le point critique du transitoire est déjà dépassé puisque l'excursion de puissance est terminée et que le dépôt d'énergie aussi. L'AAR ne sert donc « qu'à arrêter » le réacteur après le transitoire neutronique et thermique. Le bon comportement du cœur est aussi assuré par ses caractéristiques neutroniques intrinsèques (efficacité des grappes, coefficient Doppler, ...).

Références

Accidents de réactivité, Transfert de connaissances Réacteurs à eau pressurisée N°621, 1992.

Bruyère M., *Le système de protection des réacteurs 900 et 1300 MWe*, FRAMATOME – INSTN.

Delbosc P., *Formation interne EDF : SPIN*, UNIPE, 1993.

Dossier Général d'Évaluation de la Sûreté des recharges –N4, Note technique EDF D4510 NT BC MET 97.150.

Pattou A., *Physique et contrôle des réacteurs à eau pressurisée*, Génie Atomique, CEA/DRE/SRS.

9.1. Fonctionnement et pilotage du réacteur

Le parc électronucléaire français est constitué de 58 tranches nucléaires de type REP. Elles fournissent environ 80 % de l'électricité consommée quotidiennement en France. Or, la consommation électrique varie non seulement au cours de la journée, mais aussi selon la période de l'année et en fonction de l'activité économique. Il est donc demandé de faire participer les centrales nucléaires à l'équilibre global production/consommation à l'instar des centrales thermiques et hydrauliques. Il est alors nécessaire de disposer du pilotage le plus souple possible pour moduler la puissance fournie par les tranches. On peut ainsi gagner en manœuvrabilité et en disponibilité, tout en maîtrisant la sûreté des installations.

9.1.1. Fonctionnement

La conduite d'une tranche nucléaire vise à satisfaire les deux objectifs suivants :

- sûreté irréprochable : respect des Spécifications techniques d'exploitation (STE) ;

- disponibilité maximale : satisfaction des besoins du client, le réseau.

9.1.1.1. Principes de conduite des centrales nucléaires

9.1.1.1.1. La sûreté

La sûreté d'un réacteur repose sur le principe de défense en profondeur. On cherche à éviter toute dissémination de produits radioactifs dangereux en opposant trois barrières en série entre ces produits et l'environnement :

- les gaines en Zircaloy des crayons combustibles (première barrière) ;

- l'enveloppe en acier inoxydable du circuit primaire (deuxième barrière) ;

- l'enceinte de confinement double paroi (pour le 1300 MWe et le N4), ou bâtiment réacteur (troisième barrière).

L'étanchéité de ces barrières est garantie tant que sont respectées un certain nombre de contraintes technologiques traduites en critères (*cf.* chapitre 4). Le « domaine de fonctionnement autorisé » correspond aux limites technologiques admissibles que l'on se fixe en situation normale pour ne pas risquer une dégradation des barrières en conditions accidentelles. Ces conditions sont, par exemple, pour :

- la température de la gaine du combustible : $T_c < 1204\ °C$

- la température modérateur du circuit primaire : $T_{primaire} < 343\ °C$

- la pression de l'enveloppe du circuit primaire : $P_{primaire} < 174,3$ bar

- la pression de l'enceinte de confinement : $P < 5$ bar

Lorsque le fonctionnement de la chaudière s'écarte du domaine autorisé défini par les études effectuées lors de la conception, des actions correctrices automatiques, pouvant aller jusqu'à l'Arrêt automatique du réacteur (AAR), vont se déclencher.

Un accident provoquant un rejet radioactif ne peut avoir lieu que si les trois barrières se trouvent mises en défaut en même temps. Les limites associées à l'intégrité de ces barrières sont constamment surveillées et des alarmes se déclenchent en cas de dépassement. Pour obtenir la garantie de non-dépassement des limites technologiques, celles-ci sont systématiquement minorées d'une marge correspondant aux incertitudes de mesure et de calcul. En effet, les paramètres principaux de sûreté ne sont pas toujours accessibles en exploitation normale. On établit alors des relations entre le paramètre principal à contrôler et un certain nombre de paramètres mesurables en exploitation sur lesquels il sera possible de fixer les limites protégeant le paramètre principal. C'est le cas par exemple de la température de gaine des crayons combustibles qu'il n'est pas possible de mesurer au cours du fonctionnement de la tranche. Le respect de ce critère va finalement se traduire par le respect d'un domaine autorisé dans un plan (ΔI, puissance) où ΔI désigne la différence axiale de puissance entre le haut et le bas du cœur, laquelle est mesurée par les chambres externes. Il faut ensuite vérifier que la plage autorisée pour le paramètre mesuré dans le cœur permet une exploitation normale du réacteur.

9.1.1.1.2. La disponibilité

Une certaine souplesse dans la production est d'autant plus nécessaire que le parc nucléaire est important. Initialement, les centrales nucléaires étaient exploitées en « réacteur prioritaire », c'est-à-dire qu'elles fournissaient toute la puissance disponible. Actuellement, en France, elles doivent s'adapter aux demandes du réseau et fonctionnent en « turbine prioritaire » : le réacteur est considéré comme un générateur de puissance aux ordres de la turbine qui doit permettre d'équilibrer l'offre et la demande.

Sur un appel de puissance, on ouvre la soupape réglante de vapeur à l'admission turbine ce qui provoque :

- la baisse de la pression et de la température au secondaire avec augmentation de la vaporisation (augmentation du débit vapeur et de la production d'électricité) ;

- la baisse de la température primaire (sans contrôle de la température moyenne) ;

- l'augmentation de la réactivité du cœur par effet de température et la croissance de la puissance sans intervention des barres de contrôle.

Pour pouvoir répondre aux besoins du réseau, trois types de fonctionnement ont été définis :

- *Le fonctionnement en base :* le réacteur nucléaire délivre une puissance constante généralement égale à la puissance nominale pendant toute la durée du cycle. Les premiers REP 900 MWe CP0 étaient prévus pour fonctionner principalement en base, même s'ils pouvaient réaliser des transitoires lents, car ils devaient s'insérer dans un système de production essentiellement de type thermique classique et hydraulique. Le mode de pilotage de ces premiers REP, toujours en application, est le mode A.

- *Le fonctionnement en suivi de charge :* la centrale doit suivre une variation programmée de puissance ou de charge (figure 9.1). Une estimation quotidienne d'un programme national de charge est élaborée par le RTE (Réseau de transport de l'électricité) puis traduite au niveau régional. Ceci constitue une première approximation pour réaliser l'équilibre production-consommation en tenant compte des variations systématiques de puissance comme la diminution de la consommation pendant la nuit ou le week-end. Lorsqu'une centrale fonctionne en suivi de charge, sa puissance est maintenue constante par paliers reliés entre eux par des rampes de puissance. Deux profils standard sont largement utilisés :

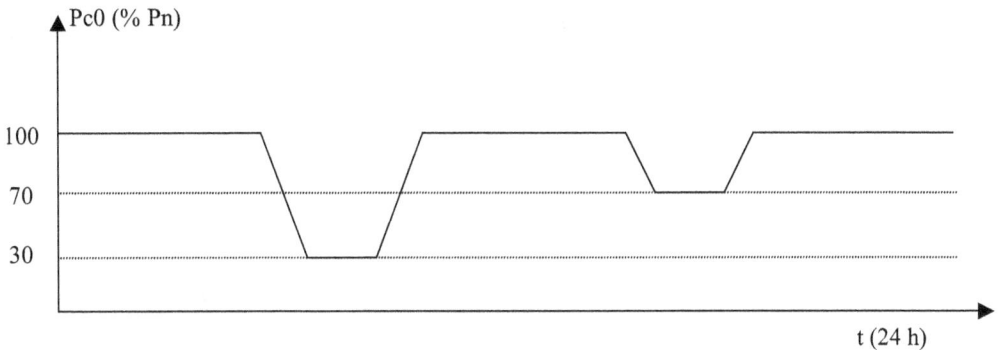

Figure 9.1. Suivi de charge.

- le 12-12 : Il correspond à un fonctionnement de 12 heures à pleine puissance suivi d'un palier bas de 12 heures à basse puissance, généralement la nuit, avec des transitions de l'ordre d'une demi-heure. C'est un transitoire lent. En France, pour suivre les variations de la consommation, la pente moyenne des rampes de puissance doit être d'environ 1 % PN/min ;

- le 18-6 : Après un fonctionnement à puissance nominale pendant 18 heures, on descend rapidement vers le palier bas pour y séjourner pendant 6 heures avant de remonter à pleine puissance. Les rampes varient entre 2 et 5 % PN par minute. Il s'agit d'un transitoire rapide. Il doit être aussi possible d'effectuer des retours instantanés en puissance à n'importe quel moment du transitoire. Le Retour instantané en puissance, ou RIP, est caractérisé par des rampes de

5 % PN/min. Cette pente résulte de la nécessité d'éliminer en moins de 20 minutes la surcharge qui apparaît sur les lignes du réseau suite à un défaut de production.

- *Le réglage de fréquence* : la puissance consommée par les utilisateurs n'est jamais égale à la prévision du programme journalier. Les écarts de puissance qui en résultent se traduisent concrètement par des écarts de la fréquence du réseau communs à tous les groupes turbo-alternateurs, plus la demande de puissance est grande, plus la fréquence diminue. Les écarts sur la fréquence sont aléatoires et généralement de faible amplitude. Ramener la fréquence à sa valeur de consigne, f_0 de 50 Hz, revient donc à rétablir l'équilibre entre la production et la consommation.

Deux réglages, primaire et secondaire, sont effectués afin de réduire ces écarts et assurer à l'ensemble des tranches une bonne stabilité.

Le réglage primaire ou réglage de fréquence est assuré par le régulateur de vitesse de la turbine qui impose une relation linéaire entre sa fréquence (donc la vitesse) et la puissance de la chaudière (figure 9.2). En cas de variation de la fréquence, la turbine réagit en modifiant sa puissance proportionnellement à l'écart de fréquence. La fréquence étant la même pour toutes les centrales interconnectées, le réglage provoque instantanément des variations de charge sur tous les groupes interconnectés. Le nouvel état d'équilibre atteint est à une fréquence différente de la fréquence de consigne f_0.

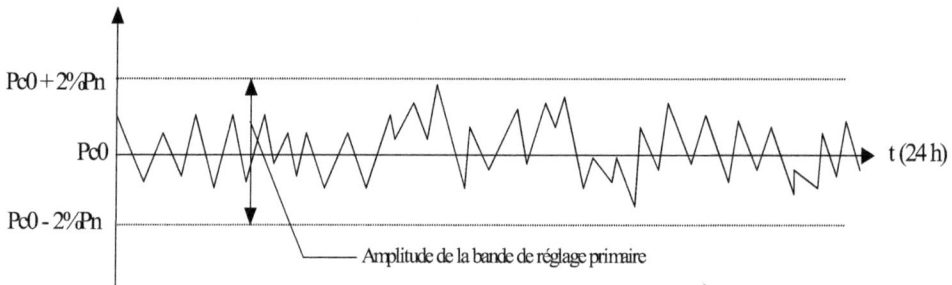

Figure 9.2. Réglage primaire.

La variation de puissance nécessaire au réglage primaire s'écrit :

$$\Delta P(t) = k[f(t) - f_0] = k\Delta f(t) \quad \text{avec} \quad k = \frac{1}{s}\frac{Pnom}{f_0}$$

k	Statisme	[% PN/Hz]
f(t)	Fréquence instantanée du réseau	[Hz]
f_0	Fréquence de consigne	[50 Hz]
s	Taux de statisme	[%]
Pnom	Puissance nominale	[100 % PN]

Pour un REP, le taux de statisme est égal à 4 %. Dans ces conditions, le statisme vaut 50 % PN/Hz et une variation de 20 mHz en fréquence sur le réseau correspond à une variation en puissance de 1 % PN. Une baisse ou une hausse de fréquence doit être corrigée respectivement par une hausse ou une baisse de la puissance.

Le réglage secondaire ou téléréglage permet de ramener à leur valeur de consigne les valeurs de fréquence et de puissance de transit prévues aux points d'interconnexion avec nos voisins européens (figure 9.3). Le dispatching central du RTE élabore alors un signal qu'il envoie aux centrales de son choix afin qu'elles modulent la puissance prévue par le programme journalier dans une bande de ±5 % PN. Ce signal, appelé signal de téléréglage, est une valeur numérique, sans dimension, comprise entre –1 et 1 qui correspond à un pourcentage de la puissance de participation affichée par la centrale. Ces variations de puissance sont alors appliquées à la turbine. Le réacteur doit donc moduler sa puissance en fonction de la puissance appelée par la turbine : tout déséquilibre primaire-secondaire induit une variation de température donc de réactivité. C'est aux grappes de contrôle de se déplacer pour compenser ces variations de réactivité.

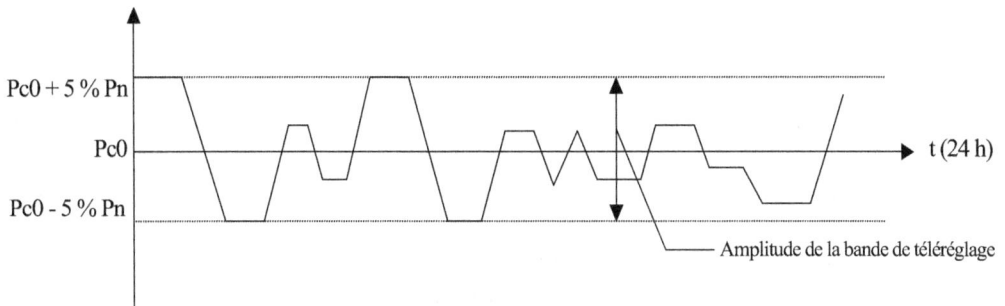

Figure 9.3. Téléréglage.

La variation de puissance nécessaire pour le téléréglage s'écrit :

$$\Delta P(t) = N(t)Pr$$

N(t)   Signal de téléréglage   [sans dimension]
Pr   Puissance de participation   [% PN]

Enfin, certains transitoires particuliers doivent être pris en compte dès la conception du mode de pilotage et doivent pouvoir s'effectuer à n'importe quel moment du fonctionnement de la centrale. On peut citer par exemple l'îlotage du groupe turboalternateur, où le réacteur fonctionne en autarcie en produisant théoriquement la puissance dont il a besoin pour l'alimentation des auxiliaires. En réalité, celui-ci fonctionnera au minimum technique et le surplus de production sera évacué au condenseur sous forme de chaleur.

9.1.1.2. Contraintes de fonctionnement du cœur

9.1.1.2.1. Contraintes liées à la sûreté

D'après un classement proposé par l'ANS (*American Nuclear Society*) et couramment uti-lisé en France, le fonctionnement d'un réacteur est situé dans l'une des quatre catégories, ou conditions de conception, suivantes :

- catégorie 1 : fonctionnement normal, y compris les transitoires normaux d'exploita-tion, comme le suivi de charge, le téléréglage, les arrêts programmés ou l'îlotage ;

- catégorie 2 : accidents de fréquence modérée (probabilité 1 à 10^{-2}/an/réacteur) pour lesquels il faut impérativement respecter l'intégrité de la gaine du crayon combus-tible (1ère barrière). Les limites du domaine de fonctionnement où l'intégrité de la gaine ne peut plus être garantie constituent les « limites physiques du cœur ». Les points de consigne d'Arrêt automatique du réacteur par le système de protection sont déterminés de manière à ne pas dépasser l'une de ces limites. Le retrait incontrôlé de groupe de grappes, la dilution intempestive d'acide borique, la chute de grappes ou des groupes de grappes, la perte d'alimentations électriques externes constituent autant d'exemples d'accidents de catégorie 2 ;

- catégorie 3 : ce sont les accidents très peu probables (probabilité 10^{-2} à 10^{-4}/an/réacteur) pour lesquels la sûreté de l'installation nucléaire et de l'environne-ment oblige à maintenir l'intégrité du circuit primaire (2ème barrière), la rupture d'un nombre limité de crayons étant admise. Ces accidents font intervenir les circuits de sauvegarde. On peut citer comme type d'accident de catégorie 3 les petites brèches au primaire et au secondaire ;

- catégorie 4 : il s'agit des situations limites prises en compte dans les calculs de conception (probabilité 10^{-4} à 10^{-6}/an/réacteur). Ces accidents peuvent conduire à la perte d'intégrité du circuit primaire. Dans tous les cas, le cœur doit conserver une géométrie permettant son refroidissement. Ces situations limites peuvent par exemple se présenter lors de grosses brèches primaires, de rupture de tuyauterie vapeur ou lors d'un blocage du rotor de pompe primaire.

Des critères de sûreté ont alors été définis pour garantir l'absence de préjudices inac-ceptables pour l'environnement en cas d'incidents ou d'accidents. Certains de ces critères portent sur le gainage du combustible qui doit conserver son intégrité pendant le fonc-tionnement normal (catégorie 1) et pendant les transitoires accidentels les plus probables (catégorie 2) afin de limiter les risques de relâchement de produits de fission dans le circuit primaire. Les critères de sûreté sont les suivants :

- Limitation de la température maximale de l'oxyde : pour les situations de catégorie 2, on impose qu'au point le plus chaud, la température du combustible reste inférieure à la température de fusion de l'oxyde (2590 °C soit 720 W/cm pour un taux de combustion de 55 000 MWj/t). Après prise en compte d'une marge de sécurité, on fixe la puissance linéique maximale à 590 W/cm soit une température cœur de 2260 °C (la puissance linéique moyenne à puissance nominale est de 170 W/cm pour un réacteur 1300 MWe). Tout dépassement de cette valeur conduit à un arrêt automatique.

- Flux de chaleur critique : si un film de vapeur se forme autour des crayons, c'est la crise d'ébullition. La gaine est dans ces conditions mal refroidie. Sa température peut atteindre une valeur telle qu'une rupture de la gaine peut se produire. Il y a alors une augmentation importante des risques de contamination du circuit primaire. En catégorie 2, on s'impose de ne pas atteindre le flux de chaleur sur le crayon correspondant à la crise d'ébullition. Cette valeur de flux est appelée flux critique. Elle est obtenue à l'aide d'une corrélation établie sur un très grand nombre de points expérimentaux. Le respect de cette limite est par exemple vérifié en permanence par le SPIN, le système de protection des REP 1300 MWe.

- Limitation de la température maximale de gaine : en cas d'Accident de perte de réfrigérant primaire (*LOss of Coolant Accident* ou LOCA), une température de gaine élevée ($T_{seuil} \approx 1200$ °C) entraîne un emballement de la réaction $Zr-H_2O$ exothermique et génératrice d'hydrogène. Le pic de température de gaine atteint pendant l'accident est directement lié à la quantité d'énergie stockée dans le combustible dans l'état initial avant la perte de réfrigérant. On limite en conséquence la puissance linéique maximale en fonctionnement normal. Tout dépassement de la limite APRP conduit à une alarme qui impose une réduction de la puissance ou un retour à la normale par action de l'opérateur en salle de commandes.

- Bien que non considérée dans le dimensionnement initial, l'Autorité de sûreté a demandé que les seuils de protection soient dimensionnés pour protéger les crayons combustible de l'Interaction pastille gaine. Ce phénomène local est attribué à deux causes. Une cause d'origine mécanique, l'oxyde d'uranium se dilate plus que la gaine et une augmentation de puissance peut se traduire par des contraintes importantes sur la gaine. Le phénomène comporte aussi une composante d'ordre chimique. Lors d'une augmentation de puissance, il y a un dégagement de produits de fission (l'iode en particulier) qui peut donner lieu à de la corrosion sous contrainte de la gaine et à une augmentation de la pression interne du crayon. Les études, s'appuyant sur des essais de rampes de puissance réalisés sur du combustible irradié, ont permis de déterminer les valeurs des seuils de puissance linéique locale en fonction de l'irradiation au-delà desquels il y a risque d'interaction et les amplitudes maximales admissibles des variations de puissance.

Les moyens de satisfaire ces critères reposent sur des constatations simples. Il faut aplatir au mieux la puissance neutronique dans le cœur si on veut éviter la crise d'ébullition dans le canal le plus chaud et ne pas atteindre les différentes limites de puissance linéique. Pour extraire le maximum de puissance, il faut que les différences de puissances entre les zones du cœur soient les plus faibles possibles, la zone la plus forte limitant toutes les autres. Cette condition est prise en compte aussi bien pour définir le plan de chargement du cœur (optimisation à puissance nominale) que la stratégie de pilotage du réacteur (suivi de charge).

9.1.1.2.2. Contraintes liées aux matériels

À ces contraintes liées à la sûreté du cœur, il faut ajouter les contraintes matérielles liées aux performances des systèmes. On peut citer dans le cadre du pilotage des REP la contrainte liée à la capacité du RCV (circuit de Contrôle volumétrique et chimique), de charger ou de décharger en bore le circuit primaire.

En effet, pour des transitoires de grande amplitude, l'effet sur la réactivité lié à l'empoisonnement xénon est repris avec du bore par dilution. En dilution, les possibilités de variation de la concentration en bore sont d'autant plus limitées que la concentration en bore initiale du circuit primaire est faible. Cette considération impose que la vitesse de reprise de charge par le bore diminue régulièrement au cours de la vie du cœur.

9.1.1.2.3. Contraintes liées aux Spécifications techniques d'exploitation

Les Spécifications techniques d'exploitation directement liées au pilotage de la tranche sont :

- La position haute de la bande de manœuvre du groupe de régulation de température : les études de transitoires normaux montrent que l'insertion minimale des groupes de régulation de température (groupe R) doit être telle que leur efficacité différentielle soit d'environ 2,5 pcm/pas.

  En effet, en dessous de cette valeur, le contrôle de la réactivité ne peut pas être assuré dans les temps requis. Le respect de la position haute de la bande de manœuvre assure alors à la régulation de température une « vitesse de réponse » minimale.

  Cette insertion minimale est variable d'un cycle à l'autre et dépend de l'épuisement du combustible, en pratique quelques pas d'insertion suffisent pour obtenir l'efficacité différentielle requise.

- La limite d'insertion très basse : la limite d'insertion très basse des groupes de régulation de température est déterminée afin :

  - *de disposer d'une marge suffisante d'antiréactivité (cf. chapitre 3)*
    La marge d'antiréactivité correspond au bilan de réactivité réalisé après un arrêt automatique. On suppose, pour effectuer ce bilan, que les grappes de régulation de température sont partiellement insérées dans le cœur et que la grappe la plus antiréactive reste bloquée en position haute.

    La limite d'insertion très basse sur le groupe R et les GCP correspond à une antiréactivité :

    - de 500 pcm pour les REP 900 MWe,
    - de 600 pcm pour les REP 1300 MWe,
    - de 950 pcm pour les REP N4.

    Le cas le plus pénalisant est l'arrêt automatique à partir de la puissance nominale en fin de campagne puisque le coefficient de température modérateur est plus fortement négatif et apporte donc une réactivité plus importante. Le défaut de puissance est alors maximal puisque les variations de température sont maximales.

- *de limiter les conséquences d'un accident d'éjection de grappe*

  Il est évident que les conséquences d'un accident d'éjection de grappe sont d'autant plus « graves » que le groupe auquel appartient cette grappe est profondément inséré dans le cœur.

- *de limiter la déformation de la nappe de puissance*

  L'insertion d'un groupe de grappes conduit à une déformation de la nappe de puissance et peut provoquer un pic axial de puissance prohibitif (figure 9.4).

- La limite d'insertion basse : La limite d'insertion basse constitue une « pré-alarme » de la limite très basse, en général à 10 pas au-dessus.

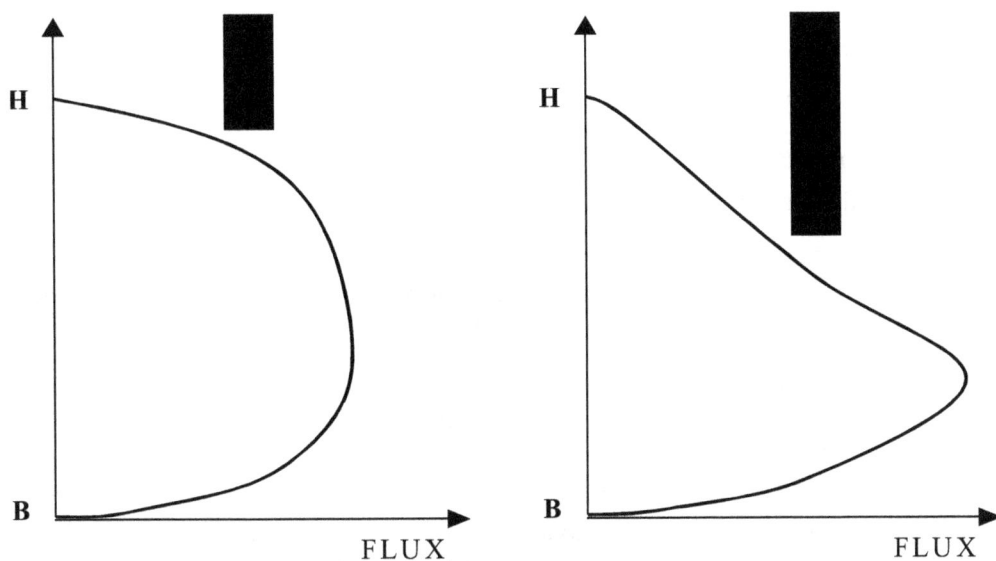

Figure 9.4. Déformation de la nappe de flux suite à l'insertion des grappes.

9.1.2. Effets neutroniques et moyens de contrôle du cœur

9.1.2.1. Effets mis en jeu

À toute variation de puissance, correspond une variation de la température dans le cœur, suivant un programme de température qui est un compromis entre la température moyenne du primaire et la température vapeur du secondaire. Pour ce faire, il faut prendre en compte les divers effets en réactivité mis en jeu lors d'une variation de puissance, à savoir :

- les effets de contre-réaction :

  - effet de température modérateur,
  - effet Doppler de température combustible,
  - effet de redistribution de puissance ;

- les effets dus à l'empoisonnement par les produits de fission :

  - effet xénon,

  - effet samarium, pour une variation de charge importante de plusieurs jours ;

- les effets dus à l'épuisement du combustible qui existent aussi en dehors des variations de puissance.

9.1.2.1.1. Effets de contre-réaction

Lors d'une variation de puissance, les conditions thermohydrauliques de fonctionnement changent. Les températures du combustible et du modérateur varient.

9.1.2.1.1.1. Effet modérateur

Les différents effets liés au modérateur sont les suivants :

- *Effet de densité*

  La variation de la température du modérateur agit sur :

  - *L'efficacité du ralentissement par l'eau*

    En effet, lorsque la température du modérateur augmente, la densité de l'eau diminue. De ce fait, le ralentissement des neutrons issus de la fission est moins efficace. Il y aura donc moins de neutrons thermalisés et moins de fissions à la génération suivante d'où une baisse de la réactivité. Cet effet est stabilisant puisque pour toute augmentation de puissance et donc de la température, la réactivité diminue.

  - *Les captures parasites de l'eau*

    Lorsque la température du modérateur augmente, la densité en molécules d'eau diminue. De ce fait, les captures parasites qui sont moins nombreuses induisent une hausse de la réactivité. Cet effet est déstabilisant mais reste très faible.

  - *Les captures du bore*

    Lorsque la température du modérateur augmente, la densité en atomes de bore diminue. De ce fait, les captures par le bore qui sont moins nombreuses induisent une hausse de la réactivité. Cet effet est déstabilisant.

- *Effet de spectre*

  Lorsque la température du modérateur augmente, le spectre des neutrons qui sont moins bien ralentis se déplace vers les hautes énergies où les sections efficaces d'absorption sont plus faibles. Les absorptions par le modérateur et le combustible diminuent alors globalement et induisent une hausse de la réactivité. Cet effet est déstabilisant mais son impact est faible.

- *Coefficient de température modérateur*

  Pour prendre en compte ces différents effets, on définit le Coefficient de température modérateur, α_m ou CTM, comme la variation de réactivité due à une augmentation de 1 °C de la température moyenne du modérateur.

En fonctionnement normal, pour des raisons de sûreté, on impose un CTM néga-tif. En effet, si celui-ci était positif, une hausse de la température provoquerait une hausse de la réactivité, amplifiant le phénomène et rendant ainsi le réacteur instable.

Le coefficient de température modérateur dépend :

- de la concentration en bore. À partir d'une certaine valeur de la concentration en bore, le CTM devient positif, situation qu'il faut impérativement éviter ;
- de la température du modérateur.

9.1.2.1.1.2. Effet Doppler

Lorsque la température du combustible augmente, l'agitation thermique des noyaux en-traîne un élargissement des résonances. Il s'ensuit une augmentation de l'intégrale effective de résonance, et notamment de celle du noyau ^{238}U majoritaire dans le cœur ; ce qui se traduit par une diminution du facteur anti-trappe p qui est la probabilité que possède le neutron de ne pas subir de capture stérile pendant son ralentissement. Cet effet est sta-bilisant car il entraîne une diminution de la réactivité. Il dépend de la température du combustible mais varie peu pendant la campagne compte tenu de la faible variation en ^{238}U entre le début et la fin du cycle. Des isotopes du Pu comme l'isotope 240 contribuent aussi à l'effet Doppler.

9.1.2.1.1.3. Effet de redistribution de la puissance

L'effet de redistribution de la puissance en fonction de la puissance peut être séparé en deux effets, un effet global et un effet local.

- *Effet global*

  Lorsque l'on fait varier la puissance, le profil de température du modérateur évo-lue axialement dans le cœur. Cette redistribution thermique interne fait varier les propriétés modératrices de l'eau. Ainsi, une baisse de puissance se traduit par une augmentation globale de la réactivité, l'inverse se produit lors d'une montée en puissance.

- *Effet local*

  - Effet radial

    Les variations de puissance ont un impact limité sur la distribution radiale de puissance. Un accroissement de puissance se traduit par une légère redistribu-tion de la nappe de flux.

  - Effet axial

    Toute variation de puissance dans le cœur entraîne ponctuellement une varia-tion de réactivité d'autant plus importante que la variation locale des tempéra-tures est élevée. Dans les cœurs REP, ces variations de température augmentent avec l'élévation de la température dans le cœur. Il en résulte, lors d'une baisse de charge, un apport de réactivité plus élevée dans le haut du cœur et par conséquent une redistribution de la puissance vers cette région, souvent sous-irradiée (figure 9.5).

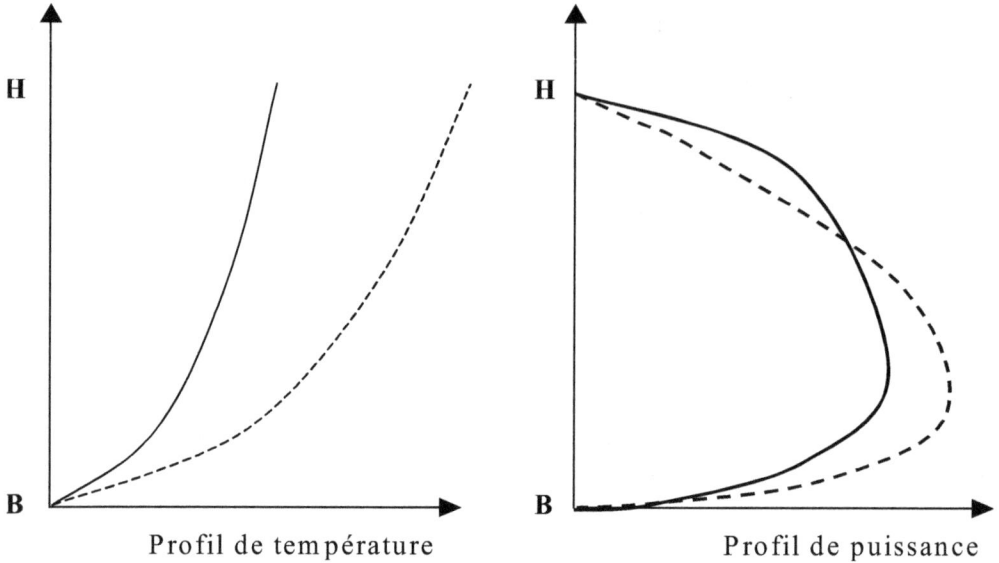

Profil de température   Profil de puissance

Figure 9.5. Effet local de redistribution de puissance.

9.1.2.1.2. Effet xénon et samarium

Parmi les produits de fission, deux revêtent une importance toute particulière compte tenu de leur rendement de production et de leur très grande section efficace d'absorption. Il s'agit du ^{135}Xe ($\sigma_{abs} = 1,5 \cdot 10^6$ barn) et du ^{149}Sm (figure 9.6).

Toute variation de puissance provoque une variation des concentrations en ^{135}Xe et ^{149}Sm et entraîne une modification de la réactivité.

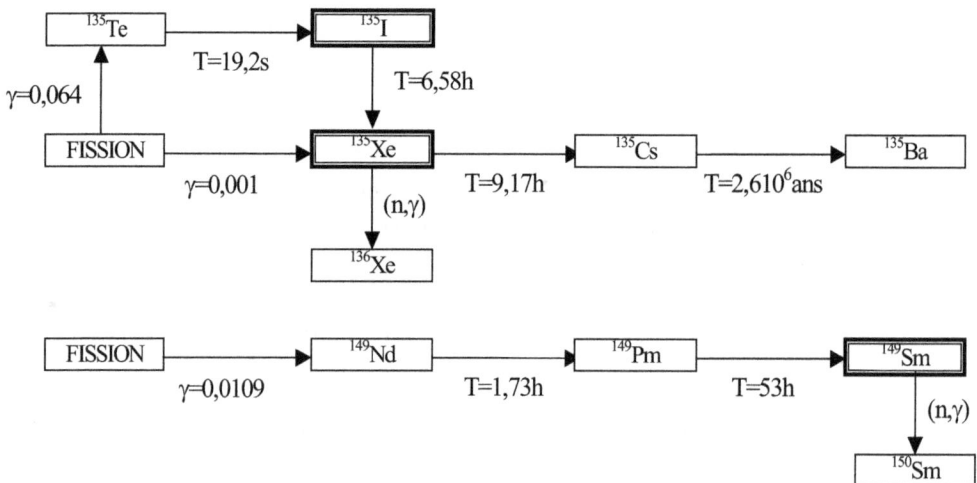

Figure 9.6. Schéma de formation de l'iode, du xénon et du samarium.

Les équations régissant l'évolution du xénon sont :

$$\begin{cases} \dfrac{dI}{dt} = \gamma_I \Sigma_f \Phi - \lambda_I I \\[2mm] \dfrac{dX}{dt} = \gamma_X \Sigma_f \Phi + \lambda_I I - \lambda_X X - \sigma_X X \Phi \end{cases}$$

Les équations régissant l'évolution du samarium sont :

$$\begin{cases} \dfrac{dP}{dt} = \gamma_p \Sigma_f \Phi - \lambda_P P \\[2mm] \dfrac{dS}{dt} = \gamma_s \Sigma_f \Phi - \sigma_S S \Phi \end{cases}$$

avec :

- Φ : flux neutronique,

- I, X : concentration de l'iode et du xénon,

- γ_x, λ_x : rendement de fission et constante de décroissance du xénon,

- σ_X : section d'absorption du xénon,

- γ_I, λ_I : rendement de fission et constante de décroissance de l'iode,

- P, S : concentration du prométhéum et du samarium,

- γ_p, λ_P : rendement de fission et constante de décroissance du prométhéum,

- γ_s, σ_S : rendement de fission et section d'absorption du samarium.

En ce qui concerne le pilotage, la présence de ^{149}Sm n'est pas gênante car son évolution est très lente vis-à-vis des transitoires usuels. Par contre, l'évolution de la concentration en ^{135}Xe n'est pas négligeable à court terme et doit être prise en compte :

- globalement, afin d'étudier l'évolution de la réactivité ;

- localement, afin de mettre en évidence les phénomènes de perturbation de la distribution spatiale de puissance liée à l'évolution locale de la concentration en ^{135}Xe.

9.1.2.1.2.1. Effet global

L'évolution de la concentration en ^{135}Xe est liée à celle de l'^{135}I. Il importe d'étudier l'évolution de la concentration en ^{135}Xe, et conjointement en ^{135}I, lors d'une variation de puissance et d'en déduire l'impact sur la réactivité.

Nous allons partir d'une situation d'équilibre, c'est-à-dire considérer que le réacteur a fonctionné à une puissance constante suffisamment longtemps ($\sim$60 heures) pour que les concentrations en ^{135}I et ^{135}Xe aient atteint leur valeur d'équilibre qui est fonction du flux et donc de la puissance.

À l'équilibre, les concentrations en iode et en xénon sont :

$$\begin{cases} I = \dfrac{\gamma_I \Sigma_f \Phi}{\lambda_I} \\[4mm] X = \dfrac{(\gamma_I + \gamma_X) \Sigma_f \Phi}{\lambda_X + \sigma_X \Phi} \end{cases}$$

- Lorsque l'on diminue la puissance :

    - la concentration en ^{135}I décroît exponentiellement pour atteindre une nouvelle valeur d'équilibre ;
    - la concentration en ^{135}Xe, donc l'antiréactivité xénon, passe par un maximum, le pic xénon, puis décroît jusqu'à une nouvelle valeur d'équilibre. Le temps nécessaire pour atteindre ce pic, de 7 à 8 heures, et la valeur d'antiréactivité qui lui correspond dépendent du niveau de puissance avant et après la baisse.

- Lorsque l'on augmente la puissance :

    - la concentration en ^{135}I croît exponentiellement pour atteindre une nouvelle valeur d'équilibre ;
    - la concentration en ^{135}Xe, donc l'antiréactivité xénon, passe par un minimum, la dépression xénon, puis croît jusqu'à une nouvelle valeur d'équilibre. Le temps nécessaire pour atteindre l'extremum de cette dépression, de 2 à 3 heures, ainsi que la valeur d'antiréactivité qui lui correspond dépendent du niveau de puissance avant et après la hausse.

On voit donc que lors d'une variation de puissance, la concentration en ^{135}Xe évolue d'une manière non monotone et modifie le bilan de réactivité du cœur (figure 9.7).

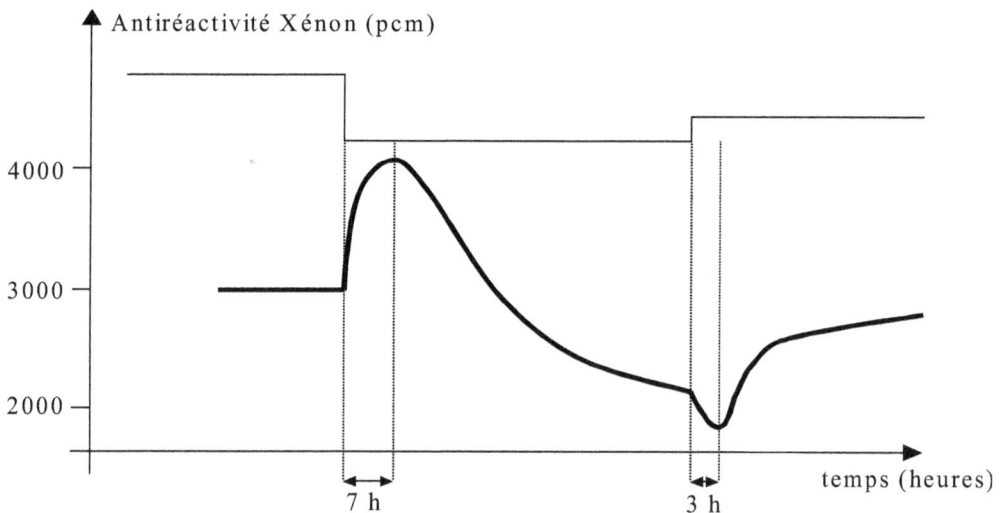

Figure 9.7. Effet global de l'empoisonnement xénon.

9.1.2.1.2.2. *Effet local*

Une variation de puissance, par déplacement des groupes de régulation de puissance ou de variation de température, se traduit essentiellement par un effet axial sur la distribution du flux et entraîne une modification de la distribution de l'^{135}I et du ^{135}Xe.

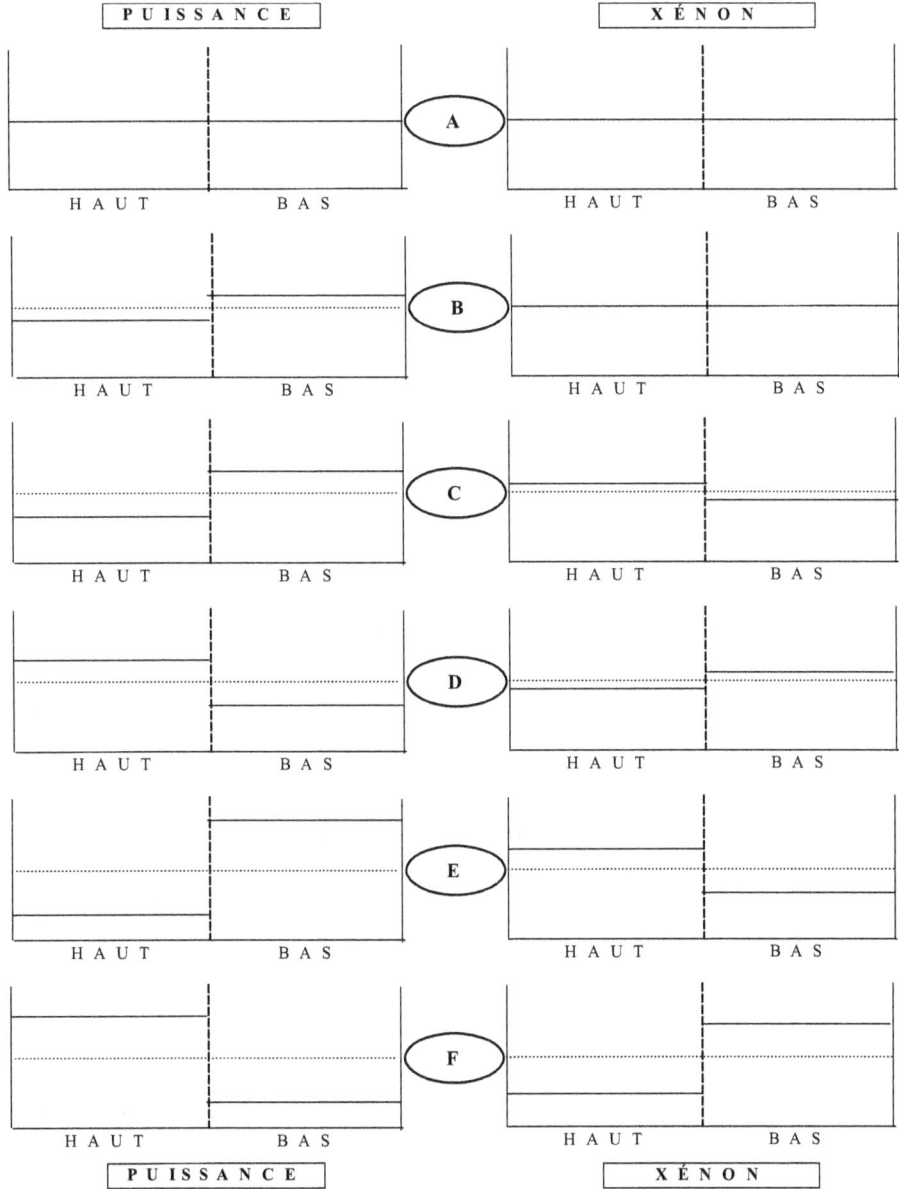

Figure 9.8. Analyse séquentielle d'une oscillation xénon axiale.

L'effet local se décompose en plusieurs phases d'évolution différentes qui peuvent conduire à la génération de ce que l'on appelle une oscillation xénon.
Le mécanisme de l'oscillation xénon est le suivant (figure 9.8) :

- *Phase A*

  En régime permanent, la distribution axiale de puissance, des concentrations en ^{135}I et ^{135}Xe sont en phase.

- *Phase B*

  Une modification de la distribution axiale de puissance, lors de l'insertion d'un groupe de grappes par exemple, va rompre l'équilibre entre la production, par décroissance radioactive de l'^{135}I, et la consommation de ^{135}Xe, par capture neutronique. Dans les premiers instants du transitoire, les distributions en ^{135}I et ^{135}Xe restent inchangées alors que la puissance est poussée vers le bas du cœur.

- *Phase C*

  Dans le haut du cœur, du fait de la baisse du flux :

    - la concentration en ^{135}I diminue,
    - le ^{135}Xe disparaît plus lentement. Il commence à s'accumuler et provoque par empoisonnement une baisse de la réactivité.

  Dans le bas du cœur, du fait de la hausse du flux :

    - la concentration en ^{135}I augmente,
    - le ^{135}Xe disparaît plus rapidement et provoque une hausse de la réactivité.

  Cette redistribution de la réactivité entre les régions du cœur tend à amplifier le phénomène de déséquilibre avec un maximum atteint au bout de 7 à 8 heures de transitoire.

- *Phase D*

  Au bout de ces 7 à 8 heures :

    - dans le haut du cœur, la diminution de l'^{135}I entraîne un déficit de production du ^{135}Xe dont la concentration commence à décroître ce qui entraîne une augmentation de la réactivité.
    - dans le bas du cœur, l'accumulation de l'^{135}I compense la disparition du ^{135}Xe dont la concentration commence à croître. Il s'ensuit une baisse de la réactivité par empoisonnement.

  Ce processus se poursuit au cours du temps et on obtient une répartition spatiale de la puissance proche de la situation initiale au bout de 17 à 18 heures. Les concentrations en ^{135}I et ^{135}Xe sont cependant fortement déséquilibrées.

- *Phase E-F*

  Le phénomène s'inverse et le pic de puissance bascule vers le haut du cœur. La période de cette oscillation est de l'ordre de 35 heures.

  On essaie, en général, d'éviter ce phénomène oscillatoire qui complique le maintien du réacteur dans son domaine de fonctionnement et provoque des pics de puissance inadmissibles préjudiciables à la sûreté du cœur. Pour cela, l'exploitant applique des règles de pilotage appropriées.

La stabilité d'un réacteur vis-à-vis des oscillations xénon dépend :

- des dimensions du réacteur, les REP 1300 MWe étant théoriquement moins stables que les REP 900 MWe en raison d'une hauteur active plus élevée ;

- des caractéristiques neutroniques du combustible comme le spectre et l'enrichissement ;

- de la distribution de flux et du niveau de flux ;

- des contre-réactions.

C'est essentiellement à cause des oscillations xénon que l'on a imposé un contrôle du déséquilibre axial de puissance.

9.1.2.1.3. Usure du combustible

L'usure du combustible n'est pas à proprement parler un effet de contre-réaction dû à la variation de puissance dans le cœur. Elle est cependant mentionnée ici car elle a un impact sur le pilotage. En effet, en fonction de l'avancement dans le cycle, on utilise le bore pour compenser la perte de réactivité entraînée par la disparition des noyaux fissiles (^{235}U, ^{239}Pu). La concentration en bore diminue et on extrait progressivement les barres du cœur afin de maintenir le réacteur dans un état critique. Cet effet a donc tendance à diminuer la manœuvrabilité du cœur en fin de cycle et celui-ci est alors très sensible aux petites perturbations, donc aux oscillations xénon.

9.1.2.2. Interaction primaire-secondaire

L'évolution de la température de l'eau du circuit primaire en fonction de la puissance est définie à partir de considérations d'ordre neutronique, thermique et mécanique. On est alors amené à définir un « programme de température en fonction de la puissance » destiné à satisfaire différents impératifs parfois contradictoires :

- d'un point de vue mécanique : le respect de la tenue de la gaine et du combustible en toutes circonstances impose d'avoir une température suffisamment basse pour diminuer les risques de fissures et de ruptures, notamment au cours des transitoires ;

- d'un point de vue thermique : la recherche d'un meilleur rendement du cycle secondaire impose une température de la vapeur à la sortie des générateurs de vapeur suffisamment élevée et donc une température moyenne cœur la plus élevée possible. De plus, la pression et la température de la vapeur alimentant la turbine sont étroitement liées aux températures d'entrée et de sortie de l'eau du circuit primaire. Or, le fluide primaire évolue dans des limites assez étroites :

    - la température maximale est limitée, en fonction de la pression primaire, pour éviter la crise d'ébullition ;

    - l'échauffement à travers le réacteur, ou son refroidissement dans le générateur de vapeur, ne doit pas être inférieur à une trentaine de degrés. À des ΔT plus faibles correspondraient des puissances de pompage trop élevées, des risques de vibrations des éléments combustibles ou des structures du cœur. Quant au fluide secondaire, les caractéristiques du fluide primaire conduisent à des pressions de vapeur peu élevées (55 à 70 bar) et des rendements de cycles modestes.

Ainsi, les réacteurs de type REP sont caractérisés par un rendement global moyen qu'il faut chercher à améliorer malgré les contraintes imposées au fluide primaire.

Si la puissance fournie par le réacteur est supérieure à la puissance demandée par le réseau, la température moyenne cœur aura tendance à augmenter car la puissance générée n'est pas évacuée. Dans le cas contraire, la température moyenne cœur diminuera. En conséquence, une régulation de la température moyenne peut permettre l'ajustement des puissances cœur et turbine. La température moyenne sera donc choisie comme paramètre permettant d'affiner la puissance réacteur par action sur le mouvement des barres du groupe R : les groupes gris ajustant approximativement la puissance réacteur à la puissance demandée par le réseau tandis que le groupe R reprendra les variations résiduelles de réactivité matérialisées par les variations de la température moyenne autour de sa valeur de consigne (*cf.* paragraphe 9.1.3).

La puissance évacuée par l'eau du circuit primaire est proportionnelle :

- au débit d'eau primaire : Q_P,

- à la chaleur spécifique de l'eau : C_P,

- à l'échauffement de l'eau : $(T_s - T_e)$.

On peut alors écrire la puissance primaire P_1 selon la relation :

$$P_1 = Q_P \cdot C_P \cdot (T_s - T_e) = Q_P \cdot (H_s - H_e)$$

avec :
T_s, T_e : températures de sortie et d'entrée,
H_s, H_e : enthalpies de sortie et d'entrée.

Le débit volumique du circuit primaire reste sensiblement constant car fixé par le débit des pompes primaires lui-même constant. La chaleur spécifique peut, en première approximation, être considérée comme constante, même si elle augmente très légèrement en fonction de la température.

Côté secondaire, dans le cas d'un générateur de vapeur saturé de type Westinghouse comme ceux équipant les REP d'EDF, la puissance échangée au niveau du générateur de vapeur entre l'eau du circuit primaire et le fluide secondaire est proportionnelle :

- au coefficient d'échange global h,

- à la surface d'échange dans le générateur de vapeur S,

- à l'écart moyen de températures entre les deux fluides $(T_m - T_v)$.

La puissance échangée au niveau du générateur de vapeur peut s'écrire alors :

$$P_1 = h \cdot S \cdot (T_m - T_v)$$

où :
T_m, T_v : températures moyenne cœur et de sortie vapeur.

Pour réaliser l'équilibre des puissances cœur et turbine, deux possibilités d'évolution de la température moyenne avec la puissance peuvent être envisagées :

- température moyenne constante avec la puissance : les avantages résident dans la consigne constante avec la charge et un pressuriseur de taille moyenne car la dilatation de l'eau primaire est en principe nulle entre les charges extrêmes. Par contre, le rendement du cycle secondaire est limité car T_v décroît beaucoup si la puissance augmente ;

- température moyenne croissante avec la puissance : cette solution présente un meilleur rendement du cycle secondaire. Cependant, le point de consigne n'est pas constant en fonction de la charge et il est nécessaire d'avoir un pressuriseur plus imposant.

La deuxième solution a été retenue pour les REP du parc électronucléaire d'EDF.

9.1.2.3. Moyens de contrôle

Toute variation de puissance se traduit par une modification de la réactivité et de la distribution spatiale de la puissance. Il est indispensable pour piloter un réacteur de disposer de moyens qui permettent de contrôler :

- la réactivité pour compenser l'usure du combustible, les effets de température, l'empoisonnement par les produits de fission et l'effet de redistribution de puissance de façon à maintenir le cœur dans un état critique ;

- la distribution axiale de puissance qui peut être perturbée lors d'une variation de charge par l'effet du xénon et l'effet de redistribution de la puissance de façon à limiter les points chauds.

Il existe sur les REP deux moyens principaux, hormis la température pour la prolongation de cycle, qui permettent de contrôler les effets cités précédemment :

- les grappes de contrôle,
- le bore soluble.

Ces moyens sont complémentaires. Les grappes sont utilisées pour les variations rapides de la réactivité et le contrôle de la distribution de puissance tout en minimisant les effluents tandis que le bore soluble est utilisé pour compenser les effets lents de réactivité tout en minimisant les perturbations de la distribution de puissance.

9.1.2.3.1. Les grappes de contrôle

Les grappes de contrôle sont des absorbants mobiles qui se présentent sous la forme d'assemblage de crayons absorbants les neutrons.

Ces crayons peuvent être constitués :

- soit entièrement d'AIC, un alliage d'argent (80 %), d'indium (15 %) et de cadmium. Le cadmium est très absorbant dans le domaine thermique tandis que l'argent et l'indium le sont dans le domaine épithermique. Ainsi, ce type de grappes permet une absorption sur une part étendue du spectre neutronique ;

- soit d'AIC dans la partie inférieure et de carbure de bore B4C dans la partie supérieure afin d'avoir un potentiel antiréactif suffisant en cas d'arrêt automatique. L'utilisation d'AIC en partie inférieure, partie la plus soumise à l'irradiation, évite les gonflements excessifs préjudiciables à la tenue de la gaine des crayons absorbants.

On distingue les grappes selon leur efficacité. Il existe deux types de grappes :

- les grappes noires, les plus efficaces, constituées de 24 crayons d'AIC pour les REP 900 MWe ou d'AIC + B4C sur les autres paliers ;

- les grappes grises constituées de 8 crayons d'AIC seulement pour les REP 900 et 1300 MWe (12 pour le N4) et de 16 crayons en acier (12 pour le N4), matériau peu neutrophage.

Les grappes absorbent surtout les neutrons thermiques, créant une dépression importante du flux de neutrons et par conséquent de la puissance nucléaire dans leur proche voisinage. D'un point de vue radial, la présence d'une grappe noire dans un assemblage en réduit la puissance relative d'environ 50 % et celle d'une grappe grise de 25 %. La distribution de puissance autour de l'assemblage s'en trouve affectée. Le déplacement d'un groupe de grappes peut aussi entraîner des déformations globales axiales, radiales et azimutales. Par exemple, le déplacement d'un groupe de grappes situées en périphérie conduira à un basculement radial de la puissance vers le centre du cœur. D'une manière similaire, un groupe de grappes situées au centre va repousser la puissance vers l'extérieur au cours de son insertion. Les cœurs des REP sont très stables radialement par rapport aux oscillations xénon. Par contre, ils peuvent être axialement instables. Un déplacement de grande amplitude peut entraîner une oscillation xénon entre le haut et le bas du cœur. La période d'une telle oscillation est de l'ordre de 32 heures, aussi devra-t-on être particulièrement prudent si on réalise avec les grappes des variations de charge quotidiennes.

La présence de grappes totalement ou partiellement insérées dans le cœur pendant une longue période agit aussi sur la distribution d'épuisement. La partie de l'assemblage où la grappe est insérée s'épuise peu et, en cas de retrait, la puissance sera plus forte qu'elle ne l'eût été avec un épuisement normal. Il se crée localement un pic de puissance qui peut être inacceptable vis-à-vis des marges de fonctionnement, en particulier par rapport au seuil maximum de puissance linéique. De plus, l'insertion partielle des grappes provoque un sous-épuisement global de la partie haute du cœur. En cas de retrait des grappes, la distribution de puissance va alors se piquer vers le haut. Pour éviter ces problèmes, on limite la durée de fonctionnement autorisé avec les groupes insérés.

Il faut noter que le pic de puissance lorsque les grappes sont insérées ne se situe pas au même endroit que celui qui peut apparaître après le retrait des grappes. Le premier est « loin » des grappes là où le flux remonte lorsqu'elles sont insérées tandis que le deuxième est proche des grappes.

Les grappes de contrôle sont réparties en plusieurs groupes :

- les groupes d'arrêt utilisés en cas d'arrêt automatique. L'antiréactivité apportée par les groupes d'arrêt doit permettre un arrêt immédiat du réacteur. Ils sont toujours hors du réacteur dès que le cœur est critique ;

- les groupes de compensation de puissance utilisés lors des variations de puissance. Ils doivent permettre une modulation de la charge dans les meilleurs délais ;

- le groupe de régulation de température utilisé pour contrôler finement la réactivité en respectant un programme de température.

L'emplacement, le nombre, la nature et la constitution des groupes de contrôle dépendent du type de réacteur et du mode de pilotage envisagé.

Les grappes de contrôle sont utilisées pour agir rapidement sur la réactivité afin de :

- faire varier la puissance,

- compenser l'effet de redistribution de puissance,

- contrôler le déséquilibre axial de puissance,

- réguler la température.

Lorsque l'on veut déplacer le groupe de régulation de température pour empêcher une oscillation axiale de xénon de se développer (il s'agit d'un ensemble de grappes affectées au maintien de la température modérateur dans sa bande morte), on procède de manière indirecte en faisant varier la concentration en bore dans le circuit primaire ce qui entraîne une modification de la réactivité du cœur. Par effet de contre-réactions, la température moyenne s'ajuste afin de conserver la puissance constante et la réactivité nulle. Dès que la valeur de la température moyenne sort de sa bande morte (± 0,83 °C avec un hystérésis de 0,3 °C), le système de régulation de la puissance effectue les actions suivantes (figure 9.9) :

- le groupe s'extrait si la température est trop faible et la distribution axiale de puissance évolue vers le haut du cœur ;

- le groupe s'insère si la température est trop élevée et l'effet inverse se produit sur la distribution de flux.

L'efficacité différentielle du groupe de régulation de température est de 2 à 5 pcm/pas (1 pas ≈ 1,6 cm) dans sa bande de manœuvre. Pour déplacer ce groupe, il faut alors bien doser la dilution ou la borication.

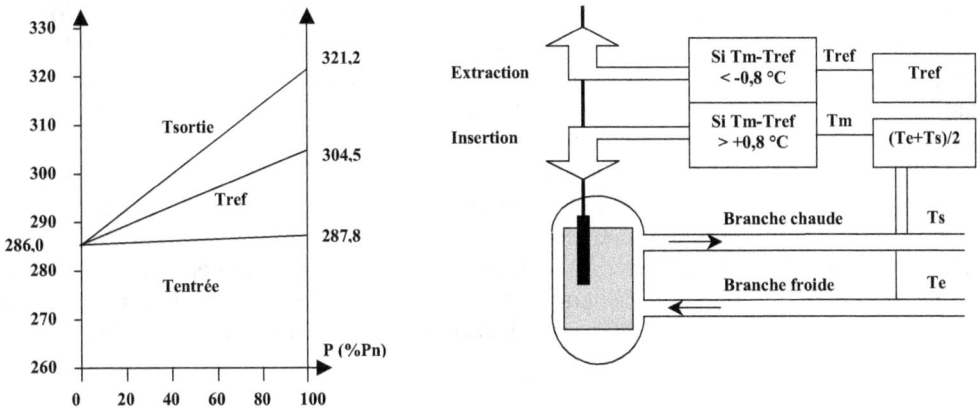

Figure 9.9. REP 900 MWe : régulation de la température.

9.1.2.3.2. Le bore soluble

Le bore est un absorbant utilisé sous forme d'acide borique dissous dans l'eau du circuit primaire. En faisant varier la concentration en bore, l'opérateur peut agir sur la réactivité.

Les variations de la concentration en bore sont obtenues en injectant :

- de l'eau fortement borée (borication) pour diminuer la réactivité ;

- de l'eau pure (dilution) pour augmenter la réactivité.

Dans les deux cas, une quantité égale à celle apportée *via* le circuit de contrôle volumétrique et chimique (RCV) est soutirée afin de garder un volume d'eau constant dans le circuit primaire. Les actions de borication et de dilution contribuent à la production d'effluents retraités par des résines avant rejet dans l'environnement.

L'action de la borication ou de la dilution n'est pas instantanée puisqu'il faut compter près de quinze minutes entre l'ordre de borication et son effet dans le cœur. Ce délai est lié au temps d'injection et au temps d'homogénéisation dans le circuit primaire. La vitesse de dilution est d'autant plus lente qu'il y a moins de bore dans le circuit primaire (cas fin de cycle). Ce délai empêche pratiquement d'utiliser le bore pour répondre à des variations instantanées de réactivité ou de puissance. Le bore soluble est alors principalement utilisé pour compenser les effets à moyen et à long terme :

- variation de l'empoisonnement xénon et samarium ;

- usure du combustible et apparition de produits de fission.

Le bore est également utilisé pour maintenir le cœur à un niveau de sous-criticité suffisant lors des arrêts.

La présence de bore dans le cœur ne perturbe que très faiblement la distribution de puissance parce que sa répartition dans le cœur est homogène.

9.1.3. Les différents modes de pilotage

Dans une tranche nucléaire, en régime permanent, la puissance mécanique développée à la turbine et la puissance électrique qui en résulte doivent être égales, au rendement près, à la puissance nucléaire engendrée par fission. Le pilotage de la tranche consistera à choisir soit une puissance électrique soit une puissance nucléaire, en fonction de critères déterminés, et à ajuster l'une à l'autre par un système de régulation approprié.

Pendant le fonctionnement, la puissance nucléaire suit la puissance électrique demandée par le réseau. On dit que l'on effectue un pilotage en « turbine prioritaire » ; le cas contraire correspond à un fonctionnement en « réacteur prioritaire ». Dans ce cas, les variations de puissance demandées par le réseau sont traduites directement en débit vapeur par la régulation turbine et le réacteur doit s'accommoder à ces variations de puissance grâce à son système de régulation. La régulation se fait selon la relation suivante :

$$P = H\,(T_m - T_{sat})$$

avec :

P puissance cœur,

H coefficient d'échange global aux générateurs de vapeur,

T_m température moyenne primaire,

T_{sat} température de saturation correspondant à la pression secondaire dans le GV.

Le contrôle de la puissance et de la réactivité consiste à fixer, à pression primaire constante, la température moyenne primaire.

Les différents modes de pilotage que nous allons présenter dans les paragraphes suivants ont permis l'adaptation du parc nucléaire à l'évolution de la demande en énergie au cours des dernières décennies. À l'époque du démarrage du programme électronucléaire en France, le premier mode de pilotage, le mode A, permettait un contrôle du réacteur associé à de faibles ou relativement lentes variations de charge. Ce mode était adapté à un fonctionnement en mode « réacteur prioritaire », en base principalement. Avec l'accroissement significatif du nombre de réacteurs et la surcapacité latente de production, on a ressenti la nécessité de disposer d'un mode de pilotage plus souple, c'est-à-dire permettant des variations de charge rapides afin de s'adapter au suivi de charge journalier. Le mode G de pilotage a permis de répondre à ces enjeux. Aujourd'hui, la capacité au suivi de charge étant acquise, le dernier palier N4 est doté d'un nouveau mode de pilotage, le mode X ou DMAX (Dispositif qui permet une Manœuvrabilité Accrue de la tranche en eXploitation). Cependant, malgré des essais sur site concluants, il n'a pas été adopté en raison de sa compatibilité avec les études de sûreté liées au phénomène IPG.

9.1.3.1. Le mode A

Dans ce mode de pilotage, mis en œuvre sur les paliers CP0 et N4, le maintien à l'état critique du cœur est assuré par la régulation de la température moyenne primaire autour d'un programme fonction de la charge.

9.1.3.1.1. Moyens de contrôle

La régulation est assurée par quatre groupes de grappes :

- le groupe D composé de 8 grappes noires,

- le groupe C composé de 8 grappes noires,

- le groupe B composé de 8 grappes noires,

- le groupe A composé de 8 grappes noires,

selon le schéma d'implantation de la figure 9.10.

Ces groupes de régulation s'insèrent dans le cœur avec un recouvrement constant. L'insertion des seuls groupes D et C permet le passage de 100 % PN à 0 % PN.

Le groupe D par l'intermédiaire de la régulation de température compense les faibles variations de réactivité. Il assure de plus le contrôle du ΔI.

Par l'intermédiaire du circuit RCV, l'opérateur ajuste la concentration en bore pour compenser :

- l'épuisement du combustible,

- les variations de réactivité dues au xénon,

- l'effet de puissance.

	R	P	N	M	L	K	J	H	G	F	E	D	C	B	A
1															
2					A		*D*		A						
3						SA		SA							
4			C		B				B		C				
5				SB						SB					
6	A		B		*D*		C		*D*		B		A		
7		SA				SB		SB				SA			
8	*D*				C				C					*D*	
9		SA				SB		SB				SA			
10	A		B		*D*		C		*D*		B		A		
11			SB							SB					
12		C		B					B		C				
13					SA		SA								
14				A		*D*		A							
15															

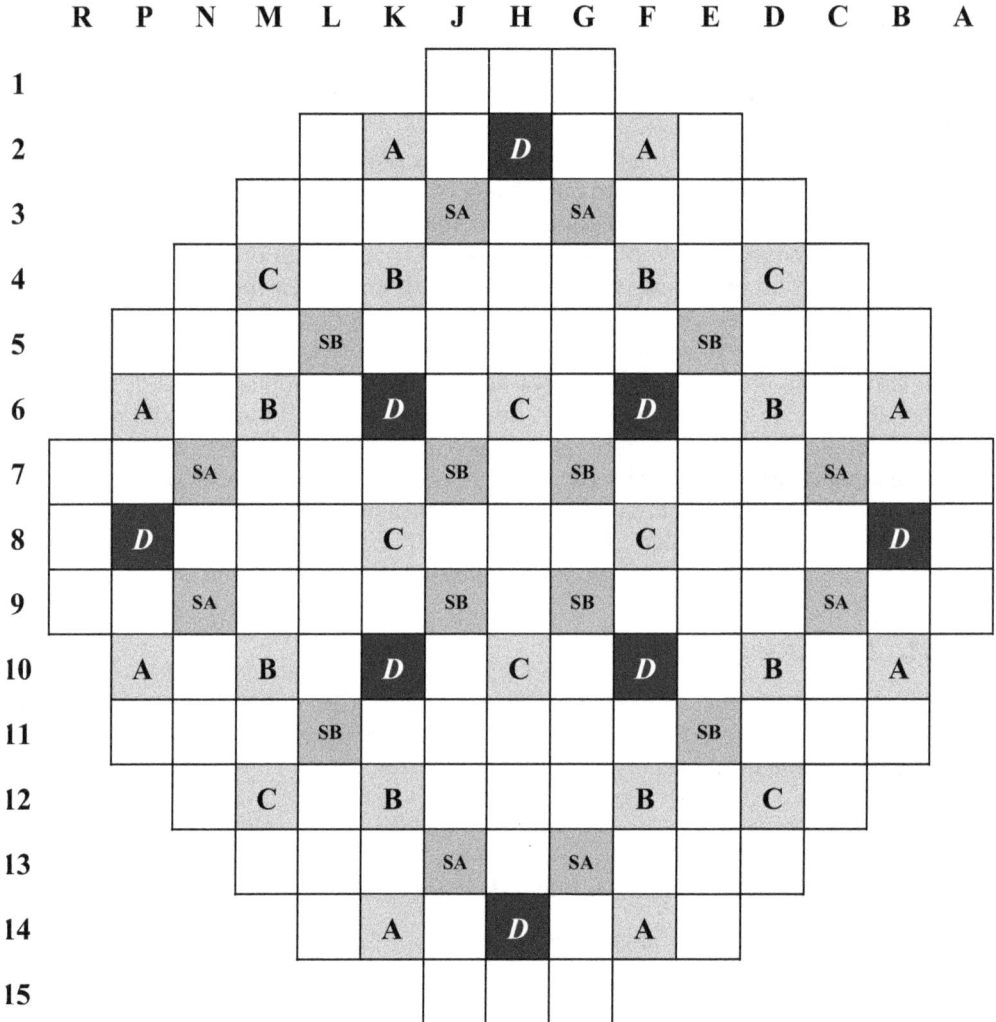

Figure 9.10. Implantation des groupes mode A REP 900 MWe.

9.1.3.1.2. Domaine d'application

Sur les REP 900 MWe, le facteur de point chaud F_Q n'est pas directement mesurable. C'est à partir de la connaissance de la différence axiale de puissance ΔI que l'on va vérifier si l'on se situe à l'intérieur des limites imposées par les critères de sûreté.

Pour ce faire, on a établi de façon générique par des calculs théoriques, un domaine de fonctionnement. Ce dernier est déduit d'une corrélation qui lie le F_Q et l'Axial-Offset (AO, différence entre la puissance de la moitié haute et la puissance de la moitié basse rapportée à la puissance totale). Cette corrélation dépend de plusieurs paramètres :

- la position des groupes de grappes,

- la puissance du cœur,

- l'épuisement du cœur,

- le niveau de l'empoisonnement xénon et des produits de fission.

Ces divers paramètres sont combinés de manière à couvrir le plus grand nombre de cas de fonctionnement possibles en cherchant à maximiser le facteur de point chaud. Les résultats de ces calculs sont reportés dans le plan $F_Q = f(AO)$ et on obtient ce qu'on appelle la « Fly-speck ». L'examen de cette fly-speck montre que tous les points de fonctionnement sont situés à l'intérieur d'un domaine limité par trois droites. Cependant, la fly-speck n'étant pas exploitable pour le pilotage, puisque que nous ne disposons pas d'une mesure en continu du facteur de point chaud F_Q, on traduit celle-ci dans le plan $Pr = f(\Delta I)$ (figure 9.11). Ainsi, le critère : $F_Q * Pr < F_{Q_{APRP}}$ peut s'écrire :

- pour la droite 1 : $F_Q * Pr = a\ AO * Pr + b$
  $Pr < F_{Q_{APRP}}$

- pour la droite 2 : $F_Q * Pr = a'\ AO * Pr < F_{Q_{APRP}}$

- pour la droite 3 : $F_Q * Pr = a''\ AO * Pr + b''\ Pr < F_{Q_{APRP}}$

avec Pr la puissance relative du cœur.

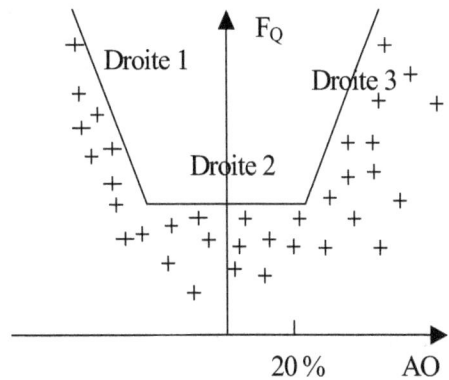

La résolution de ces inégalités, où sont introduites la différence axiale de puissance et la puissance relative, conduit à l'établissement du domaine de fonctionnement dans le plan $Pr = f(\Delta I)$.

La fly-speck conduit à un plateau $F_Q = 2,69$ supérieur à la limite APRP $F_Q = 2,35$. Or, il faut à chaque instant respecter le critère sur la limite APRP :

$$F_Q * Pr < F_{Q_{APRP}} \quad Pr < \frac{2,35}{2,69} = 0,87$$

Cette contrainte limite donc la puissance du réacteur à 87 % PN. Pour éviter cette pénalisation excessive, on a cherché parmi tous les points de la fly-speck ceux qui conduisaient à cette restriction. Cette étude complémentaire a montré qu'en limitant le ΔI dans une bande $\Delta I_{ref} \pm 5$ % PN, on pouvait atteindre la puissance nominale tout en respectant la limite APRP.

La différence axiale de puissance de référence ΔI_{ref} est par définition le ΔI mesuré à puissance stable en fonctionnement stable (xénon à l'équilibre) avec les groupes de régulation positionnés à leur minimum d'insertion. Cette valeur de ΔI qui varie avec l'épuisement du combustible est réactualisée périodiquement de façon expérimentale.

La droite qui joint l'origine au point ($Pr = 100$ % PN, ΔI_{ref}) est la droite qui correspond à un pilotage à Axial-Offset constant :

$$\Delta I_{ref} = AO * Pr = Cte * Pr$$

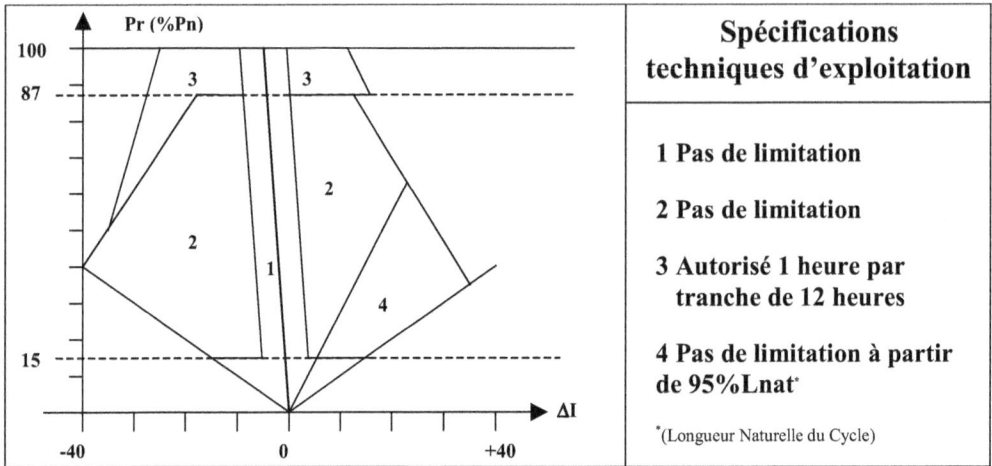

Figure 9.11. Domaine de fonctionnement mode A.

et à une distribution axiale de puissance la moins perturbée. De ce fait, une oscillation axiale ne peut se développer dans ce cas.

Des sorties fréquentes de la bande $\Delta I_{ref} \pm 5$ % PN pour des puissances supérieures à 87 % PN ont conduit à la détermination de limites du domaine de fonctionnement moins contraignantes. Par contre, le respect du critère lié au rapport d'échauffement critique ampute le domaine de fonctionnement pour les ΔI positifs. En effet, en cas d'accident de catégorie 2, la protection globale par ΔT (température élevée) peut ne pas intervenir avant que le REC soit inférieur à 1,3 (corrélation W3).

Les consignes d'exploitation sont alors les suivantes :

- Pr > 87 % PN : Le ΔI doit rester dans la plage $\Delta I_{ref} \pm 5$ % PN. La sortie de cette plage est autorisée pendant une durée maximale de 1 heure par période de 12 heures (les études montrent que dans ces conditions, il n'y aura pas d'oscillation xénon incontrôlable).

- Pr < 87 % PN : Le ΔI peut être situé en n'importe quel point du domaine de fonctionnement. Cependant, pour repasser au-dessus de 87 % PN, il faut s'assurer que pendant les 12 dernières heures, le ΔI n'est pas sorti de la bande $\Delta I_{ref} \pm 5$ % PN.

9.1.3.1.3. Applications

9.1.3.1.3.1. Au suivi de charge

En suivi de charge, le respect des consignes d'exploitation impose un recours fréquent au bore. En effet, la seule utilisation du groupe D aurait un impact trop important sur la distribution de puissance et donc sur le ΔI.

Les difficultés de réalisation d'un transitoire en mode A sont illustrées sur le cas simple suivant (figure 9.12) :

- baisse de charge :

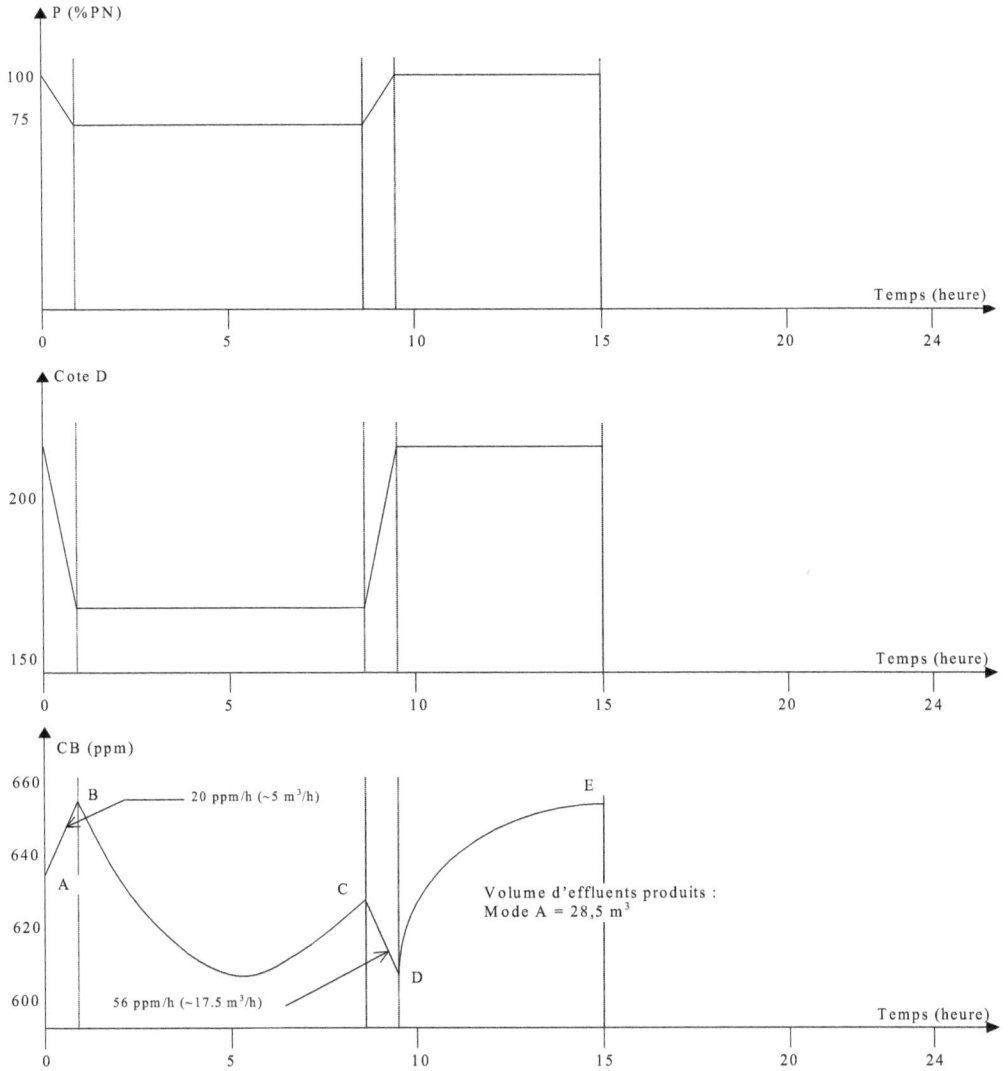

Figure 9.12. Suivi de charge mode A.

- insertion du groupe D ;
- borication car l'utilisation des seules grappes conduit à une augmentation trop importante du ΔI ;

• palier bas :

- dilution pour compenser l'effet du xénon (pic) ;

• reprise de charge :

- extraction du groupe D ;

– dilution accélérée pour compenser l'effet de puissance ;

– borication pour compenser l'effet xénon (« creux »).

L'analyse du fonctionnement du système RCV montre que les opérations de borication peuvent toujours être effectuées à la vitesse requise pour contrôler l'Axial-Offset à la baisse de charge. Par contre, le débit maximal de la ligne de charge (27 m³/h pour les 900 MWe et 36 m³/h pour les 1300 MWe) limite notablement la vitesse d'évolution de la concentration en bore dans le cas de la dilution et ceci d'autant plus que la concentration initiale est faible. Si au cours d'un intervalle de temps Δt, la concentration en bore varie de Cb_i à Cb_f, le volume d'eau injecté dans le débit primaire (qui correspond par conséquent au volume d'effluents) s'écrit :

$$V_i = V_p \ln \left(\frac{Cb_i - Cb_r}{Cb_f - Cb_r} \right)$$

où V_p représente le volume total d'eau dans le circuit primaire et Cb_r la concentration en bore de l'eau introduite *via* le RCV. Le volume d'eau nécessaire augmente alors en fonction de l'avancement dans le cycle en raison de la décroissance de la concentration en bore.

La pente de reprise de charge diminue régulièrement entre le début et la fin de campagne de 2 à 0,3 % PN environ. De plus, le volume d'effluents peut devenir incompatible avec la capacité du système de traitement des effluents.

Pour toutes ces raisons, le mode A n'est pas adapté au suivi de charge en fin de vie.

9.1.3.1.3.2. *Au réglage de fréquence*

En réglage de fréquence, les variations de puissance sont aléatoires et fréquentes. En raison de l'inertie du système RCV, on ne peut pas utiliser le bore pour contrôler la réactivité. La criticité est donc assurée par l'intermédiaire de la régulation de température moyenne du primaire par déplacement du groupe D.

Dans ces conditions, le respect de la limitation du ΔI dans la plage $\Delta I_{ref} \pm 5$ % PN n'est pas assuré a priori et ceci d'autant plus que les variations de puissance sont d'amplitude accrue en cas de participation au téléréglage.

La superposition du suivi de charge et du réglage de fréquence ne peut se faire, en mode A, dans l'état actuel des règles de conduite.

9.1.3.1.4. Avantages

L'exploitation de la tranche est relativement aisée en mode A puisque l'opérateur n'agit que sur la concentration en bore du circuit primaire. Le combustible du cœur est usé de façon uniforme en raison du peu de grappes insérées.

9.1.3.1.5. Contraintes

Le pilotage en mode A possède les inconvénients inhérents à ses avantages. En effet, comme il y a peu de grappes insérées, il est soumis aux limitations associées au bore :

- la vitesse de reprise de charge dépend de la capacité du RCV et le retour à pleine puissance peut nécessiter des paliers intermédiaires ;

- seules les variations lentes sont possibles en fin de campagne ;

- le fonctionnement en réglage de fréquence est limité par la contrainte liée à la bande $\Delta I_{ref} \pm 5$ % PN ;

- les groupes ne reprennent pas totalement le défaut de puissance.

9.1.3.2. *Le mode A assoupli*

Le mode A assoupli est une adaptation du mode A pour les REP 900 MWe. En fait, plus qu'un nouveau mode de pilotage puisque les principes énoncés pour le Mode A restent valables, c'est une redéfinition du domaine de fonctionnement et l'adoption de nouvelles Spécifications techniques d'exploitation. Il permet un assouplissement des contraintes imposées par le mode A.

9.1.3.2.1. Rappels des spécifications techniques du pilotage mode A

Les spécifications techniques associées au domaine de fonctionnement imposent :

- le ΔI doit être maintenu dans la bande $\Delta I_{ref} \pm 5$ % PN (domaine 1),

- une sortie du ΔI d'une heure cumulée sur les 12 dernières heures est autorisée du domaine 1 vers le domaine 3,

- les sorties du ΔI du domaine 1 vers le domaine 2 sont autorisées sans limitations,

- pour passer d'une puissance inférieure à 87 % Pn à une puissance supérieure, il faut que le ΔI ne soit pas sorti du domaine 1 plus d'une heure au cours des douze dernières heures. Cette spécification empêche l'apparition d'oscillations xénon lors de remontée en puissance qui sont d'autant plus gênantes que le FQ_{APRP} est plus faible.

- la droite d'équation $P = 2,5 \cdot \Delta I$ peut être ignorée à partir de 95 % de la longueur naturelle de campagne.

9.1.3.2.2. Spécifications techniques du pilotage mode A assoupli

Les études de capacité de puissance ont montré qu'il était possible de déterminer un domaine de fonctionnement qui présente l'avantage notable de supprimer les contraintes liées au contrôle strict de la distribution axiale de puissance dans la bande $\Delta I_{ref} \pm 5$ % PN.

De plus, les méthodes et les outils de calcul utilisés dans les études de sûreté GARANCE pour le traitement de l'APRP ont montré qu'il était possible de relever la valeur du FQ, ce qui apporte un gain supplémentaire au niveau de la manœuvrabilité. Il s'agit d'une « modernisation » des Spécifications techniques d'exploitation inspirée de l'expérience du mode G.

Les spécifications techniques associées au domaine de fonctionnement sont les suivantes (figure 9.13) :

- le ΔI doit être maintenu dans le domaine 1 ;

- pour passer au-delà de 90 % Pn, il faut que le ΔI soit resté dans le domaine 1 au cours des douze dernières heures.

NIVEAU DE PUISSANCE (%PN)

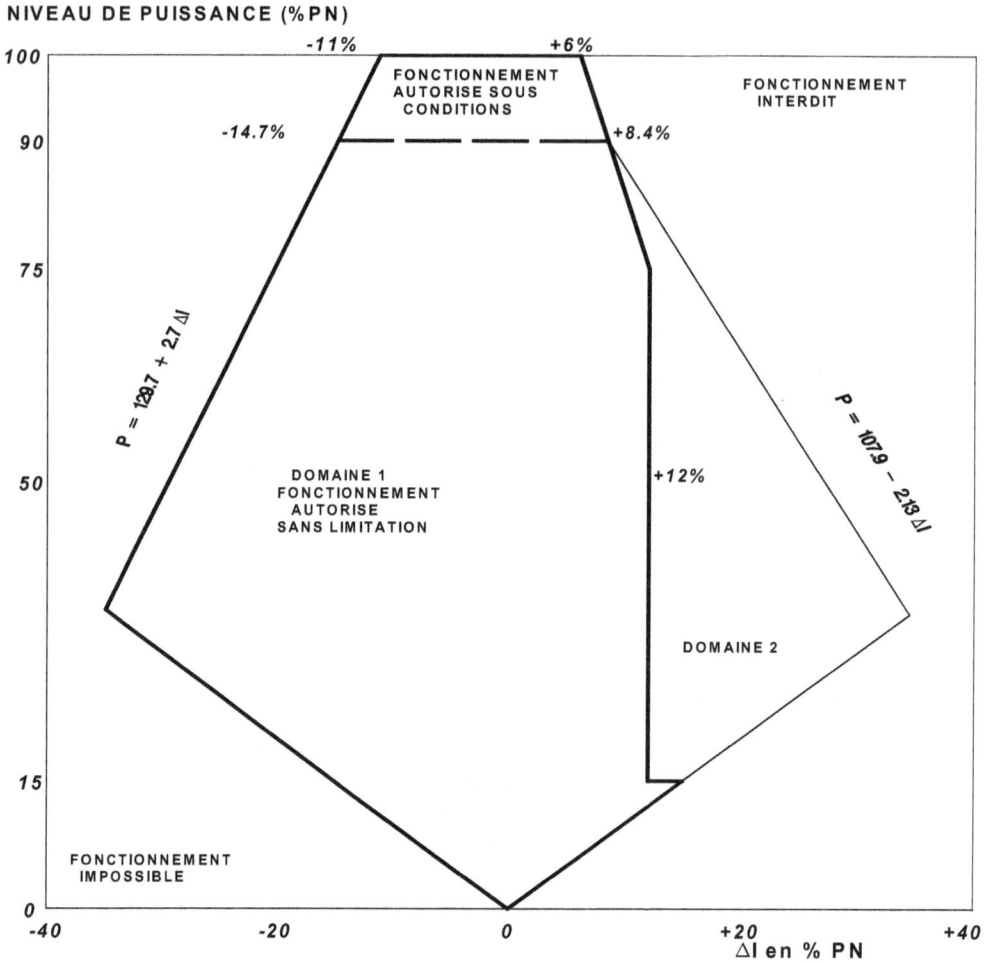

Figure 9.13. Domaine de fonctionnement REP 900 MWe - mode A assoupli.

9.1.3.2.3. Comparaison des deux modes de pilotage

9.1.3.2.3.1. *Suivi de charge*

Les variations de charge en Mode A demandent un contrôle strict de la distribution axiale de puissance sur le palier bas dans la bande $\Delta I_{ref} \pm 5$ % PN afin de conserver à tout moment la possibilité de remonter en puissance sans palier à 87 % PN.

Le mode A assoupli permet de supprimer dans un domaine plus vaste la contrainte d'un palier de stabilisation.

9.1.3.2.3.2. *Téléréglage*

Le téléréglage en mode A n'est possible que parce que le groupe D reprend instantanément le défaut de puissance dans une bande de ± 5 % PN. Le retour d'expérience montre que durant ces transitoires, le point de fonctionnement (Pr, ΔI) décrit une ellipse centrée sur le ΔI_{ref}. Il apparaît des situations à l'extérieur de la bande $\Delta I_{ref} \pm 5$ % PN, aussi bien à gauche qu'à droite, qu'il faut comptabiliser compte-tenu des Spécifications Techniques d'Exploitation : 1 heure de sortie de la bande de référence sur les 12 dernières heures.

Le mode A assoupli permet de s'affranchir de la contrainte de comptabilisation de sortie de la bande $\Delta I_{ref} \pm 5$ % PN et permet, théoriquement, un téléréglage dans une bande de 8 % PN en pratique.

9.1.3.2.4. Gains apportés par le mode A assoupli

Le mode A assoupli apporte une plus grande souplesse d'exploitation en supprimant le concept de pilotage dans la bande de référence.

De plus, le contrôle de la distribution axiale de puissance dans un domaine de pilotage absolu conduit à une sollicitation moindre des groupes de régulation. Cette minimisation des déplacements des groupes de régulation permet une utilisation moindre du système RCV, et peut donc amener un gain sur le volume des effluents.

Le mode A assoupli offre la possibilité de piloter avec un ΔI plus positif avant 95 % de la longueur naturelle de campagne (suppression de la droite $P = 2,5 \cdot \Delta I$).

9.1.3.3. Le mode G

La conception du mode G résulte de la volonté de s'affranchir des limitations du mode A et en particulier de permettre d'effectuer des variations rapides de charge.

Des constantes de temps trop élevées pour le bore et la génération de perturbations trop importantes du flux lors de l'insertion des grappes noires ont conduit à rechercher une définition des grappes telles que celles-ci puissent compenser les effets en réactivité associés aux variations de charge en perturbant aussi peu que possible la distribution de puissance.

Pratiquement, pour minimiser les déformations radiales et axiales de flux à des niveaux de puissance élevées, il convient d'insérer des groupes plus légers appelés groupes gris.

9.1.3.3.1. Moyens de contrôle

Les moyens de contrôle utilisés sont :

- les groupes de grappes grises et noires pour la régulation de température et de puissance (figure 9.14) ;

- le bore soluble.

9.1.3.3.1.1. Régulation de la température : groupe R

Le groupe R, composé de 8 grappes noires (REP 900 MWe) ou de 9 grappes noires (REP 1300 MWe), a un rôle identique à celui du groupe D en pilotage mode A. Commandé par le système de régulation de la température moyenne (régulation en boucle fermée), il permet d'ajuster le bilan de réactivité.

	R	P	N	M	L	K	J	H	G	F	E	D	C	B	A
1															
2				SA	SB			R	SB			SA			
3				G2		N2				N2		G2			
4		SA	N1		SC			G1		SC		N1		SA	
5			G2		R					R			G2		
6		SB	SC		SD			N1		SD		SC		SB	
7			N2										N2		
8		R	G1		N1			R		N1		G1		R	
9			N2										N2		
10		SB	SC		SD			N1		SD		SC		SB	
11			G2		R					R			G2		
12		SA	N1		SC			G1		SC		N1		SA	
13				G2		N2				N2		G2			
14				SA	SB			R	SB			SA			
15															

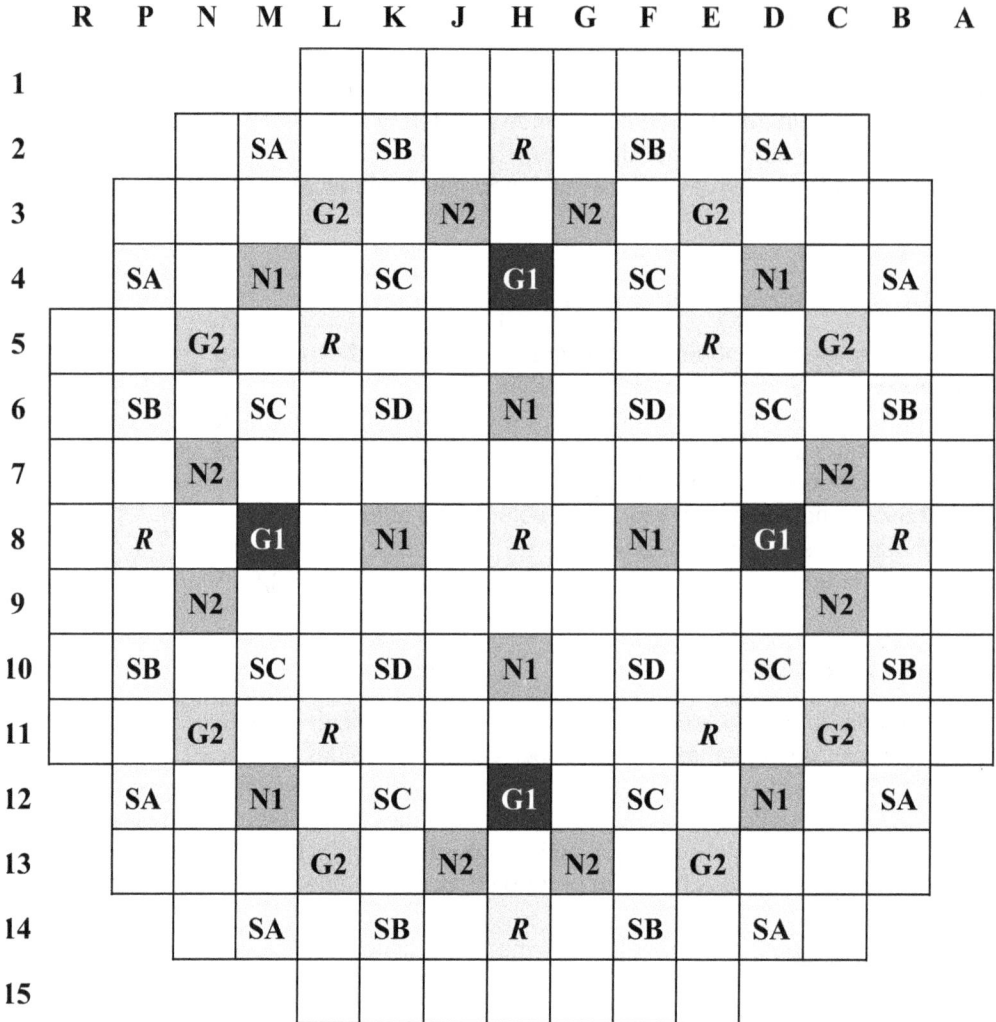

Figure 9.14. Implantation des groupes en mode G REP 1300 MWe.

9.1.3.3.1.2. Régulation de la puissance : groupes gris G1, G2 et noirs N1, N2

En l'absence de grappes, une baisse de charge, par exemple, entraîne une redistribution de la puissance vers le haut du cœur. Cette modification de la répartition spatiale du flux affecte l'Axial-Offset qui a tendance dans ces conditions à augmenter. Un rôle complémentaire des grappes grises consiste donc à compenser l'effet de redistribution de puissance en « contrant » au mieux l'évolution naturelle de l'Axial-Offset. L'insertion d'un groupe tend à faire décroître l'Axial-Offset, puis lorsqu'il atteint la moitié inférieure du cœur, à le ramener progressivement à sa valeur initiale. Pour compenser au mieux les variations d'Axial-Offset dues à la puissance, il est indispensable de prévoir un recouvrement entre les différents groupes.

Le rôle des groupes G1, G2, N1 et N2 est de compenser l'effet en réactivité dû aux variations de puissance, d'où le regroupement sous le nom de Groupes de compensation de puissance (GCP). L'impact sur l'AO est secondaire et relève plus de l'opportunité de deuxième niveau que de l'objectif de base.

Les GCP sont asservis à la puissance électrique (régulation en boucle ouverte). Ils s'insèrent dans cet ordre et leur position est fonction de la puissance :

- à puissance nominale, les groupes gris sont complètement extraits ;

- à tout niveau de puissance inférieure à la puissance nominale, l'antiréactivité introduite par l'insertion des groupes compense le défaut de puissance.

La relation puissance-position de consigne est appelée « courbe de calibrage ». Celle-ci est actualisée expérimentalement à intervalles réguliers pour tenir compte de l'usure du combustible (*cf.* chapitres 6 et 7, essai périodique RGL4).

9.1.3.3.1.3. *Bore soluble*

Il est utilisé pour compenser les variations lentes de réactivité dues :

- à l'empoisonnement xénon,

- à l'usure du combustible.

9.1.3.3.2. Domaine d'application

9.1.3.3.2.1. *Domaine de fonctionnement REP 900 MWe*

Comme pour le mode A, de nombreux cas de fonctionnement ont été simulés et les résultats reportés sur la fly-speck.

L'examen de la fly-speck montre que tous les points de fonctionnement sont situés à l'intérieur d'un domaine limité par deux droites.

Le critère $F_Q * Pr < F_{Q_{APRP}}$ peut s'écrire :

- pour la droite 1 : $F_Q \cdot Pr = a \cdot AO \cdot Pr + b \cdot Pr < F_{Q_{APRP}}$

- pour la droite 2 : $F_Q \cdot Pr = a' \cdot AO \cdot Pr < F_{Q_{APRP}}$

et conduit à l'établissement du domaine de fonctionnement présenté figure 9.15.

La fly-speck qui présente un plateau $F_Q = 2,22$ inférieur à la limite APRP $F_Q = 2,65$ ne conduit donc pas à une limitation de la puissance.

On impose de plus la limite droite à $\Delta I_{ref} + 5$ % :

- pour éviter le déclenchement d'oscillations xénon,

- pour respecter les limitations imposées par les études d'accidents.

Des études complémentaires ont permis l'extension du domaine de fonctionnement :

- pour $0 < Pr < 75$ % Pn, la limite droite est de 15 % en ΔI,

- pour $75 < Pr < 100$ % Pn, la limite droite varie entre +15 % PN et +6 % PN en ΔI.

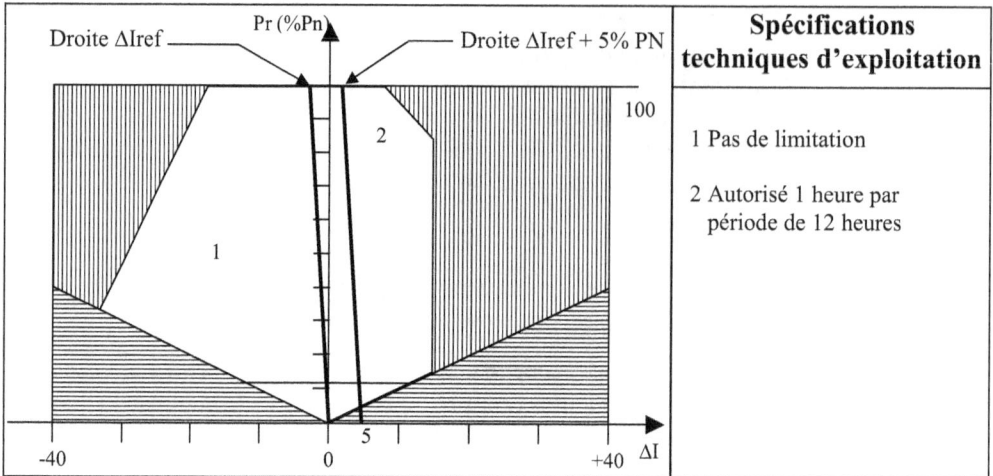

Figure 9.15. REP 900 MWe, domaine de fonctionnement.

Le domaine 1 est défini avec les Groupes de Compensation de Puissance (GCP) à la position de calibrage alors que le domaine 2 est défini pour des conditions de fonctionnement avec les grappes grises extraites.

En dessous de 50 % PN, le franchissement de la limite droite $\Delta I_{ref} + 5$ % PN est autorisé pendant une durée maximale d'une heure par période de douze heures.

9.1.3.3.2.2. *Domaine de fonctionnement REP 1300 MWe*

Le domaine de fonctionnement, pour l'ancienne gestion du combustible dite standard, est délimité par la droite qui joint le point (Pr = 0 % PN, 5 % PN) au point (Pr = 100 % PN, $\Delta I_{ref} + 5$ % PN) (figure 9.16). Pour la gestion GEMMES actuellement chargée en cœur, le domaine de fonctionnement est délimité à droite de 6 % à 100 % PN (figure 9.22).

Le ΔI_{ref} est réactualisé périodiquement pour tenir compte de l'usure du combustible.

Les limites liées aux risques de puissance linéique élevée et de crise d'ébullition sont évaluées et traitées en temps réel par le SPIN et n'apparaissent donc pas dans le domaine de fonctionnement. Le domaine est toutefois limité « implicitement » par les alarmes du SPIN vers la gauche.

9.1.3.3.3. Applications

9.1.3.3.3.1. *Suivi de charge*

Voici le déroulement type d'un transitoire simple (figure 9.17) :

- baisse de charge :

  - insertion des groupes gris selon le niveau de puissance pour reprendre l'effet de puissance. Cette insertion peut modifier sensiblement la distribution axiale de puissance ;
  - dilution pour compenser l'effet xénon (pic) ;

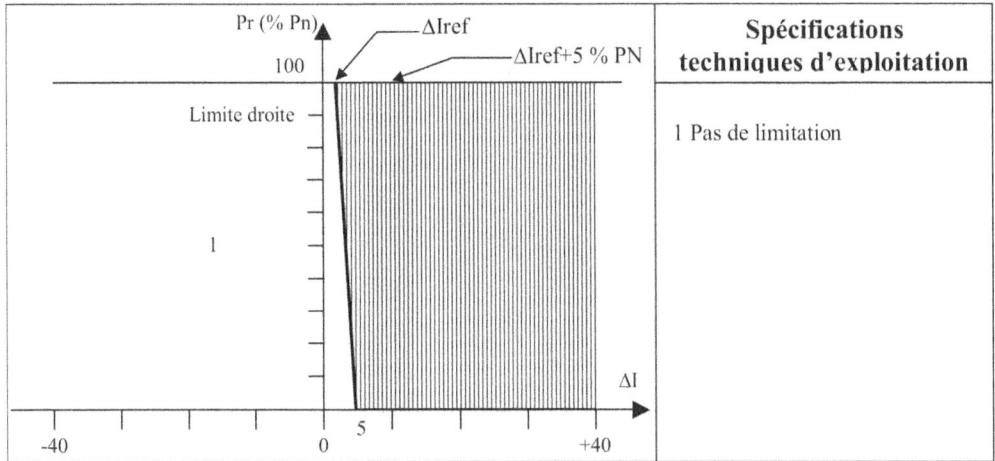

Figure 9.16. REP 1300 MWe Mode G Domaine de fonctionnement Gestion standard.

- palier :

  - dilution pour compenser l'effet xénon (pic) ;
  - borication après le pic ;

- reprise de charge :

  - extraction des groupes gris selon le niveau de puissance pour compenser les effets de contre-réaction, l'empoisonnement xénon dû à l'augmentation de la puissance et permettre un retour à la puissance nominale ;
  - borication pour compenser l'effet xénon (« creux »).

Lors de la baisse de charge, afin d'éviter le déclenchement d'une oscillation xénon suite au déplacement de la puissance vers le bas du cœur dû à l'insertion des groupes gris –cette situation n'est pas systématique, tout dépend du niveau de puissance au palier bas et de la position des groupes de compensation de puissance–, la dilution est retardée pour que le groupe R s'extraie, compensant ainsi la perturbation axiale. Ceci suppose qu'au début du suivi de charge, la position du groupe R dans sa bande de manœuvre permette une extraction suffisante au contrôle du ΔI. Avec cette stratégie, tous les types de suivi de charge sont possibles en restant à l'intérieur du domaine de fonctionnement. Il est aussi possible de décalibrer à l'extraction les groupes de compensation de puissance et ainsi de recentrer le point de fonctionnement.

9.1.3.3.3.2. *Réglage de fréquence*

Les groupes de compensation de la puissance reprennent comme en suivi de charge les variations de réactivité liées aux variations de puissance imposées par le téléréglage. En réglage primaire de fréquence, c'est principalement le groupe R qui est sollicité. Pour des écarts de fréquence supérieurs à 60 mHz, les GCP viennent alors soutenir l'action du groupe R.

P (%PN)

100
75

Temps (heure)

0   5   10   15   20   24

Cote G1

225
200

150

Temps (heure)

0   5   10   15   20   24

Cote R

200

150

Temps (heure)

0   5   10   15   20   24

CB (ppm)

660

20 ppm/h (~ 6 m^3/h)

640

Volume d'effluents produits :
Mode G = 22.5 m^3

620

600

Temps (heure)

0   5   10   15   20   24

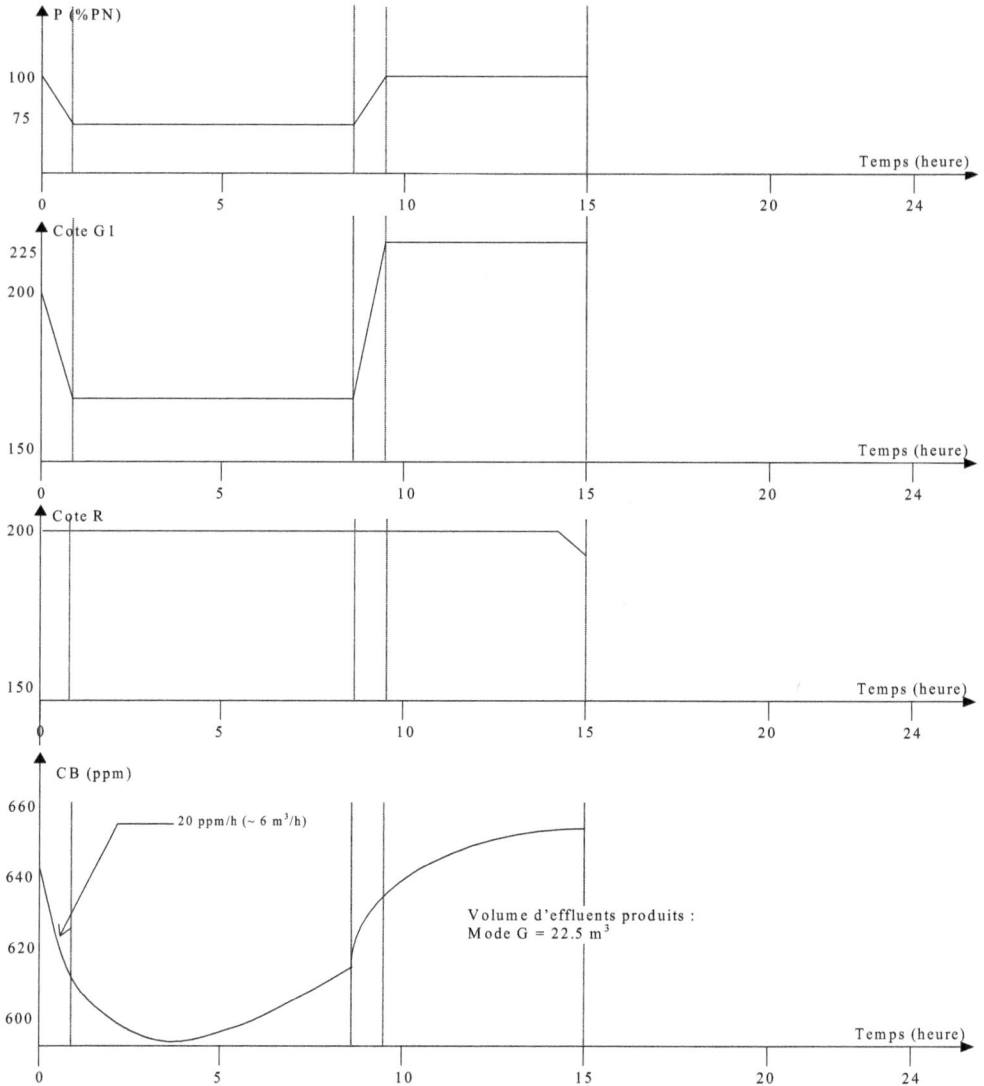

Figure 9.17. Mode G Suivi de charge.

Le groupe de régulation de température compense les évolutions de réactivité résultant du réglage primaire de fréquence ainsi que celles dues au xénon.

9.1.3.3.4. Avantages

Le mode G permet de satisfaire l'exigence fondamentale du retour rapide à pleine puissance sans préavis. En effet, on effectue des rampes :

- de 5 % Pn/min contre 2 % Pn/min en mode A jusqu'à 80 % du cycle,

- de 2 % Pn/min contre 0,2 % Pn/min en mode A à partir de 80 % du cycle.

Le volume d'effluents pour un même transitoire est fortement diminué.

L'utilisation des groupes gris et des groupes noirs simultanément selon une séquence optimisée permet de contrer la tendance naturelle d'évolution de l'Axial-Offset en fonction du niveau de puissance.

9.1.3.3.5. Contraintes

La notion de pilotage à Axial-Offset constant demeure mais est complexifié en raison de l'asservissement des groupes gris au niveau de puissance, à recouvrement des grappes imposé. La position des groupes ne peut pas être ajustée finement pour contrôler l'Axial-Offset (une certaine marge de manœuvre existe cependant grâce au décalibrage des groupes de compensation de puissance). De ce fait, les paliers bas sont susceptibles de poser des problèmes de stabilité du cœur (surtout pour les REP 1300 MWe où le cœur est plus haut).

L'efficacité des groupes gris dépend de l'usure du combustible et nécessite une réactualisation périodique de la courbe de calibrage.

Lorsqu'il y a superposition d'un suivi de charge et d'un réglage de fréquence, il est difficile de distinguer le xénon dû au suivi de charge qui doit être repris manuellement du xénon dû au réglage de fréquence (d'amplitude nulle mais qui présente des fluctuations d'amplitude limitée) qui doit être repris par le groupe R.

9.1.3.4. Le mode X

Le mode X est le dernier mode de pilotage conçu par FRAMATOME pour le palier N4. Ses objectifs consistent à contrôler simultanément le déséquilibre axial de puissance et la température moyenne du modérateur. Ces contrôles s'effectuent en boucle fermée.

9.1.3.4.1. Moyens de contrôle

9.1.3.4.1.1. Groupes de régulation

La régulation est assurée par cinq groupes de grappes (figure 9.18) :

- le groupe X1 constitué de 4 grappes grises,

- le groupe X2 constitué de 4 grappes noires,

- le groupe X3 constitué de 4 grappes grises et 4 grappes noires,

- le groupe X4 constitué de 8 grappes noires,

- le groupe X5 constitué de 9 grappes noires.

9.1.3.4.1.2. Bore soluble

Le bore est utilisé pour compenser les variations lentes de réactivité dues à l'empoisonnement du xénon et à l'usure du combustible.

	R	P	N	M	L	K	J	H	G	F	E	D	C	B	A
1															
2						SD		SD							
3			SA		X5		X3		X5						
4		SC		SB	X4					SB		SC			
5			X2				SA		X4		X2		SA		
6		SB		SA	X1		X3		SA		SB				
7		X5		X4		SC		SC		SC			X5		
8		SD			X3					X1		X4		SD	
9		X3		SA		SC		X5		SC		SA	X3		
10		SD		X4	X1				X3					SD	
11		X5				SC		SC		SC		X4	X5		
12				SB		SA	X3		X1		SA		SB		
13		SA		X2		X4		SA			X2				
14				SC		SB			X4		SB		SC		
15						X5		X3		X5		SA			
16							SD		SD						
17															

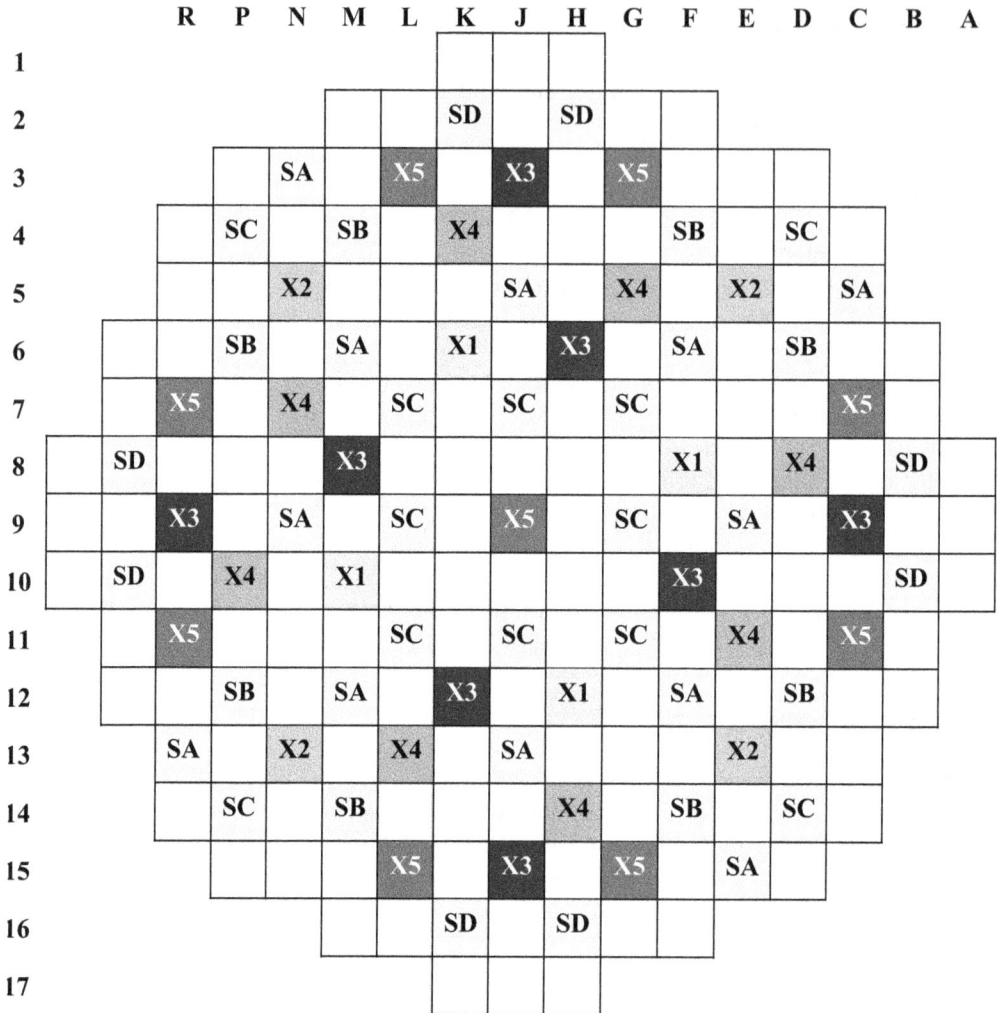

Figure 9.18. Implantation des groupes Palier N4 mode X.

9.1.3.4.2. Principes

9.1.3.4.2.1. Principe du contrôle de l'Axial-Offset

Comme une grappe située dans la moitié haute du cœur déplace la puissance vers le bas lorsque celle-ci est insérée et qu'une grappe située dans la moitié basse du cœur déplace la puissance vers le haut lorsque celle-ci est insérée, il est possible d'utiliser ces deux effets antagonistes pour contrôler l'Axial-Offset. Ceci se fait à l'aide de deux grappes placées en même temps dans la moitié haute et dans la moitié basse du cœur (figure 9.19).

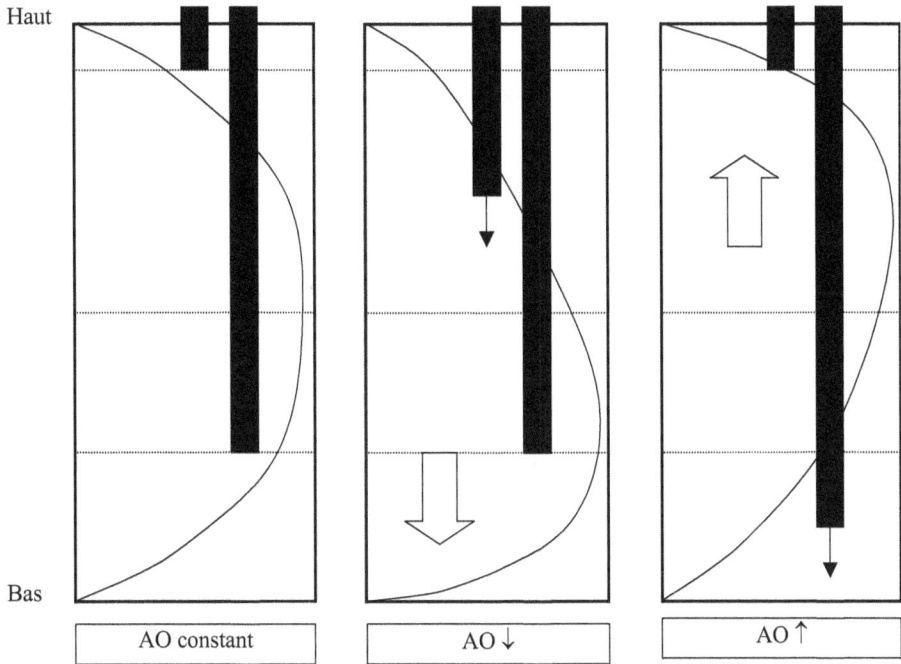

Figure 9.19. Principe du contrôle de l'Axial-Offset.

9.1.3.4.2.2. *Régulation de température et contrôle de l'Axial-Offset*

Le domaine de fonctionnement, appelé bande morte (BM), est la surface délimitée par les deux droites en axial-offset et en température (figure 9.20) :

- $AO_{ref} + 1$ % et $AO_{ref} - 1$ %

- $T_{ref} + 0,8$ °C et $T_{ref} - 0,8$ °C

Toute sortie de cette bande morte entraîne un mouvement des groupes de grappes.

Le contrôle de la température moyenne du modérateur implique tous les groupes. Lorsque :

- Tm-Tref $> 0,8$ °C $\Rightarrow$ ordre d'insertion

- Tm-Tref $< -0,8$ °C $\Rightarrow$ ordre d'extraction

Le sens et la vitesse du déplacement des groupes dépendent de l'écart entre T_m et T_{ref}.

Le contrôle de l'Axial-Offset est réalisé par déplacement de groupes insérés partiellement dans le cœur. Le groupe X1 est placé dans la moitié basse du cœur tandis que le groupe X2 est placé dans la moitié haute. Si l'écart par rapport à l'Axial-Offset de référence est supérieur à 1 % (en valeur absolue), des ordres de blocage/déblocage avec insertion ou extraction des groupes de grappes sont générés.

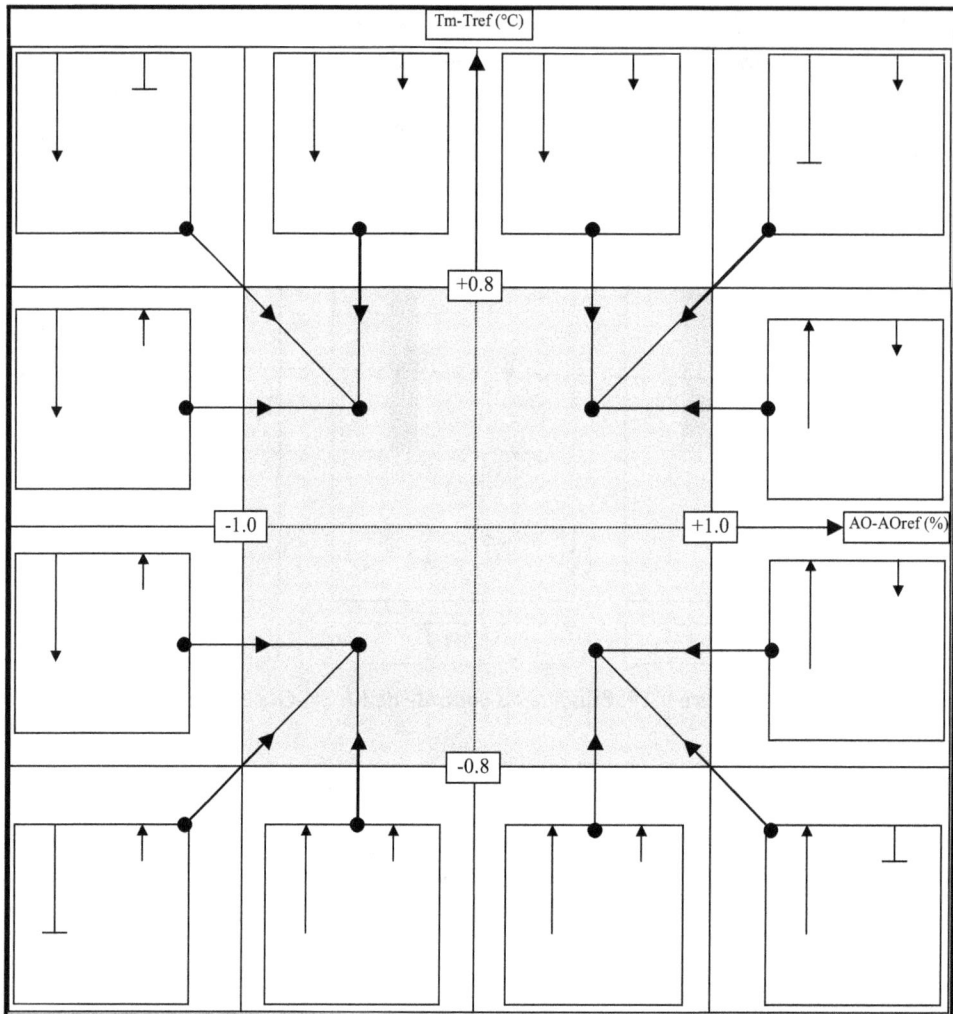

Figure 9.20. Mode X : Contrôle de la température et de l'Axial-Offset.

Comme la régulation de la température s'effectue conjointement au contrôle de l'Axial-Offset (la régulation de température reste toutefois prioritaire), la sélection des groupes autorisés à bouger et des groupes bloqués est fonction :

- du signal de température (écart avec T_{ref}),

- du signal d'Axial-Offset (écart avec AO_{ref}),

- de la position des groupes dans le cœur.

Ces deux régulations s'effectuent en boucle fermée, à partir de mesures réalisées en temps réel.

9.1.3.4.3. Application au suivi de charge

En mode X, lors de la baisse de charge, l'opérateur peut piloter la tranche selon deux stratégies (figure 9.21) :

- soit minimiser les effluents en laissant les groupes reprendre l'effet xénon (pic) mais au prix de la capacité de retour à pleine puissance. Sur site, un calculateur lui indique dans ce cas la valeur du niveau maximum de puissance qu'il peut atteindre sans procéder à des dilutions ;

- soit conserver la capacité de retour instantané en puissance par des opérations de borication et de dilution.

9.1.3.4.4. Particularités du mode X

9.1.3.4.4.1. Marge d'antiréactivité

Comme il n'est pas possible de prévoir la position des groupes au cours d'un transitoire, la marge d'antiréactivité disponible n'est, a priori, pas connue en cas d'arrêt automatique. Celle-ci est calculée en temps réel à partir d'un algorithme qui prend en compte la position de chaque groupe de grappes, la distribution axiale de puissance et l'avancement dans le cycle.

9.1.3.4.4.2. Usure du combustible

Fonctionner en permanence avec des groupes profondément insérés dans le cœur peut conduire à des sous-épuisements locaux importants dans les assemblages barrés. Lors d'un retrait de ces groupes, une distorsion importante de la distribution radiale de puissance peut apparaître. Afin de s'affranchir de ce problème, on permute le rôle des différents groupes de grappes afin de répartir dans le cœur le sous-épuisement des assemblages grappés. Ainsi, tous les 1000 MWj/t, le groupe X1 devient le sous-groupe gris X3-1 de X3 et inversement (opération dite « d'alternance »).

9.1.3.4.5. Particularités du palier N4

Les réacteurs N4 sont conçus pour fonctionner sous deux régimes différents auxquels sont associés deux modes de pilotage.

9.1.3.4.5.1. Régime R

Le régime R est défini pour un mode de pilotage en base, à une puissance thermique maximale de 4250 MWth et un réglage de fréquence primaire dans une bande de ±3 % PN.
 Le mode de pilotage associé au régime R est le mode A.
 Les groupes de contrôle sont constitués à partir des groupes définis pour le mode X :

- D : X1 + X2 + X3

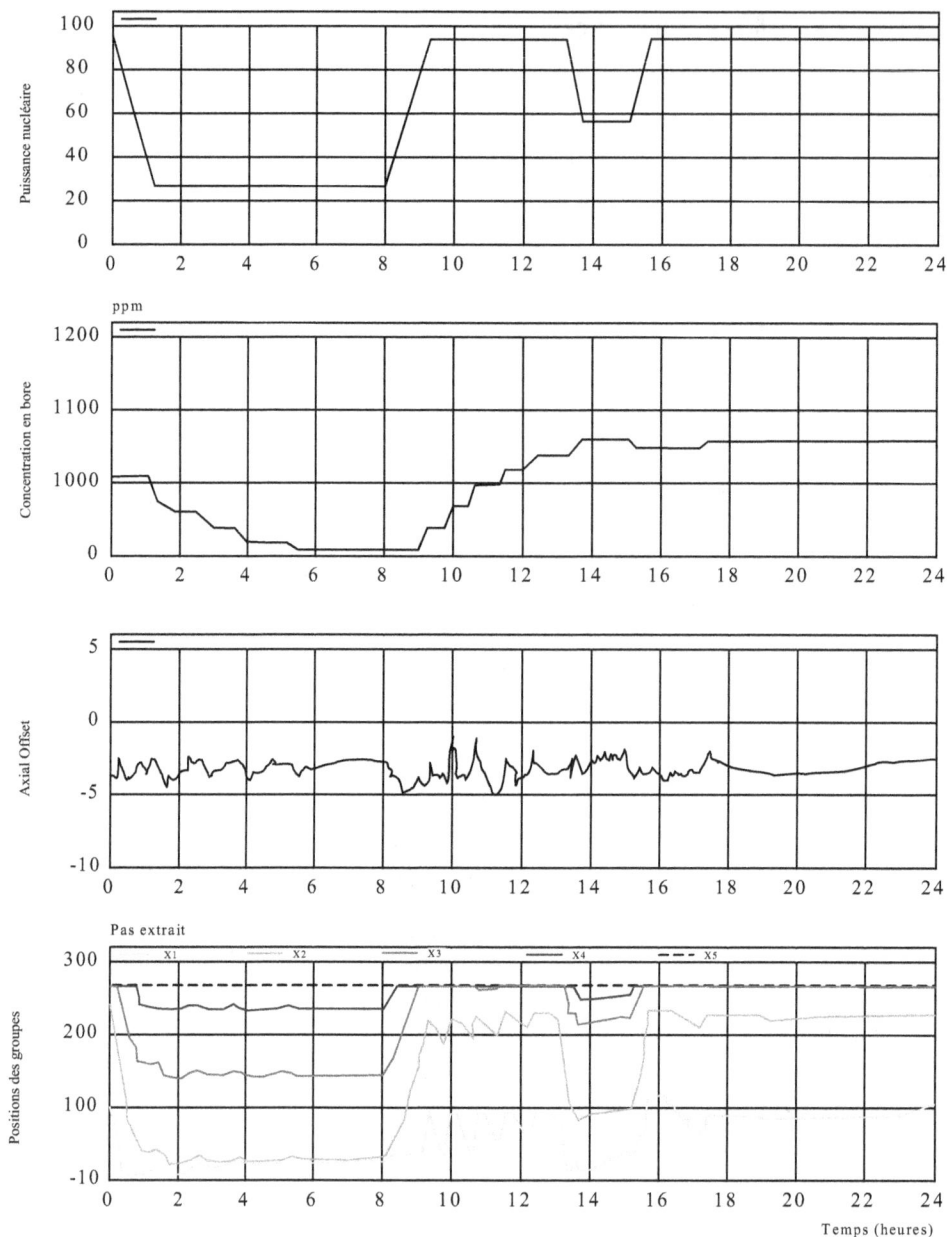

Figure 9.21. Suivi de charge Palier N4 Mode X.

- C : X4

- B : X5

En dessous de 15 % PN, il a été choisi de piloter obligatoirement en mode A du fait de la perte de précision de la mesure de l'Axial-Offset et de l'intérêt moindre de le contrôler à basse puissance.

9.1.3.4.5.2. Régime S

Le régime S est défini pour un fonctionnement en suivi de réseau à une puissance thermique maximale de 4036 MWth.

Au suivi de charge, pourra se superposer :

- un réglage de fréquence primaire dans une bande de ±3 % PN,

- un réglage de fréquence secondaire dans une bande de ±5 % PN.

Le mode de pilotage associé au régime S est le mode X.

9.1.3.4.6. Avantages

Le mode X a fait l'objet d'une campagne d'essais en 1990 et 1991 sur le REP 1300 MWe de Saint-Alban 2. Ces essais ont mis en évidence des gains :

- en manœuvrabilité car le mode X offre à l'exploitant la possibilité de choisir entre la capacité d'un retour en puissance et l'économie d'effluents et ainsi de réaliser plus aisément des grands transitoires de fonctionnement,

- en pilotage car le mode X permet le contrôle de l'axial-offset en éliminant le risque d'une oscillation xénon.

Il n'est plus nécessaire de réaliser une courbe de calibrage des groupes puisque les recouvrements sont variables et ne dépendent pas du niveau de puissance.

L'exploitant en choisissant le mode A peut fonctionner à un niveau de puissance plus élevé au prix d'une réduction des performances en terme de manœuvrabilité.

9.1.3.4.7. Contraintes

Les irradiations des assemblages barrés en alternance par le groupe X1 et le sous-groupe gris X3 et leurs voisins immédiats sont délicates à évaluer. En effet, la position des groupes qui contrôlent l'Axial-Offset évolue sans cesse.

Pour les mêmes raisons, l'extrapolation théorique des irradiations pour la recherche des plans de chargement peut présenter quelques difficultés.

9.1.4. Prolongation de cycle

La prolongation de cycle, ou *stretch-out*, consiste à exploiter le réacteur au-delà de la longueur naturelle de la campagne en jouant sur l'effet du modérateur en fin de vie.

D'un point de vue économique, l'intérêt de la prolongation de cycle est le suivant :

- elle permet d'économiser le combustible nucléaire par une meilleure utilisation du combustible déchargé,

- elle permet un espacement entre les arrêts pour rechargement,

- elle réduit la longueur naturelle des campagnes suivantes mais peut faciliter la souplesse d'exploitation aux cycles suivants (consommation du combustible en haut du cœur en fin de cycle ce qui correspond à l'endroit où se trouvent le minimum de marges au début du cycle suivant).

Mais, la Puissance maximale disponible (PMD) est diminuée en raison de la baisse de puissance au-delà du passage à bore nul. Par ailleurs, la manœuvrabilité est limitée au réglage primaire de fréquence.

9.1.4.1. Passage en prolongation de cycle

Le passage à une concentration en bore nulle (entre 0 et 10 ppm en pratique) marque la fin de la campagne naturelle du cœur. À ce moment, les grappes sont en haut du cœur. La manœuvrabilité est nulle. Pour prolonger l'exploitation du réacteur, il faut alors apporter un surcroît de réactivité au cœur. Le gain en réactivité est apporté en abaissant la température du modérateur en tirant partie de l'effet modérateur du fluide primaire fortement négatif en fin de cycle. On abaisse de plus la puissance du réacteur en jouant aussi sur le coefficient de puissance également négatif. La baisse de puissance est d'environ 10 % après un mois et de 20 à 25 % après deux mois de fonctionnement en prolongation de cycle.

La prolongation maximale autorisée est de 60 jepp sur tous les paliers (afin de ne pas dépasser le taux d'irradiation maximal autorisé lors du déchargement des assemblages admis dans les études de sûreté mais aussi pour des raisons de limite sur les GV et sur la turbine). Sur le parc, la durée moyenne de prolongation constatée est de 30 à 50 jepp.

9.1.4.2. Contraintes d'exploitation

En prolongation de cycle, les problèmes proviennent des facteurs suivants :

- le cœur devient plus instable vis-à-vis des oscillations axiales de puissance ;

- le bore ne peut plus être associé de la même façon qu'auparavant aux autres moyens de contrôle de la réactivité ;

- le groupe R a une double fonction, contrôle de la distribution de puissance et régulation de la température moyenne comme en campagne naturelle ;

- les groupes de compensation de puissance sont positionnés suivant des courbes de calibrage théoriques spécifiques au fonctionnement en prolongation de cycle. En fait, les groupes gris restent la plupart du temps en position extraite durant la prolongation, le suivi de charge étant impossible.

L'abaissement de la température primaire entraîne un abaissement de la pression de la vapeur et se traduit par une augmentation du volume spécifique de la vapeur. Il en résulte de plus grandes vitesses d'écoulement de la vapeur qui modifient le comportement hydrodynamique des générateurs de vapeur. Les contraintes d'exploitation sont alors augmentées notamment vis-à-vis du respect du critère d'écart de pression entre le primaire et le secondaire (ΔP plaque tubulaire de 110 bar, humidité vapeur à la turbine, *cf.* chapitre 4).

De plus, l'abaissement de la température primaire conduit à limiter les amplitudes de baisse de charge, ce qui réduit la souplesse d'exploitation, afin de respecter les caractéristiques neutroniques du cœur comme le déséquilibre axial de puissance. Ce dernier évolue au fur et à mesure de l'abaissement de puissance par redistribution du flux vers la partie haute du cœur. Le domaine de fonctionnement est modifié en prolongation de campagne du fait de l'évolution du ΔI et de la baisse de puissance (figure 9.22).

DOMAINE DE FONCTIONNEMENT
campagne naturelle et prolongation de cycle

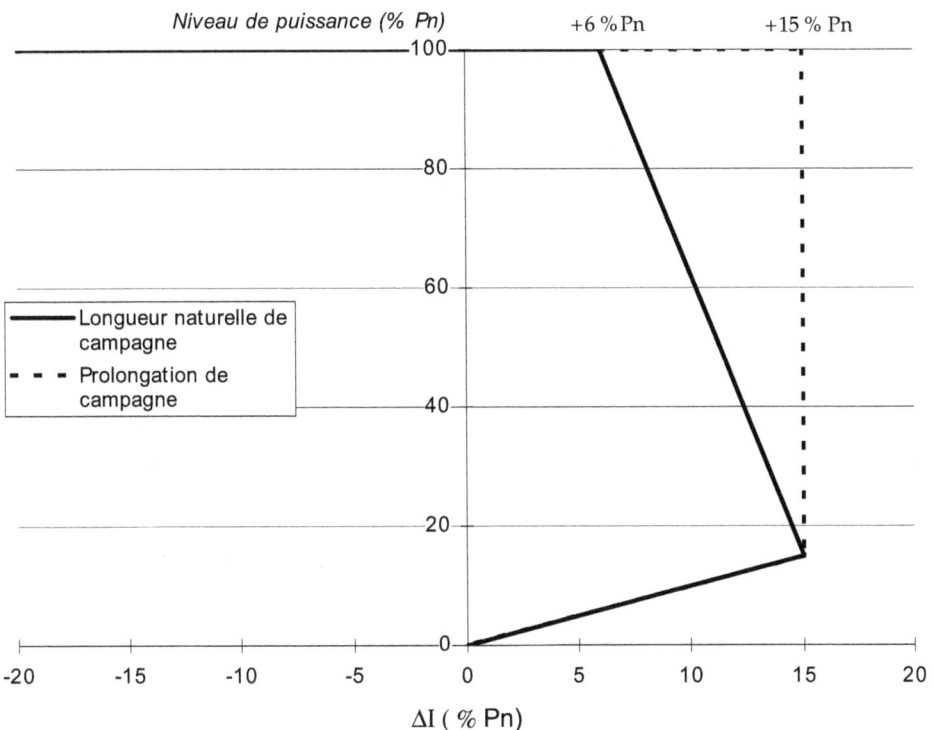

Figure 9.22. Domaine de fonctionnement REP 1300 - Gestion GEMMES.

Pour le palier 1300 MWe, les évaluations des études conventionnelles du Rapport de sûreté ont démontré que la limite droite du domaine de fonctionnement pouvait être fixée à +15 % PN de 0 % à 100 % de puissance. Toutefois, les résultats des études GEMMES IPG catégorie 2 ont conduit à une modification de la limite droite pour tenir compte de l'accident de chute de grappes :

- limite droite à 15 % PN → $\Delta I = + 15$ % PN

- limite droite à 100 % PN → $\Delta I = + 6$ % PN

Ces valeurs sont constantes tout au long du cycle quel que soit le mode de fonctionnement de la tranche. En fin de campagne, le point chaud est porté par des assemblages initialement gadolinés (en raison de la disparition du gadolinium). De ce fait, l'accident pénalisant du point de vue IPG, le retrait incontrôlé de grappe de puissance à 80 % PN, n'impose plus de restriction sur la limite droite ce qui permet de retrouver une limite droite à +15 % PN de 0 % à 100 % PN en prolongation de campagne.

9.2. Conclusion

Le pilotage des centrales nucléaires est assuré, à EDF, par les personnels des services conduite. Outre le respect du programme de charge journalier de la tranche, ils contribuent à la réalisation des essais de redémarrage et des essais périodiques.

Le pilotage des tranches demande de l'anticipation et la maîtrise simultanée de la réactivité et de la distribution axiale de puissance afin de maintenir, dans toutes les situations, le cœur dans son domaine de fonctionnement. Il vise aussi à optimiser l'exploitation en recherchant le meilleur compromis entre la limitation des effluents et la capacité de remontée instantanée en puissance. Il conditionne ainsi globalement la qualité de service rendu au réseau, indispensable pour un outil de production dans lequel la contribution du Parc Nucléaire est de 75 à 80 % de l'énergie électrique produite.

Références

Delbosc P., *Étude comparée des différents modes de pilotage des REP (900/1300/1450 MWe) sous différents aspects : Physique du cœur, matériel, régulation, perspectives d'évolution*, Rapport CNAM du 28/01/1994.

Kerkar N., *Industrialisation d'une nouvelle méthode de pilotage des réacteurs nucléaires*, Thèse Paris VI du 05 Mai 1995.

Revue générale du nucléaire, le pilotage des réacteurs, 2007.

Synthèse des différents modes de pilotage

Les tableaux qui suivent présentent :

- Tableau 1 – Différences entre chaque mode de pilotage pour le contrôle :
    - de l'effet de puissance,
    - de l'effet xénon,
    - de l'Axial-Offset,
    - de la température.

- Tableau 2 – Les spécificités de chaque palier concernant :
    - le système de protection,
    - les mesures effectuées en continu,
    - les limitations génériques.

- Tableau 3 – Les performances de chaque mode de pilotage :
    - au réglage primaire de fréquence,
    - au téléréglage,
    - au suivi de charge.

- Tableau 4 – Les limitations en suivi de charge pour chaque mode de pilotage concernant :
    - le maintien du palier bas,
    - le Retour instantané en puissance (RIP),
    - les reprises de charge programmées.

- Tableau 5 – Les principaux phénomènes physiques et leurs ordres de grandeur.

Tableau A.1.

	MODE A	MODE G	MODE X
Effet de puissance	Dilution/Borication Manuelle ou Groupe de régulation (D)	Groupes de compensation de puissance (G1,G2,N1,N2)	Groupes de régulation (X1,X2,X3,X4,X5)
	Automatique	Automatique	Automatique
Effet xénon	Dilution/Borication	Dilution/Borication	Concentration en bore Manuel ou Groupes de régulation (X1,X2,X3,X4,X5)
	Manuel	Manuel	Automatique
Axial-Offset	Groupe de régulation (D) Manuel et Indirect par dilution/borication	Groupe de régulation (R) Manuel et Indirect par dilution/borication	Groupes de régulation Automatique
Température	Groupe de régulation (D) Automatique	Groupe de régulation (R) Automatique	Groupe de régulation (X1,X2,X3,X4,X5) Automatique

Tableau A.2.

	REP 900 (CP0, CP1 et CP2)	REP 1300 (P4 et P'4)	REP 1450 (N4)
Système de protection	ΔT surpuissance + ΔT température	SPIN	SPIN / US + Calculateur de marges
Mesure	P et ΔI	P et ΔI + Marge REC + Marge Plin	P et ΔI + Marge REC + Marge Plin + Limites d'insertion
Limitations génériques	Domaine de fonctionnement + limites d'insertion des groupes	Limite droite Seuils d'alarmes REC, Plin limites d'insertion des groupes	Seuils d'alarmes REC, Plin (Limite droite IPG)

Tableau A.3.

	MODE A	MODE A ASSOUPLI	MODE G	MODE X
Réglage primaire	±2 % PN	±2 % PN	±2 % PN	±3 % PN
téléréglage	±3 % PN	±5 % PN	±5 % PN	≥ ±5 % PN
Exemples de suivi de charge possibles et épuisement limite	12-3-6-3 (85 % FDC)	Aussi bien qu'en mode A	12-3-6-3 (85 % FDC) 18↑ 6↓ (80 % FDC) 16↓ 8↑ (80 % FDC)	12-3-6-3 (95 % FDC) 18↑ 6↓ (90 % FDC) 16↓ 8↑ (95 % FDC)

Tableau A.4.

	MODE A	MODE G	MODE X
Maintien du palier bas	possible jusqu'à 85 % du cycle	possible jusqu'à 85 % du cycle	toujours possible
Capacité de retour instantané en puissance (RIP)	RIP partiel très limité en amplitude environ 15 à 20 % PN lié à la vitesse de dilution	RIP complet pas de limite en amplitude jusqu'à 85 % du cycle	RIP complet pas de limite en amplitude jusqu'à 85 % du cycle
Reprise de charge programmée	très limité en amplitude très limité en vitesse	pas de limite en vitesse jusqu'à 90 % du cycle	toujours possible jusqu'à la pleine puissance et à n'importe quelle vitesse jusqu'à 95 % du cycle

Tableau A.5.

Impact en réactivité	Origine	Ordre de grandeur
Effet Doppler lié aux variations des taux de réaction dans les résonances essentiellement dans l'U238	Variations de température du combustible	Coefficient Doppler : de –2,5 à –3,5 pcm/°C
Effet de spectre et surtout de dilatation REP sous-modéré	Variation de température du modérateur	Coefficient de température modérateur : de 0 à –65 pcm/°C dépendant de la concentration en bore
Effet du gradient axial de température dans le cœur	Redistribution de puissance	Entre 0 et 100 % Pn : de –300 à –700 pcm
Coefficient de puissance	Cumul des effets ci-dessus	En fonction de l'avancement du cycle : entre –12 et –25 pcm/% Pn
Défaut de puissance global entre 100 et 0 % Pn	Cumul des effets ci-dessus	En fonction de l'avancement du cycle : de –1500 à –2800 pcm entre 0 et 100 % Pn
Empoisonnement Xénon	Variation de la concentration en Xénon à l'équilibre	En fonction du type de cœur : de 2500 à 3000 pcm à 100 % Pn

0D : Fait référence à un calcul, ou à des données issues d'un calcul, reposant sur une modélisation ponctuelle du cœur.

1D couplé : Fait référence à un calcul, ou à des données issues d'un calcul, reposant sur une modélisation à une dimension bénéficiant de corrections spécifiques issues d'un calcul 2D ou 3D pour rendre compte plus efficacement de l'influence des dimensions radiales et azimutales.

1D : Fait référence à un calcul, ou à des données issues d'un calcul, reposant sur une modélisation à une dimension, généralement la dimension axiale.

2D couplé : Fait référence à un calcul, ou à des données issues d'un calcul, reposant sur une modélisation à deux dimensions bénéficiant de corrections spécifiques issues d'un calcul 1D ou 3D pour rendre compte plus efficacement de l'influence de la dimension axiale.

2D : Fait référence à un calcul, ou à des données issues d'un calcul, reposant sur une modélisation à deux dimensions, généralement radiales et azimutales en X et Y.

3D : Fait référence à un calcul, ou à des données issues d'un calcul, reposant sur une modélisation à trois dimensions X, Y et Z.

A

A & K : Noms donnés aux crédits de fonctionnement lorsqu'ils sont exprimés dans les unités « études ».

AAR : Arrêt automatique du réacteur.

Accident : Événement pouvant entraîner l'endommagement d'une ou plusieurs barrières, donc conduire à une libération de produits radioactifs dans l'environnement et demandant la mise en service des systèmes de sauvegarde par le système de protection.

Activité équivalente en ^{131}**I** : La notion d'équivalent Iode 131 est rattachée à la contamination interne de la thyroïde. L'activité équivalente I 131 est estimée à partir des activités des différents isotopes de l'iode par la formule :

$$\text{Activité équivalente en } ^{131}\text{I} = A(^{131}\text{I}) + \frac{A(^{132}\text{I})}{30} + \frac{A(^{133}\text{I})}{4} + \frac{A(^{134}\text{I})}{50} + \frac{A(^{135}\text{I})}{10}$$

où les coefficients de pondération sont définis à partir des LDCA solubles dans l'eau.

AGI, AFA, AFA2G, AFA2Ge, AFA3G : Nom des différentes générations d'assemblages combustibles de conception FRAGEMA, puis FRAMATOME, puis AREVA.

AIC : Poison neutronique composé d'Argent-Indium-Cadmium utilisé dans les grappes de commandes grises et la partie basse des grappes noires.

ANF HTP, ANF BM (ou EXXO BM) : Nom des différentes générations d'assemblages combustibles de conception EXXON, puis ANF, puis SIEMENS.

Anticipation : Arrêt du réacteur avant la fin de la campagne naturelle en raison des besoins d'optimisation globale du réseau.

AO : *Axial-Offset*. S'exprime en %. Répartition de la puissance entre le haut et le bas du cœur du réacteur. À pleine puissance, pendant le cycle naturel, en condition Toutes barres hautes sauf le groupe de régulation de température en position nominale, l'AO d'un cœur à tendance à être légèrement négatif.

APE : Approche par états. Nouvelle approche méthodologique utilisée pour la rédaction des procédures de conduites incidentelles et accidentelles. En rupture avec l'approche événementielle historiquement retenue, l'APE permet de gérer des superpositions d'événements.

Approche sous critique : Méthode conventionnelle de recherche de la divergence.

APRP : Accident de perte de réfrigérant primaire.

Arrêt à chaud (AAC) : État particulier de la chaudière pour lequel :
– le cœur est convergé,
– les conditions thermohydrauliques sont nominales et correspondent à un état à 0 % Pn,
– les groupes de commandes sont positionnés de façon spécifique : Toutes Barres Insérées – certains groupes relevés.

Arrêt à froid (AAF) : En AN/RRA, état particulier de la chaudière pour lequel :
– le cœur est convergé,
– les conditions thermohydrauliques sont les suivantes : 5 bar $< P <$ 31 bar, 10 °C $<$ $T_m <$ 90 °C,
– les groupes de commandes sont positionnés de façon spécifique : TBI – certains groupes relevés.

Arrêt de tranche programmé : Arrêt de fonctionnement d'une unité de production (réacteur et groupe turbo-alternateur) pour permettre l'entretien périodique de l'installation ou le changement de combustible.

ASN : Autorité de sûreté nucléaire.

ASR : Arrêt pour simple rechargement. Aucune opération de maintenance n'est conduite pendant ce type d'arrêt de la tranche. S'effectue en général en 3 à 4 semaines.

AU : Arrêt d'urgence. Terme obsolète. Voir AAR.

Attente à chaud : État particulier de la chaudière pour lequel :
le cœur est divergé et sa puissance maintenue inférieure à 2 % Pn,
les conditions thermohydrauliques sont nominales et correspondent à un état à 0 % Pn,
le groupe R est positionné en milieu de bande de manœuvre et les GCP sont positionnés à la cote 0 % Pn (ou plus extraits).

B

B4C : Carbure de bore, poison neutronique utilisé pour certaines grappes de commandes du palier 1300 et N4 (groupes d'arrêt et groupes noirs).

Bande de manœuvre : Fait référence à la zone de manœuvre optimale de R que les procédures de conduite conseillent d'utiliser. En général, une douzaine de pas de part et d'autre d'une position médiane – le sommet de la bande de manœuvre est déterminé de sorte que le groupe de régulation de température bénéficie d'une efficacité différentielle de 2,5 pcm/pas.

Barres de contrôle ou de commande : Ensemble de 8 à 24 crayons absorbants de carbure de bore (B4C) ou d'argent-indium-cadmium (AIC) introduits verticalement au sein de certains assemblages d'un réacteur dans le but de régler, par absorption de neutrons, la puissance fournie (aussi appelées « grappes de contrôle ou de commande »).

Barrières : Enveloppes ou enceintes étanches interposées entre le combustible nucléaire et les populations pour confiner les produits radioactifs ; ce sont, dans l'ordre : la gaine du combustible, le circuit primaire principal, le bâtiment réacteur et ses extensions.

Bâtiment du réacteur (BR) : Enceinte étanche, en béton, contenant la cuve du réacteur, le circuit primaire, les générateurs de vapeur ainsi que les principaux auxiliaires permettant d'assurer la sûreté du réacteur.

BIL KIT : Essai périodique visant à mesurer la puissance de la chaudière par bilan enthalpique sur le circuit primaire. Bilan fait en ligne par le calculateur de tranche. Il est utilisé de façon opérationnelle et régulièrement ajusté sur le BIL100 lors d'essais périodiques.

BIL100 : Mesure de la puissance nominale de la chaudière par bilan enthalpique sur le circuit secondaire. Cette méthode de mesure sert de référence dès lors que la puissance de la chaudière dépasse 30 % PN.

BILXX : Essai périodique de type BIL100 effectué à un niveau de puissance différent du palier nominal.

BK : Bâtiment combustible, utilisé pour le stockage du combustible neuf et irradié.

Bore : Poison neutronique utilisé sous forme dilué dans l'eau du circuit primaire. Sa dilution progressive au cours du cycle permet de compenser l'usure du combustible.

Borne de notification : Valeur nominale de l'irradiation prévisible d'arrêt d'une tranche pour une campagne. Elle est employée lors de la recherche du plan de chargement de la campagne suivante.

Borne inférieure : Valeur inférieure de l'irradiation prévisible d'arrêt d'une tranche pour une campagne. Elle est employée lors de la recherche de plans de chargement de la campagne suivante. Elle minore généralement l'irradiation de notification d'une valeur de l'ordre de 5 jepp.

Borne supérieure : Valeur supérieure de l'irradiation prévisible d'arrêt d'une tranche pour une campagne. Elle est employée lors de la recherche de plans de chargement de la campagne suivante. Elle majore généralement l'irradiation de notification d'une valeur de l'ordre de 5 jepp.

BR : Bâtiment réacteur.

Burn Up : Terme anglais équivalent à l'épuisement combustible ou au taux d'irradiation. Se mesure en MWj/t ou GWj/t.

C

C4 : Verrouillage – réduction automatique de charge sur Plin élevée.

C22 : Verrouillage – blocage des Groupes de compensation de puissance à l'insertion sur refroidissement excessif.

Calcul cinétique : Pour les codes de neutronique, fait référence à un calcul à une irradiation donnée pour lequel on prend en compte les équations de la cinétique neutronique. Constante de temps typique des phénomènes : le dixième de seconde. Modélisation retenue pour l'étude des accidents de chute ou d'éjection de grappe.

Calcul dynamique : Pour les codes de neutronique, fait référence à un calcul à une irradiation donnée et intégrant une dynamique xénon. Constante de temps typique des phénomènes : la dizaine de minutes. Modélisation généralement retenue pour les calculs de pilotage.

Calcul en évolution : Pour les codes de neutronique, fait référence à un calcul intégrant les effets d'évolution de la nappe d'irradiation. Constante de temps des phénomènes : le mois.

Calcul statique : Pour les codes de neutronique, fait référence à un calcul à une irradiation donnée sans dynamique xénon et sans cinétique neutronique.

CAP : Calculateur d'aide au pilotage. Modèle 1D embarqué sur les tranches 1300 permettant aux opérateurs de faire des simulations de pilotage pour étayer une stratégie.

Campagne : Période de fonctionnement entre deux arrêts pour rechargement et entretien (APRE). On désigne par cycle, l'ensemble d'une campagne et d'un APRE adjacent. La fin de la longueur naturelle de campagne correspond au moment du passage à une concentration en bore comprise entre 0 et 10 ppm.
Prolongation de campagne (ou stretch-out) : après son fonctionnement en campagne naturelle, un réacteur REP peut continuer à fonctionner à condition de soutenir la réactivité dans le cœur. Le soutien est obtenu en abaissant la température de l'eau primaire et/ou en réduisant la puissance.
Anticipation d'arrêt de campagne (ou *stretch-in*) : consiste à procéder à l'APRE avant d'atteindre le bore nul. Cette opération peut permettre de mieux placer l'APRE vis-à-vis de la gestion du système (par exemple avant l'hiver) et d'augmenter la longueur des cycles suivants.

CB : Concentration en bore du circuit primaire. En ppm (soit en g de bore/tonne d'eau).

CE : Chef d'exploitation. Responsable, pour une tranche, de l'équipe de quart, de l'exploitation et de la sûreté du réacteur.

Chaînes de protection : Les chaînes de protection du réacteur permettent de :

- ramener le réacteur dans un état sûr et de l'y maintenir lorsqu'un événement anormal l'en a écarté ;

- mettre en œuvre, si besoin, les actions pour limiter les conséquences d'un accident.

Une chaîne de protection s'étend :

- en amont, depuis les capteurs ;

- en aval, jusqu'aux bornes d'entrée des actionneurs associés aux fonctions d'arrêt automatique et de sauvegarde.

Elle comprend donc :

- une partie analogique, qui comprend les capteurs appartenant chacun à une chaîne de mesure, (les lignes ou « tubing » d'instrumentation n'en font pas partie) ; une chaîne de mesure est définie comme étant un ensemble de composants et de modules nécessaires pour élaborer et émettre un signal unique d'action de protection lorsqu'une condition de fonctionnement de la tranche l'exige ; une chaîne perd son individualité au point où les signaux individuels d'action sont combinés ;

- une partie logique, qui comprend les armoires d'électronique et les ensembles logiques de traitement qui traitent les signaux issus de ces capteurs et élaborent les ordres commandant l'ouverture des disjoncteurs d'arrêt automatique ou la mise en service des systèmes de sauvegarde ;

- les câbles et les dispositifs de raccordement entre les capteurs, les armoires et les actionneurs.

Les actions automatiques des chaînes de protection du réacteur sont donc destinées à agir sur :

- le fonctionnement du système d'Arrêt automatique du réacteur (*cf.* système d'arrêt automatique) ;

- le fonctionnement des systèmes de sauvegarde du réacteur (*cf.* systèmes de sauvegarde) ;

- la protection des circuits primaire et secondaire contre les surpressions.

<u>Nota</u> : Certaines de ces protections doivent être inhibées manuellement ou automatiquement pour permettre l'exploitation de la tranche dans des configurations particulières (*cf.* permissifs).

Chapitre III des RGE : Chapitre des Règles générales d'exploitation décrivant les Spécifications techniques d'exploitation du réacteur (STE).

Chapitre IX des RGE : Chapitre des RGE décrivant les essais périodiques à réaliser sur un réacteur pour s'assurer de la disponibilité des matériels.

Chapitre X des RGE : Chapitre des RGE décrivant les essais périodiques cœurs. Comprend les Règles d'essais physiques au redémarrage (REPR) et les Règles d'essais physiques cœur en cours de cycle (REPC).

Charge nulle : Fait référence à un état à puissance électrique nulle. La charge nulle se situe vers 8 % de la puissance thermique nominale.

Chemin critique : Fait référence à la séquence particulière d'enchaînement des tâches d'un projet pour laquelle un retard donné sur l'une quelconque d'entre elles repousse d'autant la fin du projet.

Circuit de réfrigération du réacteur à l'arrêt (RRA) : Système ayant pour rôle de refroidir le réacteur lorsque le circuit secondaire ne peut être utilisé. Le circuit RRA est principalement utilisé pour évacuer la chaleur résiduelle dégagée par le cœur après arrêt.

Circuit de réfrigération intermédiaire du réacteur (RRI) : système dont le rôle est de :

- servir de source froide au circuit RRA ;

- refroidir certains équipements lorsque le réacteur est en service ou à l'arrêt.

Circuit de sauvegarde : Ensemble de systèmes de secours permettant de maintenir en toute circonstance le refroidissement du cœur. Il s'agit notamment de l'Alimentation de secours des générateurs de vapeur (ASG) et du circuit d'injection de sécurité (RIS).

Circuit primaire principal : Par définition (voir article 1 de l'arrêté ministériel du 26 Février 1974), le circuit primaire principal est « l'ensemble des enceintes sous pression d'une chaudière nucléaire qui contiennent le fluide recevant directement l'énergie dégagée dans le combustible nucléaire et qui ne peuvent être isolées de façon sûre de celle d'entre elles où se trouve ce combustible ».

Selon l'article 2 du même arrêté, les canalisations dont le diamètre intérieur est inférieur à 25 mm ne sont pas soumises aux dispositions de l'arrêté.

Le circuit primaire principal comprend, respectivement :

- la cuve et son couvercle ;

- la partie primaire des générateurs de vapeur ;

- les enceintes sous pression des pompes primaires de circulation y compris leurs deux premiers joints d'étanchéité ;

- le pressuriseur, avec les tuyauteries le reliant aux boucles primaires et les organes de décharge et de sécurité, et y compris les lignes d'impulsion et d'asservissement de ces organes ;

- les tuyauteries formant, avec les générateurs de vapeur et les pompes de circulation, des boucles de refroidissement et appelées :

  - « branche chaude » entre la cuve et le générateur de vapeur de chaque boucle ;

  - « branche en U » ou « branche intermédiaire » entre le générateur de vapeur et la pompe de chaque boucle ;

  - « branche froide », entre la pompe de chaque boucle et la cuve ;

- les tuyauteries placées en dérivation sur les générateurs de vapeur et les pompes de circulation, pour mesurer, respectivement, les températures chaude et froide de chaque boucle ;

- les enceintes contenant les mécanismes des barres de commande ;

- les enceintes de thermocouples ;

- les circuits auxiliaires qui, jusqu'au deuxième organe d'isolement inclus, appartiennent à la branche à laquelle ils sont connectés.

Circuit secondaire : Circuit fermé assurant le transfert vers la turbine de la vapeur produite dans le générateur de vapeur. Il comprend la partie secondaire du générateur de vapeur, la turbine, le condenseur dans lequel la vapeur est condensée en eau et le système de retour de cette eau au générateur de vapeur.

CNES : Centre national d'exploitation du système. Le CNES est responsable de la sûreté du Réseau d'alimentation générale (gestion du plan de tension 400 kV, maîtrise des transits sur le réseau 400 kV), à toutes les échéances de temps jusqu'au temps réel inclus, et coordonne l'activité des Unités Régionales du RTE.

CNI : Chaîne nucléaire niveau intermédiaire. Capteur permettant de suivre l'état neutronique depuis la divergence jusqu'à environ 10 % PN.

CNP : Chaîne nucléaire niveau puissance. Capteur permettant de suivre l'état neutronique du réacteur lors des phases de production.

CNPE : Centre nucléaire de production d'électricité.

CNS : Chaîne nucléaire niveau source. Capteur permettant de suivre l'état neutronique du réacteur lors des phases d'arrêt ou de recherche de divergence.

CO3 : Contrôle commande cœur. Système numérique de surveillance et de protection des tranches nucléaires du palier N4.

Combustible nucléaire : Matière fissile utilisée dans un réacteur pour y développer une réaction nucléaire en chaîne. Le combustible neuf est constitué d'oxyde d'uranium enrichi en uranium 235 (entre 3 et 4 % dans le cas des réacteurs à eau pressurisée) ou d'un oxyde mixte de plutonium et d'uranium appauvri (MOX).

Concentration en bore requise en arrêt à chaud : La concentration en bore requise en arrêt à chaud est la concentration qui garantit un écart à la criticité de l'ordre de 2000 pcm avec certains groupes totalement extraits (ex. SB sur le palier 1300 MWe), les autres groupes insérés et la température du primaire est supérieure ou égale à la valeur du permissif P12. Cette concentration, réactualisée pour chaque recharge, est donnée en fonction de l'usure du combustible dans le Dossier spécifique d'évaluation de sûreté (DSS) de la recharge transmis à l'Autorité de sûreté.

Concentration en bore requise en arrêt à froid : La concentration en bore requise en arrêt à froid est la concentration qui garantit un écart à la criticité de l'ordre de 2000 pcm avec certains groupes totalement extraits (ex. SA et SB sur le palier 1300 MWe), les autres groupes totalement insérés et la température du primaire est supérieure ou égale à 10 °C. Cette concentration, réactualisée pour chaque recharge, est donnée en fonction de l'usure du combustible dans le Dossier spécifique d'évaluation de sûreté (DSS) de la recharge transmis à l'Autorité de sûreté.

Condition limite : Une condition limite est une condition qui autorise le fonctionnement de la tranche non en conformité stricte avec une prescription. Cette condition limite ne doit être utilisée que le temps nécessaire à la réalisation des impératifs d'exploitation (conduite - maintenance - contrôle). Aux conditions limites peuvent être associées des précautions particulières ou mesures palliatives qui doivent être respectées. La gravité de la situation vis-à-vis de la démonstration de sûreté implique la comptabilisation d'un événement de groupe 1.

Contrôle-commande : Ensemble des systèmes dans une centrale nucléaire qui, permettent d'effectuer automatiquement des mesures, d'opérer la régulation et d'assurer la sécurité de fonctionnement d'un matériel donné.

Convergence : Phase de mise à l'arrêt du réacteur. Les STE demandent que la convergence soit obtenue de façon franche et nette au titre du contrôle sur le paramètre réactivité.

COPM : Centre optimisation production marchés. Entité du Pôle industrie du groupe EDF. Le COPM orchestre, dans le cadre de la politique de risque du producteur, l'utilisation des moyens de production et des autres actifs physiques d'EDF en France qui participent à l'équilibre offre-demande, afin d'en maximiser la valorisation.

Couplage : Opération de connexion d'une centrale au réseau de transport d'électricité afin d'évacuer l'énergie électrique produite par son alternateur.

Courbe de charge : Les caractéristiques de la courbe de consommation journalière ou courbe de charge (soit la puissance en fonction de l'heure) dépendent du type de jour et de la période de l'année.

Coût marginal : Le coût marginal de production, à un instant donné, est le coût à supporter pour satisfaire la demande d'un kWh supplémentaire à la marge de l'équilibre. On suppose que l'équilibre offre-demande est réalisé de façon optimale, et l'on se place au voisinage de cet optimum. Le moyen de production disponible à mettre en oeuvre est celui qui présente le coût le moins élevé. Selon les circonstances, il s'agit d'un groupe disponible à l'arrêt ou d'un groupe déjà démarré qui dispose d'une réserve de puissance.

Crédits de fonctionnement : Système de comptabilisation des situations d'exploitation de type FPPE, FPPI, FPPR connues pour avoir un impact sur le comportement du combustible et dont on souhaite maîtriser la durée. En effet, le fonctionnement avec des grappes insérées conduit à sous-épuiser le combustible et donc y provoquer une augmentation de puissance locale lorsque les grappes en sont extraites. De même, le fonctionnement à basse puissance déconditionne le combustible, ce dernier voyant se dégrader son comportement en cas de transitoire.

Criticité : Un réacteur nucléaire est critique lorsque la réaction en chaîne est exactement entretenue, c'est-à-dire lorsqu'il y a autant de neutrons produits qu'absorbés.

Critique : Fait référence à un état à réactivité nulle du cœur.

CRES : Compte Rendu d'Événement Significatif pour la sûreté. Document envoyé à l'ASN au titre de la déclaration des non-conformités par l'exploitant.

CTM : Coefficient de Température Modérateur. Coefficient de réactivité différentiel. En pcm/°C. Paramètre clé d'un certain nombre d'accidents.

CYCLADES : Référentiel sûreté en cours de déploiement sur les tranches CP0. Construit autour d'une gestion combustible par tiers de cœur avec un enrichissement à 4,2 %.

Cycle complet : Fait référence à la campagne dans son ensemble. Cela intègre donc le cycle naturel et l'éventuelle prolongation de cycle.

Cycle du combustible : Ensemble des étapes suivies par le combustible fissile : extraction du minerai, élaboration et conditionnement du combustible, utilisation dans un réacteur et retraitement ultérieur.

Cycle naturel : Fait référence à la partie d'une campagne s'effectuant à puissance nominale par dilution du bore soluble.

D

DAC : Décret d'autorisation de création.

DCN : *Division combustibles nucléaires*. Entité chargée de l'approvisionnement et de la livraison en combustible.

DDC : Acronyme faisant référence au début du cycle naturel d'un cœur. Traditionnellement 0 MWj/t.

Décalibrage : Légère extraction introduite dans la courbe donnant la position des GCP pour se couvrir des incertitudes de positionnement. Se dit aussi d'une manière plus générale lorsque les GCP sont positionnés plus haut que la cote de calibrage.

Décennale, visite : Arrêt de tranche particulièrement long, 4 à 6 mois, effectué une fois tous les 10 ans et au cours duquel des opérations de maintenance lourdes sont conduites.

Défaut de puissance : Réactivité libérée par le cœur lors d'une baisse de puissance et dérivant de l'effet Doppler lié à la réduction de la température du combustible et du modérateur et de l'effet de redistribution de puissance. Lors d'un passage de PNOM à PNUL par un AAR en FDC par exemple, le défaut de puissance est de l'ordre de 2800 pcm. Il doit être compensé par les grappes de commande (GCP) en mode G.

Demi-campagne : Nom sous lequel on désigne l'événement d'exploitation au cours duquel une tranche est amenée à repositionner son cœur en cours de cycle suite à un incident d'exploitation sans pour autant incrémenter son numéro de campagne. Cette dernière opération relevant de la compétence de la DC qui commande et gère les recharges.

Déséquilibre axial de puissance (DPax) : C'est une grandeur sans dimension élaborée à partir des mesures de flux. Pour une puissance donnée, PH étant la puissance thermique produite par la moitié haute du cœur, PB étant la puissance thermique produite par la moitié basse du cœur, on définit le déséquilibre axial de puissance (DPax) comme étant le rapport de la différence PH – PB à la puissance nominale totale du cœur (PH + PB).

$$DPax = \frac{(PH - PB)}{(PH + PB)nominal}$$

<u>Nota</u> : Le déséquilibre axial de puissance est également désigné par « déviation ou différence axiale de puissance » et noté conventionnellement par $\Delta\Phi$ ou ΔI.

Déséquilibre axial de puissance de référence (DPax Réf.) : C'est une valeur qui est définie par la relation :

$$DPaxRéf. = \frac{(PH - PB)nominal}{(PH + PB)nominal}$$

Les essais périodiques en cours de cycle permettent de déterminer DPaxRéf.

Déséquilibre azimutal neutronique par section : Pour les quatre sections situées à la même cote axiale des quatre chambres de flux de niveau puissance, c'est la somme des valeurs absolues des écarts de puissances mesurées par chaque section par rapport à la moyenne des quatre.

Déséquilibre azimutal de puissance neutronique (DPazn) : Il s'agit de la différence entre les puissances maximales et minimales mesurées à partir des chambres de flux de niveau puissance ; sa valeur s'exprime en % de la puissance nominale.

Deuxième barrière : Elle est constituée par le circuit primaire principal.

DGES : Dossier général d'évaluation de la sûreté des recharges. Document formel transmis à l'Autorité de Sûreté Nucléaire qui définit, sur la base des études génériques d'un palier et d'une gestion, le programme des études à évaluer à chaque rechargement ainsi que la valeur des paramètres clefs à vérifier. Il décrit le contenu du DSS.

DGFP : Dossier général de fonctionnement pilotage. Il décrit et explique le contenu du DSFP.

DI64 : Directive de la direction du Parc nucléaire relative à la sécurité et à la pérennité des données informatiques sensibles pour la sûreté nucléaire.

Diagramme de Pilotage : Diagramme dans le plan (ΔI,P) sur lequel on localise le point de fonctionnement.

Dispatching : Le dispatching assure la conduite temps réel du système électrique. Il se situe au CNES et dans les Unités régionales du RTE.

Disponibilité des chaînes de protection : Une chaîne de protection est disponible si, d'une part, la partie analogique de cette chaîne est disponible et si d'autre part, la partie logique de cette chaîne est également disponible.

- Disponibilité de la partie analogique :

  La partie analogique est disponible si la grandeur analogique mesurée est fournie aux bornes de la partie logique effectuant la numérisation du signal. Ceci implique la disponibilité du capteur de mesure et de la chaîne de traitement analogique du signal.

- Disponibilité de la partie logique :

  La partie logique est disponible si elle est capable de traiter les signaux reçus et d'émettre les actions de protection ou de sauvegarde avec la redondance prévue à la conception, c'est-à-dire en 2/4 pour les traitements effectués par les UATP ou en 2/3 si une UATP est indisponible par suite d'une défaillance fortuite ou d'un test visant à sa requalification.

  Ceci implique la disponibilité initiale des quatre UATP et des deux ULS. De plus, les seuils déclenchant les protections doivent être actualisés à la valeur requise dans la période de fonctionnement considérée. L'UTGN, de par son rôle important d'interface, doit être disponible.

  Il faut distinguer la nécessité de disposer des capteurs et de sa chaîne analogique de mesure afin de suivre, au niveau des indicateurs et enregistreurs analogiques associés, les variations de la grandeur mesurée, et la nécessité de disposer, d'une part de la partie analogique mentionnée ci-dessus, mais aussi du traitement numérique aboutissant le cas échéant, à l'émission d'une action de protection.

Disponibilité d'une chaîne source RPN : Une chaîne source est considérée comme disponible et apte à surveiller la sous-criticité du cœur, s'il est possible de démontrer à tout moment, qu'en présence d'assemblages combustible dans le cœur, sa réponse est différente du bruit de fond, c'est-à-dire qu'elle présente un niveau de comptage supérieur à celui-ci.

Disponibilité du système d'instrumentation du cœur : Le système de mesure de flux du cœur (RIC) est considéré comme disponible tant que plus de 80 % des canaux sont disponibles.

Divergence : Phase de recherche des conditions critiques à puissance nulle sur un réacteur.

DMA : Dispositif à manœuvrabilité accrue. Partie du contrôle commande régissant les mouvements des groupes en fonction de la puissance pour les réacteurs en mode G.

DNBR : Équivalent anglais du REC.

Domaine 1 : Zone du diagramme de pilotage du palier 900 MWe où le point de fonctionnement peut se trouver sans limitation de temps avec les GCP insérés.

Domaine 2 : Zone du diagramme de pilotage du palier 900 MWe où le point de fonctionnement ne peut se trouver avec les GCP insérés. En dessous de 50 % PN, une tolérance de 1h par 24h existe toutefois. Pour simplifier, on peut considérer que cette zone ne peut être parcourue qu'en présence du groupe de régulation de température en haut du cœur.

Dosimétrie : Détermination, par évaluation ou par mesure, de la dose de rayonnement absorbée par une substance ou un individu.

DRIRE : Direction régionale de l'industrie et de la recherche et de l'environnement. Antenne locale de l'ASN.

DSEP : Dossier spécifique d'essais physiques. Document spécifique produit à chaque renouvellement du combustible. Il donne l'ensemble des valeurs théoriques nécessaires à la conduite du programme décrit dans les REPR.

DSFP : Dossier spécifique de fonctionnement pilotage. Présente à l'exploitant les paramètres nécessaires à l'utilisation des procédures conduites relatives au pilotage de la tranche pour un cycle donné. On y trouve notamment les CTM, l'efficacité du bore et des grappes.

DSS : Dossier spécifique de sûreté. Document transmis à l'Autorité de sûreté nucléaire. Il donne les valeurs spécifiques des paramètres clefs évalués pour une tranche et un cycle conformément au DGES.

E

EAS : Circuit d'aspersion de sécurité de l'enceinte. Dispositif de sécurité qui, en cas d'accident par rupture des circuits primaire ou secondaire, pulvérise de l'eau borée à l'intérieur de l'enceinte de confinement. Il entre automatiquement en service sur déclenchement d'un signal de haute pression dans l'enceinte.

Eb : Efficacité différentielle du bore. En pcm/ppm. Paramètre clé d'un certain nombre d'accidents.

ECR : Écart à la criticité. La mesure de l'écart à la criticité est l'antiréactivité obtenue, à un instant donné, par un bilan de réactivité du cœur (combustible, bore, grappes insérées, effets de température, poisons).
En arrêt à chaud, l'écart à la criticité est d'au moins 2000 pcm.
En arrêt à froid, l'écart à la criticité est d'au moins 2000 pcm.
En API et APR, l'écart à la criticité est d'au moins 5000 pcm.
Cet écart à la criticité est garanti par le respect des limites de concentration en bore requises.

Effet d'ombre ou **d'anti-ombre** : Nom de l'effet neutronique qui veut que l'efficacité d'un absorbant dépende de la configuration des autres absorbants présents en cœur. Ainsi, une grappe de commande n'a pas la même efficacité qu'elle plonge seule en cœur ou en présence d'une autre grappe déjà insérée.

Effluents : Liquides ou gaz contenant des substances radioactives. Leur activité est réduite par des dispositifs appropriés avant leur rejet ou leur réutilisation.

Enrichissement : Rapport des masses d'uranium 235 et de combustible (^{235}U + ^{238}U).

ENUSA : Fabricant de combustible nucléaire d'origine espagnole.

EP RCP 114 ou EP RCP M : Essai périodique effectué une fois par cycle lors de l'atteinte du palier 100 % PN et visant à mesurer le débit traversant le cœur.

EP RGL 102 : Essai périodique effectué en début, milieu et fin de cycle et visant à mesurer le temps de chute des différents groupes de grappes.

EP RGL 103 : Essai périodique visant à s'assurer de la concordance entre la position effective des groupes et la position indiquée sur les compteurs de position.

EP RGL 4 : Essai périodique effectué trimestriellement et visant à établir la courbe G3 :

$$\text{Pélec} = f(\text{PositionGCP})$$

pour permettre un asservissement efficace de la chaudière aux demandes de puissance de la turbine par le DMA.

EP RGL 81 : Essai périodique effectué trimestriellement et visant à manœuvrer les groupes de grappes qui n'ont pas été sollicités sur la période.

EP RPN 8 : Essai périodique effectué hebdomadairement et visant à mesurer, et éventuellement à annuler, l'écart entre les signaux de puissance issus du système RPN et le BIL100.

EP RPN 11 : Essai périodique effectué mensuellement visant à mesurer dans une situation d'équilibre xénon la distribution de puissance interne du cœur à l'aide de l'instrumentation RIC. Sur les paliers 1300 MWe et N4, cela donne lieu à un calibrage du système de protection du cœur.

EP RPN 12 : Essai périodique effectué trimestriellement visant à établir la corrélation des signaux de l'instrumentation externe du cœur, les CNP, avec les paramètres internes du cœur mesurés par l'instrumentation RIC pendant une oscillation xénon. Sur tous les paliers, cela donne lieu à un calibrage du système RPN.

EP RPN 7 : Essai périodique effectué mensuellement à l'occasion des EP RPN 11 et visant à actualiser les limites du diagramme de pilotage. La mesure consiste en une détermination de l'AO du cœur dans une situation d'équilibre xénon. Sur le palier 900 MWe, cela revient à recaler la limite du domaine 1.

EDR : Essais physiques de redémarrage. Nom donné aux calculs d'une étude de recharge qui participent à l'évaluation des valeurs nécessaires à l'élaboration du DSEP.

EQX : Acronyme faisant référence au début du cycle naturel d'un cœur après atteinte de l'équilibre xénon. Traditionnellement 150 MWj/t.

État de repli : En cas d'indisponibilité de matériels requis, l'état de repli est défini comme étant celui dans lequel la tranche peut être conduite et maintenue avec un degré de sûreté optimum compte tenu de l'indisponibilité, de l'état initial de la tranche dans lequel cette indisponibilité est découverte et donc du transitoire qu'il convient d'effectuer pour le rejoindre.

Un état de repli n'est pas nécessairement un état où le matériel indisponible n'est plus requis.

Un état de repli n'est pas nécessairement un état où la réparation du matériel indisponible est possible.

État Standard : Un état standard est défini par la combinaison de conditions sur le niveau de puissance du réacteur, la réactivité et les moyens de la contrôler, la pression et la température moyenne du circuit primaire.

Étude prévisionnelle : Étude de recharge limitée destinée à valider un plan de chargement « un peu limite ». Elle est réalisée en anticipation de l'étude définitive fondée sur l'irradiation réelle après la fin de campagne précédente.

EVS : Évaluation de sûreté. Nom donné aux calculs d'une étude de recharge qui participent à l'évaluation des paramètres clefs du DSS.

Exigences de surveillance et d'essais (chaînes de protection) : Il est prévu d'effectuer des essais, des calibrages, des échantillonnages, des inspections dans le but de vérifier que l'état des fonctions des circuits est conforme à celui demandé, que les performances des équipements et circuits sont maintenues, ce qui les rend aptes à remplir les fonctions pour lesquelles ils sont prévus, rendant ainsi le fonctionnement de la tranche compatible avec les limites de sécurité et les limites fonctionnelles.
Ces opérations se distinguent pour :

- l'instrumentation (partie « mesures » des chaînes de protection) ;

- le traitement numérique des signaux « mesures » et l'élaboration des signaux logiques de protection ;

- les circuits eux-mêmes.

F

FACT : Facteur de majoration des Fxy utilisés dans le SPIN pour élaborer les marges de fonctionnement. Pour le REP 1300 MWe, en redémarrage, le FACT vaut initialement 1,14, pour être ramené à 1,04 à l'issue du calibrage au palier 80 % PN.

Facteur de point chaud : Voir Fxy.

Faible fluence – FF : Fait référence à un plan de chargement présentant une réduction de l'ordre de 30 % de la fluence au point chaud de la cuve par rapport à un plan fluence standard. Ce type de plan s'obtient en positionnant, pour chaque quart de cœur, 3 assemblages irradiés côte à côte en bout de médianes sur le palier 900 MWe. Depuis 1997, il s'agit de la stratégie standard de recherche de plan.

Faible fluence généralisée – FFG : Fait référence à un plan de chargement présentant une réduction de l'ordre de 30 % de la fluence au point chaud de la cuve par rapport à un plan fluence standard ainsi qu'un taux de fuite réduit permettant d'avoir des longueurs de campagne acceptables avec une recharge combustible réduite de 4 assemblages. Ce type de plan s'obtient en positionnant, pour chaque quart de cœur, 3 assemblages irradiés côte à côte en bout de médianes ainsi que deux assemblages irradiés côte à côte en bout de diagonale.

FDC : Fin de cycle ou fin de campagne.

Fluence réduite – FR : Fait référence à un plan de chargement présentant une réduction de l'ordre de 10 % de la fluence au point chaud de la cuve par rapport à un plan fluence standard. Ce type de plan s'obtient en positionnant, pour chaque quart de cœur, un ou deux assemblages irradiés en bout de médiane. Ce type de plan n'est plus pratiqué aujourd'hui. Il a parfois été utilisé dans les années 1990 lors de la période transitoire entre les plans standard et les plans faible fluence.

Fluence standard : Fait référence au plan de chargement que l'on obtient en positionnant les assemblages neufs sur la totalité de la périphérie du cœur. Typique des premiers plans de chargement et des gestions par tiers de cœur « standard » sur les paliers 900 MWe et 1300 MWe. N'est plus pratiqué aujourd'hui car jugé beaucoup trop pénalisant pour la fluence de la cuve.

Fluence : Caractéristique d'un matériau qui rend compte de la dose de rayonnement qu'il a reçu. Énergie déposée sur la cuve par des neutrons ayant une énergie supérieure à 1 MeV. Dans notre contexte, cela fait référence à la cuve du réacteur et à l'effet que produit sur elle le flux de neutrons qui s'échappe du cœur.

Flux critique : La crise d'ébullition ou phénomène de caléfaction, communément connue sous le nom de DNB (Departure from nucleate boiling), est due à une combinaison des phénomènes hydrodynamiques et d'échange de chaleur. Lorsque le flux de chaleur à la surface des crayons combustibles devient excessif (flux critique), l'ébullition locale qui, à des niveaux de puissance inférieurs améliore sensiblement l'échange de chaleur, devient si intense qu'une gaine de vapeur isolante se forme autour de la surface chauffante, gaine de vapeur que la turbulence du débit réfrigérant ne parvient plus à dissiper. En évitant les conditions de flux critique, on assure un transfert de chaleur suffisant entre gaine et réfrigérant pour éviter la détérioration du combustible qui a lieu si la température de gaine est trop élevée. (*cf.* REC ou RFTC).

FPE : Fonctionnement à puissance réduite barres extraites. Le FPE est un fonctionnement à basse charge où les grappes ont été extraites par borication. Les barres sont à la cote typique des conditions nominales. L'utilisation de ce mode de fonctionnement permet de ne pas décrémenter le crédit R à basse charge. Par contre, les règles de décrémentation du crédit C s'appliquent puisque le FPE est un cas particulier de FPI.

FPI : Fonctionnement à puissance intermédiaire (P < 92 % PMDs), quelle que soit la position des grappes.

FPPE : Fonctionnement prolongé à puissance intermédiaire grappes extraites. Cas particulier du FPPI. Contraint aux décomptes du crédit IPG pour déconditionnement du combustible à puissance intermédiaire. L'adjectif prolongé s'applique au delà d'une certaine durée à puissance intermédiaire (8 ou 12 heures par fenêtre de 24 heures).

FPPI : Fonctionnement prolongé à puissance intermédiaire. Contraint aux décomptes du crédit de fonctionnement pour la prise en compte du risque IPG.

FPPR : Fonctionnement prolongé à puissance intermédiaire grappes insérées. Cas particulier du FPPI. Contraint aux décomptes du crédit de fonctionnement neutronique pour sous épuisement local du combustible où les grappes s'insèrent.

FPR : Il y a fonctionnement à puissance réduite, barres insérées, dès que la consigne de puissance est inférieure à 92 % Pn et que les groupes gris sont insérés à une position inférieure à la position de calibrage correspondant à 92 % Pn, déterminée lors du dernier EP RGL 4.
Nota : En prolongation de cycle, il y a fonctionnement à puissance réduite (FPR) lorsque la consigne de puissance est inférieure à PMDs - 8 %.

FQ : Paramètre normalisé et sans dimension correspondant au pic de puissance 3D local dans le cœur quelle que soit la configuration des groupes.

$$FQ = \frac{Plin_{max}(z)}{Plin_{moy}}$$

Fractionnement : Nombre d'assemblages neufs rechargés à chaque nouveau cycle par rapport au nombre total d'assemblages dans le cœur. Exemple : Fractionnement de 1/3 pour la gestion GEMMES du palier 1300 MWe.

FRAGEMA : Fabricant de combustible nucléaire d'origine française, filiale du groupe AREVA.

FRAMATOME : Chaudiériste nucléaire d'origine française (dénommé aujourd'hui AREVA-NP).

Fxy : Facteur de point chaud radial. Paramètre normalisé et sans dimension correspondant au pic de puissance 2D local dans une configuration donnée.

$$F_{xy} = \frac{Plin_{max}}{Plin_{moy}}$$

G

G3 : Courbe de positionnement des GCP en fonction de la puissance électrique issue du dépouillement d'un EP RGL4 et implantée dans le contrôle commande du DMA.

Gadolinium : Poison neutronique consommable utilisé sous forme d'oxyde mixte UO_2/Gd_2O_3 dans les pastilles combustibles pour les assemblages en gestion GEMMES, CYCLADES ou GALICE.

GALICE : Projet de gestion combustible pour les tranches 1300 MWe qui vise à échéance de mi-2009 l'utilisation d'assemblages UO_2 à 4,5 % empoisonnés au Gadolinium.

GAMMA P ou γp : Coefficient de correction utilisé par le système RPN du palier 1300 MWe permettant de prendre en compte l'influence de la température de l'eau dans le « down-comer » de la cuve sur le signal de puissance.

GARANCE : Gestion avancée des REP 900 avec adaptation aux nouveaux cœurs envisagés. Ce projet (1986-1995) a permis la remise à plat des études de sûreté en prenant en compte de nouvelles exigences telles que la tenue du combustible aux sollicitations de l'interaction pastille-gaine en situation de classe 2, tout en justifiant avec ces nouvelles exigences, la gestion quart de cœur 3,7 %. Ce projet concerne les tranches 900 MWe CP0 et CPY.

GCP : Groupes de compensation de puissance. Désigne les groupes gris et noirs destinés à compenser l'effet de puissance lors des variations de charge en mode G.

GECC : Groupe exploitation cœur combustible, service de l'Unité nationale d'ingénierie d'exploitation d'EDF (UNIE), chargé des calculs de cœur, du traitement des essais périodiques, des études de sûreté pour le compte des exploitants nucléaires.

GEMMES : Gestion des évolutions et des modifications des modes d'exploitation en sûreté. Projet ayant pour but de reprendre les études de sûreté du palier 1300 MWe en justifiant le passage aux campagnes longues (tiers de cœur 4 %).

Générateur de vapeur : Échangeur de chaleur assurant le transfert des calories de l'eau du circuit primaire à l'eau du circuit secondaire. Cette dernière y est transformée en vapeur puis dirigée vers la turbine.

Gestion du combustible : Ensemble des paramètres choisis de manière à optimiser le coût global d'utilisation d'un parc électronucléaire.

GGIN : Groupe gris insérés. Acronyme désignant un état du cœur avec les groupes de compensation de puissance totalement ou partiellement insérés.

GMPP : Groupe moto pompe primaire. Pompes du circuit primaire.

GV : Générateur de vapeur. Composant majeur de la chaudière à l'interface entre le primaire et le secondaire.

H

HTC2 : Projet de gestion combustible pour les tranches 1300 MWe qui vise après l'atteinte de l'équilibre de gestion GALICE l'utilisation d'assemblages UO_2 à 4,95 % empoisonné au Gadolinium.

Hybride MOX : Nom de la gestion combustible particulière des tranches GARANCE chargeant du combustible MOX. Si les assemblages UNE sont gérés en quart de cœur, les assemblages MOX ne sont eux chargés que pour 3 cycles.

I

I0 : Nom sous lequel les indisponibilités des matériels et fonctions liées à la sûreté sont répertoriées et désignées dans les STE. Le niveau de gravité d'un événement I0 définit de façon rigoureuse la conduite à adopter : repli sous 1h, repli immédiat, repli sous 15 jours, arrêt immédiat des variations de charge.

Îlotage : Action consistant à isoler brutalement une tranche du réseau électrique à un niveau de puissance final à environ 30 % PN avec alimentation des auxiliaires par la turbine. Cela peut se produire en cas d'IRG. Considéré comme un grand transitoire d'exploitation normale.

IN26 : Instruction nationale relative aux analyses de risques métiers à conduire sur les applications informatiques.

IN27 : Instruction nationale relative à la prohibition de l'alcool sur les CNPE.

Incident : Événement de classe 2 dont la fréquence est modérée (entre 10^{-2} et 1/tranche/an), n'entraînant la dégradation d'aucune barrière, pour lequel le système de protection est capable d'arrêter le réacteur lorsque les limites spécifiées sont atteintes, et après lequel le réacteur pourra être redémarré lorsque la cause initiale aura disparu.

INSAG 4 : Directive de l'*International Nuclear Safety Advisory Group* relative au développement d'une culture de l'attitude interrogative et de la réflexion dans le travail au quotidien en complément du respect des procédures pour renforcer la sûreté.

IPG : Interaction pastille gaine. Mode de défaillance de la première barrière dont l'étude a été incluse en deuxième catégorie dans le référentiel sûreté depuis les projets GEMMES et GARANCE.

IPS : Important pour la sûreté. Terme caractérisant un matériel, un dispositif ou une procédure au sens large ayant un impact direct sur la sûreté de l'installation. Cela suppose la mise en place de dispositions particulières en termes de suivi – maintenance et assurance de la qualité.

Inverse du taux de comptage : Méthode conventionnelle d'appréciation de la proximité de la divergence pendant une approche sous-critique.

IRG : Incident de réseau généralisé. Événement majeur vis-à-vis de la sûreté du réseau.

IS : Ingénieur sûreté. À une mission de contrôle de la qualité au sens large et d'assistance des équipes conduites dans les analyses sûreté.

IS : Injection de sécurité. Dispositif connecté au circuit primaire d'une tranche permettant de rétablir l'inventaire en eau en cas de fuite de sorte que le cœur du réacteur soit constamment refroidi.

J

jepp : Jour équivalent pleine puissance. Unité considérée comme plus commode par les exploitants pour suivre l'épuisement d'une tranche du fait qu'elle a une représentation accessible couramment.Énergie fournie en 24 heures par un réacteur fonctionnant à puissance nominale. 1 jepp vaut en première approximation 38,5 MWj/t sur le N4 et 36,8 sur le 1300 MWe.

Jet de baffle : Phénomène hydraulique dû à une configuration particulière des internes de cuves CP0 (entre le cloisonnement ou « baffle » et l'enveloppe du cœur) ayant entraîné des cesures accélérées des crayons combustibles dans les assemblages periphériques adjacents au baffle.

K

Kd : Coefficient traduisant la disponibilité des tranches nucléaires à la production d'énergie. C'est un nombre sans dimension égal à 100 % lorsque la tranche nucléaire peut fournir au réseau 100 % de sa puissance nominale, sur demande du réseau, pendant la période de référence

$$Kd = 100\% - Ki_{VT} - Ki_{PR} - Ki_F - Ki_E$$

avec :

Ki_{VT} = indisponibilité pour arrêt de tranche programmé,

Ki_{PR} = indisponibilité pour prolongation d'arrêt,

Ki_F = indisponibilité pour fortuit,

Ki_E = indisponibilité pour essais périodiques.

Keff : Coefficient effectif de multiplication d'une population neutronique. Il existe une équivalence entre réactivité et facteur de multiplication. Par exemple, une valeur inférieure à 1 indique un régime sous critique ou convergent et donc une réactivité négative :

$$\rho = \frac{K_{eff} - 1}{K_{eff}}$$

KH-KB : Coefficients d'étalonnage implantés dans le système RPN et qui permettent d'élaborer à partir des courants issus des sections des CNP la puissance du réacteur. Issus du dépouillement d'un EP RPN 12 ou 11.

Kinf : Facteur de multiplication d'une population neutronique obtenu dans un calcul où les conditions aux limites sont une reproduction dans toutes les dimensions du problème, à l'infini, du motif étudié.

KΔf : Terme équivalent à réglage primaire.

L

Limite Basse : Fait référence à une première alarme portant sur l'insertion du groupe R en mode G sur les paliers 900 MWe CPY et 1300 MWe et à celle du groupe D en mode A (CP0 et N4). S'emploie aussi par extension pour la courbe de calibrage des GCP.

Limite d'insertion : Valeurs de l'insertion d'un groupe en fonction du niveau de puissance (GCP ou R) prises comme conditions aux limites dans le traitement de certains accidents comme l'éjection de grappe. Typiquement, on considère que le groupe R est positionné sur sa limite très basse et que les GCP sont positionnés sur la courbe G3 avec une surinsertion équivalente à 8 % PN. En exploitation, le franchissement d'une limite d'insertion conduit à déclarer un ESS.

Limite d'insertion du groupe R : La limite d'insertion du groupe R est déterminée de telle manière que, lorsque le réacteur est critique, l'antiréactivité avant l'Arrêt automatique du réacteur, introduite par le groupe R, reste inférieure à 600 pcm. Cette limite varie en fonction de l'épuisement du combustible et est déterminée pour chaque recharge de combustible; elle est précisée dans le Dossier spécifique d'évaluation de la sûreté de la recharge (DSS).

Limite très Basse : Fait référence à une seconde alarme portant sur l'insertion du groupe R en mode G et à celle du groupe D en mode A. Elle est située 10 pas en dessous de la limite basse.

Limiteur : Dispositif paramétrable de la régulation turbine permettant de limiter la puissance de cette dernière vers les plages hautes. Si l'on règle la consigne Pc0 au-dessus de la valeur de consigne du limiteur, la puissance de la turbine devient parfaitement stable et indépendante des sollicitations du réseau. On dit alors que la tranche est « écrasée sur le limiteur ».

L$_{NAT}$: Longueur naturelle théorique. Valeur théorique de l'irradiation moyenne du cœur pour laquelle la criticité à pleine puissance et à l'équilibre xénon est obtenue pour une CB comprise entre 0 et 10 ppm.

LNR : Longueur naturelle recalée. Valeur expérimentale extrapolée à partir des mesures de CB en cours de cycle de l'irradiation moyenne du cœur pour laquelle la criticité à pleine puissance et à l'équilibre xénon est obtenue pour une CB de 10 ppm.

Longueur de cycle : Longueur totale effective de la campagne après sa fin (sur anticipation ou longueur naturelle ou en prolongation).

Lots : Ensemble d'assemblages combustible de même type technologique, de même enrichissement initial et chargés en même temps en réacteur. La numérotation est ouverte. Il s'agit d'une notion essentiellement comptable.

M

MAR : Marge d'anti-réactivité du réacteur. La marge d'antiréactivité est une notion utilisée dans les analyses de sûreté. Elle représente le niveau de sous-criticité qui, suite à un fonctionnement cœur critique, serait atteint après la chute de toutes les grappes moins une, compte tenu de l'apport éventuel de réactivité dû à la réduction de puissance du cœur, la grappe supposée bloquée en position haute étant la plus antiréactive des grappes non entièrement insérées à l'instant initial.
Cette marge s'exprime en « pcm ». Elle est assurée par la conception du plan de chargement et le respect des prescriptions sur la position des groupes de grappes RGL.
À titre d'exemple pour les REP 1300 MWe en gestion GEMMES, cette marge doit être de 1800 pcm.

MDC : Acronyme faisant référence au milieu de campagne naturelle d'un cœur.

Méthode de synthèse : Approche méthodologique utilisée pour les études de recharge et dans certains systèmes de protection basée sur un découplage des dimensions X-Y étudiées avec des codes 2D et axiale étudiée avec des codes 1D.

Milieux : Ensemble d'assemblages combustible de mêmes caractéristiques neutroniques et de même historique en réacteur. La numérotation est cyclique modulo 20. Il s'agit d'une notion essentiellement associé à l'usage des codes de neutronique et différente de la notion de lot : Un même lot d'assemblage peut être ventilé entre différents milieux pour représenter des hétérogénéités de fabrication, d'historiques de chargement, ou des empoisonnements différents.

Minimum technique : Palier de puissance bas en dessous duquel une tranche est exploitée en dehors des phases de démarrage ou de mise à l'arrêt. Est défini comme le seuil à partir duquel l'ensemble des régulations est en service (de l'ordre de 25 % PN en pratique).

MOX : *Mixed oxyde*. Nom des combustibles contenant du plutonium.

MSI : Mise en service industriel.

MSQ : Mission sûreté qualité. Entité attachée à la direction du CNPE regroupant en autres tous les Ingénieurs Sûreté. Elle a en charge une mission permanente de contrôle de la qualité et de la sûreté au sens large et d'assistance des équipes de conduite dans les analyses de sûreté.

N

NRC : *Nuclear Regulatory Commission* – Autorité de sûreté américaine.

O

Osciller vers le haut : Fait référence à une stratégie de déclenchement de l'oscillation xénon pour un EP RPN12 par extraction du groupe de régulation de température. Cette stratégie n'est utilisée qu'en fonction des marges de fonctionnement. Elle conduit à des essais souvent un peu plus longs à réaliser.

Osciller vers le bas : Fait référence à une stratégie de déclenchement de l'oscillation xénon pour un EP RPN12 par insertion du groupe de régulation de température. Stratégie la plus courante.

P

P0 : Fait référence à un état à puissance thermique nulle.

P6 : Permissif – inhibition de l'AAR haut flux CNS.

P10 : Permissif – Mise en service du système SPIN à 10 % PN.

P11 : Permissif – inhibition de l'AAR Très basse pression pressuriseur. Utilisé lors du repli de la chaudière en AN/RRA.

P12 : Permissif – inhibition de l'AAR Très basse température branche froide. Utilisé lors du repli de la chaudière en AN/RRA.

PARITE MOX : Projet de gestion combustible pour les tranches CP1/CP2 qui visent, à échéance de début 2005, l'utilisation dans chaque recharge de 8 à 12 assemblages MOX ayant une teneur en plutonium les rendant équivalents d'un point de vue neutronique à des assemblages UNE enrichi à 3,7 %.

Pc0 : Consigne de puissance de la turbine.

Pc0Max : Borne supérieure de l'intervalle de réglage secondaire. +5 % PN par rapport à Pc0.

Pc0Min : Borne inférieure de l'intervalle de réglage secondaire. −5 % PN par rapport à Pc0.

PcMax : Borne supérieure de l'intervalle de réglage primaire. +1 % PN par rapport à Pc0.

PcMin : Borne inférieure de l'intervalle de réglage primaire. −1 % PN par rapport à Pc0.

Pe (ou Pélec) : Puissance électrique.

Permissif : Système indiquant la reconfiguration possible du système de protection de la chaudière par la mise en service ou hors service d'une protection.

Permissifs relatifs aux systèmes d'arrêt automatique ou de sauvegarde du réacteur : Certains trains logiques pouvant provoquer l'arrêt automatique ou les actions de sauvegarde du réacteur sont verrouillés quand ils ne sont pas nécessaires et risquent de gêner le fonctionnement normal de la tranche. Ces trains logiques sont rétablis automatiquement quand les paramètres physiques atteignent les seuils à partir desquels ils deviennent nécessaires (signaux « permissifs » - P -).

PEX : Partage d'expérience. Réunion périodique visant à échanger sur le thème du retour d'expérience.

Pic Gadolinium : Effet caractéristique des cœurs contenant des assemblages gadoliniés qui se traduit par une remontée des points chaud en cours de cycle après disparition du poison dans les assemblages à forte puissance.

Plan de chargement : Matrice de repositionnement des assemblages combustibles en cœur. Au sens plus général, carte du cœur avec les noms des assemblages associés à un repère bataille navale.

Plin : Puissance linéique par unité de longueur dans le crayon combustible. En Watt/cm.

PMD : Puissance maximale disponible. Acronyme faisant référence à la puissance électrique nette maximale de fonctionnement du cœur en régime permanent.

PMDs : Puissance maximale disponible sans indisponibilité. Acronyme faisant référence à la puissance maximale de fonctionnement possible du cœur hors aléas.

Pn : Acronyme faisant référence à la puissance nominale du cœur.

PN : Puissance neutronique. Acronyme faisant référence à la puissance du cœur mesurée sur le système RPN par les CNP.

PNOM : Acronyme faisant référence à la puissance nominale du cœur dans les calculs.

PNUL : Acronyme faisant référence à la puissance nulle du cœur dans les calculs.

Poisons consommables : Matériau neutrophage utilisé pour compenser la réactivité du cœur au démarrage et en cours de cycle. Disparaît progressivement en cours de cycle.

Première barrière de confinement : Le combustible est constitué d'assemblages de crayons (empilement de pastilles contenant les matériaux fissiles, gainé d'alliage métallique et pressurisé) et d'éléments associés. La gaine du combustible constitue la première barrière de confinement entre les noyaux radioactifs et l'environnement.

Prescription particulière : Une prescription particulière autorise le fonctionnement non en conformité avec une prescription générale. Il s'agit d'une variante pour laquelle la démonstration de sûreté est assurée, sous réserve du respect de mesures palliatives ou compensatoires qui peuvent y être associées.

Prolongation de cycle : Partie d'une campagne, postérieure au cycle naturel, effectuée à une C_B comprise entre 0 et 10 ppm et où la criticité est obtenue en abaissant progressivement la puissance maximale disponible et la température moyenne du réacteur. La durée maximale de cette phase est de 60 jepp sur les paliers 900 et 1300 MWe et de 50 jepp sur le palier N4 (60 jepp avec la gestion ALCADE).

Programme de température : Fonction Tref = f(Pth) à implanter dans les automatismes de régulation de température de la chaudière permettant l'asservissement du point de consigne.

Programme plat : Programmes de température particuliers utilisés en fin de prolongation de cycle pour lequel Tref=Cte. En revanche, les fonctions Te et Ts = f(Pth) varient avec la puissance.

Pth : Puissance thermique de la chaudière.

Puissance neutronique mesurée : On désigne par puissance neutronique mesurée, la valeur de la puissance exprimée en % de la puissance nominale (% PN), déduite du courant d'un détecteur après calibrage.

Puissance nulle : Fait référence à un état à puissance thermique nulle.

Puissance thermique de la chaudière : La puissance thermique de la chaudière est la puissance délivrée par les générateurs de vapeur au circuit secondaire. Elle inclut la puissance de pompage primaire ainsi que les chaufferettes du pressuriseur et les pertes thermiques.

Puissance thermique du cœur : La puissance thermique du cœur est la puissance produite dans le cœur par le combustible.

PYREX : Poison neutronique utilisé sous forme de grappes amovibles pour les premiers cœurs ou ultérieurement dans le cadre de certaines expérimentations combustibles.

Q

Q0 : Valeur du débit implanté dans le SPIN et utilisé pour le calcul de la marge en REC. Il est élaboré à partir du débit mesuré lors de la RCP114 de début en cycle en le minorant des incertitudes de mesure.

QCAL : Paramètre du SPIN utilisé pour recaler la puissance thermique KIT (BIL KIT) sur la puissance de la chaudière mesurée par le BIL100.

R

R & C : Nom donné aux crédits de fonctionnement lorsqu'ils sont exprimés dans des unités opérationnelles directement exploitables (jours ou jepp). C'est sous cette dénomination, et dans ce cadre, qu'ils sont utilisés par les CNPE, en particulier dans les relations avec le RTE.

Redondance : Principe général visant à multiplier le nombre de capteurs ou d'actionneurs pour assurer une fonction donnée.

Réactivité : Capacité d'un milieu à multiplier une population neutronique. Se mesure en pcm et est traditionnellement notée ρ. Une réactivité positive indique que le milieu voit croître sa population (s'il s'agit d'un réacteur, on dit alors que le réacteur est sur-critique ou qu'il diverge). Si elle est négative le milieu voit décroître sa population (s'il s'agit d'un réacteur, on dit alors que le réacteur est sous-critique ou qu'il converge). En exploitation, on travaille avec des valeurs de réactivité positives dépassant rarement les quelques dizaines de pcm.

Réactimétre : Appareil de mesure de la réactivité utilisé pendant les essais physiques à puissance nulle. Il élabore une valeur de réactivité à partir de la variation des signaux issus des CNP en inversant les équations de la cinétique neutronique point de Nordheim. Il en existe deux modèles : les anciens sont analogiques et les générations ultérieures sont numériques.

REC : Rapport d'échauffement critique (ou DNBR). Sans dimension. Mesure de la marge à la crise d'ébullition de l'eau traversant le cœur du réacteur.

$$REC = \frac{\Phi_{critique}}{\Phi_{local}}$$

Par exemple, avec la corrélation WRB1, la valeur minimale du REC prise comme valeur de critère est fixée à 1,17. Elle correspond à une probabilité de 95 % pour des crayons combustibles de ne pas avoir de crise d'ébullition à un niveau de confiance de 95 %.

Réglages de fréquence : L'équilibre de la puissance électrique échangée entre la production et la consommation (fréquence à 50 Hz) est obtenu en sollicitant successivement les réglages de puissance active dont les trois composantes sont :

- le réglage primaire (kΔf) : il réalise en permanence l'équilibre entre production et consommation. Ce réglage maintient toutefois, en fonction du gain statique des régulateurs de vitesse, un écart de fréquence par rapport à la consigne ; La variation automatique et sur appel du réseau de la puissance d'une tranche est d'une amplitude maximale de ±2 % Pn par rapport à un niveau de référence donné Pc0. L'amplitude ou « niveau » de téléréglage est éventuellement nodulable dans la régulation turbine.

- le réglage secondaire ou téléréglage (ou N·Pr) : il tend à reconstituer la réserve primaire précédemment sollicitée et ramener les échanges aux frontières à leur valeur de consigne. Il a pour rôle de régler la fréquence à 50 Hz ainsi que les échanges aux frontières ; La variation automatique et sur appel du réseau de la puissance d'une tranche est d'une amplitude maximale de ±5 % Pn par rapport à un niveau de référence donné Pc0. L'amplitude est fonction d'une disponibilité affichée par l'équipe conduite sur les régulations turbine.

- le réglage tertiaire ou suivi de charge : il est réalisé à l'aide d'une marge de puissance à la hausse ou à la baisse mobilisable dans un délai de 20 minutes. C'est une courbe « macroscopique » reflétant l'adaptation journalière de la production à la consommation.

La référence charge correspond à la consigne de puissance électrique affichée à la turbine.

REPC : Règles d'essais physiques cœur en cours de cycle. Document prescriptif échangé avec l'Autorité de sûreté et appliqué par le site. Ce document décrit le programme des essais cœurs en cours de cycle et en prolongation de campagne. Il fait partie du Chapitre X des RGE.

REPR : Règles d'essais physiques au redémarrage. Document prescriptif approuvé par l'Autorité de sûreté nucléaire et appliqué par le site. Ce document décrit les essais physiques à puissance nulle et le programme de montée en puissance d'une tranche pour un palier et une gestion donnée. Il fait partie du Chapitre X des RGE.

Reprise de plan : Action de chercher un nouveau plan de chargement suite à un incident combustible (ou à un dépassement de critère non justifiable mis en évidence lors de l'étude de recharge) qui a invalidé le plan initial.

REX : Retour d'expérience.

RGE : Règles générales d'exploitation. Ensemble de documents prescriptifs relatifs à l'exploitation des tranches nucléaires.

RGL : Acronyme du système assurant la mise en œuvre des grappes de commande.

RGV : Remplacement des générateurs de vapeur.

RIA : Accident d'injection de réactivité (*Reactivity Initiated Accident*). L'accident de référence utilisé pour la démonstration de sûreté des REP est l'accident d'éjection de grappe (4e catégorie).

RIC : Acronyme du système d'instrumentation interne du cœur. Sondes mobiles pour les cartes de flux des EP RPN11 ou 12 et thermocouples sortie cœur pour les cartes enthalpiques.

RIN : R Inséré. Acronyme faisant référence à un état du cœur avec le groupe R, de régulation de température, totalement ou partiellement inséré.

RPN : Acronyme du système assurant la mise en œuvre des capteurs « nucléaires » et élaborant les signaux de puissance, de différence axiale de puissance et de déséquilibre azimutal de puissance ainsi que les alarmes associées.

RPR : Acronyme du système assurant les actions de protection de la chaudière.

RTE : Réseau de transport de l'électricité. Entité responsable de l'optimisation globale de la disponibilité des moyens de production et du placement des arrêts de tranches.

R$_{TNDT}$: Température, dite de transition, au-dessus de laquelle l'acier ferritique faiblement allié constitutif des viroles du cœur peut subir des déformations élevées sans risque de rupture fragile.

RTV : Accident de rupture de tuyauterie vapeur.

S

SAPHIR : Application nationale utilisée par les CNPE pour déclarer les événements d'exploitation et consolider le REX associé.

Sapin de Noël : Nom donné à la courbe issue du réactimètre et résultant de la mesure de l'efficacité d'un groupe de commande par « dilution » ou « borication ».

Seuils de réglage des chaînes de protection : Ce sont les valeurs des paramètres physiques ou fonctionnels importants pour la sûreté et dont le franchissement déclenche automatiquement une ou plusieurs actions de protection du réacteur. Ces seuils sont choisis pour que l'action automatique de protection vienne corriger toute situation anormale qui se développe, de manière à empêcher ainsi le franchissement des limites de sécurité.

SHUNT : Paramètre du SPIN utilisé pour recaler la puissance neutronique RPN sur la puissance de la chaudière mesurée par le BIL100.

Siemens : Chaudiériste et fabricant de combustible nucléaire d'origine allemande.

Site : Équivalent à CNPE : Centre national de production d'électricité.

SPEC : Terme équivalent à STE.

Spécification complémentaire : Une spécification complémentaire est une spécification qui conduit à renforcer les spécifications communes à tout un Domaine d'Exploitation afin de conserver, pendant le fonctionnement de la tranche dans certaines configurations, un niveau de sûreté optimal.

SPIN : Système de protection intégré numérique des paliers 1300 MWe et N4. Calcule en temps réel les marges en Plin et REC à partir des signaux issus des systèmes RPN, RGL, RCP. Assure les fonctions de protection (1300 MWe et N4) et aussi de surveillance sur le palier 1300 MWe.

STE : Spécifications techniques d'exploitation. Document réglementaire énumérant les prescriptions à appliquer lors de toutes les phases de fonctionnement du réacteur. Correspond au chapitre III des RGE.

***Stretch* ou Stretch-out** : Terme anglais pour désigner la prolongation de campagne.

Suivi de charge : Profil de variation de la puissance sans réglage de fréquence. Le suivi de charge comprend une baisse de charge, un palier à charge intermédiaire non nulle et une remontée à la charge initiale.

Suivi de réseau : Profil de variation de la puissance avec réglage de fréquence primaire et secondaire.

Système d'arrêt automatique du réacteur : Le système d'arrêt automatique du réacteur est un système de sûreté qui élabore, lors de conditions incidentelles ou accidentelles, des ordres de protection pour rendre rapidement sous-critique le réacteur par chute de grappes chaque fois que cela est nécessaire.

Systèmes de sauvegarde : Les systèmes de sauvegarde sont des systèmes de sûreté qui interviennent après un accident pour en limiter les conséquences et ramener le réacteur en état d'arrêt sûr. La liste de ces systèmes est donnée ci-après :

• le système d'injection de sécurité (RIS),

- le système d'aspersion de l'enceinte (EAS),

- le système de contrôle de la teneur en hydrogène et de surveillance atmosphérique de l'enceinte (ETY),

- le système d'alimentation de secours des générateurs de vapeur (ASG),

- le système de mise en dépression de l'espace entre enceintes (EDE),

- d'autres systèmes ou portions de système qui contribuent à accomplir une fonction de sauvegarde, ou qui servent de support aux systèmes de sauvegarde.

T

Taux de combustion BU (*Burn Up*) : C'est l'énergie extraite du combustible rapportée à la masse initiale de métaux lourds (U + Pu + autres NL) présent dans le cœur exprimée en tonne ; ce taux est exprimé en MWj/t ou en GWj/t.

TBH : Acronyme faisant référence à un état du cœur : Toutes barres hautes (ou Toutes barres extraites). Terme équivalent à TGE (Toutes grappes extraites) chez AREVA.

TBI : Acronyme faisant référence à un état du cœur : Toutes barres insérées. Terme équivalent à TGI (Toutes grappes insérées) chez AREVA.

TBI-1 : Acronyme faisant référence à un état du cœur : Toutes barres insérées moins la plus pénalisante (configuration conduisant au coefficient modérateur le plus grand en valeur absolue).

Téléréglage : Terme équivalent à réglage secondaire.

Temps de doublement : Temps de doublement de la population neutronique. Donné en seconde. Pour un cœur donné à une irradiation donnée, il existe une équivalence entre réactivité et temps de doublement suivant les tables de Nordheim.

TILT : Déséquilibre azimutal de puissance du cœur. Désigne le déséquilibre interne moyen de puissance par quadrant. Le critère associé fait référence à la valeur maximale positive. S'exprime en %. Utilisé en exploitation sur le palier 900 MWe ainsi que dans les études tout palier.

Tmoy : Température moyenne du fluide primaire effectivement mesurée.

Tref : Température de référence du fluide primaire au niveau de puissance considéré.

TTS : Tranche tête de série.

U

UFPI : Service de la formation professionnelle. Entité d'EDF ayant pour mission la formation. A ce titre, elle assure la formation complète des équipes d'exploitation au sens large (conduite, essais, automaticiens, maintenance).

UNE ou UO$_2$: Uranium naturel. Nom des combustibles à base d'uranium naturel enrichi. Ce type de combustible constitue actuellement la majorité du volume chargé sur le parc.

UNIE : Unité nationale de l'ingénierie d'exploitation, service central d'EDF chargé de l'appui aux CNPE dans l'exploitation des cœurs.

URE : Uranium de retraitement équivalent à l'UO$_2$ d'un certain enrichissement (par exemple, l'URE 4 % est équivalent à l'UO$_2$ 3,7 %).

URT : Uranium de retraitement. Combustible à base d'uranium de retraitement ré-enrichi. Actuellement, ce type de combustible n'est chargé que sur les tranches du CNPE de CRUAS.

US : Unité de surveillance du palier N4. Calcule en temps réel les marges en Plin et REC suivant un algorithme plus fin que celui du SPIN. Elle ne gère pas d'actions de protection comme le SPIN mais des alarmes. Elle a un rôle de surveillance et de prévention.

US3D : Unité de surveillance du palier 1300 MWe. Projet visant à implanter une instrumentation interne permettant un calcul en temps réel des marges en Plin et REC suivant un algorithme 3D plus fin que celui du SPIN et ce pour dégager des marges de fonctionnement. Il ne gère pas d'actions de protection comme le SPIN mais des alarmes.

V

Variabilité : Variation du nombre d'assemblages neufs rechargés par rapport à une recharge standard.

Variation de charge : Variation commandée de la puissance d'une tranche par ajustement de la consigne Pc0. Cela se fait entre autres pour suivre le programme de charge prévisionnelle du RTE.

Verrouillage : Action automatique du système de protection des chaudières (réduction de charge – blocage du mouvement de certains groupes) apparaissent après l'alarme et avant que n'intervienne une action de protection (AAR – déclenchement de l'IS).

W

W3 : Corrélation de thermohydraulique utilisée pour le calcul du REC de l'accident de RTV de classe 4 dans le cadre des études de recharge. Son domaine de validité (pression, température) est plus étendue que la corrélation WRB1 mais elle est toutefois plus ancienne et plus pénalisante.

Westinghouse : Chaudiériste et fabricant de combustible nucléaire d'origine américaine.

WRB1 : Corrélation de thermohydraulique utilisée pour le calcul du REC tant en conception que dans le cadre des études de recharge depuis le passage aux gestions GARANCE et GEMMES.

X

XN : Acronyme faisant référence à un état du cœur à xénon nul.

XS : Acronyme faisant référence à un état du cœur à xénon saturé.

Z

Zéro défaut : Objectif global dans une fourniture de biens ou de services relevant d'une approche d'assurance de la qualité.

Δ

ΔI : Différence axiale de puissance. S'exprime en % PN. Répartition de la puissance entre haut et le bas du cœur du réacteur pondérée de la puissance relative du réacteur.

www.ingramcontent.com/pod-product-compliance
Lightning Source LLC
Chambersburg PA
CBHW080928220326
41598CB00034B/5722